CRIMINAL PSYCHOLOGY

범죄심리학원론

임상곤 저

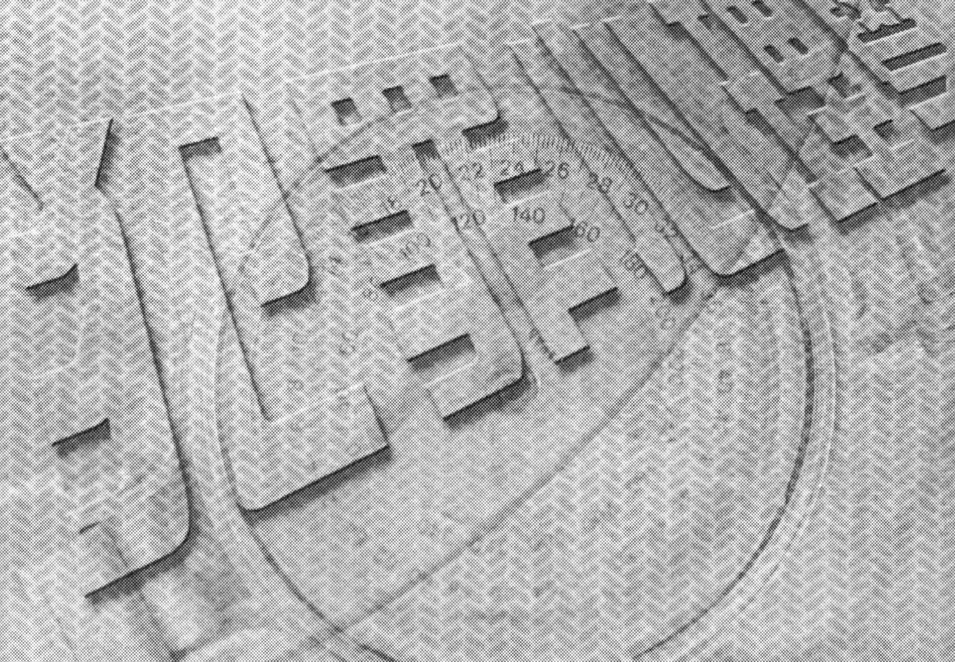

백산출판사

머리말

현대의 사회에 있어서 범죄학과 범죄심리학이 소개된 것은 오래되지 아니 않았다고 볼 수 있을 것이다. 그러나 우리의 학문적 수준은 이미 선진국의 수준에 도달하였으며, 또한 학문적 인프라도 매우 활발하게 이루어지고 있는 상태라고 할 수 있다. 즉, 범죄심리학, 범죄학은 사회의 여러 학문 분야를 복합적으로 도입하여 전개되는 내용을 기반으로서 법학, 과학, 사회학, 일반심리학, 생물학 등과 관련된 종합학문으로 구축이 되어 있다.

따라서 범죄심리학, 범죄학을 연구하고 공부하는 것은 결코 쉬운 일이 아닐 수밖에 없는 것이다. 이에 "범죄심리학 원론"이라는 책을 내놓는다는 것은 남다른 감회를 느낄 수밖에 없다. 그것은 저자가 경찰관련 분야(경찰대학, 경찰종합학교)에서 20여 년 동안 강의를 하면서 연구한 지식을 그냥 사장하기가 너무나 아까워 동안 자료들을 정리하여 하나의 책으로 출판을 하게 된 것이다. 그러나 전공 관련 분야의 학문을 만족스런 책으로 만들어 보고자하는 노력은 하였지만, 결과는 범죄심리학적 내용의 중요성을 강조하는 수준으로 노력한 것에 저자로서는 위안을 삼고자 한다.

본서는 범죄심리학 그리고 범죄학을 전공할 학생들과 범죄수사 관련 종사자 그리고 범죄예방 활동에 노력하시는 분들에게 범죄이론, 범죄동기, 범죄의 각론 등을 보다 가까이서 이해할 수 있도록 시도를 하였으며, 본서의 전체적인 것은 제6장으로 구성하였다.

제1장은 범죄학을 연구대상으로서 그 방법론을 서술하고, 내용으로는 형식적, 실질적, 연구대상으로서의 범죄학 접근과 범죄학의 연구와 역사, 범죄학의 연구 방법, 범죄원인론 그리고 범죄이론의 기초로 되어있으며, 제2장은 범죄원인론의 제이론으로서, 정신의학적, 생물학적 이론, 범죄자와 지능과의 관계, 기분장애의 이론과 치료기법 그리고 정신장애의 발생과 원인으로, 제3장은 범죄

심리학의 접근이론으로서, 범죄심리학, 사회통제이론, 낙인의 개념과 낙인이론, 일탈행위의 이론과 범죄, 정신분열증과 범죄. 또한 제4장은 아동기 및 청소년기 장애론으로서, 임상적 특징과 하위유형, 치료, 성격장애와 범죄심리, 제5장은 범죄이론과 범죄수사론 접근으로서, 범죄학파, 범죄과학수사 방법론, 범죄의 유형, 특별법, 끝으로 제6장은 청소년 범죄, 성매매, 특수한 범죄, 아동학대, 가정폭력 그리고 테러와 인질협상으로 최종 귀결을 하였다.

앞뒤의 구성으로 연결이 순탄하지 아니한 것은 다음의 개정판에서 좀 더 구체적으로 접근하기 위해서 여백을 둔 것이다. 사실 그것은 본인의 미천한 연구의 결과일 것이고 또 평소 게으른 천성의 탓도 있음을 솔직히 고백한다. 그러나 범죄관련 분야에 미력한 힘이 되고자 한 점에서 이 책을 출판하였지만 분명 약속을 드릴 수 있는 다음에 더욱 알찬 개정을 할 것을 약속드린다.

이러한 졸작을 내놓게 된 것에도 불구하고 크게 게으름을 질책하여주신, 중부대 이사장님이신 이보연 박사님, 총장님이신 이호일 박사님께 다시 한번 감사를 드립니다.

끝으로 강호제현의 여러분들께서 아낌없는 가르침과 관심을 가져주신다면 감사하겠습니다. 그리고 그 동안 주변의 지인 여러분들께 자주 찾아뵙지를 못한 점 머리 숙여 인사를 이 지면을 통해서 예의를 구하고자 합니다.

2004년 6월

건원관 연구실에서

CONTENTS

범죄심리학원론

제1장 • 범죄학

제2장 · 범죄원인론의 제이론

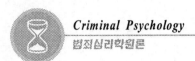

제4장 아동기 및 청소년기 장애론

제5장 · 범죄이론과 범죄수사론

제6장 청소년 범죄

제1장

범죄학

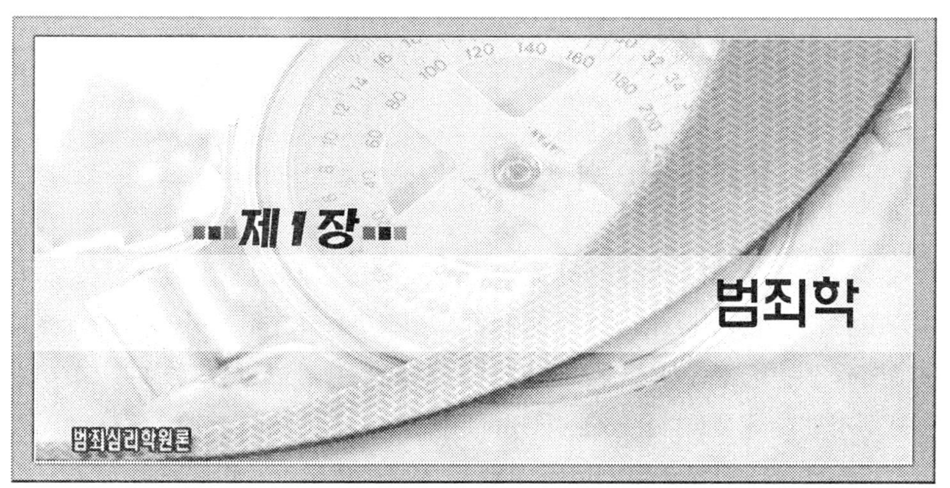

제1절 연구대상으로서의 범죄

1. 서설

범죄론의 대상이 되는 범죄(crime)란, 반사회적 행위(antisocial behavior)라고 정의를 할 수 있다. 그러나 반사회적 행위라 할지라도 혹은 행위자의 성질상, 법률상으로 처벌을 하지 아니하는 경우가 있다. 따라서 형식적 의의 범죄와 실질적 의의의 범죄로 크게 구분이 된다.

2. 형식적 의의의 범죄

형식적 의의의 범죄란 법률이 일정한 행위에 대하여 처벌을 규정하고 있음으로 범죄가 되는 것을 말한다. 그러므로 그 행위가 실질적으로 위험성이 없다라든가, 또는 이상적인 의미를 가진 행위라 할지라도 법률이 처벌을 규정하고 있으면 그것은 범죄인 것이다. 이와 반대로 도덕적이나 윤리적으로 보면 충분히 비난받을 만한 행위라 할지라도 법률상의 처벌규정이 없으면 그것은 범죄가 아니다.

3. 실질적 의의의 범죄

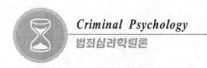

실질적 의의의 범죄란 사회공동생활을 침해하는 위험행위를 의미한다. 그러나 범인이 형사미성년자, 심신상실자 등의 책임무능력자라 할지라도 그 행위가 사회공동생활을 침해하고 있으면 그것은 범죄의 행위로 볼 수 있다.

공동생활을 침해한다는 정도를 정하는데 있어서는,

① 공중의 선에 대하여 끼치는 유해한 침해라고 보는 설(Beccaria).

② 사회구성원의 정과 성실의 정에 배반하는 침해라고 보는 설(Garofalo).

③ 사회구성원의 권리방해를 침해라고 보는 설(Ferri).

④ 사회구성원·의 법익침해 또는 위험야기를 침해라고 보는 설(Liszt) 등의 학설이 구구하나 공연한 질서, 선량한 풍속을 침해하는 행위라고 보는 것이 옳을 것이다(권인호, 행형사, 서울 국민서관, 1973, p. 37).

4. 연구대상으로서의 범죄

범죄론의 연구대상으로서의 범죄는 형식적, 실질적 의의의 범죄로 이해하는 것이 타당하다(정영석, 형사정책, 서울, 법문사, 1986, p. 29). 왜냐하면 범죄론에 있어서는 범죄를 일종의 사회현상으로 보아 사회공동생활에 반하는 행위(실질적 의의의 범죄)를 대상으로 하여 그 예방과 진압의 대책을 강구하여야 하나 현존하는 범죄의 범위, 구조 및 경향을 규명하기 위해서는 현행 형벌법규에 의하여 한정된 형식적 범죄개념을 기초로 함으로서 그 법 내용을 명확히 할 수 있기 때문이다.

종합적 입장에서 범죄를 고찰함으로서 사법관계당국의 범죄통계를 수용할 수 있으며 또 현행법상 가벌화되지 않는 반사회적 행위의 가벌화, 즉, 입법문제에도 관심을 가지며 나아가서는 가벌화 할 필요가 없는 것의 비범죄화의 문제도 관심을 가질 수 있다(임웅, 비범죄화의 이론, 법문사, 1999).

제2절 범죄학의 접근

1. 범죄학의 의미

범죄학(criminology)이 범죄(criminal)에 대한 과학적 연구로서 등장하게 된 것은 18~19세기의 유럽에서 빈번하였던 혁명의 소용돌이와 무질서에 대한 반응으로서였다. 따라서 범죄학은 사회질서의 변혁을 찾는 보수적인 이데올로기를 가진 정책과학으로서 시작하였다고 볼 수 있다(Richard Quinney, Criminology, Analysis and Critique of Crime in America, Boston, Brown, 1975, p. 4). 범죄학이란 사회현상으로서의 비행과 범죄에 대한 지식의 체계로서, 범죄행위와 그에 대한 사회의 반응에 대한 과학적인 접근을 말한다(J. E. Hall Willams, Criminology and Criminal Justice, London, 1982, p. 4). 그래서 범죄학은 상이한 학문적 관점을 가진 다양한 학자들에 의해서 혹은 학자간에 공동연구를 통해서 연구되는 학문분야라고 할 수 있다.

그러나 Wolfgang과 Ferracutti는 범죄학은 연구에 있어서 과학적인 방법, 이해를 위한 과학적인 접근 그리고 과학적인 태도를 활용하는 이론적 개념화와 일련의 조직적 자료를 집합해 왔다는 점에서 여러 분야로부터 지식을 통합한 하나의 독립된 학문분야라고 주장하고 있다(Marvin Wolfgang and Frracutti, The Subculture of Violence, London, Social Science Paperbacks, 1976, p. 20).

범죄학자인 Cressey와 Sutherland가 제시하는 고전적 의미의 범죄학 정의를 다음과 같이 말하고 있다. "범죄학이란 범죄를 사회적인 현상으로 간주하는 지식체계이다. 범죄학의 연구 범주에는 법제정의 과정, 제정된 법의 위반과정, 법위반행위에 대한 대응과정 등이 포함된다. 범죄학의 궁극적인 목적은 이러한 법, 범죄, 범죄에 대한 조치와 관련된 여러 가지 과정들에 대한 일반적이고 신뢰할 수 있는 원칙들을 확립하는데 있다"(Edwin Sutherland and Donald Cressey, Principles of Criminology, 6th ed., Philadelphia, Lippincott, 1960, p. 3).

크레시와 서덜랜드의 정의는 범죄학자들이 가장 관심을 가지는 중심적인 분야 즉, 형사법의 발전과 이러한 법규범 내에서의 범죄의 의미, 법규위반의 이유,

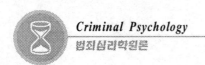

범죄행위를 통제하기 위한 수단 등이 포함되고, 이 개념정의에서 중요한 점은 범죄학 연구에 과학적인 방법을 도입하기 위하여 신뢰성 있는 원칙이라는 개념을 사용했다. 범죄학자들은 가설의 검증, 자료의 수집, 이론의 정립, 정립된 이론의 신뢰성을 검증하기 위하여 객관적인 연구방법을 활용하고 있다. 범죄학자들은 사회과학분야에서 활용되는 모든 연구방법들 즉, 통계분석, 실험연구, 관찰연구 그리고 내용분석 등을 이용하고 있다.

그리고 범죄학은 비행연구라는 분야와 때로는 혼동되기도 한다. 그러나 이 두 분야는 학문적으로 명확하게 구분이 되는 특징이 있다. 비행은 사회규범에서 벗어난 행위를 말한다. 광의의 비행의 범위에는 폭력적인 범죄로부터 일반적인 사회규범에까지 포함하는 것이다.

범죄와 비행의 관계는 모든 범죄가 비행인 것은 아니며 모든 비행이 범죄인 것은 아니라는 이유로 인하여 다소간의 혼란을 준다. 미국에서의 대마초 사용을 예를 들어 보면, 미국에서도 대마초와 같은 것을 사용하는 것은 불법이지만 이것이 실제로 비행이라고 볼 수 있는가하는 것이다. 미국 청소년들이 약물을 사용하거나 복용한 경험이 있다. 그러므로 사회규범을 벗어난 모든 행위가 범죄라는 것은 근원적으로 오류가 있는 것으로 볼 수 있다.

이와 유사하게 비행행위가 범죄로 되지 않는 것도 많이 있다. 예를 들어, 교통사고에 당한 사람을 보고 도움을 주지 않고 지나친 경우 많은 사람들이 구조하지 않은 사람의 행위를 냉담하고 비도덕적이었다고 비난할지는 몰라도 법은 일반인에게 구조의 의무를 부과하고 있지 않으므로 그 사람을 법적으로 처벌하지는 못한다. 결론적으로 전부는 아니지만 많은 범죄행위가 비행에 해당한다. 또한 전부는 아니지만 많은 비행행위가 범죄에 해당한다고 볼 수 있을 것이다.

비행과 관련된 두 가지의 명제는 범죄학자들의 특별한 관심의 대상이 된다. 비행이 어떻게 하여 범죄로 되는가, 어느 경우에 범죄행위가 합법화가 되는가 즉, 어느 경우에 사회적으로 비행행위라고 인정되는 행위가 법에 의하여 처벌받지 않는가 하는 것이다. 첫 번째 논의는 법의 역사적 발전과정과 관련이 있다. 현재는 불법으로 간주되는 많은 행위가 한때에는 이상한 행동으로 또는 비행으로만 인정된 적도 있다. 예를 들어, 대마초의 소지와 판매는 미국사회에서 1937년에 연방법에 의하여 금지되기 전까지는 합법적인 것이었다. 법의 본질과 목적을 이해하기 위하여 범죄학자들은 어떤 행위가 비행으로부터 범죄로 전환되는 과정을 연구한다. 대마초의 불법화는 미연방마약국(Federal Bureau of Narcotics, DEA(마약단속국의 전신)의 국장이었던 Harry Anslinger가 일반 시민들의 대마초에 대한 인식을 전환하기 위하여 언론이나 잡지, 대중연설 등을 적극적으로 활용하였다.

이에 반하여 비합법적인 행위가 사회규범에 적합한 것으로 인정되는 경우 비범죄화가 되거나 형량이 줄어들게 된다. 예를 들어, 낙태에 대한 합법화 논쟁과 간통죄의 폐지 논의가 현재에도 끊이지 않고 있다. 만약 불법행위가 사회규범이 된다면 사회는 이러한 행위를 재평가하고 이러한 행위가 단지 비정상적이거나 비행에 불과하다고 인정할 것인가, 역으로 과학자들이 흡연이나 음주와 같은 규범적인 행위가 건강에 중대한 해를 끼친다는 것을 증명하는 경우 이러한 행위를 불법으로 규정하여야 하는가.

결론적으로 범죄학자들은 비행의 개념과 이러한 비행과 범죄의 관계에 많은 관심을 가지고 있으며 비행에 대한 개념의 변화는 우리가 범죄에 대하여 가지는 개념과 밀접한 관련이 있다하겠다.

그리고 범죄학은 범죄라고 하는 인간행위의 현실적 현상에 관한 학문으로서 첫째, 사회에 있어서 범죄의 발생상황을 규명하는 상황론, 둘째, 그러한 상황의 발생과 변동의 원인이 무엇인가를 규명하는 원인론, 셋째, 그 상황과 원인에 대응하는 효과적인 대책을 제시할 수 있는 내용으로 한다.

2. 범죄학의 학문적 성격

학문으로서의 범죄학은 범죄상황, 범죄원인, 범죄대책을 대상으로 하여 일정한 이념하에서 그 가치를 판단하고 이에 대한 합리적이고 효과적인 이론을 연구하는 학문이다.

1) 범죄학의 과학성

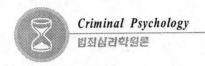

범죄학은 그 자체가 범죄 상황과 원인을 규명하고 이에 대한 범죄대책을 강구하기 위하여 범죄통계학, 범죄생물학, 범죄심리학 그리고 범죄사회학 등의 학문을 연구하여야 한다. 종래부터 범죄학은 독립적인 과학인가에 대하여는 의문시 되어왔다. 그러나 범죄학은 국가사회가 자유롭고 평화로운 가운데 삶을 유지할 수 있도록 범죄대책에 대한 원칙을 제공할 수 있는 체계적인 입장을 가지고 있기 때문에 범죄학은 과학성을 가지고 있다고 하여야 할 것이다.

2) 범죄학의 종합과학성

범죄학은 많은 자료, 예컨대 범죄통계학적 연구, 범죄생물학적 연구, 범죄심리학적 연구, 범죄정신의학적 연구 그리고 범죄사회학적 연구의 실례를 과학적으로 분석, 검토, 종합하여 학문적인 기여를 할 때 그 의의가 있는 것이다. 즉, 범죄학은 제관련학문의 종합과학으로 볼 수 있다.

원래 범죄학은 인간과 사회에 관한 여러 가지 방면의 지식의 구성원에 의해서만 그 효율적인 연구가 가능하기 때문에 관련학문의 영역에 대한 연구를 하지 않을 수 없으므로 종합과학적 성격을 지니고 있는 것이다. Reckless는 범죄학자는 학문계의 연원한 손님이고, 그의 활동영역은 영토없는 왕들이다 라는 지적을 하였다(Walter C. Reckless, The Crime Problem, New York, Appleton Century Croft Co., 1967, p. 2).

3. 범죄학 연구의 역사

1) 초기 범죄학접근

범죄와 범죄자에 대한 과학적인 연구의 역사는 근래에서 비롯되었다. 성문화된 형법이 출현한 것은 천여 년 전의 일이나 당시의 성문형법은 범죄의 종류와 형벌을 규정한 것에 불과하였다. 왜 사람들이 법을 위반하는가는 단지 추정의 영역에 속한 것일 뿐 이였다. 중세에는 미신이나 악마의 영향이 범죄의 원인으로 생각되었다. 사회규범이나 종교적인 율법을 어긴 사람들에게는 마귀, 악마가 깃들어 있는 것으로 생각하였고, 17세기까지도 이러한 삶들에 대한 처벌방법은 화형이었다. 유럽 전체를 볼 때 약 십만 명 정도의 사람을 16~18세기 사이에 마녀사냥에 희생되었다(L. J. Siegel, Criminology(5ed), 1995, West Publishing Company, p. 8).

또한 이 시기에는 일부의 가계에서는 선천적으로 불건전하고 불안정한 자녀가 태어난다는 믿음이 있었고, 이러한 사람들이 사회에 잘 적응하지 못하는 것은 열등한 혈통 때문이라고 생각하였다(Eugen Weber, A Modern History of Europe, New York, W. W. Norton, 1971, p. 398). 마귀 혹은 악마가 깃들였을지 모른다고 생각되는 사람들에 대한 처벌은 범죄자의 처벌이라는 목적뿐만 아니라 다른 일반 시민들에게도 두려움을 주기 위한 목적으로 가혹하고 공개적으로 집행을 하였다. 폭력범죄나 재산범죄도 이 당시에는 사형에 처해지기도 하였다.

2) 고전주의 범죄학접근

18세기 중반 사회철학자들은 당시에 널리 퍼져있던 법과 정의에 새로운 이론을 제시하였다. 그들은 행하여진 범죄와 형평성을 강조하면서 처벌에 대하여 좀 더 이성적인 면을 강조하였다. 이러한 관점은 사람의 행위는 유용하고 목적적이며 이성적이라는 관점에 바탕을 둔 공리주의 철학에 기초한 것이었다. 일반인들에 경각심을 일깨워 법에 복종 하거나 법이 존재함에도 불구하고 이를 위반한 사람들을 단순히 사형에 처하기보다는 좀 더 온건하고 정당하게 처벌할 것을 주장하였다. 이러한 주장을 한 학자는 베카리아(Cesare Beccaria, 1738~1794)이다. 베카리아는 범죄유발 원인과 범죄의 통제방법에 대하여 많은 저술을 남긴 학자이다.

Beccaria는 사람들은 행복을 원하고 고통을 피하고자 하므로 범죄는 범죄를 범하는 자에게 즐거움을 안겨준다고 생각하였다. 범죄를 억제하기 위해서는 범죄를 저지름으로서 얻게되는 행복을 상쇄할 수 있을 만큼의 고통을 안겨주어야 한다고 주장하였다. 그러므로 범죄는 범죄자에게 대한 적합한 처벌을 통하여 통제가 가능한 이성적인 선택인 것이다. 베카리아와 그의 학맥을 함께하는 학자들은 고전주의 범죄학이라고 알려진 이론의 핵심을 제공하였다. 18세기에 형성되기 시작한 고전주의의 범죄학 이론은 다음의 요소를 지니고 있다.

① 사람들은 자신의 욕망을 충족시키거나 문제를 해결하기 위하여 사회적으로 용인된 방법을 취하거나 범죄를 범할 수 있는 자유의지가 있다.

② 범죄적인 해결방법은 사회적으로 용인된 해결방법보다 적은 노력을 기울이고도 목적을 달성할 수 있으므로 오히려 더 매력적인 방법이 될 수 있다.

③ 범죄적인 해결방법을 선택할 가능성은 사회가 그러한 행위에 대하여 보이는 반응에 따라 달라진다.

④ 가혹, 확실, 신속한 사회의 대응은 범죄행위의 통제를 더 용이하게 한다.

⑤ 가장 효과적인 범죄예방법은 범죄가 매력적인 선택이 아니라는 인식을 줄 수 있을 정도의 충분한 처벌을 하는 것이다.

이러한 고전적인 견해는 18세기 후반과 19세기의 법철학에 많은 영향을 끼쳤다. 교도소가 범죄자의 처벌을 위한 수단으로 사용되기 시작하였고 형벌도 범죄의 경중에 따라 차별적으로 부과되기 시작하였다. 다시 말해서, 범죄에 알맞은 처벌이라는 말로 설명할 수 있을 것이다. 이러한 고전적인 개념은 범죄학적인 사고의 중심에 자리 잡았고 후에 출현한 신고전주의 이론의 선구자적 역할을 하였다고 할 수 있다. 그러나 19세기에는 새로운 세계관이 출현하면서 고전주의 이론의 신뢰성에 의문을 주었고 범죄의 원인에 대한 혁신적인 견해를 제시하게 되었다.

3) 실증주의 범죄학접근

100여년 동안 고전주의가 범죄, 법, 정의에 대한 관념들을 주도하고 있을 즈음 19세기 후반에 새로운 경향이 나타나기 시작하면서 고전주의의 아성에 도전하기 시작하였다. 유럽에 과학적인 방법론에 의하여 발달한 실증주의 바람이 불기 시작한 것이다.

이러한 변화는 생물학, 천문학, 화학 등의 발달에 자극 받아서 생겨나기 시작한 것으로 범죄학의 연구에도 만약 자연현상을 설명하는데 과학적인 방법이 성공적으로 활용된다면 과학적인 기법이 인간의 행위도 설명할 수 있다는 가정에서 새로운 방향으로 연구를 시작한 것이라 할 수 있다.

Auguste Comte(1798~1857)는 사회학의 창시자로서 과학적인 방법론들을 사회학 연구에 도입하였다. Comte는 사람들이 그들이 속해서 살아가는 세계를 어떻게 해석하는가를 기준으로 사회를 구분하고, 사회는 일정한 단계를 거쳐 발전한다고 주장한다. 원시단계에서 점진적으로 사회가 발전하면서 인간은 보다 과학적이고 이성적인 해석을 하게 된다고 보았다. 이러한 마지막 단계의 사회를 실증주의 단계라고 하였다.

Comte 실증주의는 두 가지의 기본요소를 가지고 있다. 첫 번째는 인간의 행동은 개인적인 통제범위를 벗어난 외부적인 힘에 의한 작용이라는 것이다. 이러한 외부적인 힘의 일부는 부, 사회계급 등 사회적인 것일 수도 있고, 전쟁이나 기아 등 정치적, 역사적인 것일 수도 있다. 또 다른 외부적인 힘은 뇌의 구조나 생물학적인 특징, 정신능력 등 개인적이고 심리적인 것이다. 각각의 외부적인 힘은 인간행동에 영향을 미치게 된다. 둘째 요소는 사회문제의 해결에 과학적인 방법들을 활용한다는 것이다. 실증주의자들은 가설을 증명하기 위하여 엄격한 경험적인 방법에 의존을 한다. 즉, 사실에 입각한 직관적인 관찰과 환경

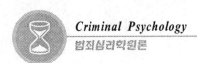

및 사건에 대한 측정을 신뢰를 하고 있다. 실증주의자들은 추상적인 지식(intelligence)이라는 용어가 IQ 테스트에 의하여 측정 가능하기 때문에 이를 인정한다. 그러나 영혼이라는 말에 대해서는 과학적으로 검증할 수 없다는 이유로 존재자체에 대하여 의문을 가지게 되는 것이다. 실증주의는 모든 인간의 행위는 과학적인 원칙에 의하여 검증 가능하다는 과학의 미신이 19세기를 풍미하도록 원동력을 제공한 Charles Darwin(1809~1882)에 의하여 더욱 발전을 하게 된다.

모든 인간의 행위를 과학적인 방법으로 설명할 수 있다면 인간행위의 일종인 범죄도 설명될 수 있지 않겠는가하는 생각이 18세기 중반부터 대두되기 시작하였다. 이러한 과학적인 연구는 초기에 생물학적인 관점에 중점을 두었다. J. K. Lavater(1741~1801)와 같은 관상학자들은 귀, 코, 눈의 생김새와 그들 사이의 거리를 측정하여 측정치와 반사회적인 행위와의 관련성을 밝히기 위하여 범죄자의 얼굴모양을 연구하였다. Franz Joseph Gall(1758~1828)과 같은 골상학자들은 두개골의 모양이나 돌출형태가 범죄의 연관성이 있는가를 연구하였다. 골상학자들은 두개골의 외형적인 특징에 따라 뇌의 특정부위가 신체적인 행동을 지배한다고 가설을 세웠다. 원시적이고 준과학적인 방법론이 제대로 인정받지는 못하였으나 범죄에 대한 과학적인 방법론의 도입이라는 측면에서 본다면 나름대로의 역할을 했다고 평가할 수가 있겠다.

롬브로조(Lombroso, 1835~1909)는 이탈리아에서 사형수를 대상으로 범죄자의 신체적인 특징이 법을 준수하는 일반인과 어떠한 차이가 있는가를 과학적 입장으로 연구를 한 바 있다. 범죄학의 창시자인 롬부로조는 군의관으로 대부분의 생을 보낸 학자이다. 이러한 군의관의 경험은 범죄를 저지르고 사형된 군인들을 관찰할 수 있는 입장에서 접근되었기 때문에 사실적 관찰에서의 범죄를 연구할 수 있는 기회를 가졌다. 후에 비정상적인 정신장애를 가진 것으로 판명된 범죄자들을 수용하는 Pavia, Pesaro, Regio Emilia 교도소의 수형자들을 많이 연구하였다(Howard Becker, Outsiders, Studies in the Sociology of Deviance, New York, Free Press, 1963, p. 21).

롬브로조의 이론은 다음과 같은 것으로 집약을 할 수 있다.

① 상습성이 있는 상해범이나 재산관련 범죄행위 등 중한 범죄를 저지르는 자는 범죄적인 성향을 타고났다. 생래적 범죄인(born criminals)들은 신체적인 결함을 타고났고 결함에 의하여 범죄를 저지를 수밖에 없다는 것이다. 이러한 관점은 범죄인류학(criminal anthropology) 연구에 기초를 형성하게 되는 계기를 마련하였다.

② 생래적 범죄인은 인간이 야만인으로 생활하던 원시적인 시대의 특성에 접합한 신체적 특성을 지니는 격세유전적 변이성의 특징을 지닌다. 예를 들어 범죄자들은 육식동물이나 야만인들이 날고기를 먹기 위하여 필요로 했던 큰 턱과 강한 어금니를 지니고 있다는 것이다.

또한 롬브로조는 범죄자의 행동을 정신병자나 간질환자들의 행동과 비교하였다. 롬브로조의 이론에 따르면 정신병자, 귀머거리, 매독환자, 간질환자, 알콜중독자 등 범죄자는 아닐지라도 반사회적인 특성을 가진 사람들이 빈번하게 발견되는 타락한 가계에서 태어난 사람이 얻게 되는 간접적인 범죄유전적 특성 즉, 간접적인 유전형질(indirect heredity)이 범죄의 직접적인 원인이며, 직접적으로 범죄자의 가족과 관련된 직접적 유전형질은 부차적인 범죄의 원인이라고 주장한다.

4) 사회학적 범죄학접근

생물학적 이론이 범죄학을 지배하고 있는 동안 일부의 학자들은 19세기에 발생했던 여러 가지 주요한 사회적 변화들은 과학적으로 설명하기 위하여 사회학적인 관점에서의 연구를 시작하였고, 사회학은 사회에 관한 연구에 있어서 이상적인 방법론으로 접근되었다.

사회학적 범죄학은 L. A. J. Quetelet와 Emile Durkehim(1858~1917)의 연구로 거슬러 올라간다. 께뜰레는 벨기에의 수학자로서 프랑스인 Andre-Michel Guerry와 더불어 범죄학의 지리학파(지도학파, Cartographic School)라 한다(께뜰

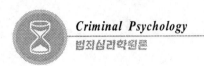

렝와 케리를 통계학파라고도 칭한다. 송광섭, 범죄학과 형사정책, p. 43).

께뜰레는 19세기 초반 프랑스에서 사회통계법을 발전시켰고, 계절, 기후, 성별, 나이 등의 변수와 우범성향(propensity to commit crime)과의 관련성을 객관적인 수학적 기술을 활용하여 연구한 최초의 학자 중 한사람이다. 가장 주요한 연구는 사회적 요인들이 범죄율과 밀접한 관련이 있다는 것이다.

연구결과에 따르면 나이와 성별이 범죄와 가지는 관계가 다른 요소보다 밀접하였고 계절, 기후, 인구구성, 가난도 범죄와 관련성이 있다는 것이다. 범죄는 겨울보다는 여름에, 남부지역에서 인구구성이 혼합적인 곳에서, 가난하고 저학력자들 사이에 음주벽이 있는 사람사이에서 자주 발생한다는 것이다. 따라서 께뜰레는 사회학적 입장에서의 범죄관계 연구에 많은 공적을 남겼다. 그는 범죄와 사회현상과의 관련성을 밝혀내었으며 이러한 관점에서의 접근은 범죄학의 기초를 형성하게 되었다고 볼 수 있다.

에밀 뒤르껭은 사회학 창시자 중의 한 명이며, 또한 범죄학의 발전에 공헌을 한 학자로 볼 수 있다. 범죄는 일상적이고 필수적인 사회현상이라는 범죄에 대한 그의 정의는 현대 사회학의 발전에 다른 그 무엇보다도 큰 영향을 주었다. 사회 실증주의에 대한 관점에 따르면 범죄는 나이와 빈부의 구분 없이 발생하는 인간본성의 일부분이라고 본다. 범죄 없는 사회란 실제로 존재할 수 없으므로 범죄는 아주 자연스런 현상으로 보았다. 사회에서 범죄를 소멸시키려면 모든 사람들이 다른 사람과 똑같이 행동하고 생각하여야 하지만 사회의 다양성과 이질성으로 인하여 범죄는 불가피하게 발생하게 된다. 사람들은 제각기 다른 특성을 지니고 있고 자신들의 욕구를 해결하기 위하여 다양한 방법과 양식을 구사하게 되므로 일부의 사람들이 범죄를 통하여 자신의 욕구를 해결하고자 하는 것은 어찌 보면 아주 당연한 일이다. 또한 범죄란 아주 유용하고 때에 따라서는 사회가 겪어야 하는 바람직한 경험중의 하나라고 본다. 범죄가 존재한다는 것은 사회의 구조가 경직되거나 불변한 것이 아니라는 것을 보여주며 사회변화의 길이 열려있다는 것을 의미한다. 다시 말해, 만약 범죄가 존재하지 않는다면 모든 사람이 동일한 방식으로 행동해야 하고 무엇이 옳고 그른가에 대하여 사회구성원 전체가 동일한 판단을 내리고 있다는 것을 의미한다. 이러한 일체화된 사회에서는 창의와 사고의 독립이 불가능하게 된다. 이 개념을 설명하기 위하여 뒤르껭은 젊은 사람들의 도덕관념을 훼손시켰다는 이유로 사형에 처해진 그리스 철학자 소크라테스의 예를 든다.

또한 뒤르껭은 범죄는 사회 병리현상에 대하여 다른 사람들의 관심을 집중시키는 유용한 측면이 있다고 주장한다. 증가하는 범죄율은 사회변화의 필요에 대한 신호가 되며 범죄를 일으키게 된 여러 가지 불합리한 요소를 변화시키기 위한 다양한 프로그램들이 개발되게 되는 것이다.

사회학적 실증주의는 20세기 초에 시카고대학의 사회학과 교수인 Robert Exra Park(1864~1944), Ernest W. Burgess(1886~1966), Louis Wirth(1987~1952)와 동료학자들의 연구에 의하여 그 전성기에 도달하게 되었다. 시카고학파는 사회형태학(social ecology) 연구의 선구자들이며, 이들을 따르는 학자들이 도시지역을 움직이는 사회적인 힘은 범죄활동을 유발시키며 일정한 지역사회는 자연적인 범죄지역으로 변해간다는 결론을 도출시키는데 큰 기여를 하였다. 이러한 도시지역은 심각한 빈곤상태로 인하여 사회의 주요 구성요소인 가정이나 교육이 붕괴된다. 그에 따르면 사회붕괴는 중요한 사회구성요소가 개인의 행동을 통제하는 기능을 수행하지 못하게 만들고 그 결과가 높은 범죄율로 나타난다고 주장한다.

1930년대에 심리학(psychology)에 영향을 받은 또 다른 사회학자들은 범죄학의 이론에 사회심리학적인 요소를 도입하기 시작하였다. 그들은 교육, 가정생활, 동료관계 등 중요한 사회과정과 개인의 관계가 인간행동의 이해에 핵심적인 요소라고 결론 내리고 어떠한 사회에서도 갈등을 겪고 붕괴된 가정이나 부실한 학교교육, 비행성향을 지닌 동료들과의 교우관계 속에 자라난 아이들은 자연스럽게 범좌유발 여건에 노출된다고 보고 있다.

1950년대에 대부분의 범죄학자들은 환경학적이나 사회학적인 요인들과의 범죄와의 관련성을 인정한다. 그러나 이러한 주장들이 중요 사회구성요소의 기능이 범죄와 직접관련 되어 있다는 주장의 전부는 아니다. 유럽에서도 또 다른 사

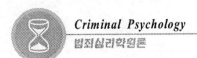

회학자인 Karl Marx(1818~1883)가 그의 저서에서도 위의 주장과는 다른 측면에서 사회적인 상호과정을 관찰할 것을 주장하고 범죄학에 새로운 접근방식을 제시하였다.

5) 현대의 범죄학 접근

200여년 동안 많은 범죄학 학파들이 형성되었고 개개의 학파들이 많은 변화와 혁신을 겪었지만 모든 연구 방향이 범죄학 연구에 있어서 중대한 영향을 미쳤다. 예를 들어 고전주의 이론은 이성적인 선택과 위하이론을 전개하였다. 선택이론을 주장하는 학자들은 범죄학자들은 이성적이며 범죄를 행하는 것이 이익이 되는지를 결정하기 위하여 취득할 수 있는 정보를 이용하며, 위하이론에 의하면 처벌에 대한 두려움이 선택을 결정하는 요소가 된다고 주장하였다.

범죄인류학도 변화를 겪었다. 더 이상 어떤 학자도 하나의 원인에 의하여 범죄가 발생한다거나 유전적인 요소가 범죄를 설명할 수 있다고는 주장하지 않는다. 그러나 일부학자들은 생물학적 또는 정신적인 특성이 환경적인 요소와 결합하여 모든 인간행동에 영향을 미친다고 주장한다. 생물학적 그리고 심리학적인 이론가들은 범죄행동과 인간의 특성 즉, 식사, 호르몬의 구성, 성격, 지능 등의 관련성에 대하여 연구를 하고 있다.

께뜰레와 게리(께뜰레(Adolphe Quetelet, 1796~1874)는 벨기에의 학자이고, 게리(Andre Michel Guerry, 1802~1866)는 프랑스의 법률가이다. 이 두 사람은 고전주의 범죄학의 자유의지론을 처음으로 반박한 학자들이다. 이들은 연령, 성, 종교, 기후, 빈곤 등과 같은 요인들이 범죄통계와 어떤 연관을 갖고 있는가를 연구한 결과, 범죄행동은 개인의 자유의지에 의한 것이 아니라 사회에 책임이 있는 것이라고 주장했다. 1872년 최초의 현대적인 범죄통계가 프랑스에서 발간되었다. 게리는 이 통계의 분석으로 사회적인 요인에 따라 범죄율이 상이함을 증명하였다. 예를 들면, 프랑스에서 최고 부유층이 사는 지역이 재산범죄 발생율에서 가장 높고, 폭력범죄 발생율은 나라 전체의 절반 수준이라는 사실을 발견하였다. 케뜰레는 각국에서 발간된 여러 통계수치를 분석하여 기후, 연령, 성, 기후 등의 사회환경적 요인들이 범죄발생과 함수관계가 있다는 것을 연구하였다. 특히 그는 개인보다는 집단에 초점을 맞추어 사람들의 행동이 예측가능하고, 규칙적이며, 이해할 수 있는 것이라고 주장을 했다. 1835년에 발표한 사회물리학에 관한 논문에서 사회는 범죄를 예비하고 범죄자는 그것을 실천하는 도구에 불과하다고 주장을 하였다), 뒤르껭(Emile Durkheim, 1858~1917, 뒤르껭은 12살이던 1870년에 독일군이 프랑스를 침략하여 그의 고향이 점령당했다. 어린 나이에 전쟁과 사회적 혼란을 겪었으므로 이 영향과 충격이 그의 생에 있어서 잘 나타나고 있다. 즉, 그의 저서 자살론(suicide, 1951)은 자살의 원인을 급격한 정치, 경제, 사회의 변동이라고 주장하고 있다. 그는 심각한 불경기, 큰 정치적 위기, 급격한 사회의 변동이 Anomie를 유발하고 동시에 높은 자살률을 나타낸다고 한다. 아노미란 사회의 기본 규범이 크게 흔들리고 혼돈된 상태로 무규범상태(normlessness)를 의미한다. 따라서 그는 사회환경을 주의 깊게 연구하면 자살률을 예견할 수 있다고 한다. 또 경제주기에 따라서 자살률이 다름을 관찰하였다. 즉, 자살률은 불경기와 호경기 때 가장 높다는 것이다. 불경기 동안 사람들은 그들의 경제적 수단들을 상실하게 된다. 사람들은 목표(goals)와 수단(means)간의 괴리(discrepancy)를 더 많이 경험함으로서 stress가 증가하게 되고, 이러한 stress는 높은 자살률로 나타나게 된다. 또한 경기가 팽창할 동안은 과정이 다르나 이와 유사한 현상이 일어나는 것으로 그는 보고 있다. 따라서 뒤르껭은 불경기와 유사하게 호경기에도 목적과 수단간의 괴리가 증가하며, 이와 같은 괴리는 stress를 증가시키고, stress는 자살을 증가시키게 된다고 주장해한다. 이러한 과정을 뒤르껭은 아노미적 자살이라 했다. 그리고 자살에 대한 개인적, 심리적 차원의 원인연구로부터 지속적인 사회관계들을 반영하는 사회 혹은 소집단들의 특성연구로 범죄학을 영향을 전환시켜 놓았다. 사회적 비규제와 자살 간의 관계에 대한 뒤르껭의 연구는 자살에 대한 사회학적 연구를 고무시키는 계기를 조성하였으며 범죄학이론 중의 하나인 Merton의 아노미이론으로 연결되어 많은 범죄학의 연구가 있었다) 등으로 거슬러 올라가는 사회학적 범죄학에서는 개인의 생활양식과 생활환경이 직접적으로 그 사람의 범죄행동을 통제한다고 주장한다. 사회구조의 최하위층에 존재하는 사람들은 성공을 이룰 수 없고 그에 따라 아노미, 긴장, 실패, 좌절감을 경험하게 된다.

또 다른 사회학자들은 사회심리학적 요소들을 범죄원인의 파악에 도입하여 개인의 학습경험이나 사화화가 직접적으로 범죄자의 행동을 통제한다고 주장한다. 일부의 경우 아이들은 그들이 존경하는 사람의 행동을 따라 배우거나 그

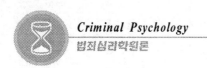

들과 상호관계를 가짐으로서 범죄를 학습하게 된다고 주장하고, 또 다른 학자들은 범죄자들은 그들의 생활경험에 의하여 그들이 기존에 가졌던 사회와 관련성이 파괴됨으로서 범죄자의 길로 접어들게 된다고 주장한다.

마르크스와 그의 추종자들의 연구는 계속해서 범죄학 연구에 영향을 미치고 있다. 범죄학자들은 사회적, 정치적 갈등이 범죄의 원인이라고 생각하고 있으며, 발달된 자본주의 사회의 원초적인 경제적 불균형 구조는 높은 범죄율을 유발시킨다고 생각하고 있다.

범죄학자들은 최근에 이러한 여러 가지 견해들을 종합하여 범죄원인에 대한 이론을 전개를 하고 있다. 범죄학은 풍부한 역사를 가지고 범죄와 관련된 여러 기관들의 형태와 정책에 큰 영향을 미치고 있다.

지난 20여년 동안 범죄학은 사회의 선별된 구성원에 대하여 범죄적 정의를 조장하고 작용하는 과장을 분석하는 데 관심을 보여 왔다. 그리고 범죄학이 전반적으로 범죄와 범죄자에 대한 과학적인 연구임과 동시에 사람을 대상으로 하는 인본주의적 학문으로 자리잡아가고 있다. 따라서 현대의 범죄학은 범죄, 범죄자 그리고 해결책을 밝히는 사회과정에 대한 과학적인 연구를 지속적으로 하고 있다.

4. 범죄학의 연구방법

1) 서설

범죄학자들은 범죄의 원인과 그 실체를 밝히기 위해 다양한 연구방법을 활용한다. 개별적인 이론과 범죄행위의 유형을 측정하고 이해하기 위해서는 이와 관련된 정보를 수집(임상곤, 정보분석론, 백산출판사, 2003, pp. 103~135)하는 방법을 개발하는 것이 필요하다. 범죄학 연구에 활용되는 방법론을 익히는 것은 범죄학자들이 다양한 문제와 의문점들을 어떻게 해결하는가를 이해하는데 필수적이다.

범죄학을 공부하는 학생들은 반드시 연구에 부수되는 정치적, 사회적 결과에 대하여 인식하고 있어야 한다. 범죄학자들은 범죄와 형사사법과 관련된 그들의 전문가적인 지위에 부과되는 사회적인 책무를 소홀히 하는 경향이 없지 않다.

범죄자들을 연구하는 전문가라는 입장에서 볼 때, 범죄학자들은 실제로 막강한 권한을 가지고 있으며 그들의 주장이나 행동이 유발시키는 잠재적인 결과는 실질적으로 큰 영향력을 가지고 있다. 그러므로 범죄학자들은 그들의 윤리적 책임을 자각하고 그들의 연구가 공중의 세밀한 심사를 받을 수 있다는 것을 인식하여야 하겠다.

중요한 윤리적 문제 중의 하나는 누구를 범죄학의 연구대상으로 할 것인가이다. 범죄학들은 화이트칼라 범죄, 조직범죄(임상곤, 공안교정학의 이해, 백산출판사, 2003, p. 20), 정부기관의 범죄는 경시하고 대부분의 경우 빈곤층이나 사회적 약자에게만 관심을 집중하고 연구의 대상으로 삼는 경향이 있다. 이러한 문제점을 비판하는 학자들은 범죄학자들이 빈자나 사회적으로 열악한 지위에 있는 사람들의 가면을 벗긴다는 구실로 그들에 대한 가혹한 처벌을 정당화하는 결과를 낳는다고 주장한다.

일부 학자들은 일반인 보다 지능이 낮은 사람의 비율이 해당지역의 범죄발생을 예측할 수 있는 가장 유용한 지수라고 주장하기도 하다. 그러나 연구는 연구방법 자체가 올바르지 못한 경우가 많으며 설사 용인할 있을 정도로 실험적인 것이라고 하더라도 다른 요건들을 무시하고 하나의 조건만을 가지고 연구한 결과에 지나지 않는다.

이 외에도 연구대상이 연구의 목적을 제대로 이해하지 못하고 연구에 응하는 경우도 많다. 결손가정의 청소년들을 상대로 한 연구에서 대부분의 연구자들은 그들의 답변내용이 가정환경의 차이에 따른 범죄발생률을 연구하는 목적으로 사용된다는 것을 미리 설명해 주지 않는다. 연구대상자에게 명확하게 연구목적을 사전에 고지해 주어야 하는가, 만약 고지한다면 실제로 의미 있는 연구결과를 얻어낼 수 있는가, 연구 자료를 얻기 위하여 범죄학자가 어떠한 방법까지 취할 수 있는가, 연구 자료를 얻기 위하여 연구대상자를 속이는 것이 허용되는가 등이 여전히 의문점으로 남을 수 있다.

2) 사례연구

Case study란 범죄자 개개인에 대하여 그의 인격, 환경 등의 제측면을 종합적으로 분석하고 각각의 상호 연결 관계를 규명함으로서 이를 기초로 하여 범죄원인의 해명과 범죄자의 처우를 꾀하려는 방법을 말한다. 광범위한 사례연구는 범죄성의 해명에 크게 기여하였다. 그러나 사례연구자의 편견이 결과를 왜곡할 우려가 있기 때문에 사례연구자는 범죄 및 범죄자에 대한 객관적인 분석결과에 충분한 지식을 갖고 있어야 만이 사례연구의 왜곡된 해석을 피할 수 있다. 또한 선택한 사례가 전형적이지 않으면 다른 상황에 일반화가 안된다는 단점이 있을 수 있다. 사례연구는 표본조사와 서로 단점을 보완하여 병행 실시되기도 한다.

3) 관찰연구

범죄학의 연구에 자주 사용되는 방법 중의 하나의 범죄자를 직접 관찰함으로서 범죄의 동기와 범죄행동을 밝히는 관찰연구(observational research)로 볼 수 있다. 연구를 위하여 관찰자가 직접 범죄집단의 활동에 참가하여 행동을 관찰하기도 하는데 그 중 유명한 연구가 William Whyte가 행한 보스턴 갱들에 관한 연구 결과인 길모퉁이의 사회(street corner society)이다. 다른 관찰자들이 한 연구는 직접 범죄행위를 관찰한 것이 아니라 범죄활동의 배경 등을 연구하는 간접적인 관찰이 대부분이다.

또 다른 유형의 연구방법은 인위적으로 만들어진 연구시설에서 피실험자들을 대상으로 주어진 환경과 자극에 피실험자가 어떻게 반응을 하는가를 관찰해 보는 것이다. 예로는 피실험자에게 폭력적인 영화를 보여주고 그에 따른 행동의 변화를 관찰하는 공격적 행동변화 관찰실험을 들 수 있다(L. Rowell Huesmann and Neil Malamuth, Media Violence and Antisocial Behavior, Journal of Social Issues 42(1986), pp. 31~53).

4) 실험연구

Experimental research를 하기 위해 범죄학자는 조사 대상자들의 생활을 통제하고, 통제에 의한 변화결과를 측정한다. 실험연구를 위해서는 집단의 등가성(equivalence of group) 확보, 사전과 사후조사(pre and post-test), 실험집단과 통제집단(experimental and control group)이라는 세 가지의 특징을 통하고, 실험연구 방법은 연구의 내적 타당성에 영향을 미치는 요인들을 통제하는데 가장 유리한 방법으로서 신속하고 적은 비용으로 계량화할 수 있는 자료를 확보할 수 있다. 연구자는 자신이 자극, 환경, 처우시간 등을 통제함으로서 스스로 관리할 수 있다는 것이다. 또한 외적타당성을 확보하기 위한 변수의 통제로 인한 인위성(artificiality)의 위험성은 자연조건상의 모집단에 일반화할 수 있는 가능성을 저해하며 연구자가 변수를 적절히 조작할 수 있는 환경이나 여건과 실험대상을 확보하기가 쉽지 않다는 어려움이 있다. 실험은 내적타당성(internal validity)에 관련된 요인들의 통제는 쉬우나, 외적타당성(external validity)에 관해서는 약점을 가지고 있다.

어떠한 측면에서도 실천적 방법이 범죄연구의 최선의 방법은 될 수 없으며, 단지 다른 연구방법을 비교할 수 있는 기준으로 이해할 수 있다. 모든 연구 주제가 다 실험이 가능한 것도 아니기 때문에 주제에 따라서 다양한 자료수집의 방법의 적절하며, 상황에 따라서는 필요한 때도 있을 수 있다.

범죄학 연구에 있어서 실험연구는 장기간이 소요되고 많은 예산이 필요하다. 또한 실험연구를 위해서는 조사대상자에 대한 여러 가지 통제가 필요하나 이러한 통제는 윤리적, 법적인 문제를 야기 시키는 등의 난점으로 인하여 자주 사용되는 기법은 아니지만 그래도 범죄학 연구에 있어서 필수적인 연구방법 중의 하나라고 할 수 있다.

5) 통계분석연구

연구기관이나 정부기관이 수집한 방대한 양의 통계자료를 연구에 활용한다. 여기서의 범죄통계라 함은 공식범죄통계를 의미한다(우리나라의 경우 공식적인 범죄통계자료인 범죄분석(경찰청에서 매년 발행), 범죄분석(대검찰청에서 분기별로 발행), 범죄백서(법무연수원에서 매년 발행), 청소년백서(문화체육부에서 매년발행), 교정수용통계연보(법무부 교정국) 등이 있다(최재천, 형사정책, 1998, 유스티니아누스, p. 19).

이러한 기존자료는 범죄를 발생시키는 여러 가지 사회환경을 연구하는데 필요한 자료를 제공한다. 예를 들어, 범죄와 빈곤과의 관계를 연구하는 경우, 범죄학자들은 가정의 수입, 생계보조를 받는 가구의 수 등을 파악하고 해당 지역내의 범죄발생 빈도를 측정함으로서 상호간의 관계를 파악한다.

기존의 자료는 사회의 변화추세와 범죄유형의 변화과정을 잘 나타내 준다. 그러나 이러한 통계는 해당 기관들이 인지한 범죄사건이나 범죄자에 대한 분석결과만을 포함하고 있고, 일정기간 동안 발생한 범죄 및 범죄자들을 죄종별로 집계하여 일반적인 경향성만을 파악할 수 있어 범죄의 실질적인 규모의 파악이 불가능할 뿐 아니라, 범죄와 범죄자 상호간의 여결관계에 대한 분석이 곤란하다. 또한 모든 범죄가 경찰에 신고되고 공식적으로 처리되는 것이 아니므로 암수범죄의 문제가 있고 통계의 부정확성이라는 것을 감안하여 해당 통계의 분석과 인용에 많은 주의를 기울려야 한다.

6) 표본조사연구

범죄측정은 다양한 자료에 대한 분석에 기초한다. 조사연구는 연구주제에 대하여 대상 집단에 대한 면접이나 질문조사를 하는 것을 포함한다. 이러한 방법은 다양한 배경을 가진 대상자(다양한 구성성분의 출신)들을 상대로 동시에 관련 내용을 측정하는 특성으로 인하여 교차연구(cross sectional research)라 하기도 한다. 대부분의 조사는 표본추출을 통한 조사를 시행한다. 예를 들어, 국내 교도소에 수용되어 있는 전체의 재소자 중에서 일정수의 죄수를 표본으로 추출하여 연구를 한다. 또한 특정지역의 침입절도를 연구하기 위하여 특정지역에서 발생한 침입절도 중 일정 수를 표본으로 추출하여 연구하기도 한다. 표본추출 과장에서 중요한 것은 추출된 표본이 전체 모집단의 특성을 대표할 수 있어야 한다는 조건이다. 조사연구는 태도, 신념, 가치, 개인적인 특성, 참여자의 행위를 측정하기 위하여 사용한다.

표본조사

Sample이란 어떤 대상 전체를 대표하여 선정된 부분적 연구대상을 의미한다. 따라서 표본조사(sample survey)는 사회조사(social survey), 조사연구(survey research) 또는 조사(survey) 등으로 불리며, 오늘날에는 사회과학 전 분야에 걸쳐 널리 사용되어오고 있다. 표본조사란 선정된 모집단의 수가 많을 경우 모집단을 대표하는 표본(sample)을 추출하여 조사하는 방법으로 표본조사의 목적과 기능, 과정, 장단점들에 대하여 살펴보면 다음과 같다.

1. 표본조사의 목적과 기능

표본조사의 목적은 이론적, 학문적인 것과 실제적, 정책적인 것으로 구분할 수 있다. 이론적인 목적을 구체적으로 설명하기에는 정책적 목적을 전제로 할 수 있다. 표본조사는 어떤 연구대상이 되는 모집단의 사회 심리적 속성을 수량적으로 기술할 수 있는 상대적 빈도나 크기와 분포, 변수들간의 관계를 발견하는 이론적, 학문적 목적을 가지고 있다. 표본조사는 어떤 변수를 가지고 모집단의 속성을 기술적으로 파악하고 경험적 일반화를 내리며, 변수들간의 관계를 통하여 설명하기 위한 것이다. 표본조사의 구체적인 목적과 기능은 다음의 설명과 같다.

1) 탐색

연구자가 관심은 있으나 잘 알지 못하는 분야의 주제를 다루고자 할 때 주제나 상황과의 친근성을 높이기 위하여 제한된 범위의 표본조사를 실시한다. 또 연구문제를 정교화하기 위한 문제형성 조사(formulate study)도 일종의 탐색조사이다.

2) 기술

기술적 조사연구는 사실규명 작업이고, 이와 대비하여 이론 전개용의 설명적 조사연구를 부각시킨다. 어떤 현상의 정확한 측정을 주목표로 하고, 이를 바탕으로 한층 더 정교한 목적의 다른 연구를 할 수 있게 하는 기능을 수행한다. 실태조사(status survey)도 기술적 조사의 한 유형이다.

3) 설명

설명(explanation)은 표본조사에서 변수들의 관계를 다루는 과정에서 나타내는 인과성에 대한 설명이다. 인과적 설명이란 주로 실험적 방법에서 추구하는 것이 원칙이지만, 표본조사에서도 가설검증법과 유사실험, 설계 또는 실험적인 성격의 통제된 분석을 통하여 시도할 수 있다.

4) 가설검증

표본조사도 처음부터 일정한 가설을 설정하고 이를 검증할 목적으로 실시하는 수사 있다. 이 때 주로 작업가설(working hypothesis)을 제시하고 경우에 따라 좀더 정교한 조작적 정의와 통계적 통제를 통하여 이들을 검증하게 된다.

5) 평가

평가(evaluation)는 최근 정책평가의 목적으로 자주 활용되기 시작하였다. 표본조사법을 이용하는데 의식적, 계획변동의 과정 또는 결과에 관한 평가를 하고자 할 때 주로 사용된다.

6) 예측

미래의 상황이나 사상을 예측(prediction)하기 위한 자료수집에도 표본조사를 널리 사용할 수 있다. 응답자의 태도와 생각을 바탕으로 직접예측하기도 하고 일종의 외삽법(extrapolation)으로 현재의 기술적 자료를 바탕으로 미래예측을 할 수도 있다.

7) 사회지표 개발

사회지표를 개발할 때도 표본조사법을 사용한다. 건강, 교육, 여가활용, 범죄 등에 관한 다양한 자료를 조사 대상자로부터 직접 얻어내는 방법으로 표본조사가 매우 유용하게 사용되고 있다.

2. 표본조사 계획시 고려사항

1) 연구의 타당성 인식

조사연구 후 연구결과가 의사결정에 중요한 정보인지 아닌지의 여부에 대한 타당성을 연구자가 정확히 인식하여야 한다.

2) 연구목적의 규명

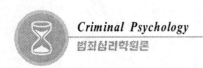

문제규명 과정에서 확정된 조사문제의 해결이 바로 연구목적이 되며, 이러한 연구목적은 연구자가 연구를 수행하게 된 연구의 원인적 내용이다.

3) 정보내용의 명확화

연구목적을 달성하기 위하여 조사를 통하여 얻어내야 하는 정보들을 말하며, 이러한 정보들의 내용을 명확히 규명하는 것이 매우 중요하다. 이는 조사결과의 효과를 높이고 조사 실시 과정에서 시간과 비용을 절약할 수 있기 때문이다.

4) 조사의 방법

조사방법의 선택은 주로 획득해야 할 정보의 특성과 자료의 획득 가능성에 의해서 좌우되며, 조사자의 조사기술과 경험, 시간과 사용가능한 예산에 의해서도 영향을 받을 수 있다. 동일한 조사목적을 위한 조사라도 조사방법과 조사여건에 따라 차이가 있을 수 있다.

5) 자료의 분석

조사 후 수집된 자료를 분석하는 과정은 연구과정 중 매우 중요한 부분이다. 자료로부터 어떤 체계와 어떤 체계와의 의미를 이끌어내기 위하여 조사자는 이론과 분석 방법론에 대한 지식, 이해력, 상상력 등이 필요하며, 분석방법에 대한 해석능력과 경험 등이 요구된다.

의사결정에 필요한 정보를 얻기 위해서 조사자가 선택할 수 있는 분석방법은 다양하다. 그러므로 조사자는 분석방법의 선택이 자료의 양과 질에 따라서 달라질 수 있다는 점을 고려하여 조사 설계를 하여야 할 것이다.

6) 조사연구의 일정

연구자가 연구결과를 필요로 하는 시기에 맞출 수 있어야 하므로 연구자가 요구하는 기간 내에 조사를 완료할 수 있는지 판단하여야 한다.

이를 위하여 정보의 양과 질 그리고 분석과 연구서 작성에 소요되는 기간을 추정하고 연구결과의 필요시기에 맞도록 치밀한 조사와 분석일정을 사전에 계획하여야 한다.

7) 예산작성

조사비용은 정보의 정확성에 의해서 좌우되며, 비용추정은 10%의 오차를 두고 추정하여 예산을 작성하게 된다.

예산작성 부문은 조사자, 분석자, 기타 관련인 들에게 지불되는 인건비, 자료조사와 분석비용, 기타 비용으로 구분된다.

8) 표본추출 방법

표본추출 방법은 크게 나누면, 확률표본추출 방법(probability sampling)과 비확률표본추출 방법(non probability sampling)의 두 가지 유형이 있다.

확률표본추출 방법은 확률이론을 표본추출의 기초로 하기 때문에 조사대상자인 모집단의 개별적 표본추출 단위가 균등하게 추출될 수 있도록 기회를 제공하는 방법을 의미한다.

이러한 의미에서 볼 때 가장 과학적이고 객관성을 지닌 방법이라 할 수 있다. 사실 확률성을 기초로 한 무작위 표본추출 방법은 표준편차의 발생을 예방할 수 있으며, 또 확률이론에 기준을 두었기 때문에 표본통계값의 신뢰성을 높일 수 있다(아래 표 참조).

[표본추출 방법의 종류]

비확률표본 추출방법	확률표본 추출방법
할당표본추출(Qutota Sampling) 의도적 표본추출(Purposive Sampling) 판단표본추출(Judgement Sampling) 편의적 표본추출(Convenience Sampling) 패널표본추출(Pannel Sampling)	단순무작위표본추출(Simple Random Sampling) 계통표본추출(Systematic Sampling) 층화표본추출(Stratified Sampling) 집락표본추출(Cluster Sampling) 다단계표본추출(Multistage Sampling)

비확률표본추출 방법은 모집단의 표본추출 단위 가운데 어느 것이 표본으로 추출될 것인가의 예측이나 일정한 확률성을 전혀 알 수 없는 상태에서 표본을 추출하는 방법이다.

이 방법을 활용하게 되면 표준편차의 발생이 가능하며, 표준평균값의 신뢰도를 객관적으로 평가하기 어렵다는 문제가 있다. 그러나 이 방법으로 표본을 추출하게 되면 조사비용이 적게 들고 표본추출이 용이할 뿐만 아니라 모집단의 대표성과 분산도를 높일 수 있다는 장점들이 있어 활용의 가치가 높다.

1) 비확률표본추출 방법

할당표본추출

할당표본 추출은 비확률표본추출 방법 중 가장 정교한 방법으로 면접조사에 많이 이용되고 있다. 할당표본추출을 하게 되는 가장 큰 이유는 비용이 저렴한 비용으로 연구대상을 대표할 수 있는 표본을 얻고자 하는 것이다.

할당표본추출은 조사자가 이전부터 설정되어 있는 조사대상의 어떤 표준을 추출하는 것이다. 다시 말해, 모집단을 구성하고 있는 여러 가지 표본단위의 이질적인 부분집합체로부터 일정한 수를 표본추출 하는 방법이다. 할당표본추출은 2단계로 행해지는데 1단계는 자료를 수집할 연구대상의 범주(category)나 할당량(quotas)을 찾아내는 것이고, 2단계는 표본이 모집단과 같은 특성을 가지게

끔 최종적인 표본을 추출하는 과정이다.

1단계에서 규정된 범주들은 조사자가 사전에 가지고 있던 지식에 기초를 두고 정하고 이러한 범주들을 이용하여 할당표(quota matrix)를 작성하게 되고 다음 단계에서 각 범주에 배당될 표본구성 요소를 추출하게 된다.

이때, 표본추출 방법으로는 임의표본추출 방법과 판단표본추출 방법이 이용되며, 일단 할당량이 설정되면 표본구성 요소의 추출은 조사자의 자유재량에 의해서 이루어지게 된다.

할당표본추출의 주된 목적은 일정한 특성을 지니고 있는 표본요소의 구성 비율이 동일한 특성을 지니고 있는 모집단의 구성 비율에 일치하도록 표본을 추출함으로서 모집단을 대표할 수 있도록 하는데 있으며, 할당표본 추출 시에 다음과 같은 점을 유의하여야 한다.

ⓐ 각 범주에 할당된 응답자의 비율이 정확해야만 한다.

ⓑ 적절한 수준의 통제적 성격(control characteristics)을 고려해야 한다.

ⓒ 표본구성 요소의 선정 시 조사원의 편견이 개입될 수 있다.

ⓓ 표본이 가지고 있는 특성의 분포가 모집단의 분포와 일치한다는 사실만으로 표본이 모집단의 대표성이 있다고 할 수 없다.

의도적 표본추출

의도적 표본추출은 연구자가 조사대상의 성격이나 속성 등에서 추출할 수 있는 요소나 사항을 미리 예측하고 예측 가능한 것을 중심으로 의도적 판단에 따른 전략을 수립하여 표본추출 하는 방법이다. 연구자는 자신의 판단과 전략에 따라 모집단의 여러 가지 대표적 요소들을 표출한다. 그러므로 연구자들은 정확한 판단력을 가지고 과학적이고 객관적으로 표본 추출하도록 한다. 이 방법에서는 할당표본추출법에서처럼 반드시 다양한 층안에서 조사원이 할당량을 가질 필요가 없고 편의 표본추출에서처럼 가장 가까이 있는 대상을 고르지도 않는다. 여기서는 조사원이 조사대상을 선택함에 있어 자신의 주관적 판단을 사용하여 조사목적에 접합한 사람을 의도적으로 선택을 한다. 의도적 표본추출

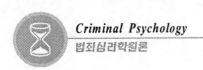

의 장점은 조사원이 대상자를 선택하는데 있어 자신의 조사기술과 지식을 활용할 수 있다는 점이다.

판단표본추출

판단표본추출은 연구자의 필요와 편의에 따라 조사하고, 또 주관적 판단에 따라 필요한 표본을 추출하는 방법으로서 연구자가 모집단에 대한 지식이 많은 경우나 더구나 조사대상자 개개인에 대한 지식이 있을 경우에 유용하다.

이 방법은 무작위 선정 시에 발생될 수 있는 모집단을 적절히 대표할 수 없는 표본이 선정되는 것을 방지할 수 있어 매우 효과적인 방법이다. 따라서 표본대상을 무작위로 선정하기 보다는 연구자 자신의 판단에 따라 어떤 유형의 사람들이 조사대상에 대표성이 높다고 인정되면 그들을 표본대상으로 선정한다.

판단표본추출의 경우 결과의 직접적인 일반화에 어려움은 있으나, 적은 수의 표본으로 모집단의 특성을 알아 낼 수 있고, 조사결과를 확대 적용시키지 않는다면 많은 경우에 유용한 정보를 얻을 수 있다. 이 방법의 유용성은 조사자의 판단에 크게 좌우된다고 하겠다.

편의표본추출

표본선정의 편리성에 기준을 두고 연구자가 마음대로 표본을 선정하는 방법을 의미하며, 표본추출과정 자체에 작위성이 있기 때문에 우연적(accidental) 또는 우발적(incidental) 표본추출이라고 한다. 모든 표본추출 방법 중 가장 비용이 적게 들고 시간을 정략할 수 있는 방법이다. 그러나 이 방법을 이용하면 접근하기가 쉬운 조사대상자만을 표본으로 선정하게 된다는 단점이 있다. 편의표본추출은 하나의 아이디어와 가설을 탐색하기 위한 연구절차상 탐색단계나 설문지의 사전조사에 주로 이용이 되고 있다. 일반적으로 조사에서는 모집단의 특성이 크게 차이가 나지 않고 동질적(homogeneous)이라고 판단될 때만 사용한다.

패널표본추출

패널표본추출은 많은 사람을 대상으로 면접이나 설문지법을 사용하는 것보다 오히려 필요할 때 일정한 사람들을 대상으로 조사하는 방법이다. 다시 말해, 어떤 정보에 대한 정확한 내용을 일정한 기간 안에 파악하려고 할 때 주로 사용된다.

패널표본추출 방법은 지역별, 전문대상별 등으로 표본대표성이 있는 패널구성원을 선별하여 조직화하고 이들에게 단계별 또는 필요시마다 연구자가 필요로 하는 내용의 설문조사를 실시한다. 그러나 패널구성원들은 지속되는 패널활동으로서 일관된 행동의 필연성이 상실될 수 있다는 문제점이 있다.

2) 확률표본추출의 방법

확률표본추출 방법은 비확률표본추출 방법과 비교하여 두 가지 특징을 가지고 있다. 모든 연구대상이 표본으로 추출될 확률이 알려져 있고, 표본구성 요소들을 추출하기 위하여 무작위적인 방법을 적용한다는 것이다.

이러한 특성 때문에 표본을 선정할 때 연구자의 주관적인 판단이 개입될 여지가 줄어들게 되므로 비확률표본추출 방법보다 객관적인 방법이 된다. 그러나 확률표본추출 방법이 비확률표본추출 방법보다 많은 시간과 비용을 필요로 하고, 수행과정도 더 복잡하고 어렵다.

또한 표본으로부터 얻어낸 자료의 정확성에 있어서 확률표본추출 방법이 비확률표본추출 방법보다 우월하다고 할 수 없으므로 어느 표본추출 방법이 더 좋은 방법이라고 단정할 수는 없다.

하지만 확률표본추출 방법이 가지는 가장 큰 이점은 표본으로부터 얻어낸 통계량의 표본오차와 오차정도를 추정할 수 있다는 점이고, 사실상 거의 모든 경우에 모집단의 비율과 표본 집단의 비율이 정확히 일치하지는 않는데, 이러한 불일치는 확률법칙에 따라 설명 될 수 있다.

단순무작위 표본추출

단순무작위 표본추출은 단순임의 표본추출이라고 하며, 초보적인 연구자들에 의해 흔히 이용되는 방법으로 크기가 n인 모집단으로부터 모집단의 모든 표본

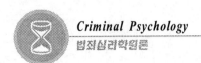

단위가 선택될 확률을 동일하게 하여 n개의 표본단위를 난수표 등을 이용하여 무작위로 선출하는 방법이다.

이 방법의 특성은 모집단의 구성요소들이 표본으로 선정될 확률이 알려져 있고 동일하다는 점이다. 단순무작위 표본추출은 이론상으로는 절차가 가장 단순하지만 모집단의 크기가 상당히 적을 경우 이외에는 실제 사회과학분야에서 진정한 의미의 단순무작위 표본추출 방법이 사용되는 경우는 거의 없다. 하지만 단순무작위 표본추출은 모든 확률표본추출 방법의 기초가 되는 방법이며, 비확률표본추출 방법을 사용할 경우에도 비교기준을 제시해 주는 방법이기 때문에 기본적으로 확률개념으로 설명된다. 단순무작위 표본추출과장은 다음과 같다.

ⓐ 조사대상의 모집단을 확정한 후 일련번호를 부여한다.
ⓑ 모집단으로부터 무작위로 표본을 선정하기 위하여 난수표와 같은 것을 이용하여 크기가 n개가 되도록 난수를 선택한다.
ⓒ 선택된 난수에 해당하는 번호를 확정한다.
ⓓ 확정된 번호와 일치되는 모집단의 표본을 선정한다.

단순무작위표본 추출방법은 우선 표본오차를 쉽게 찾아낼 수 있다는 장점이 있는 반면에 표본오차가 크고 모집단의 범위가 넓고, 표본 크기가 커지면 표본추출 작업이 힘들어지고, 만일 이루어진다고 하더라도 조사비용이 많이 든다는 등의 단점이 있다.

계통표본추출

단순무작위표본 추출방법에서 가장 어려운 점은 표본추출대상이 광범위한 상태에서 주관적 의지가 전혀 작용하지 않은 채 무작위로 추출해야 한다는 것이다. 이러한 문제를 개선하기 위한 것이 계통표본추출이라고 하며, 다시 말해서 체계적 표본추출이라 한다.

이 방법은 처음 하나의 표본을 무작위로 추출하여 선정한 다음, 나머지 표본은 일정한 간격을 두고 순서에 따라 추출되는 것이다. 이러한 의미에서 등간표본 추출이라고도 한다. 계통표본 추출방법의 과정은 다음과 같다.

ⓐ 모집단 구성요소의 명부나 장부를 준비한다.
ⓑ 준비된 명부나 장부를 중심으로 하여 무작위로 첫출발 점을 선택한다.
ⓒ 선택된 첫출발 점을 중심으로 하여 일정한 간격, 이를테면 3번째마다 또는 5번째마다 등의 간격으로 표본을 추출한다.

추출된 표본이 모집단을 대표할 수 있는 확률을 가능한 한 높이기 위하여 모집단의 명부상 출발점인 최초에 선정된 요소가 무작위적으로 추출되도록 하는 것이 중요하다.

이 방법의 장점은 표본추출 작업이 비교적 단순하고 용이하여 조사정도(precision)가 높으며 실제 조사현장에서 직접 사용이 가능하고 모집단의 대표성이 뛰어나다는 점이다.

반면 모집단이 일정한 주기성을 가질 때에는 표본추출 간격이 일치하여 동일성질의 표본이 추출될 가능성이 크므로 모집단의 구성배열에 지나치게 신경을 쓰면 층화표본과 같은 결과를 초래하기 때문에 오차가 발생할 수 있다.

층화표본추출

모집단이 서로 상이한 성격으로 구성된 경우에 유사한 성격끼리 묶은 여러 개의 부분집단으로 나눈 층을 만들어서 각 층으로부터 단순무작위 표본추출 방법에 의하여 표본을 추출하는 방법이다. 모집단을 동질적인 몇 개의 하위 층으로 구분하여 층화시킨 후 하위 층에서 적절한 수를 무작위로 표본추출 하는 것이다. 이 때, 모집단을 층화시키는 기준을 무엇으로 할 것인지는 기준이 되는 변수의 사용 가능성과 중요성에 근거하여 결정한다. 이러한 방법에 의하여 추출된 표본은 단순무작위 표본추출 방법에 의한 표본보다 일반적으로 소집단을 대상으로 하므로 모집단의 대표성은 높다. 층화표본추출 방법의 장점은, 첫째 층별 결과분석으로 인하여 각 층별로 결과의 비교가 가능하고, 둘째 조사대상이 되는 표본관리가 용이 하고, 셋째 조사정도가 증가하게 된다는 점이다.

이 방법에서는 각 층으로부터 표본을 추출하게 되므로 층 내에는 동질적이고 층간은 이질적이며 각 층의 크기는 균등한 것이 좋다.

층화표본추출 방법의 과정은 다음과 같다.

ⓐ 모집단에 대한 예비지식을 갖추도록 한다.

ⓑ 표본을 균등하게 계층적으로 분화한다.

ⓒ 계층별로 필요한 표본수를 무작위로 추출한다.

ⓓ 집락표본추출

집락표본추출을 군집표본추출이라고도 하며, 모집단의 요소들을 집적 추출하지 않고 여러 개의 군집(cluster)으로 묶어서 이 군집을 표본으로 추출하여 추출된 군집 내의 요소들을 조사하는 방법이다.

집락표본추출에서는 표본추출 단위가 개인이 아닌 실제적으로 불가능할 때, 일단 군집으로 추출하고 여기서 다시 개인을 추출하는 방법으로 사용한다. 이러한 방법은 모집단의 목록이 불완전한 경우나 지리적으로 조사지역이 너무 크게 분산되어 있어 조사시간과 비용이 많이 소요되는 경우에 많이 사용한다.

집락표본추출에서는 층화표본추출과는 반대로 가급적이면 집락 내는 이질적인 요소로 구성한다. 집락표본추출에서는 모든 집락을 선택하는 하는 것이 아니라 그 중 일부만을 표본으로 선택하기 때문에 만일 집락이 내부적으로 동질적이면 한쪽으로 치우친 표본을 선택하게 될 위험이 있다. 집락표본추출 과정은 다음과 같다.

ⓐ 모집단을 여러 개의 집락(군집)으로 형성한다.

ⓑ 단순무작위 표본추출 방법에 의하여 집락을 추출하여 군집표본을 구성한다.

ⓒ 추출된 집락 내에 있는 모든 대상을 표본조사 단위로 하여 표본을 구성한다.

집락을 효율적으로 구성하기 위해서는,

ⓐ 집락 내의 성격은 서로 이질적이어야 하지만 군집 간에는 동질적인 특성을 갖도록 군집을 구성하며,

ⓑ 각 집락의 크기를 가능한 한 동일하게 하고,

ⓒ 조사에 소요되는 시간이나 비용의 절감효과를 고려하여야 한다.

집락을 형성 할 때에는 집락의 크기를 적절히 하여 통제가 편리하도록 하는 것이 바람직하다. 적절한 집락을 선택하는 일은 가장 중요한 과정이다. 따라서 집락 선택 시 가장 중요하게 고려하여야 할 요인은 조사비용이다. 적은 수의 표본 집락을 추출한 후 각 집락에서 많은 수의 표본을 선택하거나 많은 표본 집락을 추출한 후 각 집락에서 적은 수의 표본을 선택하는 방법 중 한 가지를 선택한다. 집락표본추출의 유형은 다음과 같다.

ⓐ 층화집락 표본추출 : 집락표본추출은 층화임의 표본추출과 결합되어 사용될 수도 있다. 이는 모집단을 n개의 층으로 나눈 후 각 층으로부터 하나의 집락 표본을 추출하는 방법이다.
이 방법의 장점은 모집단을 동질적인 층으로 나눈 후 각 층에서 추출된 집락들은 서로 이질적이므로 층화효과가 효율적으로 이용할 수 있으며, 또 각 층으로부터 집락을 추출하게 되므로 모집단을 대표하는 표본크기를 줄일 수 있다는 점이다. 한편, 크기가 큰 집락에 더 많은 표본추출 기회를 부여하며, 조사정도가 향상되는 장점이 있다. 층화집락 표본추출에서 모수를 추정하는 과정은 2단계로 구분된다. 1차 추정에서는 집락표본추출에 의하여 각 군집에서 모수를 추정하고, 1차 추정에서는 층화표본추출에 의하여 母數를 추정한다.

ⓑ 크기비례 확률을 이용한 집락표본추출(cluster sampling with probability proportionate to size) : 크기비례 확률을 이용한 집락표본추출은 각 집락의 크기에 비례하는 확률을 이용하여 표본을 추출하는 방법이다. 대부분의 집락표본추출에서는 집락의 크기가 다르기 때문에 각 구성요소가 추출될 수 있는 확률을 동일하게 하기 위해서는 추가의 고려사항이 필요하게 된다. 이 방법은 집락마다의 집락내의 수가 상이하므로 모집단의 각 요소별 추출확률이 달라지는데, 이 때 각 집락이 그 크기에 비례하여 표본추출 되도록 하는 방법이다. 따라서 집락크기가 클수록 집락에서 표본이 추출될 확률도 높아진다.

이렇게 집락을 선정한 후 각 집락에서 동일한 수의 요소를 추출한다. 이 방법은 실제로 작용하는데 다소 번거로울 수 있으므로 일정크기 이상의 집락만을 선정한 다음 여기에 동일한 표본추출을 적용시키는 방법을 사용하기도 한다.

이러한 크기비례 확률을 이용한 집락표본추출 방법은 각 군집의 크기가 매우 불균등한 경우에 모집단의 대표성을 유지하는 표본을 구성하기 위해서 집락크기에 비례하는 확률크기를 고려하여 표본 집락을 추출하는 것이 매우 효율적인 추출방법이 되기 때문에 이용하게 된다.

이는 집락크기에 의하여 발생되는 변동을 효과적으로 조절하는 방법이며, 일반적으로 조사정도(precision)가 높고 추정 값의 계산이 단순하다는 장점이 있으나 편향(bias)이 발생할 수 있다.

다단계 집락표본추출(multistage cluster sampling)

집락표본추출법의 경제성을 유지하면서 효율성을 높이는 한 가지 방법은 추출된 표본 집락의 모든 조사단위를 전부 조사하는 대신 각 표본 집락 내에서 다시 조사단위의 표본을 추출하는 것이다.

조사단위가 2단계의 추출과정을 거쳐서 얻어지는 경우에 2단계 표본추출법(two stage sampling)이라 하며, 이 방법을 보다 일반화하면 3단계, 4단계 표본추출 방법에서 각 단계의 추출단위는 그 다음 단계의 추출단위의 집락으로 구성되고 최종단계의 조사단위는 모든 단계의 추출단위 내에 포함된다.

다단계 집락표본추출은 조사단위를 직접 추출하는 단순무작위 표본추출 방법과 비교할 때 비용은 적게 들지만 효율성은 떨어지는 단점이 있다.

조사연구는 범죄학 연구에 있어서 가장 광범위하게 사용되고 있는 방법론이다. 이 방법은 다수의 사람들의 특성을 파악하는데 있어서 비용, 효과 면에서 가장 효율적이고 뛰어난 기법으로 볼 수 있다. 관련 설문의 작성과 조사방법은 연구영역에 관계없이 표준화되어 있고 자료수집자의 편견이나 인식에 영향을 받지 않는 통일성이 있다. 추출된 표본으로부터 수집된 자료의 통계적인 분석은 실험 실험연구자로 하여금 소수의 표본으로부터 얻는 결론을 전체 모집단의 특성으로 일반화시키는 것을 가능하게 한다. 조사연구는 단지 하나의 시점에서 조사대상자를 관찰할 수 있을 뿐이지만 설문들을 통하여 대상자의 과거행위나 미래에 대한 목표 또는 희망을 측정하는 것도 가능 예측하게 한다.

이러한 유용성에도 불구하고 조사연구가 완전히 결점이 없는 것은 아니다. 조사연구는 전형적으로 단수측정에 불과하기 때문에 시간적인 진행에 따른 조사대상자의 변화를 측정하는 데는 일정한 한계가 있을 수 있다.

조사연구에 있어서 연구주제가 사람들이 다른 사람과 상호작용을 하는 과장을 측정하거나, 대상자 스스로가 판단하기 어려운 문제 즉, 다른 사람이 자신을 어떻게 인식하는가? 등인 경우 이를 측정하는 것은 사실상 어렵다. 그러나 문제점에도 불구하고 조사연구는 범죄학 연구 자료의 수집에 있어서 가장 널리 사용되고 있는 편이다.

3) 종적연구(longitudinal research)

유사한 성격을 가진 집단(cohort)을 장기간에 걸쳐서 연구하는 것을 말한다. 연구대상자들의 학교경험, 체포기록, 병원치료, 가족관련 정보(부모의 이혼이나 부모와의 관계 등) 등을 포괄적으로 조사 관찰하게 된다.

연구대상자들에 대하여 주기적으로 정신적, 신체적인 테스트를 실시하고 그들의 식사습관도 관찰의 대상이 된다. 관련 자료는 조사대상자로부터 직접적으로 혹은 학교, 병원, 경찰서 등으로부터 간접적인 방법으로 수집된다. 이러한 연구가 신중하게 계속적으로 하면 학교문제, 가정문제 등을 직간접적으로 범죄나 비행에 연결될 수 있는가를 밝힐 수 있다.

이러한 연구방법은 시간과 비용이 많이 들고 또한 조사대상자의 일부만이 범죄를 저지르기 때문에 실제로 활용하는 것이 어려운 단점이 있다. 그러므로 한계점을 극복하기 위하여 이미 알려진 범죄자를 대상으로 교육기록, 가족환경, 경찰기록, 병원기록 등을 토대로 범죄를 저지르기 이전의 생활경험을 연구함으

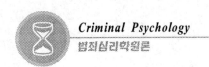

로서 유사한 효과를 얻을 수 있다. 이러한 연구를 회귀적 동료집단연구(retrospective cohort study)라 한다.

동료집단 연구를 하기 위해 범죄학자들은 병원, 학교, 복지기관, 법원, 경찰서, 교도소 등의 기록들을 자주 활용을 한다. 학교기록은 학생의 학업성적, 출석기록, 지능, 학교생활 기록, 교사의 평가 등을 조사하고, 병원기록은 아동학대의 결과로 의심되는 상처의 치료 등에 대한 기록, 또한 경찰의 사건기록을 통해서 범죄행위, 체포기록, 용의자로 지목된 개인기록, 피해자의 신고내용, 경찰의 대응조치 등을, 법원의 기록을 통해서는 범죄자의 개인적인 특성과 범죄행위에 따른 유죄판결 비율이나 형량 등의 자료를 알 수 있고 교도소 기록은 재소자의 개인적 특성, 교화의 문제점, 교도소 내의 징벌기록, 재활노력, 재소기간 등의 정보를 제공해 준다.

제3절 범죄원인론

1. 범죄원인론의 개관

범죄행위(criminal) 원인이 무엇인가를 생각할 때, 먼저 인간의 본성에 관한 논의이다. 인간의 본성의 문제는 사람들의 범죄성 내지 각종 범죄의 원인 문제를 생각함에 있어서 기본적으로 중요한 사항으로서, 이것은 범죄이론을 이해하기 위한 기본적인 배경이 된다는 점에서 특히 그 의미가 크다.

인간의 본성에 관해서는 성선설과 선악설의 대립이 있다. 근래에는 두 학설 중의 어느 편에도 치우침이 없이 인간의 본성을 무색의 상태로 보는 백지설도 대두되고 있다. 그러면 이 중에서 어느 편을 타당한 것이라고 보아야 할 것인가는 바라보는 견해에 따라서 다르다.

인간은 본성적으로 선하기 때문에 타인을 불쌍히 생각하는 惻隱之心을 갖게 되고, 이에 따라 수치심, 사양심, 정의심 들이 생겨난다고 맹자는 갈파 하였다.

또한 순자에 의하여 주장된 성악설은 인간의 본성은 악한 것이지만 태어난 후에 배워서 선행을 하게 된다고 가정하고, 인간은 본성적으로 극히 이기적인 존재라는 것이다. 인간에게는 특별한 교육과 훈련이 필요하고 그것이 결핍되면 부족한 그만큼 범죄행위를 쉽게 범하게 마련이라고 주장하는 것이다. 또한 백지설은 인간의 본성은 처음에는 백지로 태어나며, 그 후의 성장과정에서 경험하는 환경상의 조건에 따라 선과 악이 교차되는 것이라고 보는 관점이다. 이 내용은 환경설의 입장에서 주장하는 유전적, 선천적인 조건은 거의 무시하고 성정과정에서의 환경여하에 따라 성격 등의 모든 것이 결정된다고 보는 관점이라 할 수 있다.

서양에서 주장하고 있는 인간의 본성에 관한 논의는 Thomas Hobbes와 Jean Jacques Rousseau의 사상에서 볼 수 있다. 홉스가 바라보는 인간관은 한 마디로 성악설적인 견지에 선다고 할 수 있겠다. 따라서 인간사회의 자연 상태는 만인에 대한 만인의 투쟁이라고 보았다. 그러므로 인간본성의 부분이라는 것이며, 인간이 가지고 있는 자연적 열정이나 욕구가 다른 사람과 불가피하게 충돌하게 된다. 자신의 열정과 욕구가 다른 사람에 의하여 좌절되었다는 것을 알게 되면, 공격적 혹은 파괴적으로 대응하게 된다는 것이다(신진규, 범죄학겸 형사정책, 법문사, 1993, pp. 110~115).

Hobbes와 Freud는 인간의 범죄에 대하여 보다 세속적이고 현실적인 세계관에서 비슷한 관점을 가지고 있다. 그들의 견해는 범죄는 세상이 그러하고 인간정신의 역동성에 나타나는 자연적인 결과이다. 홉스가 내린 자연적인 갈등의 근원에 대한 견해에서는 "인간을 분리시키고 인간으로 하여금 다른 사람을 침해하고 파괴하는 것이 바로 자연(nature)이다"라고 주장하였다.

루소는 당대의 인간소외와 모순을 자각하고, 사회가 인간의 자연적 감정을 억누르고 있다는 점을 강조하면서, 성실한 친구애, 참다운 존경과 완전한 신뢰는 인간들 사이에 사라지고, 질투, 의혹, 공포, 증오감 등이 위선적인 장막에 가려져 있다고 표현하였다. 루소가 내린 견해는 인간은 원래 선하지만 범죄를 저

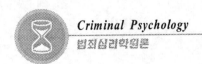

지르게 되는데 범죄의 근원은 잘못된 사회제도에 있다고 분석을 하였다. 이상에서 범죄학 이론들은 나름대로 기본적 인간관을 바탕으로 가설을 제시하고 있음을 알 수 있다.

2. 범죄원인인식의 제이론

범죄원인론에서는 범죄성에 관계되는 사실 그 중에서도 범죄성의 원인을 설명하기 위한 이론을 논의의 대상으로 하고 있다. 사람에 따라서 범죄성의 원인을 밝히기 위한 노력에 있어서 범죄행위를 인식하는 방법을 서로 달리하는 경향이 있다.

범죄이론의 접근은 그 기본 유형은 초자연적 입장과 자연적인 입장이 있는데, 초자연적인 입장을 정신적 혹은 신학적 입장이라고도 한다. 이는 범죄를 우리가 이 세상에서 경험할 수 없는 초자연적, 초현실적인 다른 곳으로부터의 어떤 영향으로 발생하는 것으로 간주하여 범죄의 원인도 초자연적 사실의 규명의해서만이 인식될 수 있다는 것이다. 그러나 문제는 초자연적, 초경험적인 정신적 영향이 관찰될 수 없다는 데 있다. 관찰될 수 없는 것이기 때문에 증명 혹은 검증될 수 없기 때문에 비록 이것이 범죄를 설명한다고 할지라도 초자연적 주장은 과학적 입장이라고 할 수 없을 것이다.

반면, 범죄의 원인을 현실의 세계에서 경험할 수 있는 사실로 설명하고자 하는 입장이 자연적 범죄관이다. 자연주의적 범죄관도 각자의 범죄관에 따라 상이한 차이를 보여주고 있다.

상이한 차이의 관점은 범죄자의 행위(behavior of criminal) 중심적인 것과 형법상의 행위(behavior of criminal law)를 설명하려는 이론으로 차이를 보인다.

즉, 전자는 범죄자의 행위를 중시하여 범죄행위를 자유로이 선택된 것이거나 개인이 통제할 수 없는 요인에 의해서 야기된다는 것이고, 후자는 특정한 사람과 행위가 범죄자 또는 범죄행위로 공식적으로 규정되는 이유는 사회가 그 사람과 행위를 범죄자 또는 범죄행위로 규정하기 때문이다. 따라서 특정의 사람과 행위가 범죄자와 범죄행위로 규정되는 과정, 그리고 형법이 제정되는 과정을 중심으로 연구되어야 한다는 것이다.

범죄의 원인을 규명하는 이론에서의 분류방법은 개별적 수준(individual level)과 사회학적 수준(sociological level)으로 접근을 하고 있다. 개인적 수준에서의 범죄설명은 생물학적 이론(biological theory)과 심리학적 이론(psychological theory)으로 구분이 되고, 사회학적 수준에서의 설명은 사회적 과정을 중시하는 미시적 수준(micro level)과 사회적 구조를 중시하는 거시적 수준(macro level)으로 구별이 된다(James F. Short, Jr., The Level of Explanation Problem in Criminology, in Robert F. Meier, Theoretical Methods in Criminology, Beverly Hills, CA, Sgae, 1985, pp. 51~72).

인간의 범죄행위에 대한 이해의 노력은 사회과학적인 접근이기 때문에 자연과학적인 연구처럼 정오 답의 구별을 명확하게 할 수는 없다. 다만, 이처럼 다양한 각도와 범주로 인간의 범죄행위라는 변수를 연구, 분석함으로서 좀 더 깊은 이해가 가능해질 것이며, 범죄라는 속성의 내용 등을 효과적으로 분석하여 주요인자(main factor)를 도출해 내는 데에 관심을 가져야 하겠다.

3. 범죄원인의 개인특성

개인적인 특징을 중심으로 하는 범죄원인론의 접근은 생물학적 이론(biological theory), 심리생물학적 이론(psychological theory), 임상심리적이론(clinic psychological theory), 심리통계적 접근(psychometric approach) 등이 있는데, 이들은 개인의 범행가담을 설명하기 위해서 특수한 개인적 특성과 경험에 초점을 두고 있다.

생물학적 이론은 사회적 규명으로서 일탈연구를 도외시하고 여러 가지 방법으로 어떠한 특정의 생물학적 구조나 과정이 규범위반 즉, 범죄행위 혹은 비행행위를 야기 시킨다고 가정하고 있다(Allen E. Liska, Perspectives on Deviance, Englewoo, N.J., Prentice-Hall, Inc., 1981, p. 7).

19~20세기 초엽에 범죄의 원인을 연구한 학자들은 대부분의 범죄의 원인을 인간의 마음보다 육체에서 찾고자 노력하였다. 이때는 생물학적 결정론에 관한 연구들이 주류를 이루었고, 심리학적 결정론에 입각한 연구는 매우 소극적인 입장이었다. 미국 최초의 법의정신의학자로 알려진 Isaac Ray(1807~1881)는 정신의학적 이론을 법률에 적용하는데 연구를 하였다. 그는 정신이상의 법의학(the medical jurisprudence of insanity)이라는 논문에서 도덕적 정신이상(moral insanity)이란 개념을 주장하였다. 이 용어는 애정적 반응을 관장하는 뇌의 특정부분에 무엇인가 문제가 있는 경우를 제외하고는 모든 면에서 정상적인 사람을 지칭하는 것이다. 이러한 도덕적 정신이상에 기인한 자가 범죄를 저질렀을 경우에 그들에게 행위책임을 물어야 하는지에 의문을 제기하였다. 왜냐하면 이들은 고의로 범죄를 저지른 것이 아니라 도덕적 정신이상 때문에 범죄를 저질렀기 때문이다.

영국의 의과대학 교수인 머드슬레이(Maudsley, 1835~1918)는 범죄자의 책임성에 관해 Ray와 같은 견해를 주장하였다. 그에 의하면, 범죄는 이들이 갖고 있는 불건전한 성향이 표출된 것으로서 만일 그들이 범죄를 저지르지 않으면 미칠 수밖에 없을 것이다라고 하였다.

20세기에 들어서 심리학자들은 범죄자 연구를 위해 새로운 측정기법을 동원하였다. 즉, Alfred Binet가 1905년에 개발한 지능검사법이다. 이어 지능검사법을 활용하여 칼리카크가 정신박약과 범죄와의 관계를 연구하였다. 정신분석학자인 Freud가 등장하면서 정신병질과 범죄, 정신병과 범죄와의 관련성 등에 새로운 입장의 이론으로 접하게 된다.

또한 심리학적 이론의 접근은 인성이론에서의 욕구, 동기, 욕망 등 인간의 행위에 영향을 미친다고 가정되는 일반적인 심리적 특성의 견지에서 인간을 분석한다. 한편 규범위반을 비정상적인 인격특성의 소산으로 보는 견해는 사회적 상황을 소극적으로 접근함으로서 비정상적 인격특성만을 지나치게 강조한다는 비판을 받기도 하였다.

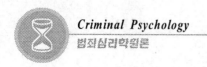

4. 범죄원인의 환경조건

사회 환경적 조건을 중심으로 범죄의 원인을 밝히려는 입장은 인간의 범죄행위를 개인적 특성보다는 환경조건의 산물이라는 입장에서 인간의 일탈이나 범죄를 인간의 사회적 과정과 구조를 중심으로 연구한다.

사회구조를 중시하는 거시적 관점은 범죄의 유형과 정도의 다양성을 설명하기 위해 하위문화를 포함한 문화 및 사회제도의 속성을 중시한다. 다양한 형태의 기능주의(functionalism), 갈등이론(conflict theory), 마르크스이론(marxist theory), 아노미이론(anomic theory), 하위문화이론(subcultural theory) 등이 있다. 이 이론들은 개인이 특정 범죄에 가담하는가보다는 왜 상이한 사회제도, 문화, 하위문화 등이 상이한 유형과 정도의 범죄를 유발하는가? 내지는 왜 범죄가 특정한 방법으로 유형화되는가를 설명하고 있다.

또한 사회반응을 중시하는 이론의 대표적인 예로서 낙인이론을 들 수 있는데, 이는 범죄의 사회적 창조성에 초점을 맞추고 형사사법체계가 범죄경력을 쌓는데 주요요소가 된다고 본다. 또한 사회갈등을 중요시하는 설명은 범죄의 원인을 사회계층간의 갈등에서 접근하는 연구가 되고 있다. 다만 우리가 고려해야 할 것은 범죄의 원인을 다양한 각도에서 바라보고 설명하는데, 어떠한 이론도 다양한 원인과 형태로 나타나는 범죄현상을 설명할 수는 없다는 사실이다.

따라서 각각의 서로 다른 관점에서 제시되는 범죄원인에 대한 이론들을 폭넓게 이해하여 범죄현상을 바라보는 시각이 편협 된 고정관념보다 다양성의 자세로 이해하려는 태도가 중요하겠다.

5. 범죄학이론의 배경

범죄는 인류역사가 시작되면서 줄 곧 함께 하였다. 인류의 역사에서 범죄 없는 사회는 지금까지 없었다. 그래서 인류는 인간은 왜 범죄를 저지르는가라는

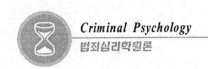

문제를 해결하기 위해서 여러 가지 가정을 세우고 그 해답을 찾기 위해 노력을 하였다. 18세기 후반의 고전학파 범죄학이 출현하기 전에 범죄의 원인을 어떻게 파악하고 있었는지 알아보면 다음과 같다.

1) 원시적 견해

근대적 의미의 범죄학이론이 형성되기 전에 범죄는 악마의 장난, 영혼의 혼란으로 치부되었다. 이는 인간세계의 모든 사상에 대하여 인과 관계적 견지, 혹은 과학적 인식이 없었던 당시의 비과학적 사고에 기인한 것이었다. 이를 미국의 범죄학자 Valid는 "마귀설적 설명방법" 이라고 주장하며(George B. Valid, Theoretical Criminology, New York, Oxford University Press, 1979), 이러한 관점의 설명 배후에는 알 수 없는 다른 세계의 힘인 신의 힘이나 연혼의 힘내지는 악마의 힘이 범죄에 작용한다고 보았다.

원시적이고 선사적인 영혼숭배사상 아래에서는 악령의 장난으로 범죄가 발생한다고 생각하였고, 중세에는 귀신이나 악령이 범죄나 일탈행위의 원인이 된다고 이해하였다. 이러한 상황에서 범죄의 사회적 석성을 악령에 관련시키고 정신이상을 악마에 관계지우는 점에서 마귀설적인 범죄설명은 근대적 의미의 과학적 범죄이론이 대두되면서부터는 더 이상 그 이론이 성립되지 못했다.

2) 자연설 견해

자연설의 입장은 범죄의 설명이 비교적 세분화되고 현재의 물질세계를 중심으로 묘사가 중심을 이루고 있다. 마귀설의 해석이 인간세계와는 다른 세계의 힘으로 범죄를 해석하려는 것과는 달리 자연설의 해석은 현재의 사건과 상호간의 관계에 초점을 두고 있는 것이다(허춘금, 범죄학, 대만중앙경찰대학, 1999, pp. 115~121).

자연설적인 사상은 이후에 계속적으로 퍼져 나가서 16~7세기에 이르러서 자연주의 사상을 주장한 홉스, 스피노자, 테카르트 등의 학자들에 의해서 큰 빛을 보게 된 것이다. 인류와 관련된 사물은 물리현상과 동일하게 연구될 수 있기 때문에 스피노자는 많은 물리방정식을 통하여 인류사회 중의 주요한 사회관계를 표현함으로서 사회물리학(social physics)의 기초를 설정하였다. 현대의 사회과학은 여전히 이러한 자연주의적 사상을 강조하며, 비록 사회과학자들이 서로 간에 다른 의견을 주장하지만 이미 알고 있는 이론으로 탐구하고자 하는 현상을 해석하는 방법론에 있어서는 일치하는 것이다.

또한 자연설적 견해를 가진 사람들은 마귀설적 견해를 배척하는 경향이 있다. 이러한 마귀설을 부정하는 자연설 주장의 사람들도 고전학파는 자신들의 주장을 가장 완벽한 것으로 생각하고, 실증주의학파도 나름대로 자신의 입장을 가장 바람직한 것으로 주장을 한다.

이처럼 범죄학 이론은 다양하고 복잡하다고 볼 수 있다. 하지만 성인범죄, 소년범죄, 여성범죄, 폭력범죄 및 기타의 각종범죄를 하나로 해석을 하려는 경우가 있다. 범죄이론 중에는 상이한 연령 혹은 성별의 범죄자를 대상으로 하는 특수한 유형의 범죄유형에 따라 설계된 것은 보기 드물다. 사실상 소수의 몇 가지 이론 즉, 고전범죄학파와 범죄인류학파가 이태리에서, 뒤르껭의 사회아노미이론이 프랑스에서, 충동범죄이론이 일부 영국에서 생겨난 것을 제외하고는 대부분이 미국에서 형성되어 졌다.

다수의 이론들이 하나의 현상을 과학적인 방법으로 해석하려는 경쟁을 하는 것은 지극히 정상적이며 이러한 결과로 사회학, 심리학, 교육학, 그리고 경제학 등에 공히 같은 현상이 발생한다. 심지어 자연과학에서의 생물학, 화학 등도 이 같은 여러 이론들의 경쟁을 피할 수 없다. 다른 이론들이 다른 시대와 장소에서 비교적 높은 실증적인 지지를 획득하는 것은 비로 이 이론의 우열의 중요한 표준이 될 것이다. 과학이 추구하는 것은 시간과 공간의 법칙을 초월하는 것이다. 물리학의 뉴턴이 발견한 만류인력법칙은 영국뿐만 아니라 전 세계에서 시공을 초월하여 적용될 수 있었던 것처럼, 범죄학 또한 하나의 사회과학으로서 시공을 초월한 하나의 법칙을 추구하는 것이다. 중요한 것은 범죄학 이론이 우리나라에서 많은 실증적 지지를 얻을 때 우리는 그 이론이 우리나라에 적용가능성

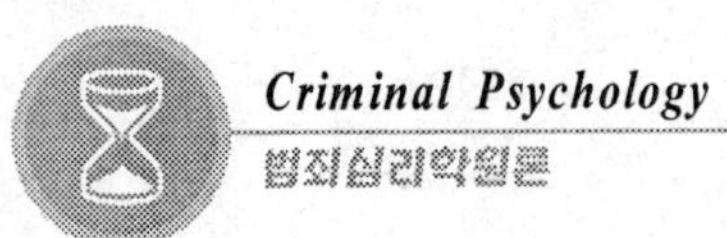

이 있다는 것을 인정할 수 있다는 것이다. 따라서 많은 범죄학이론들이 있지만 이러한 이론들이 과연 우리나라의 실정에 얼마나 맞는지를 확인하는 실증연구의 노력이 필요하다고 본다.

우리나라 범죄학의 연구는, 일반대학교의 경우는 동국대학에서 우리나라 최초로 경찰행정학과라는 명칭으로 개설하여 관련 범죄학 전공을 두고 있으나 그 전공의 명칭상 혹은 학문적 구조로 보건데 경찰학 혹은 범죄학이 알맞을 것으로 본다. 근래 법경찰학과, 경찰법학과, 경호의전학, 경찰경호학(경찰행정학 포함) 등으로 남무하게 개설되는 경향은 결코 학문적 구조로 해석하기에는 심히 어려운 것으로 보인다. 그리고 기타의 일반대학에서는 법학 속에 형사정책 정도로 가미하는 수준이다. 1979년 경찰대학 설치법에 의거하여 1980년부터 국립경찰대학이 탄생되었으며, 중부대학교 공안학 및 전국의 범죄학관련 학문분야의 개설학과가 80여 대학에서 연구 활동이 전개되고 있다. 국립과학수사연구소는 법의학, 범죄심리학 등을 중심으로 한 범죄심리나 법최면과학 등의 임상적인 실험연구에 많은 노력을 하고 있으며, 1991년 한국형사정책연구원이 설립되어 범죄학분야의 연구를 왕성하게 하고 있다.

특히, 1998년 제12회 세계범죄학대회(the 12th international conference on criminology)가 아시아에서는 처음으로 서울에서 개최되어 세계의 범죄의 석학들이 한 자리에 모여 21세기의 범죄대응에 관한 토론이 있었고, 1999년 11월에는 제68차 ICPO-interpol 총회가 서울에서 개최되는 등 범죄학과 관련한 우리나라의 위상이 세계적으로 높아지는 계기가 되었다.

제4절 범죄이론의 기초

1. 고전범죄학파

고전범죄학파 등장의 주요한 배경은 당시의 법률과 징벌의 혼란이다. 당시의 법률은 일정한 표준이 없어 비교적 잔인하게 적용된 편이다. 1670년 프랑스의 형법조례(criminal ordinance)는 비록 범죄행위에 대한 법전화가 되어 있었고 법관에 대한 권력의 제한도 있었지만 범죄후의 형벌에 대한 적절한 규정이 없었기 때문에 법관은 사건에 따라 자의적 해석으로 형량을 증감할 수 있었다(Maestro, Marcello, Voltaire and Beccaria, New York, Octagon, 1972, p. 2).

당시의 형벌은 참수, 태형, 낙인, 화형 등 매우 잔인한 신체형이 주를 이루었고, 16세기에는 유랑자나 가출자도 위험인물로 취급되어 극형에 처해지기도 하였다. 1829년 영국에서는 사형에 해당하는 행위유형만 100가지 이상이 되었다고 한다(Rennil, Ysabel, The Search for Criminal Man, Lexington, Mass, Lexington Books, 1978, p. 9).

고전학파는 인간의 행위는 각자의 자유의지에 입각한 합리적이고 논리적인 판단에 따라서 이루어지는 것이라고 주장을 했다. 이러한 전제에서 출발한 고전학파의 대표적인 학자가 베카리아와 벤담이다. 베카리아는 18세기 중반에 유형하였던 사회계약설에 입각하여 쓴 범죄와 형벌이라는 저서를 통해서 범죄학과 관련한 중요한 점은 인간은 자유의지로 행동한다고 주장한 점이다. 인간은 모든 행동에서 대안을 선택하며, 그가 범죄를 선택했다면 그는 그러한 선택으로부터 더 많은 쾌락을 예상하고 고통이 더 적기를 바라기 때문이라고 생각할 수 있다. 인간은 쾌락을 주는 행동을 선택하고 고통을 주는 행동을 피한다는 쾌락주의 원칙(principle of hedonism)에 지배된다는 점이다(William V. Pelfrey, The Evolution of Criminology, University of Alabama in Birmingham, Anderson Publishing Co., 1987).

쾌락주의적 사상에서 범죄는 범죄로부터 얻어지는 기쁨과 수반되는 고통을

비교형량에서 기쁨이 고통이나 고통의 개연성보다 더욱 크게 느껴질 때 행하여지는 행동의 결과라고 보았다(Robert F. Meier, Crime and Society, Allyn and Bacon, Washington State University, 1997, p. 92).

또한 고전범죄학파에 영향을 크게 끼친 영국의 Bentham은 인류행위에 대한 사상은 "자연은 인간을 가장 높은 두 주인의 지배하에 놓았다. 그것은 바로 고통과 쾌락이라는 것이다. 그들은 우리들의 모든 행위를 장악하고 있다. 우리가 생각하는 것들과 말하는 것은 고통과 쾌락의 원칙에 의해 지배되고 있다."는 그의 말에서 알 수 있다.

2. 고전범죄학 이론

고전학파의 범죄 원인론은 다음의 내용으로 되어 있다.

① 사람들은 자신의 욕구를 충족시키거나 문제를 해결하기 위하여 건전한 해결책이나 범죄적 해결책을 선택할 자유의사를 가지고 있다.

② 범죄적 해결책이 큰 보상에 비하여 더 적은 수고를 요구하기 때문에 더 매력적으로 여겨지게 된다.

③ 범죄적 해결책의 선택은 그러한 행위에 대한 사회적 반응의 두려움 때문에 통제되어질 수 있다.

④ 사회의 반응이 더욱 신속, 확실, 엄격할수록 범죄행위는 더욱 잘 통제되어질 수 있다.

⑤ 가장 효과적인 범죄예방책은 범죄가 매력적이지 못한 선택으로 여겨질 만큼의 충분한 처벌이다.

고전범죄학파는 선천적으로 범죄를 필연적으로 저지르는 인간이 아니라 충분한 이성적 고려를 할 수 있는 인간으로 보았기 때문에 정책적 차원에서 범죄를 억제하기 위해서는 범죄로부터 습득되는 쾌락에 상응한 고통을 부과해야만 한다는 것이다. 따라서 법의 창조와 유지를 지배하는 기본적인 원리는 최대다수에 대한 최대 행복인 것이다. 범죄의 억제를 위해서는 다음의 몇 가지에 초점을 맞추어서 처벌해야 한다고 보았다.

처벌의 엄격성(severity of punishment)

처벌의 정도는 범행의 이익을 충분히 능가할 수 있는 정도 이하가 되어서도 안 되고, 범죄억제의 목적을 달성하는데 요구되는 것 이상이 되어서도 안된다는 것이다.

처벌의 신속성(swiftness of punishment)

범행시점으로부터 처벌이 부과되는 기간이 빠르면 빠를수록 처벌이 보다 유용하고 정당할 것이며, 범죄와 처벌의 관계가 범죄자의 마음속에 더 오래, 더 강하게 남을 것이라는 것이다.

처벌의 확실성(certainty of punishment)

범죄에 대한 최고의 억제 중의 하나는 처벌에 있어서 미약한 처벌일지라도 그것이 확실하다면 항상 사람의 마음을 두렵게 할 것이라는 것이다.

3. 현대고전범죄학

범죄행위는 인간이 쾌락과 이익은 극대화하면서 손실과 고통을 최소화하려고 하기 때문에 발생한 것으로서 범행으로 인해 기대되는 이익보다 손실이 크다면 상응하는 처벌을 가함으로서 범죄는 억제될 수 있다고 보았다. 그러나 중요한 것은 처벌의 엄격성, 신속성, 확실성이 범죄억제를 위한 핵심요소가 된다는 주장이다.

자유의사와 완전한 책임이라는 고전주의 이론의 작용에 있어 나이, 정신상태, 상황 등을 고려하는 개정과 개선의 노력이 가해졌는데, 바로 이러한 노력을 고전학파의 새로운 보완이라는 견지에서 신고전학파라고 일컫는다.

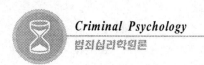

신고전범죄학파의 다각도의 노력은 오늘날에 이르기까지 여러 방면에 많은 영향을 주고 있는데, 고전학파의 이론들이 현대적인 형사사법분야에 적용되는 것은 일반예방주의(general deterrence), 특별예방주의(special deterrence), 격리주의(incapacitation), 응보주의(retribution), 공평응보주의(just desert) 등이다.

그리고 고전학파의 새로운 발전의 방향은 일상활동이론(routine activity theory)인데, 이 이론은 Michael Hindelang, Michael Gottfredson과 Jales Garafalo의 피해자연구에서 시작되어 Lawrence Cohen과 Marcus Felson이 보충 발전시킨바 있다.

이 이론에 의하면 범죄의 동기와 범죄인은 항상 같은 수를 유지하는데, 사회적으로 일정한 비율의 사람은 항상 특수한 이유로 범죄를 한다는 것이다. 따라서 강도, 납치 등의 직접적인 폭력범죄에 접촉하게 되는 총수와 분포는 범죄행위와 밀접한 상관관계를 맺을 뿐만 아니라 피해자의 일상 활동 및 생활 형태와 관련이 된다는 것이다.

일상 활동 이론은 사회적으로 더욱 많은 귀중품의 증가는 절도기회의 증가를 초래하였고, 주위의 보호감시 기능이 떨어지면서 절도범죄가 증가하였으며, 사람들의 생활형태가 일상 활동이론에 부합할수록 범죄자 혹은 피해자 가능성은 증가하게 된다는 것이다.

고전범죄학 이론의 정책영향을 살펴보면 다음과 같다.

1) 입법 영향

고전범죄이론은 인간의 법률, 범죄 및 처벌간의 관계에 관한 사상에 매우 큰 영향을 주었고 현대의 정책결정권자들이 처벌은 범죄의 억제효과를 가진다는 사고논리를 가지고 일반적으로 범죄를 억제하기 위하여 강경한 태도로 처벌을 주장하는데 이론적 기초를 제공한 것이다. 현대의 입법자들도 형벌의 억제작용을 통한 범죄통제에 상당히 의지하고 있음을 부인할 수 없다.

2) 경찰 영향

경찰업무의 본질은 바로 고전범죄학파의 원리를 구체화하는 데에 있다고 볼 수 있다. 즉, 제복을 착용하고 순찰차에 경광등들 달고 잠재적인 범죄자에게 심리적 범죄억제력을 주는 것이다. 하지만, 미국의 캔자스시티의 범죄예방순찰실험(kansas city preventive patrol experiment)과 같은 연구에 따르면 경찰의 순찰밀도는 범죄의 억제작용에 영향을 주지 않는다는 결과가 도출되기도 하였다. 이와 같은 특별한 연구가 고전범죄학파의 원리를 지지하지는 않았지만 다른 연구결과에 의하면 역시 경찰의 도보순찰에서의 가시적 순찰업무가 범죄를 억제시키는 실제적 효과가 있는 것으로 나타났다.

또한 미국의 Minneapolis Police Department의 가정폭력범에 대한 경찰대응방식에 관한 연구를 하였는데, 3개 유형으로 나누어,

① 정식체로,

② 권고, 화해, 상담,

③ 혐의 범에게 8시간 현장에서 떠나 있도록 하는 조치 등을 적용하여 6개월간 범죄자들의 행동양식을 관찰하였더니 혐의 범들은 엄격한 처리방식(정식체포)을 당할수록 이후에 가정폭력행위를 덜 하는 것으로 밝혀졌다. 따라서 그들은 체포라는 강력한 행위가 효과를 가진다고 하였다. 이 처럼 경찰이 신속하게 범죄자에 대한 체포 등의 엄격한 처리를 할수록 잠재적인 범죄자들을 억제하는 작용이 높다라면 이는 고전범죄학파의 이론을 상당히 지지하는 결과가 되는 것이다. 그러나 그렇지 않다면 상대적으로 고전범죄학파의 이론에 대한 비판의 근거가 될 것이다.

3) 교정 영향

고전범죄학파가 교정방면에 미친 영향도 매우 크다고 할 수 있다. 그 중에서 가장 유명한 것으로서 범죄학자 Fogel이 제시한 교정에 대한 정의모델(justice model)이다. 그는 가석방이나 수형인의 태도에 따른 형기의 조정을 강력하게 부

인하고 절대형기제(determinate sentences)를 주장하면서 감옥은 범죄인을 처벌하기 위한 곳으로 보았다. 즉, 동일한 범행을 한 범죄인이 동등하고 공정한 처우를 받는다면 가장 무거운 형벌을 받는 수형인도 수용하게 될 것이나 이익과 특권적 분배가 불공평하다면 교정의 정의감이 상실되어 감옥의 관리에 큰 혼란이 올 것으로 보았다(Fogel, David, We are the Living Proof, The Justice Model for Corrections, Cincinnati, Anderson, 1975. pp. 75~86).

초기의 범죄생물학자들은 범죄인의 뇌부위와 신체가 특별한 구조를 가졌는지 여부에 관심을 가지고, 그들이 가진 하나의 기준은 범죄자는 반드시 보통사람들과는 다른 신체적 구조를 가지고 있다는 것으로 보고 있었다. Aristotle는 뇌는 생각을 주재하는 곳이므로 뇌의 형상과 그 기능은 서로 연관되어 있다고 생각하였다.

제2장

범죄원인론의 제이론

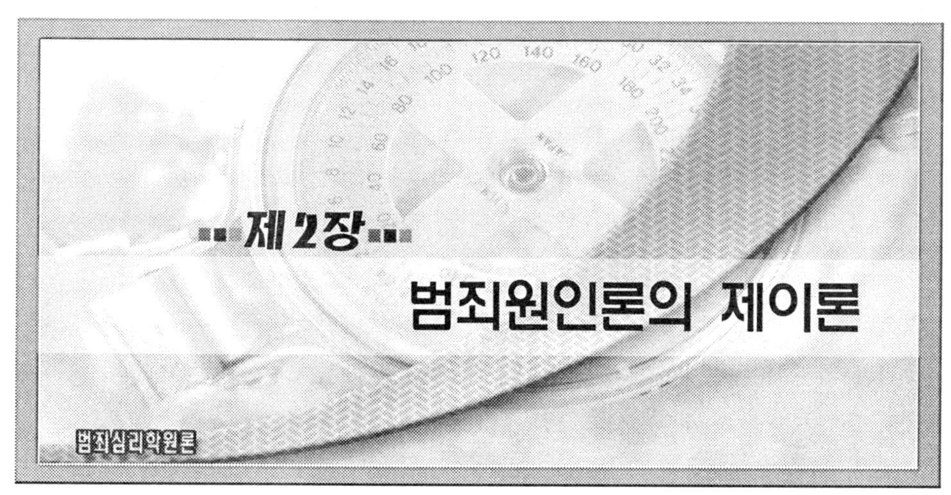

제2장
범죄원인론의 제이론
범죄심리학원론

제1절 정신의학적, 생물학적 이론

1. Lombroso의 생래성범죄인설

Cesare Lombroso(1836~1909)는 범죄학의 3대학자(Raffaele Garofalo, 1851~1934, 뚜갸채 Ferri, 1856~1929) 중의 한 학자이며, 이탈리아 형사인류학의 창시자이다. 롬브로조는 이탈리아의 정신의학자, 법의학자, 범죄학자로서 트리노대학에 형사인류학의 강의를 하였다. 1870년 의사시절에 정신병원 및 수용시설에서 범죄자를 대상으로 체계적인 해부학적, 인류학적 조사를 하여 1876년 범죄인론을 출간하였다. 범죄인은 일정한 신체적, 정신적인 특징을 가진 변종이라는 생래적 범죄인설을 발전시켜 범죄원인으로 격세유전론을 제창하고 형벌의 개별화주의에 근거를 부여함으로서 종래의 응보적 행위형법으로부터 행위자형법으로 전환을 시켰다. 이 학설은 대부분 부정되었으나, 롬부로조의 실증적 연구방법은 그 후의 범죄학 연구에 크게 영향을 끼쳤다.

범죄자에 관해 정신의학적, 생물학적 연구는 19세기 후반 이태리의 정신의학자인 C. Lombroso에서 비롯되었다. 그는 뜻밖의 기회에 범죄자의 두부에 현저한 원시인적 특징이 있는 것을 발견하고 그것이 동기가 되어 그 후 383개의 범죄자 두개골과 3,839명의 범죄인에 대하여 상세히 측정한 결과 1876년에 이르러 범죄학상 유명한 "범죄인론"의 저술을 출간하였다. 그 설에 의하면 범죄자는 생래적으로 특이한 인류학적 유형이고 이 유형에 속한 자는 인과적으로 관련이 있는 일정한 신체적, 정신적 특징을 가지고 있다고 한다. 이 특징이 범죄행위를 하도록 하는 운명의 인격으로 나타나는데, 그것은 격세유전(atavism) 즉, 선천적으로 범죄행위를 저지른다고 한다.

2. 생래적 범죄인설(범죄인론, 1876년).

1) 격세유전설

범죄자의 신체적 이상은 선조로 돌아가는 퇴화작인 것이다. 범죄자의 개인적 정신구조는 원시인의 것과 유사하기 때문에 현대 사회의 규범이나 지향하는 기대와 불일치하게 된다.

두개골의 특징

상악골 하부가 앞으로 돌출 되고, 편편한 이마, 광대뼈의 돌출, 후두엽의 이상, 전두엽의 확대, 짙은 눈썹, 두개골과 턱뼈의 불균형, 턱의 과다발달 등.

신체적 특징

일자형 눈, 사팔, 흰자가 많은 눈동자, 귀의 날카로움, 언청이, 손가락 기형, 특이한 피부 등.

정신적인 특징

도덕심 결여, 허영심, 충동성, 복수심, 사행심, 마비된 통각, 잔혹성, 저지능 등.

사회적 특징

문신, 주색과 도박, 섬세한 동작, 언어적 발달, 집단소속감 결여 혹은 편성 등.

2) 범죄자의 분류

롬브로조는 범죄인을 격정성, 생래적, 기회성(사이비, 준범죄자), 관습, 잠재적 범죄자로 분류를 하였다.

3) 구조적 유형

롬브로조의 범죄인정설은, 범죄인과 그의 외적 특징과의 관계를 규명하려고 시도한 선구적인 연구임에도 불구하고 실증적인 근거를 가지지 못한 점이 있다. 이에 대하여 신체와 성격의 관계를 규명함으로서, 범죄인정형 연구에 공헌한 학자가 독일의 정신과 Ernst Kretschmer로 그의 저서 신체구조와 성격(Korperbau und Charakter, 1922)은 인간을 체형에 의해 세장형, 투사형, 비만형, 발육이상형으로 구분하고, 또한 기질을 통한 구분을 하였고, 체형과 기질과의 연관성을 연구한 것이다. 이 연구를 범죄자에 적용한 결과, 그들 중에는 일반적으로 투사형이 많고 비만형에는 적은 것, 세장형에는 단순강도, 사기 때로는 중대한 범죄를 저지르는 경우가 많은 것으로 주장하고 있다.

Kretschmer의 체형이론을 한층 더 발전시킨 학자는 미국의 심리학자인 동시에 내과의사인 William H. Sheldon을 들 수 있다.

태아의 형성과정에 있어서 개인차는 범죄와 밀접한 관계가 있는 특이한 체질과 성향을 형성하게 된다고 Sheldon은 주장하였다. 즉 쉘든의 이론은 생물학적 유전과 심리학적 성향과 사회행위간의 밀접한 관계가 있다는 가정에 있다.

그는 인간의 신체형을 결정하는 구성요소로 내배엽(endomorphy), 중배엽(mesomorphy), 외배엽(ectomorphy)의 세 가지를 지적하고 다음과 같은 특징과 범죄와의 관계를 주장한 바 있다.

ⓐ 내배엽은 부드럽고, 둥글고, 태평, 자아에 몰두하는 경향과 관대한 낙관주의적인 경우가 많다는 점.

ⓑ 중배 엽은 근육, 골격 등, 즉 체형이 대체적으로 정력적, 무감각, 자기주장,

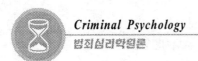

모험심이 강하며 공격적인 경향의 경우.

ⓒ 외배엽은 여위고 섬세한 몸집, 골격이 작고 긴편, 축처진 어깨, 뾰족한 코, 자기 반성적이고 민감하여 신경질적인 경우.

중배엽은 정상적인 소년보다 비행소년이 두 배나 더 높다는 것이다. 또한 Sheldon은 신체형(somatype)이 범죄 가능성을 갖고 있다는 다양한 면을 제시하고 있다. 사람은 끊임없이 정열적이고 능동, 충동적인 것을 행위로 옮기는데 빠르고 대담하다. 직선적인 행동을 자제할 수 있는 요인, 즉 양심적인 면과 반사회적인 면이 결핍되어 있다.

이와 같은 특징은 다른 사람들에게 조금도 관심을 갖고 싶어 하지 않는 사람, 즉 약탈적인 사람으로 만든다는 것이다. 그러므로 행동동기유발계획이 필수적인 통제이론이 된다. 즉, 중배엽을 갖는 구조의 사람은 필연적으로 범죄자가 되는 것은 아니다. 왜냐하면 지능이 높고 환경이 개선이 되면, 그들은 성공적으로 환경에 잘 적응을 하는 것으로 보고 있다.

이와 같은 연구는 탈선행위가 가시적, 비가시적, 생물학적 특성과 관계가 있는가를 발견하기 위한 시도로 볼 수 있을 것이다. 범죄행위에 대한 생태학적 내분비기관 이론은 탈선의 이유가 제 기능을 발휘하지 못하는 내분비기관(inconclusive)에 근거를 둔 이론이다.

Dagdale에 의한 Juke 가의 가계혈통에 대한 연구는 범죄가 유전에 의해 결정된다는 이론을 뒷받침하기 위해서 시도된 것이다. 일반적으로 우리가 검토해온 이러한 가계조사연구는 결론을 내릴 수 없는 것으로 입증이 되었다. 유전은 변화되고 환경은 변화하지 않는 조건에서 일란성 쌍생아와 이란성 쌍생아를 비교한 연구는, 범죄는 유전에 의하여 결정된다는 것을 증명하려고 시도한 것이다. 그러나 생물학적 연구사례들을 결론 내릴 수 없다고 해서 반박하고 또는 이러한 면에 있어서의 연구가 무의미하다고 결론을 내린다고 하는 것은 타당하지 못한 것으로 볼 수 있겠다. 범죄학자들은 생물학적 구조와 일탈행위 사이에의 상호관계에 대한 연구를 계속하고 있다.

제2절 범죄자와 지능과의 관계

1. 범죄자와 정신박약

정신박약은 의학적으로는 정신발육지증이라고 한다. 지능의 결핍상태에 대한 총칭이다. 지능적 결핍이 범죄의 주요원인이라고 강조한 학자는 미국의 심리학자 Henry H. Goddard이다. 그는 프랑스의 Alfred Binet가 개발한 지능측정방법을 자기의 손으로 착안하여 1912년 소년원 및 교정시설 수용자의 지능상태를 테스트하여 보았다. 그 결과 범죄자의 50~64%가 정신박약 또는 저지능상태에 있는 것을 발견하였으며, 범죄행위 및 비행행위의 주요한 원인을 낮은 지능에 기인된다고 주장했다.

또한 정신박약은 G. Mendel의 유전법칙에 의한 지능이 있다고 설명했다. 멘델은 유전법칙에 의한 일단위성의 특성으로서 유전함으로 정신박약자를 단종 혹은 격리하여 범죄로부터 예방하여야 한다고 주장 한바 있다.

현재 지능측정에는 Stanford Binet가 제시한 방법이 가장 많이 이용되고 있다. 지능지수(I. Q)=정신연령(mental age)을 생활연령(chronological age)으로 나누어 100을 곱한 정신연령과 생활연령을 말한다. 따라서 지능지수가 100이면 그 사람은 평범한 지능을 가진 것으로 볼 수 있다. 지금까지의 범죄인에 대한 조사 자료에 의하면 그들의 지능은 일반보다 약간 낮은 것으로 나타나 있다.

비행소년의 일반지능는 Henry H. Goddard 이래 미국에서는 비행소년의 지능에 대하여 수백종류에 이르는 조사보고가 계속되고 그 결과로 나타난 비행소년의 지능득점도 폭넓은 것이었다. 그러나 연구가 계속될수록 비행소년군의 지능득점은 상승하여 1960년경에는 일반평균과의 차이가 8점으로 줄어들었다.

이상 여러 가지 조사결과, 전반적인 지능수준과 범죄와의 관계는 그렇게 중요하지 않다는 것으로 되어 있다. 문제는 정신박약과 정신병질이 결합하고 있는 경우는 사회위험성을 더하고, 범죄학적으로 중요한 의미를 갖는다는 것이다. 또한 판단력, 통찰력 등의 부족으로 인하여 충동적인 행동이 범죄성을 더 증가시키게 된다.

2. 언어성 지능과 동작성 지능

W. Wechsler가 고찰한 지능테스트에는 여러 가지의 연구전진을 인정할 수 있는데, 그 하나는 언어성 지능과 동작성 지능으로 나누어 진단을 할 수 있다는 것이다. S. E. Glueck는 비행소년군에 웨슬러 테스트와 Rorschach Test를 결과를 합하여 고찰하고 비행소년들의 지능으로 다음과 같은 특징을 발견하였다.

① 과제에 대해 취급하는 방법이 비체계적이기 때문에 실수하는 일이 많다는 점.

② 모개적인 신호에 의존하는 듯 한 추상적인 사고에 뒤떨어지고 보다 구체적으로 향하고 있다는 점. 웨슬러테스트의 일본판을 사용해 비행소년 지능을 조사한 예도 많지만 모두 동작성 지능에 비해 언어성 지능의 득점이 저조한 것을 발견했다.

3. 문제점

1) 샘플문제

비행군과 무비행군과를 대표하는 양 샘플에 범죄 이외의 위험한 인자가 깊숙이 파고 들어갈 여지가 있다는 점이다. 글룩크의 용의주도한 연구에도 불구하고 비행아와 무비행아와의 사이에는 양자의 사회적 배경의 차이가 크다. 전자에는 싼 아파트와 결손가정의 출신이 많고, 후자에는 사회적, 경제적으로 높은

군이 많고, 이 양자의 차이는 언어적, 동작적인 지능의 차이 이상이라고 하는 비판이 있다.

2) 테스트 조건 문제

비행소년에 대한 테스트는 시설 혹은 수감된 상태에서 검토되고, 그 테스트 결과가 마치 수용 이전, 범죄 이전의 것처럼 간주된다. 특히 지능테스트는 원래 학교생활에서의 일상의 훈련 등에서 크게 좌우되는데도 비행소년군은 그 동안 비행, 신문, 체포, 태학 등으로 인해 불리한 조건하에 있었던 것이다.

3) 지능 득점차 접근

최근 비행소년들의 지능이 일반소년들의 지능과의 차이를 단속시켜 온 것은 무엇을 의미하는가. 첫째는 지능테스트가 점차로 타당성을 증가해 온 것도 있지만 그 외에 교육의 기회균등의 전진, 둘째는 특수교육과 사회복지의 혜택으로 지능이 낮은 소년들을 범죄로부터 보호하고 있는 효과를 인정할 수 있다.

4) 저지능 범죄

지능 그 자체는 도덕적 의미는 없지만 지능이 낮은 것은 충동적, 감정적인 이상과 결부되기 쉽고, 그것이 사회적 기준과 옳고 그름의 이해를 곤란하게 한다는 견해가 있다. 만약 그렇다면 문제의 중점은 지능과 감정과의 관계가 일목요연하지 않기 때문에 역동적인 테스트의 개발이 지속적으로 요구된다.

5) 고지능 범죄

지능이 높은 범죄자 중에는 지능이 낮은 자와 반대로 충동감정의 폭발을 억누르고 섬세하고도 신중하게 범행을 하는 경우가 보통임으로 그들은 보편적으로 일반인 이상으로 사회에 잘 적응하고 있는 이중적인 생활이 많은 것으로 보고 있다.

4. 정신적 결핍과 범죄

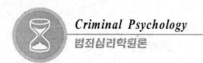

Lombroso의 생래적 범죄인설은 그 후 연구자의 관심을 신체적 특징에서 정신적 특징으로 향하게 되고 그중에 정신병질(이상성격), 정신박약(지능결핍), 정신병(정신이상) 등으로 구분이 점차적으로 분명하게 되어왔다.

1) 정신병질

범죄인의 소질은 지능도 중요한 문제로 대두되나, 성격의 문제는 더 중요한 문제가 된다. 범죄의 원인으로서 성격의 이상, 즉 정신병질은 일시적, 기회적인 범죄보다는 지속적, 상습적인 범죄에 있어서는 더욱 중요한 의의를 가지고 있다. 또 정신병질은 범죄뿐만 아니라 기타 여러 가지 병적인 사회현상, 예를 들면, 낭비벽, 가출, 부랑, 매춘, 자살 등과도 밀접한 연관을 갖는 것으로 본다.

정신병질의 개념으로서 정신의학상 다음과 같이 정의하고 있다. 독일의 정신의학자인 K. Schneider에 의하면, 정신병질은 "이상성격자이며 그 이상 때문에 사회를 괴롭히거나 자신이 고통을 받는 것"이라고 하고 있다. 따라서 이러한 이상성격을 갖는 자는 사회적응성의 부족으로 비사회적 행동으로 빠지기 쉽다고 한다.

정신병질의 분류방법으로 Schneider는 다음과 같이 10가지로 분류를 하고 있다.

발양성 정신병질자

이 유형은 매우 상쾌한 기분을 가진 정신병질자이며 지나친 낙천가로서 사기, 밀수범 등이 많다.

우울성 정신병질자

항상 우울하고 비관적인 생각을 가지며 후회하거나 쓸데없는 걱정이 끊이지 않는 사람. 특히 이러한 형은 범죄와는 비교적 관련이 적으나 자실이나 어떤 강박증으로 인한 성도착 혹은 성범죄 행위가 많다. 주요우울장애(major depressive disorder)의 양상은 정상인에게서 보이는 기분의 고저와는 달리 기분이 심하게 저조해서 일상생활을 못할 정도이고 식욕을 잃어서 체중도 감소하고 신체적으로 초조하거나 활동이 지체된다. 흔히 기분의 장애라고 정의하여 우울증에서 보이는 동기의 장애나 인지, 사고의 장애, 자존심의 손상 그리고 신체적 증상을 소홀히 하기 쉬우나 이런 영역의 장애가 두드러지는 경우가 많다. 정서적 증상으로서 우울증 환자는 슬픔, 불행감, 절망감, 외로움, 무가치감, 걱정, 죄책감을 드러내며 흔히 슬픔을 가누기 어려워 치료적 대화중에 계속 우는 경우도 있다. 또한 이들은 만족이 없고 즐거움이 없다. 또한 이들은 만족과 즐거움이 없는 편이다. 심하면 식욕도 없어지고 성적욕구도 사라지는 경우가 보편적이다. 인지적 증상은 미래에 대하여 부정적이고 절망작인 견해를 지니며 비관적이다. 우울증 환자는 일반적으로 정신기능이 떨어져 있어서 주의집중, 기억력, 사고력의 어려움을 호소하고 결정을 못 내리는 경향이 아주 뚜렷하다. 그리고 죽음에 대한 생각이나 자살생각을 자주 반복하는 습관이 있다.

그리고 동기적, 행동적 증상으로는 무슨 활동에 있어서 시작하기가 무척 어려워하는 편이다. 아침에 일어나기가 힘든 것도 이러한 상태를 나타내는 것이다. 대부분 쉽게 지치고 사회적인 활동에 참여하지 못하고 즐거운 활동에 흥미를 잃게 되고 칭찬이나 보상에 주의를 기울이지 못한다. 또한 신체증상으로는 식욕을 잃는 것이 흔히 있다. 우울증이 심하지 않을 때에는 많이 먹게 되어 살이 찌기도 한다. 이들은 불면증을 호소하는 경우가 많고 잠을 이루는데 어려움을 겪는 경우도 많은 편이다.

주요 우울장애의 발생은 아동기 때부터 시작되는 경우가 있다. 하지만 14세경까지는 미미하게 발생하다가 청년 후기나 성인 초기에 발생이 증가하기 시작하며 대개 40대 후반에 가장 많이 발생한다고 한다. 전반적으로 볼 때 우울증의 유병률은 약 12%로 보고 있는데 근간 새로운 방법의 평가보고서에 보면 7.9~9.9%로 나타나 있다. 우리나라의 경우는 5.4~5.9%로 집계된 바 있다.

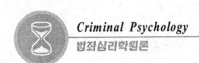

주요우울장애의 경우 일반적으로 남자가 여자보다 적게 발생되는 것으로 보고 있다. 서양에서는 여자의 우울증 발생률이 남자에 비하여 높다는 것이 일관된 조사보고이다. 미국에서 DSM-III-R의 기준에 따른 조사연구에 의하면, 주요 우울증의 발생률이 남자보다 여자에게서 2배 가까이 높다. DSM-IV에서도 여자의 경우 10~25%, 남자의 경우 5~12%의 평생유병률을 보고하고 있다.

여자가 남자보다 우울증 발생률이 높은 것을 여자가 남자보다 심리적 우울증상에 대하여 더 민감하게 주의를 기울이고 회상을 더 잘 하기 때문이라고 주장하는 학자가 있는데, 실제로 연구한 바로는 여자가 남자보다 심리적 우울증상에 대하여 더 민감하다는 증거는 없다고 한다.

자기불확실성 정신병질자

자기 자신이 부족하다는 생각이 강하며 매사에 자신이 없는 편이다. 어떤 일에든 망설이기를 잘하고, 심적 갈등이 다양한 각도에서 접근이 되는 편이다. 일반재산범에게는 많지 않으나 경우에 따라서는 살인, 상해, 성범죄, 자기학대 등의 범죄를 저지르는 경우가 있다.

광신성 정신병질자

제3자가 보면 이상할 정도로 어떤 가치 있는 일에 열중하고, 투쟁, 과대망상적 행동, 호소경향 등을 나타낸다. 투쟁형과 비교적 온화한 형의 두 유형으로 나누어진다. 광신성 정신병질 자에는 종교적 광신자, 정치적 광신자자 많은 편이다.

자기현시성 정신병질자

이 유형은 자기가 항시 모든 일의 중심에 있다는 태도를 보이고, 자기를 실제보다 높게 보이려는 허영심이 강한 정신병질자이며, 결혼사기, 무전취식 등에서 흔히 나타난다.

기분장애 정신병질자

특별한 상황이 아닌 경우에도 우울한 생각, 기분이 갑자기 좋아졌다 혹은 급격히 기분이 저조해지는 등의 상태가 반복의 상태가 매우 기복이 심한 상태의 정신병질자이며, 낭비, 방화, 폭행 등의 충동적인 행동을 하는 경우가 많은 편이다. 여기서의 기분이란 우리의 생활에 지속적으로 영향을 미치는 감정 상태이다. 일상적인 생활에서 기분의 고저는 있기 마련인데, 때때로 이런 정상적인 기분의 변화와는 전혀 다르게 기분이나 감정이 극단적인 양상을 보여서 일상생활이 어려운 정도에 이르는 경우가 있다. 이를 정동장애라고 개념화하는데 근래 미국 정신의학회에서는 기분장애로 정의를 내리고 있다. 이런 장애의 특성이 기분의 심각한 변화에 있고 그 때문에 생활을 잘 못하고 심하면 정신병원에 입원치료를 받아야 할 경우가 생긴다. 학자에 따라서는 이런 장애를 기분장애로만 보지 않는다. 기분의 고저가 주된 것이라고 하지만 동기적 장애와 인지 행동적 장애를 수반하는 것으로 종래의 정동장애를 그대로 사용하는 경우가 있는가 하면, 원래 기분장애는 우울장애가 위주가 되고 기분이 고양되는 것은 우울장애에 대한 방어노력의 일면으로 이해하는 학자도 있다. 국제질병 분류체계에서는 기분장애를 두 가지로 구분했다. 신경성 우울장애와 정동정신증으로 크게 구분하고 정동정신증의 하위유형으로 조울정신증 조증형, 조울정신증 우울증형 그리고 조울정신증 순환형으로 구분했다. 이런 방식이 정동장애의 유형을 신경증과 정신증으로 구분하는 것이어서 정신역동적 내용을 드러내고 있다는 문제점이 지적되었고 따라서 DSM-IV에서는 현상학적이고 객관적 관찰에 근거한 분류를 제의하였다. 즉 이 장애의 외형적인 특성에 초점을 맞추어서 기분장애로 개념화하였다. 여기서 기분장애는 하위유형으로 우울장애(단극성 장애)와 양극성 장애 등으로 크게 구분이 되고, 우울장애에는 주요 우울장애와 기분부전장애(dysthymic disorder)가 있고 양극성 장애에는 양극성 장애 I, 양극성 장애 II 그리고 순환성 장애(cyclothymic disorder)가 있다.

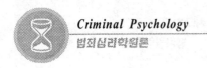

제3절 기분장애의 이론과 치료기법

1. 생물학적 접근

우울증을 유발하는 생물학적 요인에 관한 연구가 심리적 요인에 관한 연구 못지않게 이루어지고 있다. 생물적인 요인에 관한 접근은 유전적 요소, 신경생리적 요소, 신경화학적 요소 등으로 구분할 수 있다.

1) 유전적 요소

우울증에서 유전적 요인(genetic factor) 연구는 주로 가계연구와 쌍생아로 구분이 된다. 우울증 환자에 대한 가계연구는 약극성 우울증과 단극성 우울증을 대상으로 한 연구가 각기 다른 결과를 나타내고 있다. 양극성 환자의 직계가족에 대한 연구는 적어도 이 장애가 가계와 연관된다는 결과를 보고한다. 즉 일반인구에서 양극성 장애의 발생빈도는 0.4%에서 0.8%인 데 반해서 양극성 환자의 직계가계에서 발생률은 10~20%로 현저하게 높다.

쌍생아 연구는 주로 두 가지로 볼 수 있다. 첫째로 일란성 쌍생아와 이란성 Tdtod아에서 기분장애 발생의 일치율을 비교하는 연구이다. 단극성 우울증의 경우 Allen의 개관에 의하면 일란성쌍생아에서 발생일치율은 40%인데 반해서 이란성쌍생아의 경우는 11%에 불과하였다. 비교적 많은 피험자를 대상으로 한 덴마크의 연구에서도 비슷한 결과를 보고 있다. 즉 일란성쌍생아의 우울증 발생일치율은 43%로 나타났고 이란성쌍생아의 경우 18%로 나타났다. 둘째로 입양자 연구를 들 수 있다. 양극성 장애를 보인 입양자의 친부모와 양부모의 기분장애 발생률을 조사한 친부모에게서는 28%의 발생률을 보인 데 비하여 양부모에게서는 12%의 발생률을 나타내서 유전적 소인을 강력히 뒷받침하였다(아래 표 참조).

[Goodwin 등의 양자 연구 비교]

(단위: %)

진단	부모가 알코올이 아닌 양자 (78명)	부모가 알코올중독으로 병원에 입원했던 경우		부모가 알코올 중독이 아닌 양자 (47명)	부모가 알코올중독으로 병원에 입원했던 경우	
		양자 (55명)	동거 (30명)		양녀 (49명)	동거 (81명)
알코올 중독	5	18	17	4	2	3
우울증	20	15	20	15	14	27

이렇게 볼 때 양극성 우울증이나 반응성 우울증의 경우, 유전적 소인에 대한 증거가 분명하지 않은 데 비해 양극성 우울증의 경우는 유전적 소인의 증거가 비교적 뚜렷하다. 그러나 이 경우에도 유전적 소인 자체가 장애를 결정하는 것은 아니고 환경적 스트레스 수준이 장애유발에 관련되는 것으로 볼 수 있다.

2) 신경생리적 요소

생물학적 접근 중에서 신경생리적 요소를 찾으려는 연구가 있다. 우울증이 시상하부(hypothalamus, 무게 약 4gm에 불과한 회백질이지만, 전뇌 중에서 가장 오래된 부분이며, 자율신경계의 최고중추이다. 생명유지에 필수적인 기능을 지배하는 중추, 즉 체온조절, 수면, 소화, 성기능 등의 중추가 있다. 시상하부의 외경은 제3뇌실의 밑 부분이며, 시상하구(sulphur hypothalamus)로서 시상과 경계되며, 외측은 하시상부(간뇌피개)에 이어진다. 후부에는 좌우의 대뇌각 사이에 한 쌍의 반구상(직경 약 2mm)의 유두체(corpus mamillare)가 있고, 그 내부의 회백질은 주로 후각전도로에 관계하며, 근래에는 감정의 해부학적 경로로 지목되고 있다. 그 앞에 약간 돌출한 회백융기(tuber cinereum)가 있고, 그 전방은 정중융기(median eminence)를 거쳐 깔때기꼴의 누두(infundibulum)가 되며, 그 끝이 가로로 타원형의 하수체(hypophysis)가 된다. 시상하부의 내경을 보면 외측에는 다수의 유수섬유와 산재성인 신경세포가 있고, 내측에는 다수의 핵과 소수의 유수신경섬유가 있다)의 기능장애 때문에 생긴다는 학설에서의 시

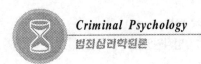

상하부가 기분을 조절하는 기능을 수행할 뿐 아니라 우울증에서 보이는 식욕이나 성적 기능의 장애에도 영향을 준다는 것을 내세운다. 따라서 시상하부가 우울증을 일으키는 주요 기능을 한다고 가정한다. 또한 우울증 환자들의 뇌하수체 호르몬이나 부신선 또는 갑상선 등의 기능장애를 보이는데 이런 호르몬이 모두 시상하부의 영향을 받고 있다는 사실에서 이 학설이 지지를 받는다고 주장한다.

Psychoneuroimmunology

육체적 피로보다 정신적인 피로가 회복 기간이 오래 간다는 것을 경험한 사람은 인정할 것이다. 이러한 결과는 정신과 신체와는 그 관계가 아주 밀접한 관계를 가지고 있기 때문이라고 생각할 수 있으며 가장 깊은 관계를 가지는 기관은 뇌(brain)라고 생각된다.

정신적, 육체적 스트레스를 받게 되면, 이는 곧 대뇌피질로 전달되고 대뇌피질에서는 시살하부와 뇌하수체를 통해 온몸에 스트레스를 해소시키라는 명령을 내리게 된다. 이때 분비되는 항스트레스 호르몬을 비롯하여 여러 가지 화학물질들은 신체의 방어력보다는 스트레스를 해소시키는데 온 힘을 기울이게 되고 결국 방어력은 평소보다 훨씬 약해지게 된다. 이 같은 상태가 오래 지속되면 백혈구 속에 있는 임파구를 비롯하여 면역체의 수나 작용력이 떨어져 각종 질병이 자주 걸리게 된다. 정신과 방어력과의 관계를 연관하는 분야를 psychoneuroimmunology라고 한다.

3) 신경화학적 요소

신경생리적 연구에 비해 최근에는 신경화학적인 연구가 더 활발하게 진행되고 있다. 우울증이 유전적 소인을 갖는다면 이는 신경화학적 기제로 설명될 수 있을 것이라는 생각을 할 수 있다. 사실 과거 20여년 이상 우울증의 생물학적 모형으로 카테콜라민(catecholamine)가설이 우세하게 유지되어 왔다. Catecholamine은 신경전달 물질인 노아에피네피린, 에피네피린 그리고 도파민을 포함하는 호르몬이다. 이 가설에 의하면 신경전달물질로서 노아에피네피린의 양이 증가하면 조증의 증세를 일으키고 이 호르몬의 양이 적으면 우울증을 일으킨다는 것이다.

또 다른 간접적인 방식으로 이 학설을 뒷받침하는 연구는 약물치료에서 비롯되었다. 이는 우연한 관찰에서 비롯된 것인데, 고혈압환자의 혈압 강하제로 리설핀(reserpine)이라는 약물을 투여하는데 이 약물을 복용하는 환자 가운데 우울증상을 부작용으로 호소하는 것을 관찰하게 되었다. 그런데 리설핀은 뇌에 에피네피린이나 세로토닌 같은 여러 신경전달물질의 공급을 감소시키는 효과가 있다는 것이 알려졌다. 이러한 임상관찰 결과가 카테콜라민 가설을 간접적으로 지지하는 것으로 보인다. 또 다른 측면에서 이 학설이 지지된 것은 우울증 약물이 개발되면서부터라고 할 것이다. 삼환계 항우울제와 모노아민 옥시다제 억제제가 항우울 작용을 하는 것으로 확인되었는데 이 약물들은 공이 뇌에 노아에피네피린이나 세로토닌을 증가시키는 작용을 하는 것으로 밝혀졌다. 그러나 후속연구에 의하면 노아에피네피린의 증가가 바로 우울증을 완화시키는 것은 아니라고 한다. 지금으로서는 노아에피네피린이나 세로토닌 같은 신경전달 물질이 우울증과 관련된다는 것은 확실하지만 그 정확한 기제는 아직 밝혀지지 않았다고 할 것이다.

2. 정신역동적 접근

정신역동적 입장은 정신분석적 치료에서 비롯된 것이다. 정신분석에서는 우울증을 몇 가지로 설명하는데 주로 무의식적(unconsciousness) 동기를 위주로 이해하고 있다. Freud는 우울증을 실제 또는 상징적인 대상상실에 대한 반응이라고 보았다.

사람은 자라면서 어머니로 대표되는 주요한 타인의 도움과 인정이 필수적이다. 이런 어머니를 사랑의 대상으로 받아들이는 것은 지극히 당연하다. 이러한 사랑의 대상인 어머니는 아이가 자라면서 언제나 아이의 요구를 충족시켜 주지는 못한다. 따라서 돌봐 주는 어머니에 대하여 사랑의 감정이 형성되지만 욕구가 좌절될 때 미움의 감정이 생긴다. 이렇게 사랑과 실제로 또는 상징적으로 상실할 경우 무의식적으로는 사랑의 대상으로부터 거부되었거나 사랑의 대상을 내가 없애버렸다고 상상하게 된다. 따라서 미움에 대한 죄책감이나 사랑하는 사람에 대하여 내가 올바르게 행동하지 못해서 잃게 되었다고 생각하는 죄책감이 증폭된다. 반면에 사랑의 대상이 나를 버렸다는 생각이 기존의 부정적인 분노의 감정을 증폭시킨다. 이처럼 상실된 대상에 대한 증폭된 분노가 결국에는 자기 자신에게 향하게 되고 그것이 우울증을 일으킨다고 설명한다. 상실된 대상에 대한 분노가 어떻게 자기에게 향하는지 이 과정을 살펴보겠다. 정신역동적 입장에서 보면 누구나 발달초기에 사랑의 대상을 동일시하거나 내면화함으로서 자기의 일부로 받아들이게 된다. 이를 잘 설명하는 것이 Oedipus complex라고 할 수 있다. Oedipus 시기를 잘 지나가는 과정에서 이성의 부모를 사랑하고 동성의 부모를 경쟁자로 여기던 아이가 동성부모의 보복에 대한 두려움 그리고 이성의 부모를 현실적으로 소유할 수 없으니까 부모의 정신적 측면을 내면화함으로서 안전하게 부모의 자아나 초자아를 내면화한다는 것은 익히 아는 사실이다. 대상상실의 경험을 한 사람은 대상에 대한 죄책감과 더불어 그를 내면화하고 있기 때문에, 상실된 대상에 대한 분노가 이미 없어진 대상에게로 향하지 못하고 자기 자신으로 향하게 된다는 것이다.

따라서 자기에 대적하게 되고 실망하게 되어 우울증을 일으킨다고 본다.

우울증에 관한 이러한 전통적 이론이 근래에는 여러 가지로 수정 확장되고 있다. 우울증을 일으킬 수 있는 취약성이 인생 초기에 가장 중요한 어머니나 아버지의 상실이나 상실의 위협 등 외상적 경험에서 형성되는 것으로 본다. 다음에 이런 취약성이 있는 사람이 생활하면서 뚜렷한 상실이나 좌절의 경험을 하는 경우가 생긴다. 예컨대 이혼, 사별 또는 중요한 일의 실패를 경험하는 경우이다. 경우에 따라서는 좌절이나 상실이 뚜렷하지 않을 수도 있다.

또 다른 입장에서는 자기존중감의 실추를 우울증의 기본적인 특징으로 받아들이기도 한다. 이런 맥락에서 우울증을 사랑에 중독된 환자로 본다. 자기의 실추된 자존감을 회복하고 위안을 얻고자 끊임없이 다른 사람을 찾는 것이 마치 중독자와 같다고 보는 것이다. 이처럼 대인관계적 입장에서 우울증을 이해하려는 노력은 근래 일부 역동적인 치료자들의 관심사가 되고 있는 것으로 볼 수 있다.

자기존중감의 실추와 관련하여 다른 설명을 하는 학자도 있다. 우울하기 쉬운 사람은 자기애적 소망으로 자기가 가치 있고 사랑받아야 하며, 강해야 하고 우월해야 하고, 그리고 선하고 사랑하는 사람이어야 한다는 자아 이상을 지니게 되는데 이런 이상과 현실 간에는 갈등이 불가피하다. 이런 소망이 현실적으로나 상상적으로 충족될 수 없으며 따라서 우울증을 일으킨다는 것이다. Bibring은 다른 학자들과 달리 초자아는 우울증과 무관하며 이미 설명한 것처럼 자아 내의 소망과 현실과의 갈등이 주요 요인이며 우울증은 자아 자존감의 심한 손상을 수반하는 것으로 보았다.

3. 인간주의 및 실존주의적 접근

인간주의자들이나 실존적 입장을 지니는 학자들은 우울증 환자들이 아무리 자기 자신이나 세계를 왜곡한다고 하더라도 이는 현재, 여기서 각자의 주관적 입장에서 보면, 진실한 것이라고 보는 현상학적 입장을 나타낸다. 인간주의 치료자나 실존론자들은 내담자가 우울해 한다면 그것은 진실로 우울한 것이라고 본다. 즉 그의 생을 충실하게 또는 진지하게 살지 못한 결과로서 무존재(non-being)감을 나타내는 것이다. 우울한 사람이 죄책감을 표현한다면 이는 그가 충실히 살지 못한 데 대한 진실 된 표현이라고 보는 것이다. 즉 바른 선택을 하는데 실패하였고, 자기의 잠재 가능성을 실현하지 못했으며 자신의 삶에 대해서 책임 있는 생활을 못한데서 비롯되는 정당한 죄책감으로 본다.

인간의 실존적 상황 가운데 고독이 우울과 관련이 된다. 대체로 우울하기 쉬운 사람은 의존적인 경향이 강한데 이런 특성 때문에 이들은 고독을 두려워하

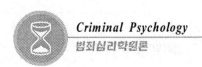

게 된다는 것이다. 그러나 진실한 인간 상황에서는 고독이란 피할 수 있는 것도 아니고 치료해야 할 어떤 것도 아니다. 오히려 고독을 받아들이고 이를 개인 성장의 조건으로 여겨야 한다. 이렇게 고독을 받아들인다는 것이 어려운데 특히 의존적인 성향을 지닌 사람들은 이를 견디기 어려워 피상적이고 낭비적인 사회활동에 매이게 되는데 이런 활동이 그들의 고독을 경감시키지는 못한다. 오히려 사회활동 속에서 인정받고 지지만 받는 것이 아니라 상처를 받기도 쉬워서 이런 고독을 피하려는 노력이 우울하게 만드는데 기여할 수도 있다.

이런 문제로 우울해진 사람에 대하여 치료자는 다른 사람의 인정이나 사랑에 의존해서 고독에서 벗어나고 인간적 만족을 추구하고자 할 경우 언제나 좌절을 겪을 수 있음을 환자가 받아들이도록 도와야 한다. 그리고 자기의 가치기준을 세우고 이에 따라서 생활하는 것을 터득하도록 돕는 것이 무엇보다도 중요하다. 또한 고립에 대한 두려움이 우울증의 원천일 경우에는 사람은 궁극적으로 홀로 살아가는 존재라는 것을 받아들이게 하는 것이 우울증을 치료하는 것이라고 할 수 있을 것이다.

4. 행동적 접근

행동주의 입장의 이론가들은 우울증을 설명할 때 주로 Skinner의 조작적 조건 형성이론을 기초로 본다. 조작적 조건형성의 기본원리는 여러 가능한 행동 유목에서 강화를 받은 행동은 학습이 되고 강화를 받지 못한 행동은 없어진다는 것이다. 이러한 행동의 입장에서 보면, 우울증의 무기력이나 고립적 행동은 사회적 강화가 결여된 결과이다. Lewinsohn과 동료학자들은 학습이론의 관점에서 우울증을 연구하였다. 우울한 사람들은 우울하지 않은 사람들에 비해 부정적인 사건을 더 많이 경험하였고 이런 경험을 더욱 부정적인 것으로 지각하였다. 뿐만 아니라 우울증 집단이 비우울증 집단에 비해 혐오자극에 대하여 민감한 반응을 보였다. 또한 우울집단은 비우울집단에 비하여 긍정적 강화를 덜 받았고 긍정적인 강화가 있을수록 덜 우울한 경향을 보이는 것으로 나타났다. 이러한 여러 연구에 기초하여 그는 우울증에서 보이는 불행감이나 행동의 감소는 긍정적 강화의 결핍과 혐오적인 불쾌한 경험의 증가에 의한다고 하였다.

긍정적 강화의 결여나 불쾌한 경험 등은 다음의 세 가지 상황에서 일어나는 것으로 요약된다. 첫째, 환경자체가 문제되는 경우가 있다. 환경이 긍정적 강화가 거의 없거나 처벌적인 요인이 많을 경우이다. 우리나라 부모의 훈육방식 중에 문제되는 것은 칭찬은 별로 하지 않고 잘못한 것에 대하여 벌을 엄하게 주는 것인데 이런 방식의 훈육환경에서 우울증상을 일으킬 가능성이 크다. 둘째, 특정한 개인이 다른 사람의 강화를 유도하는 사회적 기술이 부족하거나 불쾌한 혐오적 자극상황에 대처하는 기술이 부족할 경우이다. 후자의 경우는 청소년들 가운데 자존감에 상처를 주는 동료의 언동에 대하여 자기 표현적 대처방식을 몰라서 무기력해지는 경우이다. 셋째, 우울에 취약한 사람들이 있는데, 이들은 보통 사람에 비하여 긍정적 강화는 긍정적적으로 받아들이는가 하면 부정적 처벌은 더 부정적으로 받아들이는 경향이 있다. 이런 성향이 긍정적인 강화, 부정적 처벌이든 간에 이런 결과를 가져오지 않도록 행동을 줄이는 쪽으로 지속적인 순환 고리를 형성하게 되어 결국에는 활동의 결여 상태인 우울상태에 이르게 된다는 것이다.

5. 인지적 접근

우울증에 관한 인지적 이론은 크게 두 가지로 구분된다. 가장 널리 알려지고 연구에 의해 지지도 받고 있는 입장이 Beck의 이론으로 볼 수 있다. 그는 정신과 의사로서 우울증을 이해하고 치료하는 데 인지적 방식을 적용하면서 우울증에 관한 인지적 이론을 형성하기 시작하였고, 그는 여러 심리적 장애에 대한 인지이론을 더욱 체계화하였다.

Beck이 임상적으로 인지이론을 연구한 반면, Seligman은 개를 피험동물로 하여 학습을 통해서 무기력증을 일으키는 일련의 실험을 하였다. 그는 학습에 의해 생긴 무기력증이 우울증과 유사하다는 것을 알게 되어, 우울증을 이해하는 학설로 학습된 무기력 이론을 제시하였다. 이 이론 자체는 행동주의 입장이라고 할 수 있는데 후에 사회학습이론과 귀인이론으로 확장되었다.

1) Beck의 이론

우울해지기 쉬운 사람은 우울생성적 역기능적 태도라는 독특한 태도나 인지도식 또는 개인의 내적 규칙을 갖고 있다는 것이다. 이들은 반드시 무엇하지 않으면 안된다는 식의 당위에 매어 있다. 뿐만 아니라 이들은 언제나, 항상 등 한결같은 데 매어 있기도 하고 무엇이든지 이것, 저것 식으로 경직된 사고방식을 나타낸다.

이런 사고의 왜곡은 자동적으로 일어나서 정적 당사자는 이런 사고가 있는지 잘 모르는 경우가 많다. 이런 사고가 습관적 성향으로 나타나는 것을 역기능적 태도라고 하고 어떤 사건에 수반하여 자동적으로 일어나는 사고를 자동적 사고라고 하여 이를 구분하기도 한다.

정적 인지도식

우울한 사람은 보통 사람에 비해서 지속적인 부정적 인지를 특징적으로 드러낸다. 이런 부정적 인지, 사고는 첫째, 자기 자신을 무가치, 무능하고 부적절하며 사랑받지 못할 사람으로 보는 사고. 둘째, 자기가 경험하는 세계가 부정적이고 가혹하고 도저히 대처할 수 없는 세계이므로 언제나 좌절할 수밖에 없는 세계로 보는 사고. 셋째, 자기의 미래는 암담하고 통제할 수 없으며 계속 실패를 예상하여 비관적이라고 보는 사고 등 세 가지의 특징적인 인지도식을 갖고 있다는 것이다.

또한 우울한 사람은 우리에게 일어나는 사건들에 대하여 습관적인 추론의 왜곡을 보인다고 한다. 이를 인지적 왜곡 또는 인지적 오류라고도 하는데 그 주요 특징은 다음과 같다.

흑백논리, 이분법적 사고

어떤 사건이든지 아니면 흑과 백으로 보는 성향이 강하다. 인간의 행동도 선이 아니면 악이지 중간적인 속성은 허용하지 않는다. 일을 하는 데 있어서도 완전하지 않으면 모두 실패로 본다. 인간관계에서도 우리의 관계는 때로는 부정적인 경험, 긍정적인 경험을 하는 것인데, 부정적 경험을 한 번이라도 하면 전체적으로 부정적으로만 보는 것이다. 극적으로 표현하면 100점이 아니면 실패라는 것이다. 이런 사고방식 때문에 이들은 언제나 실패와 좌절감을 경험하지 않을 수 없게 된다.

임의적 추론

이들은 자기들이 경험한 한 가지 사건만 가지고 뚜렷한 증거도 없으면서 부정적 결론을 잘 내린다. 예를 들면, 애인이 3일 동안 전화하지 않은 것은 나를 거부하기 때문이라고 결론짓는 것이다. 애인의 형편을 알지 못하고 자기중심적으로 결론을 내리고 극단적인 부정적 결론을 내리는 것에서 이러한 특성을 볼 수 있다.

선택적 추론

어떤 특정사실, 일반적으로 부정적 사건에 집중하여 다른 일반적인 상황을 무시하게 되는 경우이다. 예컨대 친구와 애정관계를 의논할 때 친구가 자기의 장, 단점을 다 말하면서 조언을 준다면, 선택적 추론의 성향을 가진 사람은 자기의 약점에 집착하여 친구나 자기를 진실로 위하는 것이 아니라 오히려 헐뜯고 무시하는 것으로 받아들이게 된다는 것이다.

과일반화

우울성향이 있는 사람들은 특정한 사건에서 실패나 좌절을 경험했을 경우 이를 특정한 상황에 국한하지 못한다. 이들은 자기가 좌절한 상황과 약간만 비슷해도 그런 상황에서는 역시 실패할 것이라고 생각한다. 이렇게 부정적인 사고가 실질적인 근거 없이 확대되는 과일반화 성향을 보인다.

극대화와 극소화

이들은 부정적 사건에 대해 과일반화하거나 약간 부정적인 것은 극단적으로 과장하는 경향이 있는가 하면 긍정적 사건에 대해서는 그 영향을 극소화하는 경향이 있다. 그렇게 함으로서 더욱 부정적 사고의 악순환을 형성한다.

개인화

이는 다른 사람의 문제나 행동에 대해 마치 자기의 책임인 냥 받아들이고 괴로워하는 것을 말한다. 예컨대 배우자가 운다면 이는 자기가 잘못하여 배우자가 우는 것으로 받아들이고 죄책감에 시달리는 것이다.

Beck, Ward, Mendalson, Mock 및 Erbaugh는 인지, 정서, 동기, 생리적 우울 증상을 측정하기 위한 자기보고형 검사로 Beck 우울목록(Beck depression inventory: BDI)을 개발하였다. BDI는 21문항으로 구성되어 있다.

2) 학습된 무기력이론 및 귀인이론

학습된 무기력이론은 개를 피험동물로 하여 회피할 수 없는 고전적 조건형성 실험을 하는 도중에 우연히 발견하게 되었다고 한다. 이 실험은 개가 고정 장치에 묶인 채 전기충격을 받는 실험이었다. 이 실험에서 전기충격은 고통스럽기는 하지만 신체적 손상을 줄 정도는 아니었고 이런 충격을 개는 전혀 회피할 수가 없다. 이런 전기충격을 주어진 계획에 따라서 60초씩 받도록 하였다. 이렇게 하루 동안 충격을 받은 개를 이번에는 쉽게 전기충격을 피해서 옆의 개집으로 도망갈 수 있는 실험실에서 전기충격을 주었다. 이 때 개는 전기충격이 주어지는 초기에는 심하게 날뛰다가 후에는 완전히 포기한 모습을 보였다. 그리고 움직이려고 하지도 않았다. 이 개들은 처음부터 도망갈 수 있는 개장에서 전기충격 실험을 받은 개와는 전혀 다른 반응을 보인 것이다. 회피할 수 없는 충격을 먼저 받은 개와는 달리 이 개들은 쉽게 다른 개장으로 도망감으로서 전기충격을 피하였다. 더욱 놀라운 것은 회피할 수 없는 충격을 경험한 개는 후에 옆의 개집으로 도망가면 전기충격을 피할 수 있다는 경험을 한 후에도 다시 전기충격을 주면 옆집으로 도망가지 않고 그 충격을 그대로 받았다는 것이다.

사람을 피험자로 한 학습된 무기력 실험도 하였다. 피험자가 통제할 수 없는 혐오적 소음을 들려주거나 풀 수 없는 문제를 주어 실패하게 하는 문제 상황에 있을 경우 동물과 마찬가지로 사람도 학습된 무기력반응을 보였다. 그러나 그 이후의 실험에서 단순히 통제 불능의 수동적 경험이 무기력을 유발하는 것이 아니라 통제 불능 경험에서 앞으로 이런 사건이 일어나더라도 역시 통제하지 못할 것이라는 기대가 무기력을 유발한다는 증거를 얻었다. 이런 실험연구에 의해서 이 이론은 인지학설로 발전되었다.

다음으로 귀인이론을 살펴보면, 사람을 피험자로 하여 소음이나 풀 수 없는 문제를 주어 피험자가 통제할 수 없도록 하는 실험을 하였을 때 동물과는 전혀 다른 일이 일어났다. 즉 자기가 통제할 수 없는 상황에 놓였을 때 사람은 그 원인에 대한 질문을 하게 된다. 이 무기력이 어디에 기인한 것인지를 자문한다는 것이다.

Abramson, Seligman, Teasdale는 귀인이론을 적용하여 이런 무기력에 대한 인과 귀인을 내부나 외부, 안정적 또는 일시적, 그리고 총체적 또는 특정적인 요소에 하는 것에 따라서 무기력의 유형이 다르기도 하고 무기력 정도도 다르다고 보았다. 즉 실패의 원인을 내부적, 안정적, 총체적 요인에 귀인하는 경우에 우울증을 일으킨다고 보았다.

또한 실패를 자기의 능력과 같은 안정적 요인에 귀인 시키면 무기력이 장기화될 가능성이 있고 노력부족 등의 일시적 요인에 구인시키면 일시적 무기력상태가 된다고 본다. 마찬가지로 자기의 실패가 일반적 상황과 연관된다고 보느냐 아니면 특정한 상황으로 보느냐에 따라서 다른 반응이 일어난다. 예컨대 주어진 문제가 너무 어려워서 누구나 풀지 못할 것이라고 주어진 문제특성성에 귀인하면 다른 상황에서는 무기력을 보이지 않을 수 있다. 그러나 주어진 문제가 특별히 어려운 것이 아니라고 생각할 때에는 다른 일반적 상황에서도 실패

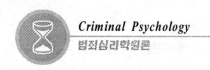

하리라는 기대를 갖게 될 것이다.

3) 폭발성 정신병질자

사소한 문제로 쉽게 분노하거나 경우에 따라서는 폭행을 쓰기도 한다. 외적인 자극에 대하여 곧 원시적인 반응을 나타내는 정신병질자에 속하며, 이 유형의 경우는 충동적인 범죄에 쉽게 기인되는 경우가 있다.

4) 정서결핍성 정신병질자

냉혹, 냉담, 무관심하거나 인간적인 따뜻한 감정이 부족하고 반도덕적 경향이 강한 정신병질자이다. 흉악범이나 위험한 관습범죄자에 이러한 경우가 많은 편이다.

5) 의지박약성 정신병질자

의지가 약하고, 독립성과 지속성이 부족한 정신병질자이며, 매춘부, 알코올 및 마약중독자에 이러한 유형이 많은 편이다.

6) 무력성 정신병질자

이 유형은 자기의 자신이 움직이는 상태에 대하여 습관적으로 기분상 소박한 자신감이 가지 않는 정신병질자이다.

이상과 같이 슈나이더가 분류한 유형은 어느 것이나 평균적 성격에서 보편적인 경향을 가지고 있다. 반드시 범죄와 관계가 있는 것은 아니고 사회를 저해하는 이상성격만이 형사학상 관심의 대상이 되는 것이고, 자기불확실성, 무력성, 우울성 등은 범죄와는 별개의 대상으로 보고 있다.

제4절 정신장애의 발생과 원인

1. 정신장애의 원인

정신장애(mental disorder)의 원인은 크게 기질적 원인, 심리적 원인, 사회적 원인으로 나눌 수 있다. 대체로 정신질환이 한 가지 원인으로만 일어나는 경우는 드물다.

그 중에는 중요하고 핵심적인 원인이 있겠으나 대개 여러 요인들이 같이 합쳐지거나 누적되었을 때 발명하게 된다.

내적 원인은 소인이라 하는데, 유전적인 성향, 체질 등 그 사람의 병에 걸릴 소질을 의미하며 이들이 내적 원인에 포함된다. 외적 원인은 대개 유발인자로 기질적 원인, 심리적 원인, 사회적 원인들이 포함된다.

정신질환(mental illness), 의학적 용어인 정신분열증(schizophrenia, 사고장애: 사고에 일관성이 없고, 연상작용이 이완되고, 말의 내용이 빈약하고, 단어나 생각을 고집스럽게 반복하고, 말의 진행이 막히는 증상, 피해망상, 과대망상 등이 있다. 지각장애: 환청과 환시. 운동성 증상: 이상한 표정을 짓거나 특이한 동작을 반복하는 증상. 정서적 증상: 정서상 매우 단조롭거나 주변 상황에 적절하지 못한 반응을 하는 증상. 생활기능의 손상: 사회생활의 기술이 결여되어 다른 사람과의 교제를 기피하는 증상), 망상증(paranoia), 정신이상(psychosis), 정신착란(insanity)으로 규정)은 다음에 설명되는 여러 소인과 유발인자의 원인이 겹쳐 나타난다.

따라서 신체질환에서와 같이 단순히 원인과 결과를 보기는 어렵다. 그러므로 치료도 생물심리사회적 모델(bio-psycho-social model)에 따라 각 환자의 특수한 상황에 맞추어 달라져야만 한다.

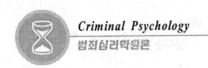

[미국 정신의약협회의 정신질환 분류]

정신질환 종류	내 용
불안장애 anxiety disorders	공황장애(phobias), 공포증(panic, attacks), 강박장애(obsessive compulsive disorders), 후 외상성 스트레스 장애, 일반화된 불안장애 등과 같은 불안장애
분열성 장애 dissociative disorders	기억상실증(amnesia)과 다중성격(multiple personality)과 같은 정상적 의식의 분열과 파열
유, 아, 청소년기에 처음 진단되는 장애 disorders first evident in infancy, childhood, or adolescence	정신지체(mental retardation), 과민성 집중장애(attention deficit hyperactivity), 신경성 식욕감퇴(anorexia nervosa), 신경성 폭식(bulimia nervosa), 말더듬(stuttering)과 같은 성장기에 처음으로 나타나는 장애
식욕 또는 수면장애 eating or sleeping disorders	식욕감퇴, 폭식, 불면증(insomnia) 및 기타 수면과 관련된 정서장애
기분장애 mood disorders	우울증 또는 조울증(bipolar)과 같은 정서장애
기질성 정신장애 organic mental disorders	노화, 질병, 뇌손상(알츠하이머) 등으로 인한 뇌기능 장애가 야기하는 심리적, 행동적 장애
성격장애 personality disorders	편집증이나 반사회적 성격과 같이 치료를 거부하는 부적응적 성격 특질
정신분열증 및 기타 정신장애 schizophrenia and other psychotic disorders	망상(delusion), 환상(hallucination) 등과 같은 정신장애
신체형 장애 somatoform disorders	원인을 알 수 없는 증상을 호소하는 장애, 질병에 걸렸다고 지나치게 걱정하는 심기증(hypochondria)과 같은 심리적 문제
약물관련 장애 substance related disorders	마약과 같은 약물의 남용으로 인한 정신장애

(Mooney, Knox, Schacht, 2002, 39-2,3)

1) 소인(predisposing factors)

유전

유전은 개인의 성향을 결정함으로서 개체가 환경과 상호작용하는 양상을 결정한다. 우성유전에 의해 생긴다고 보는 대표적 신경정신질환으로 Huntington

과 그 외 기분장애, Parkinson병, Pick병, 정신지체 등 몇 가지가 현재 보고되고 있고, 열성유전에 의한다고 보는 것은 지능, 성격, 기질이 해당된다. 그러나 대체로 정신질환이 유전 하나로만 발병이 결정되는 않으며 병 자체가 유전되기보다 그 병에 걸릴 소질이 유전되는 경우가 많다.

체질

체질은 유전과 출산 전후의 여러 영향에 의해 결정되는데, 이후 사회적 관계 속에서 학습을 통해 다소 변화한다. 특히 신생아의 수면습관, 과민성, 울기 등 감수성은 체질과 관련하여 흥미 있는 연구대상이 되고 있다. 체형과 성격 또는 정신질환과의 관련은 Kretschmer와 Sheldon의 연구가 알려져 있다. Sheldon에 의하면, 비만형은 사교적 성격과 기분장애와 관련이 있고, 근육형은 투사형 성격 및 반사회적인 인격장애와 관련이 있고, 세장형은 내성적 경향의 정신분열증과 관련이 있다고 알려져 있다.

나이

정신질환은 나이에 따라 쉽게 발병하는 시기가 있다. 대체로 여자의 경우 사춘기, 결혼 및 출산과 관련된 시기, 갱년기나 위험한 시기로 보고되고 있고, 남자는 사춘기, 학교를 졸업한 후 취업과 관련된 시기, 퇴직과 관련된 노년기에 발병을 많이 하는 것으로 보여 진다.

성

성별에 따라 정신질환의 빈도에 차이가 있다. 남자에게서 진행마비, 알코올 정신병, 외상성 정신병, 간질과 동맥경화증에 관련된 뇌증후군 등이 많은 반면에 여자에게서는 기분장애와 관련된 정신질환이 많다. 편집증, 신체질병과 관련된 장애, 그리고 정신분열증 등은 발병이 남녀간 비슷하게 나타난다.

2) 병인론

기질적 원인

뇌에 영향을 미치는 모든 질병은 뇌증후군을 야기할 수 있다. 근래에 문제가 되고 있는 자동차 사고나 산업재해 등의 외상, 독성물질이 뇌증후군을 일으킨다. 내분비장애는 외모를 변형시키게 되어 신체상 등 정신기능뿐만 아니라 인격에까지 영향을 준다.

약물과 술도 정신질환을 유발하기 쉽다. 특히 음주는 인격장애와 정신질환의 결과로도 흔히 나타날 수 있으며, 여기에 비타민 등 영양 부족으로 이차적 문제도 일으킨다. 산소결핍, 일산화탄소 중독, 경련, 심장발작 등은 뇌기능에 중요한 산소공급을 차단하여 행동장애를 일으킨다. 반면에 굶주림 또는 비타민 등 특정 영양의 부족은 발육장애, 정신지체, 그리고 여러 뇌증후군을 일으킨다.

심리적 원인

개인의 본능적 충동과 그에 관련된 감정들이 정신장애의 원인이 된다. 내적인 본능적 충동들은 대인관계 및 사회관계를 통해 여러 형태의 심리적 감정반응을 만들어낸다. 다양한 감정 중 부정적인 감정들이 원인으로 작용한다. 여기에는 갈등, 미움, 우울, 질투, 고독, 공포와 죄책감 등이 있다. 부정적 감정은 적응에 문제를 일으키고 병적 행동과 정신장애의 원인이 된다. 제감정의 근원은 대인관계에서 비롯되며 특히 이런 부정적인 감정을 경험할 수 있는 최초 또는 중요한 대인관계는 모자관계일 것이다.

이러한 부정적인 감정을 유발시키는 대표적인 원인 중에 하나는 갈등이다. 갈등은 두 가지 상반된 충동이 동시에 존재하는 것으로 본능적 충동적 초자아 사이의 갈등이나 한 사람에 대해 애정과 증오를 같이 느끼게 되는 것이 그 예이다.

또 하나의 주요 원인은 상실이다. 상실에는 사랑의 상실, 자존심의 상실, 이별, 죽음 등 의존의 대상의 상실 등이 있으며 이에 따른 절망, 분노, 미움, 억압이 합병하여 여러 정신장애를 일으킬 수 있다. 신체불구나 만성질병도 상실감을 초래하여 열등감, 분노, 공격성, 방어, 보상 등 심리적 반응을 일으킨다.

사회문화적 요인

ⓐ 가족문제 : 가족은 대인관계의 최초이자 기본적인 단위이다. 따라서 정신질환의 원인에 있어 가족문제에 대한 연구는 필연적이다. 가족의 이혼이나 별거 등 가족위기, 부모의 정신장애, 부모의 부재 또는 사랑과 자극의 결핍은 자녀의 정신장애의 증가와 관계가 있다. 부모의 과잉보호, 편애, 학대, 폭행, 무관심 또는 양가적 태도 등 양육방식도 문제로 나타난다. 특히 이때 소아학대의 대상이 된 아이나 가족 내 갈등으로 희생양이 된 자녀는 후에 정신장애에 걸리기 쉽다. 가족 내 성적 유혹이나 근친상간은 매우 심각한 병적 요소로 보고되고 있다.

결혼은 성욕의 해소, 안정감, 역할수행에 따른 소속감 등을 제공한다. 결혼생활이 원만하다는 것은 정신적으로 건강하다는 것을 입증한다고 할 수 있다. 따라서 정신장애는 미혼자에 많으며 특히 이혼한 사람에게서 정신장애의 빈도가 높다. 정신장애가 있는 사람은 결혼생활에 적응하기 어렵고 성생활과 임신, 출산, 양육 등은 인생에서 또 다른 위기감을 형성시킬 수 있다. 우리나라에서는 고부간의 갈등도 정신장애의 유발인자가 되고 있다.

ⓑ 사회적 요인 : 우리나라의 사회적 상황을 살펴보면, 첫째, 입시제도에 따른 학생들의 부담감과 경쟁 심리에 의한 소위 고3병이 큰 문제로 나타난다. 둘째, 친구관계, 직장에서의 적응이 문제로 대두된다. 정신장애가 심한 사람일수록 친구가 적다. 셋째, 은퇴도 큰 스트레스로 흔히 정신장애의 발병요인이 된다. 특히 IMF 상황에서 장년기의 왕성하게 일할 나이에 일자리를 잃는다는 것은 개인뿐만 아니라 가족 전체에게 위기상황으로 작용하고 있다. 넷째, 가치관의 혼돈도 스트레스가 된다. 또한 경제적 빈곤도 문제가 된다. 특히, 가치관의 혼돈으로 인해 황금만능주의의 고조로 인해 각종 패륜적 행동과 유괴, 살인 사건 등이 우리의 생활을 위협하고 있는 편

이다. 다섯째, 도시화에 따라 정신장애가 증가한다는 견해가 있다. 도시에서는 각종 사건, 소음, 공해 등 물리적 스트레스가 많고 경쟁, 소외감, 좌절 등과 같은 심리적 스트레스도 많다. 게임기나 TV, 컴퓨터에서의 폭력적인 내용들도 논란의 대상이 되고 있는 편이다.

2. 증상의 발생과정

1) 스트레스

인간이 환경에 적절히 반응하여 생존을 유지하는 과정을 적응이라고 한다. 그러나 환경적 요구나 변화에 적절하게 반응하기 어려운 경우 적응상의 어려움을 느끼게 될 수도 있다. 예를 들면, 갑작스런 실직이나 부도, 심각한 질병처럼 예상치 못한 과도한 자극을 받으면 인간은 심리적, 생리적 불균형 상태에 놓이는데, 이러한 적응곤란에서 생기는 정신적, 신체적 긴장을 스트레스라 한다. 따라서 stress는 일상 속에서 적응을 요구하는 모든 것에 대한 반응이라 할 수 있다.

스트레스를 받으면 개인은 정신적, 감정적, 신체적 반응을 나타내고 이에 대처하려 한다. 즉 스트레스를 받으면 개체는 신경계를 각성시키고 이어 근육계, 심혈관계, 내분비계를 활성화 시킨다. 그 결과 다음과 같은 비특이적 정신생리적 변화가 생긴다. 맥박과 혈압이 증가하고 호흡이 빨라지고 근육이 긴장하며 정신이 더 명료해지고 감각기관이 예민해진다. 뇌, 심장, 근육으로 가는 혈류가 증가하고 피부, 소화기관, 신장, 간으로 가는 혈류는 감소한다. 혈중에 당, 지방, 콜레스테롤 양이 증가하며, 혈소판이나 혈액응고인자 증가를 하게 된다. 한편 심리적으로는 인지작용과 감정작용이 활성화되고, 그 결과 매우 분화된 합성적 행동이 나타난다. 따라서 스트레스나 위협상황에 처하면 개인은 생리반응과 더불어 공포와 불안을 느낀다. 스트레스나 위협이 반복되면 불안이 학습 또는 조건화되고 일반화가 된다. 불안은 외적 위협뿐 아니라 마음 내부로부터 오는 위협(본능적 충동, 억압된 갈등)에 대해서도 나타난다.

누적된 스트레스와 그에 대한 반응으로 나타난 감정적 흥분이 커지면 개인은 와해되거나 조종력을 잃게 될 위험에 빠진다. 따라서 개체는 스스로 자신을 지키기 위해 대응전략과 방어기제(defence mechanism, 자존심을 낮추거나 불안을 높이는 자신의 특성이나 동기를 멀리하기 위하여 어떤 행동을 하거나, 또는 어떤 행동을 하는 것을 회피함으로서 무의식으로 사태에 적응하는 것. 부정(denial)과 투사(projection)가 방어기제의 예이다)들을 동원하게 된다. 그 목적은 문제해결과 적응 및 생존이다. 즉, 사태에 적응하여 다시 스트레스 이전의 평행을 유지하는 것이다.

2) 대응전략(coping strategy)

대응이란 스트레스에 대한 반응으로서 넓은 의미에서 방어기제도 포함이 된다. 그러나 대체로 대응전략이란 어려운 상황에 처했을 때 의식적이며 결과적으로 보다 적응적인 반응을 보인다는 의미가 크다. 반면 방어기제란 무의식적이며 다소 비적응적인 반응을 보인다는 의미가 강하다고 볼 수 있다. 대응전략은 비교적 새로운 개념으로 방어기제에 비해 그 개념이 그리 체계적으로 기술되고 있지는 않다. 대표적인 대응전략으로서는 다음과 같은 예들이 있다.

① 사고초점의 변화(changing mental focus)는 의도적으로 어떤 사태에 대해 깊이 생각하거나 또는 반대로 의도적으로 생각하기를 피하는 것이다.

② 역할의 변화(shifting roles)는 신체질병이 생겼을 때 활동을 삼가고, 의식수준을 감소시켜 잠을 많이 자거나, 일시적이나마 독립적 역할을 계속하기보다 남에게 의존하는 행동을 보이는 것이다. 즉 일시적 퇴행을 하는 것으로 이것이 반드시 병적이거나, 비적응적이라고 할 수 없다. 어떤 집단에 의존하거나 애착을 갖는 것도 좋은 대응전략이다.

③ 정보를 풍부하게 하는 것(seeking new or additional information)은 스트레스와 관련된 사태에 대해 자세한 정보를 아는 것, 즉 지식을 풍부히 하는 것은 중요하고 흔히 사용되는 대응전략이다. 아는 것이 힘이라는 것이다.

④ 사회적 지지(social support)는 자신에 대해 친구가 되어주고, 정보를 제공하며, 이해를 해주는 사람 또는 사람들의 집단과 개인적인 관계를 가지는 것이다.

기타로는 유머, 창조적 작업, 책임을 받아들임 등 여러 가지 대응전략들이 있을 수 있다.

3) 방어기제(defense mechanism)

억압과 억제

억압(repression)은 갈등을 해결하기 위해 가장 흔히 사용되는 무의식적 정신기제이다. 즉, 용납되지 않는 욕구나 충동, 사고 등을 의식 밖으로 몰아내서 무의식속에 두는 것이다. 반면에 받아들이고 싶지 아니한 욕구나 기억을 의식적으로 잊으려고 노력하는 것은 억제(suppression)라 한다.

동일시

동일시(identification)란 대상이 지니고 있는 여러 가지 속성을 자기의 것으로 획득하게 되는 심리과정이다. 우리는 가족 내의 여러 구성원들을 통해 또는 주변 사람들을 보며 다양한 역할을 동일시해 나가는데 이는 자아와 초자아를 건강하게 성장시키는데 꼭 필요한 정신기제이다. 문제가 되는 것은 병적인 동일시이다. 예를 들면, 구타자와의 동일시로 맞고 자란 아들이 때리는 아버지가 된다는 것이다.

반동형성

용납할 수 없는 감정이나 충동 또는 성향과 정반대로 행동하는 것이다. 예를 들어 여자를 좋아하고 사귀고 싶은 욕구가 강한 사람이 나는 여자를 싫어한다고 한다든지 음란스러운 생각을 많이 하고 있는 사람이 오히려 음담패설을 하는 장면에서 이를 비난하며 지나치게 혐오스런 감정을 지니게 되는 경우를 반동형성(reaction formation)이라 한다.

보상

실제적인 것이나 상상적인 한 영역에서의 결함을 상쇄하기 위하여 다른 분야에서 힘을 발전시키는 것이다. 의식적인 경우도 있으나 대개는 무의식적이다.

Adler는 "인생이란 개인 나름대로의 열등감을 극복하고자 하는 보상(compensation) 노력의 형태로 권력에의 의지를 실현시켜 가는 과정이다"라고 하였고 의식수준에서 자신의 열등감을 인식하며 이를 보상시키는 것은 훌륭한 적응에 속한다.

합리화(rationalization)

자주 사용되는 방어기제의 하나로 자신이 지니고 있으면서도 받아들이고 싶지 않은 충동이나 행동 또는 개인적 결함을 정당화시키기 위하여 사회적으로 용납되는 설명이나 이유를 대는 것이다.

이는 주로 죄책감을 막고 자존심을 유지하고 비판으로부터 스스로를 보호하기 위하여 사용된다.

대치

얻고자 하는 목적이 좌절되었을 때 다른 것으로 대신하여 만족을 얻는 것이다. '꿩 대신 닭' 실연당한 사람들이 음식물을 과하게 섭취하는 경우가 이에 속하고 이를 대치(substitution)라 하다.

전치(displacement)

중립적이며 위협적이 아닌 목표물을 향해서 긴장을 해소하거나 또는 증오감을 표현하는 것이다. '동쪽에서 빰맞고 서쪽에서 화풀이 한다'는 속담과 같이 부모에 대해 불만이 많은 형이 동생을 때리며 못살게 군다거나 직장에서 상사에게 자존심이 상한 사람이 집에 와서 식구들에게 화를 내는 경우이다.

투사

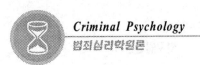

자기 자신이 지니고 있으면서 자신이 받아들일 수 없는 충동이나 속성을 타인의 것으로 돌리거나 자신의 실패를 타인의 탓으로 여기는 것이다. 이유 없이 어떤 사람이 매우 싫을 때, 그가 자기를 몹시 미워하기 때문에 자신이 그를 싫어한다고 이야기하는 식의 행동에서 볼 수 있다. 착각, 환각은 투사(projection)에 의한 현상이다. 또한 관계망상, 피해망상 등을 비롯한 여러 가지 망상 형성도 투사에 의해 야기된 기제이기도 하다.

상징화

억압된 생각이나 충동 또는 소원을 어떤 표상으로 전치시키는 것이다. 즉, 상징화(symbolization)는 무의식의 언어라고 볼 수 있다. 꿈, 공상, 신화, 농담 등도 상징화의 가장 흔한 예가 된다. 보편적 상징이란 많은 사람들에게 공통적으로 존재하는 상징을 말하는데, 예를 들어, 길게 팽창하는 것이나 뱀 등이 남근을 상징한다는 것이다.

분리(detachment)

고통스러운 불안을 일으키는 느낌을 막아내기 위하여 감정을 경험하지 않으면서 또는 냉정한 태도를 취하면서 외상적 사건을 기억해내는 것이다. 심하게 구타당한 아내가 그 구타 행동들을 말하면서도 그 때 겪었던 분노와 공포의 감정은 못 느끼게 되는 경우이다.

부정

엄연히 존재하는 위험이나 불쾌한 현실에 눈을 감음으로서 불안을 회피하고 편안한 상태를 유지하는 것이다. 따라서 이 기제는 자아기능을 분리시킴으로서 나타난다.

예를 들어, 불치병에 걸렸다는 이야기를 들은 후 의사의 진단을 오진이라며 자기 병을 부정(denial)하는 경우에 해당된다.

승화

원시적이고 용납되지 않는 충동을 충분히 해결하지 못할 때 그 충동에 내재되어 있는 에너지를 변형시켜 사회적으로 용납되는 건설적이고 유익한 목적을 위해 표출되게 하는 기제이다.

방어기제 중 가장 건전하고 바람직한 기제이다. 승화(sublimation)는 각종 예술, 문화, 종교, 과학 및 직업적 성취를 통해서 나타난다.

고착과 퇴행

어떤 스트레스에 부닥칠 때 인격발달과정이 중단된 상태를 고착(fixations)이라 한다. 또한 스트레스와 상관없는 그 이전의 어린 단계로 되돌아가는 것을 퇴행(regression)이라 한다.

대개 퇴행하게 되는 단계가 바로 고착된 단계로 본다. 좋은 예로서, 소변을 잘 가리던 아이가 동생이 태어난 이후 다시 소변이나 대변을 가리지 못하는 경우가 이에 해당한다.

해리(dissociation)

인격의 부분들 간에 의사소통이 잘 이루어지지 않을 때, 괴롭고 갈등을 느끼는 인격의 일부분을 다른 부분과 분리시키는 것이다. 예로서 한 사람 안에서 여러 인격을 보이는 이중인격 또는 다중인격, 몽유병 등을 들 수 있겠다.

반복강박(repetition compulsion)

경험으로부터 배우지 못하고, 계속 일정한 병적 행동양상을 반복하는 것이다. 이는 무의식이 주로 행동을 결정하기 때문이다. 미숙한 자아는 실패를 거듭함에도 불구하고 같은 행동양상을 되풀이하기 쉽다.

예를 들어, 구타당하고 산 여인이 이혼 후에 다시 때릴 수 있는 소지가 강한 남자에게만 매력을 느낀다든지, 계속 결혼에 실패함에도 불구하고 전과 같이 알코올 중독자와 결혼하는 경우이다.

3. 증상의 형성

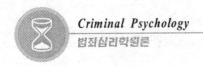

정신역동적 이론에 의하면, 본능적 욕구가 좌절되면 불안이 생기고, 불안을 외적인 환경변화나 대응전략의 방법으로 해소하지 못하게 되면 심리 내적인 방어기제를 동원하게 된다. 즉 불안과 그에 따른 방어기제로 인해 증상이 나타나는 것이다. 증상도 스트레스에 대응하려는 자아의 노력이라는 것을 간과해서는 안 된다. 그러나 적응적인 방향이 아닌 시도 속에서 사람은 병이 들게 된다. 즉 스트레스가 감당할 수 없을 정도로 크게 되면 이에 압도되고 무력해지며 불안이 심해져 대응전략을 사용하는데 실패하고 그 결과 다양한 미숙한 방어기제를 통해 회피하다가 신경증과 정신병을 나타내게 된다.

잘못된 적응상태에서 물질남용에 빠지거나 인격장애를 보일 수도 있다. 그러나 이것도 자기 나름대로는 스트레스 이전의 편안했던 상태로 돌아가고자 하는 시도로 볼 수 있다. 정신장애란 결국 적응이 잘못된 결과라고 볼 수 있다.

제3장

범죄심리학적 이론

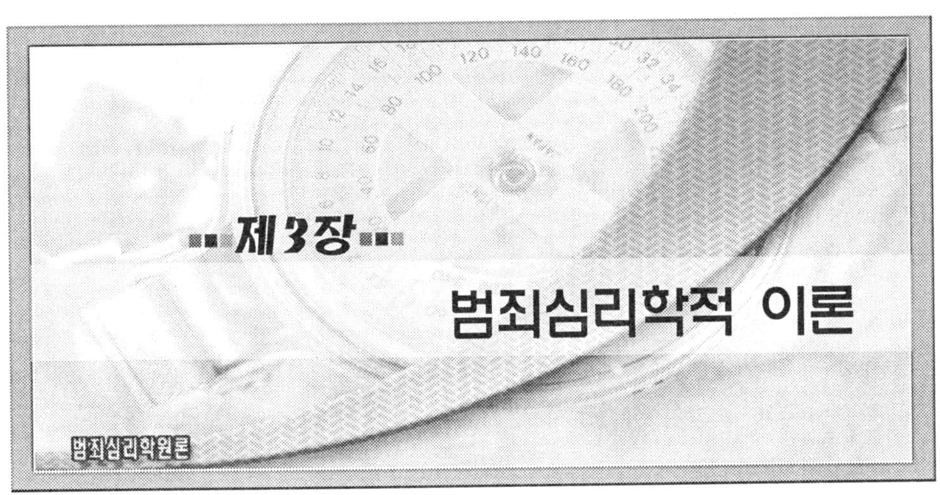

제3장
범죄심리학적 이론
범죄심리학원론

제1절 범죄심리학 이론 (the psychological trait theory)

범죄특질이론에 있어서 우리가 살펴보아야 할 분야는 심리학적 범죄특질이론(psychological criminal trait theory)이다. 이 분야는 주로 개인이 가지고 있는 지능(intelligence), 인격(personality), 학습능력(learning) 등과 범죄의 상호관련성을 주축으로 하고 있다.

Charles Goring(1870~1919)에 의해 쓰인 "The English Convict"라는 책에서 최초로 범죄자의 성격과 인격, 지능 등과 관련된 연구가 나타났다. 그는 총 3,000여명의 영국인 범죄자들을 대상으로 한 조사연구를 시행하여 상당히 중요한 결과를 얻어낼 수 있었다(Charles Goring, The English Convict, A Statistical Study, 1913(Montclair, N. J.: Patterson Smith, 1972).

Goring이 조사한 바에 따르면, 범죄자와 비범죄자 간에 신체적으로나 육체적으로 뚜렷하게 발견되는 차이점은 그리 많지 않으며, 대신에 지능적 결함(defected intelligence)이 범죄자 중에서 많이 발견된다는 점을 확인 한바 있다. 그리고 의지박약(feeble mindedness), 간질(epilepsy), 정신착란(insanity), 결함적 사회적응력(defected social instinct) 등이 역시 범죄성을 키우고 이를 현실화하는

데 중요한 작용을 한다는 점을 내세웠다(Edwin Driver, Charles Buckman Goring, in Pioneers in Criminology, ed. Hermann Mannheim(Montclair, N. J.: Patterson Smith, 1790), p. 440).

Gabriel Tarde(1843~1904)는 이전의 학자들과는 조금 다른 방법으로 심리학적인 내용과 범죄간의 상호관련성에 대해 연구를 시도하였다. 그는 최초로 현대적 학습이론을 주장한 학자로서 범죄학이 발전하는데 큰 공헌을 한 학자였다. Goring과 같은 학자들이 심리적으로나 정신적으로 문제가 있는 사람이 범죄자가 된다는 사고를 가진 것과는 달리 Tarde는 모방의 과정(process of imitation)을 통해 다른 사람으로부터 범죄를 배우고 학습한다는 범죄학습이론을 주장하였다.

Tarde가 주장한 학습방법에는 크게 다음의 세 가지의 원칙이 있다.

① 사람은 누구나 사회적 존재이며, 사회활동을 하는 과장에서 타인의 행동패턴이나 유형을 그대로 모방하는 습성이 있다.

② 모방을 통한 학습은 상류계층에서 하류계층으로, 조직의 경우에는 위에서 아래로 이루어진다.

③ 학습과 모방을 통해 배운 범죄유형이나 방법이 변화되어 새로운 형태가 나타날 경우, 이것이 강력하게 작용하여 과거의 방식과 방법을 거꾸로 변화시킨다는 것이다.

이러한 작용을 그는 삽입작용(insertion process)이라고 하였는데, 대표적으로는 알코올, 마약의 동시남용을 들 수 있겠다. 알코올을 남용하는 사람은 이를 다량으로 섭취함으로서 일종의 환상을 경험하게 된다. 하지만 이것에 만족하지 않고 다음 단계로 환각성을 나타내는 물질을 접하게 되는데, 이것이 더 새로운 방식임을 인해 기존의 알코올 중독자들이 마약중독자로 전이되도록 만든다.

그 다음으로 이와 유사한 방식으로 음란물의 중독현상을 들 수 있다. 원래 음란물을 보는 사람은 여기서 만족하는데 그치지 않고 자위행위나 기타 성적욕구를 충족시킬 수 있는 방법을 동원한다. 그래서 더 이상 만족을 느끼지 못할 경우에 바로 사창가로 가거나 이성과 직접적인 성 접촉을 하는 단계로 가게 된다.

강간범 가운데 상당수가 음란물에 중독되어 있는 사람들이거나 사창가를 자주 드나드는 사람들이라는 점도 바로 이와 같은 내용을 증명해주고 있다.

범죄심리학자들은 반사회적 행위가 주로 정신분석학적인 부분에서 기인한다고 보고 있다. 이와 같은 견해는 유아기나 청소년기에 겪은 경험상의 내용들이 장차 성인이 되어 범죄자가 되는 과정에 상당한 영향을 미친다는 점과 연결되어 있다. 반대로 인간의 사회행동과학(social behavioral science)을 중요시하는 학자들은 범죄에 있어서 학습과 자신이 모방하고자 하는 모델의 설정이 가장 핵심적인 부분이라고 주장하고 있다. 마지막으로 인지론적(cognitive)인 관점에서 범죄문제를 보고 있는 학자들은 인간의 인지와 이에 대한 사고가 얼마만큼 영향을 주고 있는가를 중심으로 이론을 전개하고 있다.

1. 정신분석학적 관점

범죄행위와 범죄자에 대해 정신분석학적인 관점에서 Sigmund Freud(1856~1939)의 이론을 중요시 하고 있다. Freud는 심리학적인 관점에서 인간의 행동을 분석한 심리학의 선구자로서 행동과 심리적 작용과의 상호관계를 학문적으로 연구한 업적을 남긴 학자이다.

정신분석학적 차원에서 인간의 마음을 보면, 크게 세 가지의 단계로 구분되어져 있다.

① 의식(conscious) 단계가 있는데 사람들이 의도적으로 생각하는 작용 전체가 해당된다. 인간이 매일 하는 생각은 거의 대부분이 의도적인 것이다. 이러한 의도적인 생각을 보편적으로 인식작용이라 한다.

② 전의식(preconscious) 단계. 즉 전의식 내용은 주로 사람이 행동이나 감각기관의 인식을 통해 얻은 정보나 기억이기는 하지만 의식적으로 한 것은 아닌 것들이 해당된다. 주로 생각하는 내용 외의 부수적으로 얻을 수 있는 정보가 전의식 단계에 포함이 된다.

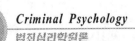

③ 무의식(unconscious) 단계. 무의식 단계에서 인간은 사고 안에 잠재적으로 가지고 있는 느낌이나 정보를 가지게 되지만 이를 직접적으로 꺼내 쓰거나, 활용하는 데에는 무리가 따른다. 주로 자기가 쉽게 접할 수 없는 것을 하고 싶어 하는 욕구가 반영되는 것이 무의식의 세계로서 최면 등과 방법을 통해 밖으로 꺼 낼 수 있다. 무의식에는 잠재된 욕구불만이나 간절히 원하는 바가 내재되어 있다. 따라서 이것은 보이지 않는 작용을 통해 사람의 행동이나 사고에 간접적으로 부정적인 영향을 끼친다.

정신분석학에서 또 다른 부분의 연구는, 인격의 세 가지의 측면으로서 Id, Ego, Superego 등이 있는데, 이 세 가지의 요소작용에 의해서 인간의 행동이나 사고가 크게 달라진다.

① 이드는 인간이 가지고 있는 근원적인 욕구나 욕망 전체를 의미하며, 흔히 성욕이나 식욕, 수면욕, 배출욕 등이 있다. 사람은 사회적 존재이기 이전의 하나의 생명체로서 이를 유지하기 위한 작용을 한다. 따라서 먹고, 자고, 자손을 생산하고, 배출하기 위한 행동을 반드시 해야 한다. 인간은 사회적 동물이라는 이유로 인해 다른 동물에 비해서 욕구를 당당히 억제하는 경향이 있다. 근본적으로 동물적인 욕구를 버릴 수는 없다. 마지막으로 이드는 필수적으로 쾌락의 원칙(pleasure principle)이 적용된다.

② 에고는 어린아이가 성장하는 과장에서 나타나는 인격적 단계로서, 욕구를 즉각적으로 충족하기 위해 행동하기보다는 어느 정도 여유를 두고 욕구만족을 할 수 있을 정도로 심리적 통제수단이 생길 때이고, 에고는 사람이 사회적인 존재로서 가치를 가지도록 만들어준다.

동물들은 주로 이드에 의해 충동적인 행동을 하는 것과는 반대로 에고는 자신의 욕심이 타인에게 피해가 갈 수 있다는 점을 인식하고 있다. 에고의 단계에서 인간은 현실의 원칙(reality principle)에 의한 적용을 받는다. 에고가 발달되어 있는 사람은 사회적인 규칙이나 규범에 잘 순응하는 경우가 이에 속한다.

③ 슈퍼에고는 에고의 단계가 더욱 잘 발달된 자신의 희생이나 불이익의 감

수를 통해서 다른 사람에게 도움을 주거나 이득이 될 수 있는 행동을 하는 단계인 것이다. 슈퍼에고가 형성되면 이기적인 사고에서 벗어나 이타적인 사고가 전개되어지며, 이를 직접적인 실천을 통해 하나의 표현형으로 승화를 시킨다. 사람들이 사회와 지역사회, 국가나 단체를 위해서 고통을 분담하고 자신을 희생하는 것은 모두 이 슈퍼에고의 작용에 의한 것으로 볼 수 있다.

범죄만을 놓고 보았을 때, 범죄자들은 이드가 강한 집단이라고 볼 수 있을 것이다. 타인에게 봉사하고 희생할 수 있는 슈퍼에고가 형성된 사람은 범죄와 별다른 관계가 없을 수밖에 없다. 하지만 자신의 욕구와 쾌락을 충족하기 위해서 타인에게 희생과 고통을 가하는 행동은 이드차원에서 얼마든지 가능한 일이다.

사회적으로 교육을 통해 범죄자들을 줄이고자 하는 것도 굳이 따지고 보면 이드를 관리하고 슈퍼에고를 늘이기 위한 과정으로 보아야 할 것이다.

1) 인간의 심리발달과정

인간의 출생에 있어서 가장 중요한 것은 사랑이다. 정상적인 상태라면 누구나 성적인 쾌락을 추구하는 것이 당연하다. 자신에게 주어진 역할이나 임무, 사회적 직위와는 관련 없이 누구나 성적인 쾌락을 추구하기 마련이다. 심지어 생후 1년 이내인 아기의 경우에도 어머니의 젖을 빨아먹으면서 성적인 욕구를 충족시킨다. 이 단계를 Freud는 구순기(oral stage)라 했다. 생후 2~3년째 되는 아이들은 입으로 얻는 성적 만족보다는 배설을 통해 얻는 성적 만족이 더 크다. 이것을 항문기(anal stage)라 하고, 생후 4~5년이 되면 남근기(phallic stage)의 단계로 접어들게 되는데, 아동들이 자신의 성에 대해서 차츰 관심을 보이게 된다. 이 시기의 남아들은 자신의 성기를 만지면서 성적인 만족을 얻는 것이 일반적이다. 또 한 가지의 특징은 이 때, 남아는 어머니에 대해서 성적인 매력을 느끼고, 여아는 아버지에 대해서 성적 매력을 느낀다는 점이다. 흔히 전자를 오이

디푸스 콤플렉스(oedipus complex)라 하고, 후자를 엘렉트라 콤플렉스(electra complex)라 한다. 그 다음 단계로는 잠복기(latency stage)인데, 성적인 욕구나 성적인 표현은 거의 하지 않는다. 이 시기는 청소년기 직전까지 지속되다가 청소년기가 되면 바로 생식기(genital stage)로 이어진다.

성적인 욕구의 충족을 기준으로 하는 위와 같은 인간의 심리적 발전단계는 상당히 중요한 의미를 가진다. 각 단계에서 충분한 정도의 욕구충족이 반드시 이루어져야 하며, 이를 달성하지 못할 경우 성인이 된 후에 다른 형태로 문제가 표출될 가능성이 높다. 대표적인 예로서 구순기에 입에 의한 성적 욕구의 충족이 제대로 이루어지지 못한 사람은 나중에 성인이 된 후에 술을 많이 마신다거나, 담배를 많이 피거나 아니면 심할 경우 마약 등을 남용하는 것으로 확인되었다. 각 단계를 거치면서 인간은 부족한 부분을 채우기 우한 다른 대안 책을 찾거나 다른 방식으로 욕구만족을 달성하게 된다. 생식기에 접어든 청소년기에 왕성한 성욕을 운동이나 공부, 특별활동 등과 같은 방식으로 해소하는 것이 가장 전형적인 것이라고 볼 수 있다.

2) 이상행동의 정신분석학

인간은 어떤 특정 대상이나 행동, 사물에 대해서 곤란한 상황에 처하거나, 이로 인해 질리게 되면 자연적으로 거부적인 반응을 보인다. 것을 정신분석학에서는 정신신경증 또는 노이로제(psychoneurosis)라고 한다. 노이로제는 주로 겁을 먹거나 두려움의 대상에 대해 나타나는 비정상적인 심리적 반응으로서, 자칫 잘못할 경우 우발적인 범죄로까지 이어질 수 있다는 점에서 주의를 하여야 하겠다.

자신의 행동과 사고에 대해서 심리적인 통제를 통해서 완전하게 상실하는 상태도 있는데, 이것을 역시 정신분석학적인 용어로서 정신이상(psychosis)라고 한다. 보통 때에는 정상적인 행동을 하고 유쾌한 모습을 보이다가도 갑자기 돌변하여 공격적이거나 극도의 불안 증세를 보인다. 이것은 심리적으로 두뇌의 작용과 사고능력이 여러 가지 신경정신적 원인으로 인해 비정상적으로 전환되는 것이다. 노이로제와 정신이상을 놓고 보았을 때 두 가지 모두 다 범죄와 직간접적인 관련성이 있는 것으로 보인다.

하지만 살인범죄와 같이 극단적인 유형의 범죄에 있어서는 노이로제보다는 정신이상이 더 큰 요인으로 작용하는 것으로 보인다. 정신이상증세를 겪는 사람 중 상당수는 현실에 전혀 이상이 없는 것을 보고 느끼는 환상, 환각, 환시증상을 보인다. 문제는 이렇게 보이는 헛것들이 환자 자신에게 위협적인 존재의 모습으로 나타나기 때문에 자위차원에서 공격을 하게 되는 것이다.

이러한 경우 그 대상이 되는 사람이 살해를 당하거나 과도한 부상의 후유증으로 사망하는 불상사가 발생하게 된다. 노이로제는 주로 신경질적인 반응으로 인해 전혀 예상치 않은 범죄행위를 유발할 가능성이 높으며, 미국에서도 이 두 가지 증상과 범죄의 상호관련성에 대한 집중적인 연구가 진행되고 있다.

정신이상은 다양한 유형과 증세를 가지고 있다. 가장 대표적인 증상으로서 정신분열증(schizophrenia)을 들 수 있는데, 생각과 행동이 불일치함으로 인해 문제가 나타나는 증상이다. 정신분열증을 겪는 환자들은 대부분이 내적인 자아와 외적인 자아가 분리되는 상황을 보인다. 외적 자아는 평상시의 본인인데 반해 내적 자아는 다른 사람의 인격형을 표현한다. 보통 이 경우에는 외적 자아보다는 내적 자아가 문제가 되며, 이로 인한 범죄발생의 가능성도 상당히 높다.

정신분열증을 겪는 환자들은 스스로를 악마의 사자 또는 천사가 보낸 수호자, 악당을 물리치는 영웅 등으로 착각하는 경우가 많으며, 심한 경우에는 가축이나 애완용 동물, 식물들의 명령을 받아 행동하는 것으로 착각하기도 하는 경우도 있다.

3) 정신이상과 범죄

Freud의 연구에 의하면, 그는 잠재적인 범죄성이 본인 스스로도 모르는 사이에 서서히 마음의 내면에서 자라나게 되며, 특히 오이디푸스, 엘렉트라 콤플렉

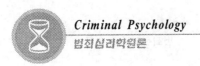

스에 의해 죄를 짓는 것에 대한 죄책감이나 양심의 가책이 전부 사라진다고 보았다. Freud는 어떠한 행동이나 양식을 통해 얻을 수 있는 결과가 즉각적일 경우에 범죄행위를 마다하지 않는 경우가 많으며, 반대로 장기간에 걸쳐 많은 투자를 해야 하는 성격의 일인 경우에는 범죄행위를 하지 않는 것으로 보았다. 이것은 즉각적인 효과의 발생인 결과산출이 범죄행위를 결정하는데 있어서 가장 중요한 심리적 기제(psychological mechanism)로 작용한다는 점을 확인시켜주는 부분이다(Sigmund Freud, The Ego and the Id, in Complete Psychological Works of Sigmund Freud, vol. 19(London: Hogarth, 1948), p. 52).

Freud 이외의 다른 여러 범죄심리학자들은 아동기나 청소년기에 형성되는 심리적 mechanism이 범죄성과 어떠한 관련성이 있는가에 대해 많은 연구 활동을 하였다. 가장 대표적인 학자로서 Alfred Adler(1870~1937)는 개인의 심리적 작용에 대한 연구 이외에 범죄행위를 나타내게 만드는 심리적 원인을 규명하는데 노력했으며, Adler는 인간이 가지고 있는 열등감(inferiority complex)이 이를 보상하기 위한 수단으로서 범죄를 선택하도록 만든다는 이론을 주장하였다.

Eric Erikson(1902~1984)은 범죄행위의 심리적 원인으로서 자아의 위기(identity crisis)라는 개념을 사용하였다. 자아의 위기란 청소년기에 나타나는 주체성의 상실이나 자아실현의 의지 상실 등과 같은 예로 설명할 수 있으며, 자신이 무엇이며, 무엇을 달성하기 위해 인생을 살아가야 하는가에 대해 명확하게 알지 못하는 상황을 의미한다. 청소년기에 비행이나 범죄문제가 많이 나타나는 것도 자신이 무엇이며, 어떠한 존재인가를 제대로 알지 못하기 때문에 나타나는 것이다. 사회에 공헌하고 성실하게 인생을 살아가야 한다는 인생의 목표가 명확하게 설정되어 있지 않기 때문에 될 때로 되라는 심정으로 반사회적인 행위와 범죄를 자행한다.

August Aichorn은 비행청소년과 범죄소년을 대상으로 연구 활동을 한바, 상당수로부터 심리적인 문제가 있음을 발견했다. 사회로부터 받는 스트레스나 사고의 붕괴 등 이들이 저지르는 모든 범죄와 비행행위의 원인으로 볼 수는 없으며, 심리적으로 어떠한 이상과 문제점이 있을 때에만 이와 같은 원인들이 제대로 작용한다는 주장을 하였다. 그는 어느 정도 심리적인 문제성을 가진 청소년만이 비행이나 범죄행위를 저지를 수 있다는 가정 하에 크게 세 가지의 내용을 아래와 같이 주장하였다.

① 비행소년이나 범죄소년들은 성격이 급하기보다는 쉽고 빠른 방법으로 만족을 얻고자 하는 경향성.

② 타인들과 관련된 이익이나 목적보다는 자신만을 위한 목적이나 이익을 더 중요시하는 성향.

③ 어떠한 것이 옳고 그른지에 대한 명확한 판단 없이 단순히 충동적이고 본능적인 것에만 의지하고 따르는 것을 선호한다는 것이다.

4) 범죄행위와 정신분석학

초기 심리학자들은 범죄자 중 상당수가 Id와 같은 충동을 억제하지 못하고 즉각적으로 반응함으로 범죄행위를 저지른다고 보았다. Id가 강한 사람은 상대적으로 욕구불만을 이기지 못하고 충동적인 것에 재대로 억제하지 못하며, 만족과 쾌락만을 우선시 한다. 범죄자들이 Id에 있어서 문제를 가지게 되는 데에는 주로 아동기나 청소년기의 경험들이 상당한 영향을 미치는 것으로 알려지고 있다.

Ego가 정상적으로 형성되어 있지 못한 사람은 대부분 인격이 성숙되어 있지 못하고, 타인에 대해서 의존적이거나 완전히 배타적인 경향이 강하며, 반사회적이고 기존의 가치관이나 기준에 대해서 일탈적인 집단에 쉽게 동화되는 경향을 보인다. 특히 마약을 남용하거나 기타 문제가 되는 집단에 들어갈 가능성이 크다는 점에서 범죄와 관련성을 완전히 부정할 수 없다.

Ego와 Superego가 정상적으로 형성되지 않은 사람들은 사회적으로 해야 할 스스로의 역할에 대해서 명확하게 말지 못한다. 자신이 하는 행동이 잘못된 것인지 또는 다른 사람에게 얼마만큼의 피해를 주는지에 대해서 정확하게 이해하지 못함으로 인해 범죄나 비행을 하게 되는 것이다(D. A. Andrews and James

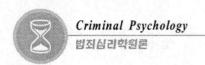

Bonta, The Psychology of Criminal Conduct(Cincinnati: Anderson, 1994), pp. 72~75). 인격이나 성격에 있어서 장애나 문제를 가지고 있는 사람은 신경정신과적인 질화이나 비정상적인 심리작용으로 인해 여러 가지 부작용을 겪게 된다. 정신분석학자들은 이에 대해 비정상적인 인격과 개성을 가진 사람의 경우에 그만큼 정신적 혼란이나 고민을 하게 된다. 이들 증상 간에는 일정한 상호관계가 존재하고 있으며, 그 과정과 관계가 얼마만큼 중요한가에 따라서 범죄와 연결될 수 있는 인과관계상의 차이가 발생한다.

실제로 심리적인 문제로 인해 범죄를 저지른 사람을 대상으로 한 조사에 따르면, 범죄를 저지른 후에 느끼는 감정이 주로 만족이나 해방, 독립 등이었을 정도로 이들에게 긍정적인 작용을 하였다. 하지만 곧 이와 같은 감정이 다시 범죄를 저지르도록 만든다. 또 한 가지 중요한 사실은 어떠한 결과에 대해서 성공과 실패여부를 놓고 보았을 때, 실패를 극복하기 위한 하나의 수단으로서 범죄행위를 보는 경우도 있다는 점이다. 미국의 범죄심리학회에서 조사한 바에 따르면, 어떤 목적을 달성하지 못하고 실패함으로 인해 심리적 좌절감을 맛본 사람 중에 이를 보상하기 위한 차원에서 범죄를 저지르는 경우가 있다는 사실을 주장하였다.

2. 행동과학의 관점

행동과학적 관점의 범죄학 이론(behavioral criminologist theory)에서는 범죄의 학습이라는 측면을 중심으로 연구를 진행하고 있다. 사람은 누구나 사회생활을 하는 과정에서 다른 사람이 하는 행동이나 언어, 사고를 보고 그대로 따라 가는 경향이 있다. 흔히 유행이라는 표현을 많이 쓰는데 특정인이 하는 행동이나 외모, 언어 및 습관을 아무런 비판 없이 그대로 따라 하는 것이다.

범죄도 이러한 유행이나 모방과 같이 타인의 것을 따라 하다 보니 자연스럽게 성립되게 되는 것이라고 행동과학자들은 주장하고 있다. 인간의 행동은 흔히 당근과 채찍으로 비유되는 대가(rewards)와 처벌(punishment)에 의해 좌우되는 특징을 보인다. 어떠한 행동을 한 결과 좋은 대가를 얻었다면 그 행동을 앞으로 반복해서 더 하게 된다. 하지만 행동의 결과로 처벌이나 제재가 가해진다면 그와 같은 행동을 더 이상 하지 않는 것이 행동을 배우는 과정에서 지극히 정상적인 현상이다. 일생을 통해 행동의 양식과 내용을 배우고 이를 수정하는 과정에서 대가와 처벌이 그 전반적인 방향을 결정하게 된다.

행동과학적 범죄이론은 다양한 분야를 가지고 있다. 일반적인 범죄현상을 비롯하여 여러 가지 유형의 범죄유형과 과정의 방법을 가지고 있다. 이 이론에서는 개인이 가지고 있는 심리적 문제나 도덕, 법에 대한 의식보다는 학습을 통해서 범죄수법과 방법을 배우는 것이 더 중요한 부분이라는 논리를 내세운다.

행동과학의 내용 가운데 우리 범죄학 분야가 주로 인용하는 것은 사회학습(social learning)이다. 사회학습이론은 범죄학분야에 도입한 대표적인 학자로 Albert Bandura를 들 수 있는데, 그는 사람이 선천적으로 폭력성이나 범죄성을 타고나는 것은 아니며, 인생을 살아가는 과정에서 범죄적, 비행적, 반사회적 학습을 한다고 보았다.

개인이 인생을 살아가면서 얻게 되는 경험(experience)은 본인이 직접 체험을 통해 얻은 것부터 시작해서 타인에게 들은 것, 영화, 소설 등에서 본 것 등이 전부 포함된다. 이러한 직간접적인 경험들은 바로 개인의 반사회성이나 비행성, 범죄성을 일깨워주고 조성해주는 중요한 인자(factor)로 작용한다.

학습이론자들이 폭력성과 범죄성의 학습이라는 측면이 범죄를 함에 있어서 가장 중요한 역할을 하고 잇다는 점을 인정하고 있지만, 직접적으로 범죄를 유발하는 데에는 주변의 환경이 더 결정적인 작용을 한다고 보고 있다. 범죄의 빈도수와 범죄대상의 선정, 범행 장소와 범행도구 등의 결정은 학습에 의한 것이라기보다는 주변상황과 환경에 의한 작용이라고 보는 것이 바람직할 것이다. 아무리 완벽한 범죄수법을 학습을 통해 터득한다 하더라도 이를 실행에 옮기는 과정에서 완벽하게 동일한 환경이 본인에게 주어질 가능성은 거의 없는 것이다.

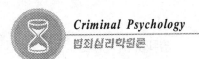

인간은 사회적 학습에 있어서 원칙이 없는 학습이 아닌 선택과 선호에 의한 학습을 한다. 자신이 원하고 꼭 필요하다고 생각되어지는 분야를 대상으로 학습을 하는 것이 지극히 정상적인 과정이며 작용이다.

사회학습이론을 기초로 범죄현상을 연구하는 학자들은 범죄자들의 폭력성이 행동의 모형화(behavior modeling)라는 과정을 통해 형성된다고 주장하고 있다. 현대사회에서 폭력적인 행동의 모형화가 이루어지는 대상에는 다음과 같은 특징이 있다.

① 가족구성인데, Bandura는 가족 가운데 폭력이나 폭행을 상습적으로 하는 경우, 폭력의 모델로 삼는 경향이 강하다고 본다는 점.

② 주변의 환경이 폭력적인 내용을 많이 접할 수 있도록 해주는 경우.

③ Mass Media에 의한 모형화. 매일 보는 mass media에 의해 폭력적인 장면이 자연스럽게 우리들에게 친숙해져 폭력의 기준이 무너져 있는 점 등.

사회적 경험을 통해 폭력을 학습한 사람은 자기에게 모욕적인 행동을 하거나 자존심을 건드리는 행동을 하는 상대방에 대해서 적대적인 사고를 가진다. 특히 본인이 가지고 있는 지위와 사회적 명예를 실추시킨다고 생각될 경우에는 그동안 학습을 통해 가지고 있었던 폭력적인 방법으로 이에 대한 응징을 가하는 것이 일반적이다.

이와 관련된 많은 연구를 종합하면 사회적으로 성공하지 못했거나 그 과정에서 좌절과 고통을 더 많이 겪은 계층일수록 폭력을 사용하는데 망설이지 않는다는 사실을 알 수 있다. 사회적으로 소외되고 경제적으로 빈곤한 것이 공격성의 증가와 관련성이 있다는 점에 대해서는 어느 정도 인정을 받고 있지만, 그래도 정확하게 범죄행위와 관련된다고 단언하기에는 부족한 부분이 많이 있다. 실제로 우리사회 안에는 소외되고 경제적인 빈곤으로 허덕이면서도 범죄나 폭력과는 무관한 사람들이 많이 있다. 거의 대다수의 사람들이 여기에 해당할 것이다.

범죄학자들은 경제적 빈곤이 범죄와 어느 정도의 관련성을 가지는 것은 사실이지만 직접적으로 원인이 되는 단계는 지났다고 보고 있다. 그만큼 경제적인 곤란과 사회적 소외가 범죄를 촉발할 수 있는 촉매제로서의 충분한 기능은 다하지 못하는 것이다.

결론적으로 사회학습이론을 주장하는 학자들은 크게 네 가지로 요약할 수 있는 범죄유발원인의 특성을 주장하고 있고, 이를 기준으로 범죄와 폭력성에 대한 연구를 하고 있다 하겠다.

① 충동감정의 요인: 인격적 모욕이나 폭력행사로 인한 감정의 격화.
② 공격의 기술: 여러 가지 다양한 학습과 경험을 통해 얻는 기술.
③ 기대결과: 폭력의 행사를 통해서 자신이 얻을 수 있는 만족이나 충족감.
④ 행위 신뢰감: 자신의 폭력이 정당했으며, 적절했다는 기준 혹은 평가.

3. 개인의 성격과 범죄이론 관점

성격이란 어떤 사람이 여타의 사람과 다른 방식으로 나타나는 고유한 행동상, 감정상의 패턴을 의미한다. 사회적 활동을 모든 인간은 동일한 자극과 작용에 대해서도 제각각 다른 방식으로 반응하기 마련이다. 이것은 동물이나 식물과는 다른 차이점으로서 동일한 종류의 생물체가 완전히 상호 다른 방식으로 대응하는 경우는 거의 보기가 어렵다고 볼 수 있다.

인간이 가지고 있는 사회적 개체로서의 특성을 보여주는 것으로서 상당히 중요한 의미를 지니고 있다. 개인이 가지고 있는 성격(personality)은 이를 기준으로 행동을 하도록 만든다. 또한 각각의 성격에 따라서 반응과 대응양식이 다르다. 성격과 범죄의 상호관련성에 대하여 연구를 한 학자는 Sheldon Glueck과 Eleanor Glueck은 반사회적이고 범죄성을 내포하고 있다고 여겨지는 성격을 독단적 성격(self assertiveness), 반항적 성격(defiance), 외향적 성격(extroverted), 이중 경향적 성격(ambivalence), 자기중심적 성격(narcissism) 등으로 정리하였다.

다른 연구에서는 범죄적 성격(criminal personality)을 규명하기 위한 내용을 다루어 학계로부터 관심을 받은 경우도 있다. Hans Eysenck는 범죄와 관련하여 대별된 개성으로서 외향성과 내향성(extroverted~introversion), 안전성과 불안정성(stability-instability)을 제시하였다. 내향성을 가진 사람(introvert)의 경우에 외부의 자극이나 상승작용에 대하여 거의 반응을 하지 않으며, 반대로 외향성을 가진 사람(extroverted)은 충격적인 자극이나 내용을 중요시 한다. 따라서 내향성을 가진 사람은 사물에 대한인지나 학습에 있어서 거의 진전이 없는 경우가 많은 반면에 외향성을 가진 사람은 순응하지 않고 급진적인 방법을 통해 결과를 얻으려 하는 편이다.

Eysenck는 불안정하고 격렬하며, 급진적인 성향을 보이는 사람들의 성격을 neuroticism이라는 말을 사용하였으며, 이 같은 성격이 직접적으로 범죄와 관련이 있다고 보았다. 전반적인 관점에서 보았을 때 외향적이면서 신경질적인 사람은 충동적이고, 감정적으로도 불안정한 상태를 보인다. 이들은 사물을 인지하고 이에 대한 판단을 내리는 과정에서 정상적이라 할 수 있는 이성적이고 합리적인 판단보다는 감정에 치우치고 불합리하다고 여겨지는 판단을 내리기 쉽다. 이러한 사실은 근본적으로 범죄와 직결되어질 수 있는 가능성이 높다는 것을 의미한다.

마약이나 알코올 등의 중독자가 될 정도로 남용하는 사람들은 대부분이 극도로 외향적인 사람이라고 Eysencks는 평가하고 있다. 정상적인 사고와 인지능력을 가진 사람이라면 자기 자신을 아끼고 될 수 있으면 보호하려는 성향이 있다. 하지만 극도의 외향성을 보이는 사람은 마약이나 알코올 등의 남용을 통해서 충동이나 자극에 충실하고자 하는 성향을 보인다. 결론적으로 유전적인 성질과 작용에 의해서 이와 같은 비정상적인 성격이 나오게 된다는 유전설을 Eysenck는 주장한 바 있다.

성격상의 결함과 관련해서 가장 많이 이루어진 연구는 범죄혐의로 교정시설에 수용중이거나 범죄를 저지른 경력이 있는 전과자를 대상으로 한 것들이다. 이들을 대상으로 하는 연구는 대부분이 충동적이고, 비이성적이며, 폭력적인 것을 선호하고, 행위와 사고의 불일치나 혼란을 중심으로 진행되어 왔다.

실제로 이와 같은 성향을 가진 범죄자들에게서 공통적으로 발견되는 것은 심각한 마약이나 알코올 남용증상(alcohol and drug abuse)과 자극에 대한 폭력적 반응(violent), 섹스에 있어서 상대방을 가리지 않고 난교를 선호한다는 점(sex promiscuity)이다.

성격의 모방에 관한 연구에 따르면, 상당수의 범죄자들은 성격이 동일화되는 경향을 보이는 것으로 확인되었다. 범죄자들은 상호간에 정보를 공유하는 과정에서 반사회적이고, 반이성적이며, 정신이상이라고 여겨지는 성격을 같이 가지게 된다.

반사회적 인물(sociopath)과 정신질환자(psychopath)를 엄격한 의미로 구분하고 있다. 전자의 경우에 정신적인 질환보다는 폭력적이거나 비정상적인 가정환경에 의해 폭력성을 나타내는데 반해 후자는 정신질환이나 두뇌에 충격을 준 외부작용 등으로 폭력성을 보인다는 차이가 있다.

1) 성격과 범죄의 관련성에 관한 연구

비정상적인 성격이 범죄나 비행과 직접적인 관련성이 있다는 점은 범죄학자 대부분이 절대적으로 인정하고 있다는 사실이다. 하지만 얼마만큼 반사회적이고 비정상적인 수준의 성격이 얼마만큼 범죄와 관련성이 있는가에 대해서는 정확한 측정기구나 분석의 틀이 비교적 없는 것으로 보면 된다.

이에 대해 범죄학자들은 측정방법을 고안하기 위해 여러 방법으로 연구를 하였다. 그중에서 많이 활용하고 있는 성격분석법의 유형은 투영검사법(projective test)으로서 이를 통해 반사회적, 비정상적 성격의 여부를 확인한다. 먼저 추상적인 도형을 나타내는 그림을 실험대상자에게 보여준 후 이것을 보고 어떠한 것이 연상이 되는지에 물어본다. 이에 대한 대답에 따라서 대상자의 성격이 가지는 특징이 확인되었다. 대표적으로 Rorschaha Inkblot Test와 과제통각검사(thematic apperception test)를 들 수 있는데, 이 두 가지 방법이 세계적으로 널리 쓰이는 성격검사법이다.

이 두 가지 방법이 통용되는 것은 사실이지만 100%의 확실성을 보여주는 것은 아니다. 따라서 학자들도 100% 그 내용과 결과를 신뢰하지는 않고 있다. 인간의 복잡한 성격을 단순하게 실험 하나만을 가지고 판단하는 것은 위험한 발상이라 할 수 있겠다.

또 다른 방법으로는 다항목 질문형식의 성격검사(personality inventory)로는 MMPI(minnesota multiphasic personality inventory)이다. MMPI에는 여러 가지 척도가 있는데, 이중에서 정신병질적 일탈(psychopathic deviation)의 성향을 나타내는 PD 척도가 많이 나타나는 사람에게서 범죄성(범죄 및 비행)이 자주 발견된다는 결과를 얻었다.

MMPI가 보편적인 성격을 확인하기 위해 많이 쓰이는 방법이라면, CPI(california personality inventory)는 비행성이 있는 성격과 그렇지 않은 성격을 구분하기 위한 수단으로 널리 쓰이는 방법이다.

지금까지 시행된 연구 가운데 대표적으로 세 가지가 가장 자주 다루어지고 있다. Karl Schuessler와 Donald Cressey에 의한 첫 번째 연구(1950년대 이전에 가장 대표적인 연구로 인정)와 Gordon Waldo, Simon Dinitz에 의한 두 번째 연구(1950년부터 1965년 사이에 가장 대표적인 연구로 평가), 그리고 가장 최근의 것으로서 David Tannenbaum에 의한 연구(1970년대 이후의 연구 가운데 제일 연구성과가 훌륭한 것으로 평가)가 대표적인 것으로 평가를 받고 있다. 위 세 가지 연구결과 공통적인 것은 성격만을 가지고 장래의 범죄 상황이나 범죄성을 측정하는 것은 불가능하다는 것이다.

대표적으로 기존의 MMPI를 보완, 개선한 MMPI-2 프로그램을 들 수 있는데, 이전의 프로그램보다 정확성이 높다는 평가를 받고 있으며, 잠재적인 범죄성과 폭력성을 확인하는데 도움을 줄 수 있는 것으로 보인다.

2) 범죄적 성격 소유자

선천적인 범죄자로서의 성격(crime prone personality)이 존재하는가를 놓고 학계의 찬반론이 상호 대립된 가운데 관심이 고조되고 있다. 기존의 MMPI나

CPI가 범죄적 성격을 명확하게 구별하는데 실패하였다는 점에서 반성을 하고, 학자들은 정확하고 과학적인 분석방법을 연구한 결과 MPQ(multidimensional personality questionnaire)가 개발되었다.

원래 MPQ는 범죄와 직간접적인 관련성을 보인다고 여겨지는 자기통제력(self control), 공격성(aggression), 정신장애(alienation) 등을 측정하기 위해서 개발되었다. 하지만 이들 성향이 범죄와 깊은 관련성이 있다는 점을 인정받게 됨으로서 점차 범죄성과 폭력성을 측정하기 위한 방법으로 사용되어지기 시작하였다. MPQ에 의한 측정결과 난폭한 성격(robust)으로 나타난 사람은 범죄나 비행에 관련될 가능성이 높음을 지적하였고, 범죄나 비행성이 높은 청소년들에게는 심리적인 스트레스나 부담으로 인한 중압감이 많이 감지된다는 점이었다. 이들은 자신에게 가해지는 압력이나 기대, 부담 등을 가급적 피하려 하며, 감정적으로 부정적인 영향을 미치는 대상에 대해서 이를 극복하기보다는 그대로 굴복하는 경향이 강하게 나타났다.

사람이 가지고 있는 성격이 범죄에 영향을 준다는 사실은 범죄학 연구에 있어서 중요한 전제로 받아들여진다. 성격이 범죄에 영향을 준다는 사실만 인정해도 범죄가 인간의 성장과정에서 고착화된 내용으로 인해 전개된다는 점을 확인시켜줄 수 있기 때문이다. 이 같은 관점에서 볼 때, 범죄는 주변 환경(environment)이나 지역사회(community)의 역할보다는 가정의 역할을 중심으로 예방할 수 있다는 결론에 도달하게 된다. 범죄에 개인의 성격이 변수로 작용한다는 전제하에 문제를 볼 경우, 주변의 환경적인 요소보다는 개인이 가지고 있는 요소, 주변인물 가운데에서도 영향력을 미칠 수 있는 가족에 의한 요소를 더 중요시 할 수밖에 없을 것이다.

성격은 선천적인 것이라 보다는 후천적인 내용으로 볼 수 있다. 인간의 사회적인 활동과 성정과정에서 특정한 방식의 행동유형이 고착화되어 가는 과정이 성격형성과정이기 때문이다. 성격형성은 부모나 형제와 같은 가족이나 친구들에 의해서 이루어진다. 따라서 성격형성에 도움이 되 않는다면 그로 인해 범죄나 비행을 저지를 수 있는 가능성이 높아지게 된다. 개인의 성격이 범죄에 많은

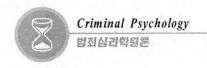

영향을 미친다는 측면에서 본다면 범죄예방을 위해서라도 가정의 기능과 역할을 중요시 하여야 하겠다.

4. 새로운 범죄학의 이해와 범죄예방론

신범죄생물학(new biological criminology)과 범죄심리학(criminal psychology)은 범죄에 대한 일반인을 포함한 학생, 학자들의 사고를 대폭적으로 바꾸어주는데 상당한 영향을 끼쳤다. 특히 범죄의 통제(crime control)와 범죄예방(crime prevention)이라는 차원에서 이 두 가지 범죄학의 새로운 관점은 상당한 기여를 했다고 평가받고 있다. 여기서 범죄와 관련해 이야기 하고자 하는 것은 1차적 범죄예방(primary crime prevention)과 2차적 범죄예방(secondary crime prevention)이다.

1차적 범죄예방이란 범죄를 저지를 수 있는 가능성이 있거나 자주 상습적으로 범죄를 저지르는 사람을 대상으로 직접 달려들어 이들이 가지고 있는 범죄성과 같은 문제들을 해결해주는 방법을 말한다. 주로 적극적 범죄예방 혹은 직접적 범죄예방이라도 한다.

우리나라에서는 이와 관련된 전문, 비전문 상담기관과 인력이 상존하고 있다. 일반 사회단체에서 실시하는 상담프로그램부터 시작해서 정신과의사나 성직자들이 나서서 해주는 전문가 차원의 상담까지 다양한 내용들을 가지고 있다. 만약 범죄를 저지를 수 있는 가능성이 높은 사람이라면, 이들에 대해서 적극적으로 나서서 상담이나 자문, 원조, 치료 등을 해주는 것이 좋을 것으로 보인다. 범죄를 저지르고자 하는 의도를 강하게 가지고 있는 사람에게 여러 가지 도움을 주어 그 의도를 중화시킨다면 이 이상 범죄예방책은 없을 것이다.

다음으로 2차적 범죄예방은 비행소년과 범죄성을 가졌거나 범죄를 저지른 경력이 있는 사람을 대상으로 형사사법기관이나 관련기관에서 적극적으로 나서서 상담, 지도를 해주는 경우를 말한다. 대표적으로 보호관찰(probation)을 들 수 있는데, 세계 각국이 보호관찰을 통한 범죄인 계도와 홍보활동에 많은 예산과 인력을 투입을 하고 있다. 앞으로는 2차적인 범죄예방 보다는 1차적인 범죄예방이 더 확산될 것으로 전망되며, 민간인의 적극적인 참여라는 점에서 중요한 의미를 가진다고 판단된다.

범죄생물학의 여러 연구결과와 이론은 지금 이 시간에도 여러 곳에서 형사사법체제 하에서 적극적으로 적용되어지고 있다. 최근에는 인간의 감정에 영향을 미치는 물질을 활용하여 폭력, 공격적, 충동적인 성향을 통제하는 방법들이 연구되어지고 있다. 대표적으로 리튬(lithium), 페몰린(pemoline), 이미프라민(imipramine), 페니토닌(phenytion), 벤조다이아제핀(bwnzodiazepines) 등 인간의 감정을 억제하는데 중요한 역할을 하는 것으로 알려져 있으며, 이와 관련된 다양한 실험과 연구들이 진행 중이다.

이 이외에도 뇌에 직접적인 외과수술을 통해 문제가 되는 부분을 제거하거나 이를 치료하는 방향의 연구가 진행되고 있다. 외과적인 뇌수술은 인간의 두뇌작용에 직간접적인 영향을 미치며, 이것이 충동성이나 공격성을 억제 또는 약화시킴으로서 더 이상 범죄행위로 진행되지 못하도록 할 수 있다.

뇌수술을 가장 적극적으로 활용하고자 하는 분야는 바로 성범죄분야(sex crimes)이다.

성범죄자는 스스로 통제할 수 없을 정도로 강한 성적 충동을 가지고 있다. 이와 같은 충동을 뇌의 구조나 기능적 변화를 통해 억제하고자 하는 것이 실험의 궁극적인 목적이다. 뇌수술을 통한 범죄성의 억제연구는 아직까지 초보적인 단계를 벗어나지 못하고 있는 편이다.

일부 범죄학자들은 범죄생물학적인 관점에서 범죄자들을 다루고 이들에 대한 치료와 처우를 하는 것이 가장 중요한 핵심이라고 주장하고 있다. 특히 사회적으로 엄청난 파장을 불러일으킬 정도로 심각한 유형의 범죄를 예방하고 억제하기 위해서는 적극적인 도입이 검토되어야 한다는 주장을 하고 있다.

가장 대표적으로 Sarnoff Mednick과 동료학자들은 유전적 혹은 후천적 관점에서 범죄적인 특성을 분석하고 이를 바탕으로 범죄에 대한 예방과 통제가 진행되어야 한다는 이론을 제기하였다. 이들은 부모로부터 유전적으로 물려받은 질병도 여러 가지 치료방법을 통해 해결할 수 있는 것과 마찬가지로 아주 극단적인 경우를 제외하고는 모든 생물학적 범죄 소질이나 형질은 해결될 수 있는 것들로 보고 있다(Mednick, Moffitt, Gabrielli and Hutchings, Genetic Factors in Criminal Behavior: A Review, pp. 47~48).

범죄생물학적인 작용과 이론을 가지고 범죄의 억제와 예방치료 등에 쓰기 시작한 것은 그렇게 오래된 것은 아니다. 하지만 범죄심리학적인 작용과 이론을 이 분야에 활용한 것은 오래전부터 이루어져 왔다. 1920년대에 주장되었던 다양한 범죄심리학 이론들은 이후로 실질적으로 적용 가능한 프로그램의 형태로 변화하였으며, 1970년대부터는 범죄자에 대한 치료차원에서 보편화되기 시작하였다.

초범으로서 범죄의도가 거의 없다고 판단되는 범죄자에 대해서 형사 처분보다는 환형처분(diversion)을 내리고 있고, 기소된 범죄자에 대해서도 사후 치료를 목적으로 판사나 재판부가 정신관련 자료를 제출할 것을 요구하는 경우가 많다.

최근 들어 각국의 교정기관들은 범죄자들이 정신적, 심리적, 신체적 문제점들을 해결하고, 이러한 요소들이 범죄의 원인이 되는 것을 막기 위해 다양한 치료, 보조프로그램을 개발하여 진행을 하고 있다.

범죄를 저지르고 교정시설에 수용된 자들이 더 쉽게 사회로 복귀하고, 더 이상 범죄의 충동이나 유혹으로부터 시달리지 않도록 하며, 본질적으로 사회에 해악을 미쳐 모든 구성원들에게 피해를 입히는 범죄를 막고자 하는 것이 목적이다.

앞으로도 범죄심리학이나 범죄생물학 이론이 구시대의 역사적 이론들이 아닌 새로운 21세기적 범죄이론으로 각광을 받을 것으로 예측되며, 특히 첨단과학을 통한 이론의 분석과 검증작업이 더욱 왕성하게 진행될 것이다.

제2절 범죄사회 통제이론

범죄사회 통제이론(social crime control theory)에서 인간이라면 누구나 범죄성을 가진다고 볼 수 있을 것이다. 인간이 가진 범죄성은 원죄와 마찬가지로 언제나 상존하며, 이에 대한 사회적 통제 여부에 따라서 범죄가 발생할 수 있고, 아니할 수도 있다는 점에서 사회통제 이론의 일반적인 핵심이다.

마약남용(drug abuse), 차량절도(auto theft), 소매치기(picket pocket), 강도(robbery), 강간(rape) 등의 범죄는 범죄자들에게 있어서 흥분, 쾌감을 느낄 수 있는 시간이다. 실제로 범죄를 저지르고 있는 순간에 일종의 쾌감으로서 thrill을 느끼는 사람이 분명 있다.

우리사회는 범죄라는 모순 속에서 언제나 어쩔 수 없이 일정량을 반드시 가지고 있어야만 한다. 사회구성원 가운데서 문제계층이 항시 존재하는 것은 너무나 당연한 현상이듯이 어떤 면에서는 같은 이치일 수도 있다. 범죄를 성실과 근면을 바탕으로 하는 일반적인 근로활동과 비교하였을 때, 상대적으로 적은 노력과 시간으로 더 많은 이익과 쾌락을 얻을 수 있다는 문제가 존재한다.

사회구조 이론(social structure theory), 사회학습 이론(social learning theory)과 달리 사회통제 이론에서는 개인에 대한 내적, 외적 압력(internal and external forces)이 범죄행위를 저지르지 못하도록 막는 원동력이 된다고 보고 있다. 원래 범죄에 대해서 긍정적인 반응을 하지만 내적 또는 외적인 압력으로 인해 범죄성이 억제된다고 여긴 것이다. 모든 개인은 자기 마음대로 어떠한 일을 하고자 하는 욕구를 가진다.

욕구와 행동은 결과와 원인이라는 인과관계를 가진다. 따라서 욕구에 의한 행동은 어떠한 통제가 있느냐에 의해서 그 양상이 달라 질 수밖에 없다. 각 개인이 가지고 있는 자아통제(self control)의 메커니즘은 범죄를 쉽게 저지르지 못하도록 막아준다. 만약 자아통제의 수단이 제대로 갖추어져 있지 않다면 범죄를 하고자 하는 충동과 욕구로부터 벗어나는 일이 절대 쉽지 아니하다.

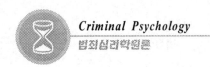

어떤 사람들은 스스로 범죄나 불법, 일탈이나 비행을 하지 말아야 한다고 생각하는 일종의 범죄 억제적 메커니즘을 가지고 있다. 이는 개인의 철학과 가치관, 도덕적 관념 등에 바탕을 두고 있다.

대표적인 범죄통제집단의 유형으로서 부모, 가족, 종교기관, 교육기관, 교우집단, 직장 등을 들 수 있다. 사회통제이론 하에서 보면 통제집단의 부재는 범죄로 이어지는 지름길이 된다. 통제가 작용해야만 개인의 범죄성이 외부로 직접 표출되지 않기 때문이다. 마찬가지로 강한 통제집단이 존재한다면 쉽게 범죄행위가 나타날 수 없다. 이는 범죄통제집단이 범죄행위를 절대 용인하지 않기 때문이다.

흔히 범죄와 관련하여 법집행의 공정성을 많이 이야기하는데, 이 역시도 통제수단의 강약을 지적하는 것이다. 범죄를 저지른 사람에 대해서 그 죄질에 비해 상대적으로 약한 처벌이 가해진다면, 이를 보고 다른 범죄자들이 쉽게 범죄를 저지르게 될 것이다. 반대의 가정 하에서 범죄에 대한 사회적 처벌 수위가 강한 경우에는 그만큼 범죄를 저지르게 될 비율과 가능성이 낮아진다. 이와 같은 사회의 진행과정은 사회통제(social control)라는 측면에서 관찰하면 쉽게 이해가 가능한 일일 것이다.

1. 자아와 의식과 범죄

자아와 의식 그리고 통제에 대한 대표적인 학자는 Albert Reiss가 1951년에 이와 관련하여 비행의 관계에 대한 연구결과를 발표하였다. 그의 주된 연구의 주제는 청소년의 자아통제였으며, 이 후로 자아통제의 개념에 대한 범죄학적 연구가 시도된 바 있다. Reiss는 자아에 대한 개념 정립이 제대로 이루어지지 않은 청소년이 비행과 범죄를 저지를 수 있는 가능성이 높다고 지적을 하였다.

자아의 이미지(self image)와 범죄, 비행의 상호관련성을 조사한 연구에 의하면, 자아의 이미지에 대한 개인적인 관심이나 집착이 비행의 억제요인으로 강하게 작용한다는 사실이 확인되었다. 범죄와 비행은 언제나 감추고 싶은 것이 보통 사람들의 공통된 생각이다.

Howard Kaplan은 일반적인 대인관계나 친구관계에 대해서 심각하게 생각하거나, 아니면 이를 중요하게 생각하지 않은 청소년들 사이에서 비행청소년이 많이 나타난다는 연구결과를 발표하였다. 그리고 범죄나 비행을 대인관계나 자신의 이미지 보다 중요하게 생각하는 개인이 전문적인 범죄자가 되기 쉽다는 주장을 하였다. 만약에 자기에 대한 자아 이미지의 수준이 상대적으로 낮은 편이지만 타인과의 인간관계에 집착을 보이거나 신경을 쓰는 경우라면, 범죄나 비행의 유혹으로부터 스스로를 보호하기 위해 노력하거나, 아니면 비행이나 범죄로부터 빠져 나가기 위해 최선을 다할 것이다.

자기에 대한 사랑과 일정한 자부심은 스스로 파괴되지 않기 위한 노력으로 이어지며, 그 일부분으로서 범죄와 비행을 멀리하는 결과까지도 불러온다(L. Edward Wells, Self Enhancement Through Delinquency; A Conditional Test of Self Derogation Theory, Journal of Research in Crime and Delinquency 26, 1989, pp. 226~252). 청소년의 비행을 예방하기 위해 이들을 격려하고 칭찬을 하자는 식의 공익광고 내용은 자아개념을 적극적으로 도입한 경우일 것이다. 비행청소년에게 자아에 대한 확신을 심어줌으로서 이들 스스로가 범죄와 비행으로부터 자의적으로 탈출할 수 있도록 도울 수 있는 것이다.

2. 억제이론

1) 억제개념의 정의

Walter Reckless는 개인이 자기 스스로를 범죄로부터 통제하는 기능을 억제(containment)라는 표현을 사용하여 설명을 하였다. 자신이 해서는 안 될 일이 무엇인지를 사전에 설정하고, 어떠한 상황에서도 이를 지키려 하는 것이 억제의 핵심적인 내용이다. 인간의 전인생은 유혹의 연속이라고 볼 수 있을 것이다.

즉 어떠한 상황에서도 쾌락과 유혹은 인간을 괴롭힌다고 볼 수 있다.

특히 나이가 어린 청소년에게 있어서 이와 같은 유혹은 상대적으로 크게 작용되어질 수밖에 없다. 하지만 이들이 자기 자신에 대한 자아가 제대로만 형성되어 있다면 이러한 유혹은 쉽게 물리칠 수 있다. 우리 청소년에게 가해지는 범죄에 대한 유혹은 다양한 양식으로 전개가 된다. 대부분의 경우에 비행적인 친구집단이 주된 비행원인이 될 수 있지만, 내적인 갈등이나 경제문제, 사치나 허영심, 학업문제 등등의 여러 가지 내용들이 복합적인 비행원인이 될 수 있다.

2) 억제이론과 범죄원인

사회통제이론 속에서 비행에 있어서의 유혹 원인은 크게 다음의 세 가지의 유형으로 구분을 할 수 있다.

① 자기 내적 원인이 있는데, 주로 적대감, 복수심, 정신적 갈등, 순간적 욕구, 부적응, 불만 등이 해당한다. 청소년기에는 자기 스스로 감정을 적절하게 조절하는 능력이 일반성인에 비해 부족한 것으로 나타나고 있다. 청소년들이 저지르는 여러 가지 범죄나 비행, 사고들은 대부분이 순간적이고 우발적인 성격을 가지고 있다.

그리고 일정한 지시와 명령에 대해서 반항적이거나 대들려는 경향이 있기 때문에 부적응이나 저항 등을 통해 청소년비행과 범죄가 야기되는 경우도 많다. 친한 친구가 다른 아이에게 맞았다는 이유로 상대방을 혼내거나 기타의 폭력을 행사하는 경우와 학교에서 자신을 공개적으로 혼낸 교사를 협박하는 등의 행위를 거리낌 없이 자행하는 것은 청소년들의 자기내적 통제력이 크게 떨어지기 때문이다.

② 자기 외적 원인이 있는데 빈곤이나 계층차별, 제한적 기회, 여성차별, 학력차별 등이 속한다. 성인, 청소년이나 할 것 없이 이 사회 안에는 언제나 보이지 않는 차별이 존재한다. 가장 눈에 드러나는 차별요인으로서 경제적인 부를 들 수 있는데, 돈이 얼마나 있느냐에 따라서 개인에 때한 여러 사회적

대우 크게 달라진다. 빈곤한 환경이나 계층에 따른 사회적 차별은 당사자인 청소년들의 입장에서 쉽게 극복하기 어려운 대상일 수밖에 없다. 결국 이러한 차별을 회피하고, 자신이 원래부터 원하던 목적으로 달성하기 위한 수단으로서 불법적인(illegal) 범죄나 비행을 선택하게 되는 경우가 많다는 것이 여러 범지학자들의 연구에서도 자주 발견되는 부분이었다.

여성 청소년들에 의한 비행도 여성에 대한 보이지 않는 사회적 차별이 일정 부분 영향을 미친 것으로 밝혀지고 있다. 여성 비행청소년들이 가장 쉽게 빠지는 비행의 유형으로서 원조교제와 같은 성인남성 대상 매춘이 있다.

③ 타인에 의한 원인이 있는데 비행적 친구관계나 포르노와 같은 media가 대표적인 예에 해당한다. 미디어는 청소년들에게 어떠한 대상보다 막강한 영향력을 발휘하는 주체이다. 현재까지는 internet상의 포르노물에 대해서만 주의해야 하겠지만 앞으로 IMT 2000과 같이 핸드폰을 대상으로 한 실시간 동영상 서비스가 저렴한 가격으로 상용화된다면 이를 통해 많은 청소년들이 포르노물을 걸어 다니면서 쉽게 관람하게 되는 상황까지도 나타날 수 있다고 전망이 된다.

이상의 세 가지 원인은 청소년의 비행에 직접적 또는 간접적인 영향을 미친다. 이와 같은 영향도 해당 청소년의 감수성에 따라서 큰 차이를 보인다. 그리고 이에 대한 개인이 가지는 주관적 사고에 따라서 미치게 되는 영향의 수준과 정도에도 차이가 나타난다. 포르노그래피를 직접 본 청소년이라 해도 어떤 청소년은 그냥 성적 만족의 대리수단으로 사용한다. 반면에 다른 청소년에게 있어서는 성적 비행의 교과서가 될 수도 있다.

차별에 대한 개인적 반응 또한 마찬가지로서, 차별적인 상황을 극복해야 할 대상으로 보는 경우가 있는가 하면, 차별에 대해 극도로 비판적이고 자기 학대적인 사고를 가지는 경우도 있다. Reckless와 동료 학자들은 억제이론을 실제에 적용하기 위해 여러 가지에 관한 실험적인 연구를 하였다. 이들이 학교를 대상으로 조사를 한 결과, 청소년들의 비행과 범죄에 관한 억제에 대하여 일정한 결론을 얻을 수 있었다. 청소년들이 받게 되는 비행

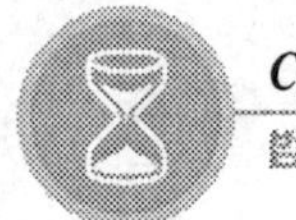
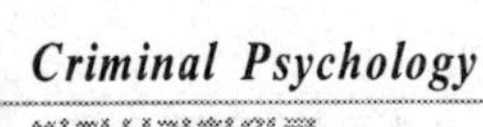

적, 범죄적 환경의 영향이 청소년이 가지고 있는 자신에 대한 개념과 확고한 이미지에 의해 억제된다고 보았다. 다시 말해, 본인에 대해 확신과 믿음, 그리고 다른 사람이 바라보는 시선 등이 범죄나 비행을 직접 저지르지 못하도록 만드는 것이다.

Reckless의 이론이 우리나라에서는 자아관념의 이론 또는 자기관념의 이론(self concept theory) 등으로 소개되었으나 실재로는 억제이론(containment theory)으로 표현하는 것이 제대로 된 내용이라 생각한다. 원래 contain이라는 단어는 그 응용형인 container와 같이 무엇을 포장하고, 싸고, 담는다는 의미를 가진다. 그러나 인간의 감정이라는 부분에 있어서는 억제하다, 억누르다라는 의미가 있기 때문에 억제이론이라고 표현하는 것이다.

Reckless의 연구는 통제이론의 현실적인 바탕과 기초를 제공하였다는 측면에서 좋은 평가를 받고 있다. 그리고 인간의 내적 통제를 중요시 하는 최초의 시도였다는 점에서 학문적인 의의를 가지고 있다. 인간이라면 누구나 범죄와 비행에 대한 유혹을 가지고 있다.

그리고 동일선상에서 선행과 준법을 위한 정의감과 양심도 동시에 가지고 있다. 자기가 어떻게 하느냐에 따라서 범죄를 저지를 수도 있고, 질서나 법을 잘 준수할 수도 있기 때문에 내적 통제가 아주 중요한 것이다. 자기 자신을 적절히 통제할 수 있는 것이 범죄를 억제하고 예방하는데 가장 중요한 부분임을 어느 누구도 부정할 수는 없을 것이다.

3. 사회통제이론

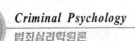

Travis Hirschi에 의해서 1969년에 출판된 비행의 원인(causes of delinquency)이라는 책에서 최초로 제시된 사회통제이론(social control theory)은 아주 빠른 시간 안에 범죄사회학 이론분야에서 주된 연구대상으로 등장을 하였다. 기존의

억제이론이 가지고 있던 맹점들도 효과적으로 보완해주고 범죄에 대한 사회적 통제과정(social control process)의 내용을 제시하였다는 점에서 중요하게 여겨지고 있다.

Hirschi는 인간이 가지는 사회적 연대(social bond)와 연결고리를 중요한 대상으로 보았다. 대인관계, 친구관계, 가족관계, 기타 사회 내에서 맺은 무수히 많은 연결 관계를 기초로 하여 이에 대한 통제과정을 규명하였다. 그의 이론에서 일단 거의 모든 개인은 합법적인 행위보다는 불법적인 행위를 선호한다. 따라서 인간을 혼자만 두고 보면 어느 누구도 감시하거나 비난하지 않는다면 손쉽게 범죄나 비행을 저지른다는 전제조건을 가지고 있다.

그런데 사람들이 이러한 경향을 누구나 가지고 있음에도 불구하고 범죄를 저지르지 않는 것은 전적으로 사회적 연대의 작용 때문이라는 것이 통제이론의 주된 것이다. 만약 범죄를 저지를 경우에 이에 대한 주변의 비난과 기존에 형성되었던 인간관계의 파괴가 두려워 스스로 범죄를 저지르지 않게 된다는 것이 Hirschi의 일관된 주장이다.

인간이 사회적 연결 관계(social ties and bonds)를 가지고 있지 않다면 범죄를 자유롭게 자기 마음대로 저지를 것이다.

Hirschi는 이와 같은 측면을 들어 인간의 계층갈등이나 문화에 의한 영향을 가급적 배제하고자 노력하였다. 다시 말해, 비행적 하위문화나 주변 환경 등에 의한 영향을 고려하지 않았다는 의미이다. 오히려 인간이라면 누구나 법과 도덕을 반드시 지켜야 한다고 생각하고 있으며, 개별적인 주변상황에 따라서 이에 대한 적응과 반응양식이 달라진다고 주장하였다.

자신이 가지는 종교적, 교육적, 사회적, 전통적 연결고리의 작용과 힘이 약화될 경우에 범죄나 비행을 저지르게 된다고 보았다. Hirschi의 범죄학 이론은 인간이 사회적 존재라는 사실을 기본으로 하고 있다. 따라서 생물학적인 관점보다는 사회학적인 관점에서 범죄문제를 다루는 전형적인 이론이라고 생각된다. 범죄는 하나의 사회현상이기 때문에 사회학적인 관점에서 견지해야 할 필요성은 있다.

1) 사회적 유대의 요소

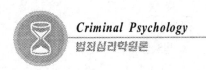

Hirsch는 인간이 가지는 사회적 유대 또는 연대의 요소로서 크게 네 가지를 제시하였다. 그 내용은 다음과 같다.

애착(attachment)적 요소

심리학자들은 애착이나 애정이 사회활동에 있어서 큰 작용을 한다고 보았다. 타인이나 집단에 관심과 애정이 없이는 정상적인 사회생활을 하기 어렵다는 것이다. 사회적 규범(social norm)의 수용과 사회적 인식, 사고의 개발은 다른 인간에 대한 애착, 애정과 관심, 배려 등에 달려 있다고도 볼 수 있다. 가족안에서 사랑과 관심, 배려 등을 제대로 배워야 쉽게 사회에 대한 적응이 가능하다. 이러한 사실은 어느 누구도 부정할 수 없는 원칙으로서 핵심적인 의미를 가진다. Hirsch가 가장 먼저 가족과 주변인에 대한 애착을 강조한 것도 이와 같은 맥락에서 이해할 수 있다.

자아구속(commitment)의 요소

자아구속은 자신의 사회적 성공이나 만족을 위해 스스로 내적 통제를 가하는 경우를 의미한다. 자기 자신을 위해 노력하는 모든 것은 자아구속의 일부분이라고 볼 수 있다. 사회통제이론에서 주요하게 보는 부분은 바로 이 사회적 성공에 대한 인간의 욕구이다. 개인의 인생에 있어서 성공하고, 명성을 얻고자 하는 사람들은 상대적으로 범죄로부터 먼 것으로 알려져 있다. 사회적 성공의 일반적인 필수조건으로서 자아구속이 들어가며, 자아에 대한 구속과 통제가 제대로 이루어지지 못한 사람은 쉽게 범죄나 비행, 일탕을 저지를 수 있다. 위험을 감수하는 행위(risk taking activity)는 자아구속이 제대로 달성되지 못한 상황에서 발생하며 이 경우에 범죄나 비행이라는 문제가 나타난다.

몰입적(involvement) 요소

바쁘게 자신의 일상생활에 몰입하는 사람은 상대적으로 범죄나 비행을 저지를 가능성은 적어진다. 반대로 나태(idleness)하고, 시간이 남아도는 사람은 자신의 일에 집중하거나 몰입하지 않기 때문에 쉽게 범죄나 비행을 저지를 수 있다고 보았다. Hirschi가 개인적으로 바쁜 상태를 중요시 한 것은 그만큼 바쁠수록 왕성하게 사회활동을 한다는 생각에서 기인한다. 왕성한 사회활동은 많은 사회적 인간관계를 형성하게 되고, 이러한 인간관계는 범죄나 비행을 통제하고 억제하는 메커니즘으로 작용을 한다.

신념(belief)적 요소

같은 계층 속에서 살고 있는 사람들은 그들만의 공통화 된 특성을 가지고 있고, 이러한 특성은 역시 공통화 된 사고와 신념으로 이어진다(Mark Pogrebin, Eric Poole, and Amos Martinez, Accounts of Professional Misdeeds; The Sexual Exploitation of Clients by Psychotherapists, Deviant Behavior 13, 1992, pp. 229~252). 사회구성원으로서 정상적인 삶을 살아가는 이들에게 있어서 공통화 된 신념은 사회질서를 지키고 준수해야 한다는 조건으로 이어진다. 다시 말해서, 대부분의 사람들이 행동에 대한 규제수단으로서 사회적 합의에 따라 법을 만들고, 이러한 법의 테두리 안에서 이를 준수하는 것이 일반적인 과정이다.

법질서와 사회정의에 대한 신념이 존재하는 상태에서 범죄를 저지르는 일은 결코 쉽지 않다. 그리고 이러한 신념의 부재상태는 주변인물과의 사회적 연결관계가 약화되거나 상실되면서 나타나는 것이 일반적이다. 그러나 실제로 단순한 제한의 수준 정도에 해당하는 이야기가 아니라 이렇게 해서는 안 된다는 식의 당위로 확대되어야 한다고 생각된다. 사회통제는 엄연히 우리 주변에 상존하고 있는 개념이다. 그러나 그 정도를 정확하게 측정하거나 내용을 제대로 알 수 있는 것도 아니기 때문에 세심한 연구가 필요할 것이다.

2) 사회통제이론에 관한 실험

Hirschi에 대한 평가가 상대적으로 다른 학자들에 비해 좋은 이유는 자신이 내놓은 이론에 대해서 직접 본인이 실증적인 연구를 했다는 사실 때문이다. 그

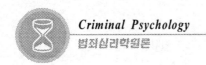

는 자기 이론의 효용성을 증명하기 위해서 여러 가지 다양한 실험과 조사를 장기간에 걸쳐 수행하였다.

Hirschi의 실증적 연구 가운데 핵심적인 내용만을 중심으로 요약하면 다음과 같다.

① 부모님에 대해 더 강한 애정을 가지는 청소년일수록 범죄를 저지를 수 있는 가능성이 낮아진다. 부모님의 관심과 애정은 자녀들의 성장과정에 있어서 절대적인 영향을 미치는 변수이다. 이 연구결과에도 나와 있는 바와 같이 자녀들에게 부모가 보다 더 많은 관심과 정성을 들이면 자연스럽게 그 자녀들은 비행이나 범죄로부터 멀어지게 만들 수 있다. 그리고 사랑을 받고 자란 자녀들은 나중에 성인으로 성장한 이후에도 사회적으로 일정한 공익적 봉사를 하면서, 타인에 대한 배려를 아끼지 않는 건실한 사회인으로 성정할 수 있다.

② 많은 교육을 받고, 종교 활동을 적극적으로 하는 경우, 술과 담배를 멀리하고자 하는 등의 자기 구속적 사고가 강한 청소년들은 현실적인 행동에 그대로 반영되는 모습을 보였다. 본인에게 주어진 환경과 상황, 조건 등에 대하여 긍정적으로 생각하고, 이를 바탕으로 자신이 해야 할 바에 대한 명확한 목표를 설정하며, 이렇게 설정한 목표를 달성하기 위해 노력하는 모습을 보이는 것이 범죄와 비행을 예방하는 가장 확실한 지름길이다. 비행소년들 가운데 상당수는 자기 자신에 대한 욕구절제 기능이 크게 약한 것으로 확인되고 있다.

주변에서 자신을 유혹하려는 손길이 접근한다 하더라도 이를 과감하게 뿌리칠 수 있는 노력과 의지가 있어야 한다. 이러한 유혹에 대한 개인적인 반응은 아주 다양하게 그 차이를 드러낸다. 어떤 청소년들은 전혀 유혹됨이 없이 자신이 해야 할 일을 성실하게 수행하고, 다른 청소년들은 유혹에 바로 넘어가 공부나 해야 할 일을 바로 접은 상태에서 비행소년으로 돌변하기도 한다.

개인이 가지는 주관과 가치관은 범죄와 비행의 전염이라는 측면에서 중요한 방어막(shields)으로서의 작용을 하게 되어 있다. 교육 수준이 높다거나 고등교육을 받았다는 것은 자기 스스로 일정한 학업수준을 성취하였다는 의미로 해석된다. 범죄나 비행에 대한 자기억제력은 타고난 천성과 성장하는 과정에서 형성된 자아에 대한 정체성과 깊은 관련성이 있다. 비행과 범죄가 유혹적인 것이라 하더라도 이를 과감하게 뿌리치고 자기만의 정상적인 길을 갈 수 있도록 억제력을 키우는 일이 필요하다.

③ 학교생활 및 학교숙제를 성실하게 처리하는 학생들은 범죄 혹은 비행과 상대적으로 멀어진다. 그러나 반대인 경우에는 범죄와 비행에 가까이 갈 수 있는 확률이 높다.

④ 비행청소년들은 대인관계가 원만하지 못하다. 이는 비행청소년들에게 공통적으로 나타나는 전형적인 특징이라 할 수 있다. 이들은 스스로의 일정한 한계 속에서 인간관계를 형성하려 한다. 어차피 사회의 주류와 청소년들의 주류가 비행적인 문화는 아니기 때문에 이들은 소수의 문화로서 지하로 잠적하려 한다.

⑤ 비행청소년과 정상적 청소년은 동일한 성격의 신념과 가치관을 공유한다. 이 내용은 조심해서 잘 해석하고, 이해해야 할 부분이라고 생각된다. 동일한 신념과 가치관이란 내용이 같다는 의미가 아니다. 내용이 동일한 신념과 가치관을 공유한다면 비행청소년들이 비행을 아예 하지 않거나, 아니면 정상적인 청소년들이 전부 비행청소년화 되는 상황이 발생해야만 할 것이다.

여기서 의미하는 내용은 같은 집단 안에 모여 있는 청소년들끼리 공감하고, 이를 지켜야 하는 일정한 규율이 형성되어 있다는 차원으로 이해해야 한다. 다시 말해, 비행청소년 아니면 모범적인 청소년이던 친구끼리 모여 이야기하고, 놀고, 즐기는 과정은 동일한 형식을 띤다는 의미이다.

이상과 같은 Hirschi의 연구결과는 그의 사회통제이론을 뒷받침하는데 큰 기여를 하였다. 그리고 그의 이론에 대하여 다른 이론과 같은 비판이 제기되지 않는 것도 이론에 따르는 실증적인 연구가 되었기 때문인 것이다.

제3절 낙인의 개념과 낙인이론 (the definition of label and labeling theory)

낙인이론(labeling theory)은 그동안 많은 주목과 각광을 받은 범죄학이론 가운데 하나이다. 범죄과정론(theory of crime process)에 해당하는 내용으로서 거시적인 차원에서는 범죄사회학 안에 속해 있으며, 세부적으로 본다면 사회과정화 이론(social process theory)의 하나이다.

낙인이론은 다수에 의한 편협한 시각이나 일방적인 비판이 소수에게 커다란 피해를 줄 수 있다는 점을 핵심으로 하고 있다. 우리는 대부분의 사회현상에 있어서 소수가 중심이 아닌 다수가 중심인 구조를 가지고 있었다. 모든 사회활동과 역학구도가 다수에 대한 관심과 배려는 약할 수밖에 없었다.

1. 낙인이론의 개요

1) 상징적 상호작용 이론과 낙인이론

낙인이론이 사회과정화 이론 가운데에서 중요한 이론으로서 주목을 받는 것은 소수집단(minority group)이라고 할 수 있는 범죄자들이 왜 범죄자로 낙인 되는지에 관한 일종의 과정적 설명을 제시하고 있다. 단순하게 인간성이 나쁘거나, 도덕심이 결여되어 있거나, 아니면 법률을 무시하는 마음이 있기 때문에 범죄자가 된다는 일종의 범죄인관은 더 이상 통할 수 없다는 내용을 본격적으로 제시하였다는 점에서 상당한 학문적 의미를 부여할 수 있다.

기존의 범죄학 이론에서 바라보는 인간적인 상호관계나 사회적 유대관계의 차원을 벗어나서 낙인이론은 독자적인 시각과 견해를 드러내고 있다. 이러한 측면은 범죄에 대한 개념정의에서부터 나타난다. 대표적으로 범죄행위에 대한 설명에 있어서 낙인이론은 사회적 상호작용의 파괴(destruction of social interactions)라는 내용을 전제조건으로 삼고 있다.

사회적 상호작용이란 인간 사이의 관계성을 의미한다. 인간은 다른 동물과는 달리 사회생활을 해가는 사회적 존재이다. 혼자서 살아가는 것을 절대로 상상할 수 없으며, 둘 이상의 사람이 모여 살아가야만 하는 종의 특성을 가지고 있다. 타인에게 일정한 사회적 영향을 줌과 동시에 상대방으로부터 그 반대되는 영향을 받는 것이 사회적 상호작용을 일반적인 방식이다. 범죄학적인 관점에서 범죄를 바라봄에 있어서 우선시 되는 것은 타인과의 관계성(relationship)이다. 범죄는 범죄자(offender)와 피해자(victim)라는 두 대의 주체가 존재한다. 이는 사회현상의 발생조건인 두 명 이상이 개입되어야만 모든 일이 일어난다는 점과 동일한 것이다. 범죄도 사회적 행위양식의 하나이기 때문에 범죄행위를 저지르는 자와 이로 인해 피해를 입는 자로 나뉠 수밖에 없다.

범죄자는 자기 스스로 사회적 행위를 진행하고 있다는 점을 알 지 못한다. 자신의 범죄행위가 사회적 상호작용의 하나라고 생각할 정도의 수준의 가진 범죄자라면 절대로 범죄행위를 실행에 옮기지 못할 것이 분명하다. 범죄자의 행위는 바로 피해자에게 유형 또는 무형의 피해와 이로 인한 부작용까지 미치게 된다.

피해자는 범죄자의 행위를 통해 일정한 사회적 상호작용의 영향을 받게 되는데, 이 작용의 결과는 결코 좋은 내용이 되질 못한다. 범죄자는 범죄행위를 통해서 일정한 이익이나 자신이 달성하고자 하는 목적을 이루게 된다. 돈이 필요해 범죄를 저지른 범죄자는 돈을 벌 수 있고, 증인을 없애기 위해 살인을 저지른 범죄자는 범죄행위에 대한 결정적인 증거와 단서를 세상으로부터 지워버릴 수 있다. 범죄는 일정한 목적(object)을 가진다. 사회적 행위의 특징 가운데 하나는 그 행위에 대한 일정한 목적이 존재한다는 것이다. 목적이 없는 행위는 사회적 행위로 보기가 어렵다. 단순하게 물이 흐르는 식으로 진행되는 행위는 사회적 행위라기보다는 사회적 현상에 가까운 대상으로 보는 편이 적절할 것이다.

범죄학을 공부하거나 연구하는 사람들이 가장 어려워하는 부분은 개념의 모호함이나 추상성일 것이다. 하나의 단어와 용어를 가지고 지금과 같이 설명하는 범죄학자들이 많다보니 개념의 핵심은 전혀 이해하지 못한 상황에서 그냥 따라서 사용하기에 급급한 경우가 많기 때문에, 보다 쉽게 설명하고 이해하기가 간단하도록 돕는 것이 범죄학 연구의 새로운 과제라고 생각된다.

사회적 상호작용은 어려우면서도 쉬운 개념이다. 사회적 상호작용은 내가 상대방에게 일방적으로 영향만을 미쳐서도 안 되며, 상대방으로부터 마찬가지로 영향만을 받아서도 안 된다. 남성이 여성에게 선물을 주며, 여성은 남성의 볼에 키스를 하는 식으로 공을 주고받는 일종의 탁구와 같은 방식으로 영향과 작용을 하는 것이 사회적 상호작용이라고 생각하면 될 것이다.

낙인이론은 그 자체만으로 이론적인 근거와 뿌리를 가지고 있지는 못하다. 낙인이론이 기존의 사회학 이론 가운데 하나를 모방하여 발전하였다는 점에 대해서는 어느 누구도 부정하지 못하는 실정이다. 낙인이론의 이론적 원류는 상징적 상호작용 이론(symbolic interaction theory)에서 찾을 수 있다. Charles Horton Cooley와 George Herbert Mead, 그리고 이들의 뒤를 이은 Herbert Blumer 등의 학자에 의해 연구된 상징적 상호작용 이론은 낙인이론의 입장에 선 일종의 모체이론이라 볼 수 있다.

상징적 상호작용 이론에서 가장 기초적으로 활용하는 개념은 상징(symbols)을 활용한 상호 의사전달(communication)이다. 몸짓(gesture), 표시(sign), 단어(word), 모양(image) 등을 활용하여 인간은 자기 나름대로 의사를 전달 할 수 있다. 인간은 언어 이외의 다른 수단을 이용하여 제한적이기는 하지만 다양한 의사전달을 할 수 있다. 선천적, 후천적 장애로 인해 말을 하지 못하고 듣지도 못하는 장애인들이 시력만 있어도 손짓과 얼굴표정을 이용한 수화라는 방식으로 얼마든지 의사소통을 할 수 있다.

의사전달이나 의사소통을 위해 활용되는 상징들은 일정한 공식이나 규칙을 가지고 있다. 그리고 사회구성원들이 공통적으로 이를 인식하고 인정해야만 한다. 자기만 알 수 있는 내용의 상징을 사용한다면 절대로 상대방에게 제대로 된 의사를 전달할 수 없다.

상징이 인간에게 주는 의미는 특별하다. 인간은 다른 동물들과는 달리 언어라는 것을 가지고 있다. 언어는 거의 무한대로 의사표시를 할 수 있으며, 인간이 문명을 만들고 이 지구상을 지배할 수 있도록 하는 지적인 능력을 부여하였다. 인간에게 있어서 상징은 원시적인 시대의 조상들이 쓰던 의사전달 방식을 다시 부활시키는 일이다. 선사시대에 언어를 사용하지 않았던 원시인들은 다른 동물들과 마찬가지로 상징이나 소리 등을 이용하여 상대방에게 제한적인 범위 안에서 의사를 전달하였다.

상대방에게 보낸 상징이 사회에서 공통적으로 통용되는 내용이라 하더라도 이를 받아들이는 측에서 주관을 대입하여 다른 방식으로 이해하는 경우도 많다. 시대와 상황에 따라서 상징은 의미를 달리 할 수밖에 없다. 상징의 의미가 언제나 동일하다고 착각을 한다. 하지만 현실에서 상징이 가지는 의미는 시간과 환경, 상황에 따라서 제각각 모습을 달리 한다. 인간은 타인의 행동을 해석하고, 해석한 내용을 근거로 적절히 대응을 한다. 그리고 이러한 해석은 사전에 정의된 바를 기초로 하는 것이 일반적이다. 상징과 행동을 통해 나타나는 의미는 시간의 변화 속에서 같이 변화하게 되며, 변화는 사회적 역동성을 반영한다고 볼 수 있겠다.

2) 사회적 낙인

상징(symbol) 가운데 낙인이론에서 연구하는 대상은 그 사회적 낙인(social label)일 것이다. 인간은 사회활동을 하는 과정에서 여러 종류의 다양한 사회적 낙인을 타인으로부터 부여받게 된다. 한 사람에게 여러 가지 낙인이 동시에 부여되는 경우도 많으며, 여러 사람에게 동일한 낙인이 부여되는 상황도 자주 접할 수 있다. 사회적 낙인은 한 사람의 생각이나 의지만으로 부여되지는 않는다. 여러 사람이 공통적으로 생각하는 내용이 사회적 낙인으로 부여되는 경우가 대부분이기 때문에 이미지의 공통성이나 보편성을 반드시 확보하고 있어야만 한다.

인간에게 주어지는 사회적 낙인은 극단적인 양면성을 보인다. 어떤 낙인은 그 사람이 훌륭하고 좋다는 의미를 가진다. 하지만 반대로 상대방을 매도하거

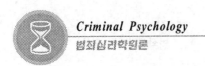

나 상대하기에는 문제가 많은 것으로 표현하는 낙인도 많이 존재한다. 낙인을 통해 인간은 긍정적인 부분과 부정적인 부분을 모두 가지게 된다. 자신이 원하는 바와는 상관없이 낙인에 따라서 움직이고 행동하는 사람들도 많다. 자신이 가진 모습이 낙인과 다르다 할지라도 본모습이 아닌 낙인 속의 모습으로 살아가는 사람들이 많다는 의미이다.

대표적으로 사기범들은 사회적으로 등정적인 낙인을 부여받아 이를 기반으로 나쁜 범죄행위를 저지르는 문제아들이라고 묘사할 수 있을 것이다. 사기범들은 사기범죄를 저지르기 이전에 범행대상을 물색한다. 범행대상이 사기범들에게 금전적인 지원을 하도록 유도해야 하기 때문에 여러 가지의 사회적인 긍정적 낙인들을 따르고자 수단과 방법을 가리지 않고 노력을 할 것이다.

사회적 낙인은 본인의 낙인과 관계없이 부여되는 경우가 많은데, 사회적 낙인이 가지는 성격상 본인 스스로 낙인을 부여하는 경우는 극히 드물기 때문이다. 다른 이들이 낙인부여자의 '가슴에 이런 사람이다'라는 식으로 낙인을 달아주어야 하며, 이러한 낙인을 스스로 떼거나, 붙이는 것은 거의 불가능하다. 따라서 한번 본인에게 붙은 낙인을 다른 방향으로 고치거나, 개선하거나, 아니면 떼어내기 위해서는 엄청난 양의 노력이 반드시 필요하며, 그 과정에서 이를 포기하는 사람이 속출하는 경우가 대부분이다.

3) 긍정적 낙인과 부정적 낙인

사회적 낙인이 기타 여러 가지 낙인의 성격을 좌우하는 경우도 강하게 나타난다. '아름답다', '미모가 뛰어나다', 등의 낙인이 부여되면 '얼굴도 예쁜데 마음까지 예쁘다',는 식으로 여러 가지 좋은 평가를 받게 된다. 이러한 낙인은 긍정적 낙인으로 부여되어지고, 반대로 낙인을 부여받는 자의 입장에서는 일방적인 불리함만이 존재한다. 자신이 문제아가 아님에도 불구하고 누군가에 의해 제시된 문제아란 낙인이 고착화되면 이 순간부터 쉽게 고정화된 낙인을 벗어나기 어렵다. 사회적 평가 내지는 사회적 인정이라는 표현으로 이야기되는 사회적 낙인은 일방적으로 개인에게 부여되기 때문에 정확성이나 공정성이 제대로 확보되기 어려운 원천적인 특성을 가지고 있다.

부정적 낙인을 부여하는 주체가 누구냐에 따라 부정적 낙인에 의한 피해는 양상이 크게 달라진다. 비행청소년들은 자신에게 부여되는 낙인을 그대로 수용해버리는 특성이 있다. 그리고 이렇게 수용한 낙인으로부터 벗어나려는 의지도 전혀 보이지 않는다. 그냥 되는 데로 살자는 것이 비행청소년이나 범죄소년들의 일반적인 사고이기 때문에 한번 이런 방향으로 빠지면 쉽게 벗어나지 못하는 문제가 나타난다.

낙인의 부여(stigmatization)는 개인이 혼자서 할 수 있는 성격의 행동이 결코 아니다. 낙인을 부여하는 사람과 낙인을 받는 사람이라는 두 주체가 존재해야 하며, 이들 사이에 상호작용을 통해 낙인이 부여되는 결과가 발생한다. 낙인이론의 관점에서 범죄학을 연구하는 학자들이 가장 심각하게 비판대상으로 지적하는 것은 형사사법기관에 의한 전과기록의 작성과정(criminal career formation process)이다.

낙인이론을 기초로 범죄학을 연구하는 학자들이 형사사법기관의 전과기록체계에 대해서 비판하는 데에는 그만한 이유가 있다. 대부분이 범죄를 단순히 통제하기 위한 목적에서 범죄기록을 작성하고 관리할 뿐이지 진정으로 범죄를 예방하기 위한 차원에서 이러한 과정을 수행하지 않기 때문이다.

4) 낙인화 과정

일반적으로 생각하는 낙인은 단순하게 '좋다' 또는 '나쁘다'는 식의 사회적 낙인을 부여하는 과정이다. 실질적으로 낙인은 범죄와 비행으로 이어져야 한다는 점에서 일정한 공식과 체계를 가지고 있다고 볼 수 있다. 이를 순서화 하여 설명하면 다음의 과정과 같이 전개시킬 수 있다.

① 범죄와 같은 일탈적 행위(deviant act)를 저질러야 한다. 일탈을 저지름으로서 본격적으로 낙인의 과정이 진행된다.

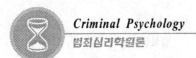

② 범죄나 비행에 대한 사회적 반응(social reaction)이 나타난다. 사회적 반응은 아주 간단하게 생각할 수 있다. 범죄를 저지른 범죄자에게 처벌이 가해진다면 이것이 바로 사회적 반응이다. 재제나 처벌이라는 표현으로 설명되는 것들이 사회적 반응이다. 사회적 반응의 강도는 당시의 사회가 처한 환경이나 상황과 상당한 관련성을 가지고 있다.

③ 사회적 반응이 진행된 이후에 부정적인 낙인(negative label)이 부여된다. 죄에 대한 대가로서 처벌을 받았다하더라도 이후에 2차적인 재제로 부정적인 낙인이 부여되다.

④ 사회적 지위나 위치가 저하됨(degradation ceremonies)이 나타난다. 이는 사회적 반응으로서 처벌로 인해 나타나는 현상이 아니며 그 다음 단계인 부정적 낙인의 부여로 인해서 나타나는 현상이다. 개인의 사회적 인간관계 형성에 큰 제약을 준다. 따라서 전반적인 사회적 지위나 위치의 하락을 초래하는 결과를 안겨준다.

⑤ 자기 스스로를 부정적으로 낙인을 하는 단계(self labeling)가 진행된다. 타인에 의해 부정적인 낙인이 부여된 사람이라 하더라도 이를 거부하고 긍정적인 마음가짐과 자세를 가진다면 그렇게 큰 문제가 되지 않을 수도 있다. 하지만 현실적으로 이와 같은 방식으로 슬기롭게 이겨나갈 수 있는 사람은 극소수에 불과하다. 자기에게 부여된 부정적 낙인을 거부하기 보다는 이에 순응하면서 스스로를 나쁜 사람으로 몰고 가는 과정이 다음 단계로 전개되어진다.

⑥ 자신의 부정적 이미지와 낙인에 맞는 비행적 하위문화집단(delinquent subculture group)으로 다시 들어간다. 일단 이 단계로 접어들면 비행이나 범죄를 저지르지 않을 것이라는 일말의 희망조차 완전히 사라지게 된다.

⑦ 범죄와 같은 일탈이 확대되는 현상(deviance amplification)이 나타난다. 이전까지는 그렇게 크게 일을 벌이지 않았지만 여러 사회적 편견이나 좌절을 겪어오면서 본인이 어쩔 수 없는 선천적 범죄자라고 생각하게 되며, 이로 인해 비행과 범죄를 서슴없이 크게 벌이는 대담성까지 겸비하게 된다.

이때부터는 범죄를 저지르는 과정이 치밀해지며, 전문적인 범죄자 또는 비행자가 되어 간다.

⑧ 새로운 2차적 범죄(secondary crime)를 저지른다. 이 단계에 이르면 상습적인 범죄자로서 그 성격이 변화되는 양상이 나타난다.

이상의 8단계가 낙인이론에서 주장하는 8단계의 낙인 진행설이다. 전적으로 범죄나 비행을 저지른 사람이 왜 다시 범죄와 비행을 저지르는지를 설명하기 위한 목적에서 설정된 내용이기 때문에 이 부분에만 국한하여 적용된다.

만약에 이 낙인화 과정을 제대로만 형사사법기관이 이해한다면 재범이나 2차적인 비행의 발생을 어느 정도 예방하고 통제할 수 있을 것이라고 낙인이론가들은 주장을 하고 있다. 사회적으로 부정적 낙인이 부여되지 않도록 하기 위해 여러 가지 재활 프로그램 실행과 직업보도 등을 통해 사회적응이 빠르게 이루어질 수 있도록 해야 한다는 의견도 가지고 있다.

2. 범죄와 낙인이론의 관련성

1) 사회적 관중에 의한 범죄적 낙인의 부여

낙인이론을 연구하는 범죄학자들은 상호작용주의자들(interactionists)이 주장하는 범죄의 개념과 정의를 그대로 도입하여 활용하고 있다. 대표적으로 Kai Erickson과 같은 범죄학자는 범죄를 저지르는 사람의 의사와 견해 보다는 범죄를 바라보는 관중들(audience)의 의사와 견해가 범죄를 정의하는데 더 중요하다고 주장하였다.

범죄의 개념을 규정하고, 이를 적용하는 주체는 범죄자가 아니며, 범죄자를 바라보는 일반인이나 특정 계층에 의해서 지정되는 내용에 따라서 범죄의 내용과 범위가 한정된다고 볼 수 있다.

특정한 행위를 범죄로 낙인 된다면, 다음 과정으로서 이에 대한 사회적 대응(social reaction)이 진행된다. 과거에는 범죄에 대한 사회적 대응이 주로 처벌을

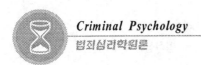

중심으로 실행되었다. 가급적 처벌을 많이 함으로서 일벌백계의 효과를 거두고자 하였으며, 이를 어길 경우에는 아주 가혹한 형벌이 기다리고 있었다. 범죄사회학적인 관점에서 볼 때, 범죄에 대한 사회적 대응은 다양한 의미를 가지고 있다. 일단 구성원들이 공통적으로 인정하여 만든 제도적 규약이기 때문에 이를 적극적으로 강제하고자 하는 목적을 두고 있으며, 이를 위반하는 구성원에 대해서는 사회적 규약을 준수해야 함을 정확하게 알리기 위해 경고 차원이나 아니면 응징차원에서 여러 가지 사회적 반응을 진행시키게 된다.

Edwin Schur는 범죄로 낙인 되는 행위에 대한 사회적 반응 양식으로서 크게 다음의 네 가지 유형으로 정리하였다.

격리(isolate)

일반적으로 가장 많이 쓰이는 범죄에 대한 사회적 반응양식이다. 다른 사회구성원에 피해를 입힌 범죄자를 해당 사회로부터 격리함으로서 철저하게 또 다른 피해의 발생을 미연에 방지하는 것이다. 격리는 크게 두 가지의 의미를 지닌다. 일단 사회적으로 물의를 일으킨 사람에 대해서 일정한 자유의 제약을 가함으로서 스스로 생각할 시간을 갖도록 만드는 의미가 있다. 다음으로 타인에 대한 추가적인 피해를 막고자 하는 차원에서 격리조치가 이루어진다. 사회적 격리조치는 다양한 방식으로 전개된다. 우리가 일반적으로 알고 있는 교도소, 보호관찰소, 소년원, 치료감호소 등으로 구분되는 교정기관이다.

처벌(punishment)

범죄에 대한 사회적 대응의 전형이라고 볼 수 있다. 사회로부터의 격리에는 사실 처벌의 개념이 들어가는데 이는 넓은 의미의 처벌에 해당하는 의미인 것이다. 넓은 의미의 처벌은 범죄에 대한 모든 사회적 제재 전부를 뜻하는 것으로서 죄에 대한 대가로서 불을 부과한다고 할 때의 처벌이다. 그리고 좁은 의미의 처벌은 저지른 죄에 대해서 동일한 수준의 체벌이나 벌금이 가해지는 것을 말한다. 즉 범죄에 대해 고의와 과실 유무를 떠나서 동일한 수준의 고통을 가하는 것을 원칙으로 한다.

교정(correction)

과거에는 처벌이나 형벌이라는 식의 표현을 하였지만 지금은 교정이라는 표현으로 일관성 있게 사용을 하고 있다. 범죄자가 실수나 잘못된 길로 빠져서 문제를 일으킨 경우에 이에 대한 대응책으로서 처벌이나 격리보다는 일정한 교육과정의 적용을 통해서 교정화의 적응이 되고 이에 따라서 사회복귀 능력을 키우는 것의 형태이다.

치료(treat)

치료는 교정 이후의 새로운 범죄에 대한 양식으로서 중요한 대응대상이다. 마약범죄자들을 전문적으로 수용하는 기관을 치료감호소라고 부르는 것은 교정적인 치료를 진행한다는 의미를 가지기 때문이다. 중독성으로 인해 금단현상이나 마약의 폐해, 그리고 마약의 남용으로 인해 본인에게 나타나는 신체적 이상이나 질환을 대상으로 일정한 의료적 치료를 진행하기 위해 치료감호소에 수용하여 국가가 직접 관리하고 있다. 또한 전통적인 범죄유형 가운데에도 상습절도와 도벽 그리고 도박에 대한 치료가 진행되고 있다.

이상에서 네 가지의 사회적 반응 또는 대응양식을 통해서 우리는 범죄적 낙인을 부여하는 집단의 의사를 어느 정도 짐작할 수 있다. 범죄적 낙인을 부여하는 집단이 범죄자에 대해서 어느 정도의 긍정적인 사고를 가지고 있다면 치료나 교정과 같은 방식으로 이들에 대한 대우가 진행될 것이다(Howard Kaplan, Toward a General Theory of Deviance; Contributions from Perspectives on Deviance and Criminality(College Station : Texas A&M University, 1997). 하지만 극단적으로 범죄자를 증오하거나 이들에 대해 부정적인 사고가 지배적이라면 처벌이나 격리와 같은 조치가 주가 되어질 수밖에 없다. 서구 국가들의 선진화된 교정제도가 주로 내세우는 범죄에 대한 대응양식은 말할 필요도 없이 치료와 교정일 것이다. 그리고 이와 같은 치료와 교정은 막대한 사회적 비용을 투자함으로서 그

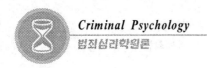

목적이나 성과를 어느 정도 달성할 수 있다.

2) 범죄적 낙인의 주관성

Schur는 낙인이론의 관점에서 범죄자를 미워하기 보다는 이들을 보호해야 할 대상으로 생각하는 개선된 사고와 안목이 필요하다는 점을 역설하였다. 그리고 이를 위한 전제조건으로서 낙인부여를 범죄에 대한 사회적 대응방식으로 인정해야 함을 지적하였다. 낙인이론을 바탕으로 모든 범죄현상을 본다면 범죄적 낙인을 부여받은 범죄자들을 가해자임과 동시에 일종의 피해자일 수도 있다.

범죄와 비행은 사회적 청중(social audience)에 의해 낙인 되는 특성을 나타낸다. 사회적 청중이라 함은 범죄자가 범죄행위를 벌이는 과정을 주변에서 관찰하고 이에 대해 평가를 내리는 전체 사회구성원을 의미한다. 흔히 낙인이론에서 이야기하는 낙인 부여자는 바로 사회적 청중을 지칭하는 것이라 할 수 있다. 반대의 입장에서 범죄자는 범죄라는 연극을 사회적 청중 앞에서 공연하는 일종의 연기자라고 볼 수 있다. 범죄자들이 보여주는 범죄라는 연극을 감상하면서 사회적 청중들은 그 연기에 대한 평가를 낙인이라는 형식으로 내리게 된다.

Schur가 사회적 청중이라고 표현한 데에는 이들의 주관성이 가지는 문제점도 어느 정도 지적한 것이라 사료된다. 청중은 여론몰이와 마찬가지로 인기에 영합하거나 자신들의 취향에 맞춰 모든 내용들을 해석하려는 경향이 강하기 때문에 잘못된 판단을 합리적인 것인 양 내릴 수 있는 충분한 위험성과 가능성을 모두 가지고 있다.

지금까지 우리는 범죄적 낙인이 변화하고, 이를 부여하는 낙인 부여자들에 의해서 그 내용면에 있어서 얼마든지 성격이 변화할 수 있다는 점을 확인하였다. 다음으로 낙인을 부여하는 입장에서 어떠한 이유에서건 간에 반드시 범죄적인 낙인을 부여할 수밖에 없는 대표적인 범죄유형이 존재한다. 가장 전형으로 여겨지는 것으로서 당연히 살인(murder), 강간(rape), 폭행(assault) 등의 소위 강력범죄가 해당된다.

범죄는 우리가 일반적으로 생각하는 것보다 그 유형이 아주 다양하면서도 무수히 존재한다. 범죄학자들은 가운데서 이러한 범죄를 전부 다 연구하는 경우는 좀처럼 드물 정도로 범죄는 분화하여 여러 가지의 종류로 계속 나뉘고 있다. 범죄적 낙인은 범죄행위 자체에 붙여져야 정상이다. 하지만 이러한 낙인의 부여 과정에서 일정한 주관이나 의지, 또는 감정이 개입되기 때문에 사실과는 다른 낙인이 부여되는 경우가 있다.

하지만 강도나 살인, 폭행, 강도와 같은 강력범죄에 대해서는 거의 예외 없이 범죄적 낙인이 부여되고 있다. 만약 사회적 청중들이 이러한 유형에 속하는 범죄에 대해서 긍정적인 낙인이나 비범죄적인 낙인을 부여하고자 해도 원칙론적인 차원에서 불가능하기 때문에 절대적으로 범죄적 낙인의 대상이 되는 범죄유형이라고 볼 수 있다.

우리는 여기서 범죄적 낙인의 성격과 내용이 시대에 따라 변화하게 되는 것을 알 수 있다. 과거 우리의 역사나 세계 역사를 보더라도 각 시대마다 중요한 이슈로 등장하는 범죄들이 각각 다르게 설정되어 있음을 알게 된다. 과거 신분제가 사회운영의 기본일 당시에는 높은 신분을 가진 여성과 낮은 신분을 가진 남성이 결혼하는 일이 원칙적으로 금지되었다. 또한 신분 간에 있어서 같은 내용의 죄를 짓더라도 이에 대한 처벌은 신분에 따라 차별적으로 집행되었다.

범죄의 종류 또한 시대가 지나면서 다양해지고 전체적인 숫자 면에서 증가하고 있다. 이전에는 살인이나 강도, 강간, 폭행, 절도 등의 범죄가 거의 대부분이었으며, 이러한 유형 이외의 범죄는 현실적으로 찾아보기 어려웠다. 하지만 시대가 지나면서 사기나 횡령, 마약범죄와 같은 새로운 유형이 증가하기 시작하였으며, 지금은 컴퓨터범죄, 금융범죄, 지적 재산권 관련범죄, 인격권 침해에 관한 범죄 등과 같이 무수히 많은 신종범죄가 등장하고 있는 실정이다.

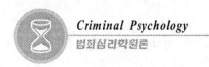

3) 사회적 환경과 범죄적 낙인의 차이

범죄유형론의 입장에서 보았을 때, 우리 사회에서는 분명하게 범죄가 되지만 다른 사회에서는 전혀 문제가 되지 않는 경우도 많다. 대표적으로 총기소지(possession of gun)를 들 수 있는데, 소위 군대나 경찰에서 사용하는 실탄이 발사되는 유형의 총기를 개인이 소지하는 것은 무조건 금지가 되는 것이 우리 사회의 현실이다. 이러한 총기를 소지하는 경우에는 불법무기 소지 내지는 조직범죄단체 결성, 또는 살인모의 등 여러 가지 혐의가 붙어 강력하게 형사적인 처벌을 받게 되어 있다. 하지만 다른 외국에서는 개인의 총기소지가 비교적 자유롭게 하고 있는 편이다.

총기는 개인의 자유와도 같다고 생각하는 미국에서는 총기소지를 금지하고자 하는 법안에 대해 절대적인 국민적 반대의사가 나타나고 있다. 심지어 NRA(national Rifle association; 전국총기협회)와 같이 개인의 합법적인 총기소지를 지지하기 위한 정치적 단체까지 존재할 정도로 총기의 소지는 인간의 자유로운 의지를 바탕으로 한 정당한 행위 내지는 권리로 바라보고 있다. 총기에 대해서 우리의 법률체계가 이렇게 엄격하게 되어있는 것은 역사적인 과정의 영향을 강하게 받았다고 볼 수 있을 것이다.

다음으로 마약범죄에 대한 범죄적 낙인의 차이를 설명하여 보면, 우리 사회에서 마약은 금지되어 있으며, 도덕적으로 배척을 당하고 있다. 하지만 현실적으로 마약은 의료용 약품으로 분류가 되어 합법적으로 쓰이고 있는 실정이다. 원래 마약은 진통제로서의 약리적 효과를 가지는 경가 많으며, 전쟁 시 부상자의 진통을 억제하기 위해 사용되는 모르핀을 비롯한 많은 의료용 마약류가 존재하고 있다.

문제는 이러한 의료용 진통제를 의료행위나 치료행위를 위한 목적에 사용하지 아니하고 쾌락이나 현실도피를 위한 차원에서 사용하는 경우가 많다는 사실이다. 중국에서 한방용 치료제로 사용되었던 아편이 마약으로 이용되자 이에 청나라 정부가 적극적으로 나서 이를 단속하는 과정에서 유명한 아편전쟁이 일어났던 것과 같이 마약의 사용과 그 남용은 역사에 많은 영향을 미치기도 했다. 실질적으로 마약의 남용이나 사용을 방관하거나 합법적으로 사용할 수 있도록 지정하는 국가들이 많은 실정이다. 그리고 단속에 있어서도 사안에 대해서만 단속으로 하는 경우가 상당수이다. 대표적인 예로서, 콜롬비아와 브라질 등 중남미 국가들은 마약단속을 시기적으로 몰아서 진행하거나 아예 적발되는 경우에 한해 집중적인 수사를 하고 있다.

마약에 대해 가지는 가치관이나 인식의 차이를 드러내고 있다. 네덜란드와 같이 합법적으로 마약을 즐길 수 있도록 마약카페까지 허용하는 경우가 있으며, 반대로 우리나라와 같이 모든 마약에 대해서 철저하게 남용과 판매, 소지를 금지하는 국가도 있다.

법률상 금지가 되는 마약에 대한 규정도 각 국가와 사회마다 다르게 나타나는데, 이 역시도 해당 국가의 국민들이 마약을 어떻게 보느냐에 따른 주관적 차이의 결과이다. 이러한 주관적 견해차는 바로 마약남용에 대한 범죄적 낙인의 부여에서 확실한 차이를 드러내게 된다.

중국과 우리나라의 마약범죄에 대한 사회적 낙인의 차이를 비교할 수 있다. 우리나라는 마약범죄자 가운데 특히 심각한 중독현상을 보이는 상습 투여자를 적극적으로 보호하고자 노력하고 있다. 때문에 별도의 마약전담 치료교정기관을 설립하여 이곳에서 재활프로그램을 적용시키고 있다. 하지만 중국의 경우는 완전히 다르다. 마약을 판매, 유통, 소지자에 대해서 공개처형이라는 극단적인 대응책을 택하고 있다. 실제로 TV에 공개적으로 마약사범에 대한 집단처형 장면을 중개하는 경우까지 있을 정도로 마약에 대한 범죄적 낙인의 수준은 심각하다고 볼 수 있다.

도박(gambling)도 낙인이론의 관점에서 볼 때 연구대상이다. 우리는 국민 정서상 도박에 대해 일정한 거리를 두고 있다. 범죄적 낙인의 이중성이 아주 극명하게 드러나는 사례는 바로 이 도박이다. 도박을 위해서 안 되는 것으로, 그리고 도박을 하면 강력하게 처벌을 해야 한다고 주장하면서도 우리 국민들 스스로 도박을 자주하는 그럼 모습이 여러 현상을 통해 드러내고 있다. 정규대학에서 dealer로 불리는 전문가를 양성하여 이들을 카지노에 집중적으로 투입하고 있는 실정이다. 이러한 도박에 대한 개념의 변화는 일종의 사회적, 경제적 환경의 변화를 반영한 결과라고 설명할 수 있을 것이다. 대부분의 사회문화적 사안들이 이제는 규범에 의한 지배를 받기 보다는 경제적 가치에 의한 지배를 받기 때문에 상당 기간 동안 금기시 되어왔던 도박도 이제는 산업적인 측면에서 전폭적으로 개방이 되는 것이다.

마지막으로 낙태죄는 우리형법상에 존재하는 엄연한 범죄이다. 뱃속의 태아를 죽이는 행위를 처벌하기 위해서 이러한 범죄가 생겨났는데 주로 가톨릭을 신봉하는 국가에서 낙태죄가 많이 나타나고 있다. 낙태죄가 처벌의 대상이기는 하지만 이로 인해 처벌받는 의사와 낙태 모는 단 한명도 없는 실정이다. 한 해에 무려 200만 건 가량의 낙태가 발생한다는 통계가 나올 정도로 낙태는 우리 사회에 널리 만연된 현상 가운데 하나이다.

이러한 낙인을 부여할 사법기관이 법집행의 의지를 제대로 가지고 있지 못함으로 인해 실효성이 없는 법률규정의 하나로 전락하고 말았다. 분명히 낙태는 범죄이지만 범죄라고 일반인들은 전혀 인식하지 않은 그런 대상이기 때문에 낙인이론에서 재미있는 주제로서 연구를 하고 있다고 판단된다.

Howard Becker는 범죄의 유형과 내용을 법률로 규정하는 사람들을 규범설립자(moral entrepreneur)라고 정의하였다. 규범설립자는 말 그대로 법률과 규범을 만들어 이를 집행할 수 있도록 만드는 특정 계층을 의미한다. 다수의 사회적 청중들이 범죄적 낙인을 부여한다면 소수의 규범설립자들을 이러한 범죄적 낙인을 제도화하는 실질적인 업무와 작업을 담당하게 된다(이장현 역, 사회문제의 연구, 경문사, 1986, pp. 235~236).

낙인을 부여할 수 있는 입장과 능력이 되는 집단이 '범죄자' 또는 '비행자'라는 낙인을 부여함으로서 이들로 인해 나타나는 부작용에 대해 일정한 물리적 제재의 행사가 가능해진다. 그리고 그 정도가 심각할 경우에는 극단적인 방법을 통해서 사회로부터 격리하거나 제거까지도 가능하다. 우리 사회에서 범죄와 비행은 시시각각으로 그 개념의 정의와 내용이 변화하고 있다.

일반적인 사회구성원들이 잘 알지 못하는 사이에도 지속적으로 변화하고 있는 것만은 분명하다. 이러한 변화는 사회의 환경이나 내용이 변화하는 것에서도 그 원인을 찾을 수 있겠지만, 다른 각도에서 낙인을 부여하는 규범설립자들의 사고와 안목이 변화한 데에도 기인한다고 볼 수 있을 것이다. 규범설립자들이 어제까지는 정상적인 행위양식으로 보아주던 것을 다음날부터 비행적이거나 범죄적인 행위양식으로 태도를 바꾼다면 이때부터 해당 행위를 저지른 사람은 일정한 사회적 제재와 처벌을 받을 수밖에 없다.

3. 낙인의 결과와 두 종류의 사회적 일탈

1) 낙인부여의 결과

범죄학자들이 바라보는 낙인의 영향에는 크게 두 가지가 있다고 판단된다.
① 개인에 대한 불명예의 형성(creation of stigma)의 영향
② 자아이미지(self image)의 영향

개인에 대한 불명예(stigma)의 형성은 직접적인 영향에 해당한다고 볼 수 있으며, 자아이미지에 의한 부정적인 영향은 간접적인 영향에 해당한다.

먼저 개인적 불명에의 형성은 범죄적 낙인을 통해서 개인이 받게 되는 가장 근본적이며, 직접적인 영향이 된다. 범죄적 낙인을 사회적 존재로서의 개인이 두려워하는 것은 다른 사람들이 이 낙인을 기본 자료로 삼아 부정적인 시선으로 바라보기 때문이다. 인간은 사회적 존재로서 사회 안에서 여러 가지 활동을 벌이고 있다.

사회 안에서의 활동을 타인과의 상호 연결 관계 형성과 그 작용을 기반으로 한다. 많은 사람들이 인관관계의 중요성에 대해 그렇게 집착을 보이는 것도 관계성이 가지는 상당한 영향 때문일 것이다. 일단 범죄적 낙인이 개인에게 부여된다면 이 자체만으로도 상당한 불이익이 본인에게 돌아간다.

낙인을 부여받은 사람에 대한 불신과 일을 맡기지 않거나 책임을 주지 않는 등의 보이지 않는 차별이 발생함으로서 인해 원래 사회적 목적을 달성하는 일이 결코 쉽지 않게 된다. 그리고 이러한 낙인은 좀처럼 잘 벗겨지지 않을 뿐만 아니라 본인이 사망한 후에도 끝까지 따라다니는 경우가 많기 때문에 아주 큰 사회적 존재로서의 치명상을 입을 수밖에 없다.

범죄적 낙인은 일단 개인이 범죄를 저질렀을 때에만 부여되어야 한다. 하지만 현실적으로 범죄를 저지르지 않았음에도 불구하고 거의 반강제적으로 부여됨으로서 막대한 피해를 불어오는 경우가 많다. 대표적으로 형사사건과 연루되어 증인이나 피고소인 또는 고소인 지격으로 사법기관에 불려가는 경우를 들 수가 있는데, 일단 경찰서나 검찰청에 불려가 조사를 받고 나오면 그 내용이 어떻든 간에 무조건 범죄를 저지른 것으로 주변에 바라보는 경우가 많다.

또한 상대방이 무고를 통해 허위의 범죄사실을 조작하여 한 개인을 대상으로 고소를 하였을 때, 나중에 무고라는 사실이 재판을 통해 입증된다 하더라도 주변사람들을 허위의 고소사실을 진짜 사실인 것으로 믿어버리는 경향이 강하다. 실제 범죄를 저지름으로 인해 부여되는 낙인은 어쩔 수 없다 하더라도 허위의 범죄내용이나 기타 범죄사건과 관련되었다는 점만으로 범죄자를 낙인해버리는 사회적 경향으로 인해 범죄적 낙인의 문제가 더 심각해진다.

범죄에는 결과와 함께 내용도 존재한다. 우리는 범죄라고 하면 무조건 악한 의지나 탐욕을 기초로 하여 저질러진 진정한 의미의 범죄로 몰아버리는 속성이 있다. 하지만 실제 범죄 가운데는 악의나 범죄적 의사와는 관계없이 이상한 상황과 조건이 형성되어 일어나는 경우가 많다.

부정적 낙인의 노예가 된 사람은 아무리 좋은 행동이나 언행을 한다해도 좀처럼 그 굴레를 벗어나기가 쉽지 않다. 그리고 부정적 낙인에 의한 영향을 직, 간접적으로 계속 받기 때문에 본인 스스로 자신에 대한 이미지 개선 자체를 포기하는 경우가 쉽게 발생한다.

물론 개인에게 있어서 부정적 낙인을 벗어날 수 있는 기회는 얼마든지 있을 수 있다. 하지만 이러한 기회가 쉽게 오는 것도 아니고, 온다 하더라도 100% 활용할 수 있는 사람들은 극히 없다는 점에서 결코 부정적 낙인을 벗어날 수는 없다고 여겨진다.

범죄적 낙인에 대한 적응(adaptation of label)이라는 용어가 있는데 이 내용을 보면 아주 재미있는 사회현상이 나타난다. 이는 본인에게 주어진 상황과 조건이 나쁨에도 불구하고 이를 부정하지 않고 본인의 것으로 인정하고 그에 적응하는 것을 말한다.

특정인에 대해서 범죄적 낙인이 부여되었을 경우에 대부분의 사람들은 이 낙인으로부터 벗어나기 위해 부단한 노력을 기울인다. 하지만 일정한 시간이 지나면서부터는 자신에게 부여된 범죄적 낙인으로부터 더 이상 벗어나지 못한다는 판단을 하게 되며, 결국 이러한 판단은 본의 아니게 부여된 낙인에 본인을 맞추는 상황으로까지 이어지게 된다.

최종적으로 범죄적 낙인을 부여받은 사람은 자신이 부정하였던 범죄자로서의 이미지에 자기 스스로 맞추게 되고, 끝에 가서는 범죄자가 되고 만다. 범죄적 낙인으로 인해 범죄가 일어나게 된다는 낙인이론가들의 주장은 낙인에 대한 개인의 실제 적응으로 인해 상당한 설득력을 얻고 있는 실정이다.

사회적 낙인은 자아의 정체성(self identity)과 밀접한 관련성을 가지고 있다. 이는 사회심리학적으로 여러 차례 입증된 내용으로서 사회가 개인에게 부여하는 낙인은 자아 정체성의 확립이나 변화, 붕괴 등에 큰 영향을 미친다. 여기에는 긍정적인 영향과 부정적인 영향이 있는데 주로 부정적인 영향이 더 강력한 힘을 발휘하는 것으로 보고 있다.

경찰과 같은 사법기관(law enforcement agencies)이나 부모, 친구, 교사와 기타 개인의 능력이나 이미지에 대해 평가를 내리는 집단들에 의해 부정적인 이미지가 고정되어 버리면, 이때부터 부정적 이미지를 가진 개인은 자신의 정체성까지도 이러한 이미지에 그대로 맞춰버리고 만다. 결국 범죄적 낙인이 부여된 개인은 그 낙인을 그대로 따라서 자기 스스로를 범죄적 인간성을 가진 사람이라고 단정 지어 버리게 되는 것이다.

만약 범죄적 낙인을 부여받는 개인이 전혀 악함이나 범죄성을 가지고 있지

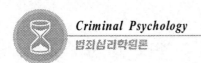

않다면 왜 그 사람을 대상으로 범죄자라는 낙인을 부여하게 되는지에 관해 연구를 해야만 한다. 이에 대해 Frank Tannenbaum은 악의 극화(dramatization of evil)라는 표현을 사용하였다. 악의 극화라는 표현은, 개인이 가진 악함이나 범죄성이 전혀 없다고 하지만 일단 범죄자가 되거나, 될 가능성이 보이면 사람들은 무대 위에 서는 일종의 연극과 같이 무조건 조명을 비추고 무대의상을 입혀 무대 위에 올리려는 성향이 있다.

다시 말해, 실수로 범죄자가 되었다 하더라도 그 사람을 아주 심각한 수준의 악함을 가진 흉악범이나 도저히 개선이 되지 않을 인간성을 가진 못된 사람으로 표현하여 일종의 극(드라마)하는 것이다. 결국 범죄자라는 꼬리표를 달게 되면 이때부터는 본인의 의지나 고의성과는 관계없이 극(범죄사건)의 배우(범죄자)가 되어 무대에 오르는 상황(낙인)이 연출되게 된다.

이를 바라보는 관중(낙인을 부여하는 개인이나 집단)들이 원하면 무조건 배우(낙인을 부여 받은 개인)는 무대에 올라야 한다. 어떠한 선택의 여지도 없으며, 배우라는 이름을 벗어던지고자 해도 기회를 주지 않는다. 결국 한번 범죄자가 되면 전과자라는 범죄적 낙인의 영향을 지속적으로 받을 수밖에 없는 상황에 처하게 되는 것이다.

Tannenbaum은 낙인화 과정을 통해 범죄자를 만드는 모든 과정을 크게 네 가지 용어로 표현을 하고 있다.

① 범죄자라는 꼬리표(tagging)
② 범죄자라는 정의(defining)
③ 범죄지자임을 인식(identifying)
④ 스스로 범죄자임을 자각하게 만드는 과정(self conscious)을 통해 범죄적 낙인이 고착화 될 수 있도록 한다고 보았다.

결국 개인에게 가해지는 주변의 영향을 통해 범죄자나 비행자라는 점을 인식하게 만드는 과정이 가장 중요하며, 본인 스스로가 범죄자나 비행자라고 생각하지 않는다면 낙인의 부여과정은 실패한 것으로 보아야 한다는 것이 그의 주장이다. 그동안 낙인이론에서는 단순히 범죄적, 부정적 낙인만을 부여하면 되는 것으로 알려졌다.

하지만 Tannenbaum은 부여된 범죄적 낙인을 피낙인자(labeled), 다시 말해 범죄자라고 낙인찍힌 사람이 스스로 자신이 범죄자라는 식으로 자아 개념에 대해 인식하고 이를 인정하는 과정이 없다면 절대로 낙인이 성공하였다고 보기 어렵다는 점을 강조하였다. 이는 기존의 낙인이론에 자아의 개념정립(establishing self concept)과 고정화하는 부분이 추가된 것으로 생각하면 될 것이다.

2) 1차적 일탈과 2차적 일탈

1차적 일탈(primary deviance)과 2차적 일탈(secondary deviance)에 대한 내용은 낙인이론의 대표적 학자로 알려진 Edwin Lemert는 낙인이론을 설명함에 있어 1, 2차적 일탈이라는 두 가지 개념을 제시하였다.

Lemert의 이론에 의하면, 1차적 일탈은 본인의 기억에 별다르게 남아 있지 않으면서 타인에게도 영향을 주지 아니하는 행위를 의미한다. 반면, 2차적 일탈은 개인의 삶과 인생의 과정에 상당한 파장과 영향을 미치는 내용을 가진다. 2차적 일탈에 해당하는 범죄나 비행을 저지르면, 이로 인해 개인이 받을 피해와 영향은 아주 클 수밖에 없다(반드시 개인의 인생에 있어서 많은 악영향을 미쳐야 한다는 전제조건).

2차적 일탈의 또 다른 특징으로서 일탈적 역할(deviant role)과 관련한 재사회화 과정(re-socialization process)의 영향을 들 수 있겠다. 범죄적, 일탈적 낙인을 부여받은 사람(labeled person)은 다음 단계로 자신에게 주어진 역할을 충실하고자 하는 모습으로 나타낸다. 다시 말해, 일탈적인 인물로서 그 인격과 성격을 바꾼다는 이야기이다.

정상적이고, 준법적, 도덕적인 인격형에서 일탈적, 범죄적 인격형으로 변화하는 과정을 Lemert는 일탈적 재사회화(deviant re-socialization)이라고 표현하였던 것이다. 일탈적 재사회화 과정을 통해 낙인된 인물은 가상의 낙인이 아닌 실제로 일탈적, 범죄적 인격형을 가진 인물로 재탄생하게 된다. 그리고 일탈과 범죄

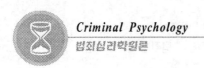

를 실제로 저지름으로서 자신에게 범죄적 낙인을 부여한 사람들에게 일종의 복수를 가하고자 하는 경향이 있다.

또한 2차적 일탈은 일탈의 확대(amplification of deviant)에 상당한 영향을 미치는 것으로 알려져 있다. 낙인을 통해 정상적인 사회인으로서 살아갈 길이 원천적으로 차단된 사람들을 일탈자나 범죄자로의 변신을 통해 새로운 삶의 방식을 찾아낸다. 그리고 그러한 삶의 과정에 철저하게 적응하고 익숙해짐으로서 다른 정상적 사회집단과의 교류나 인간관계 형성을 거부하게 된다.

이 과정에서 일탈자나 범죄자들은 그들만의 모임이나 인적 연결 관계를 형성하게 되며, 결국 다른 개인과 집단으로 일탈을 확산, 전달하는 역할을 담당하게 된다. 거시적인 관점에서 보았을 때, 낙인을 부여받음으로 인해 범죄자나 일탈자가 되는 사람들의 숫자가 급격하게 증가한다면 이로 인해 사회 전반의 계층구조가 중간은 없고, 위와 아래만 있는 비정상적인 기형적 형태로 형성될 수 있다는 우려까지도 예상이 가능하다(이장현역, 사회문제의 연구, 경문사, 1986, pp. 248~253).

4. 낙인이론의 일탈이론과 차별적 사회통제이론

낙인이론을 실증적으로 증명하고, 그 내용을 체계화하기 위한 학문적 시도는 많이 있다. 특 사회적 자아형성이라는 측면에서 다각적인 접근법들이 나타났으며, 이러한 접근방법을 통해 많은 수의 연구물들이 학계에 발표될 수 있었다. 하지만 점차적으로 낙인이론의 인가 시들해지면서 이에 대한 학문적인 연구 역시 감소하는 결과를 낳게 되었다.

지금도 낙인이론에 대한 실증적 연구는 지속적으로 진행 중이며, 많은 학자들이 범죄적 낙인이나 일탈적 낙인을 통한 범죄자화에 대해 집중적인 조명을 하고 있는 상태이다. 낙인이론의 여러 세부 이론들 가운데 가장 대표적인 이론만 아래와 같이 설명하고자 한다.

1) 일탈일반이론(general theory of deviance)

낙인이론의 여러 가지 하부이론들 가운데서 가장 대표적인 이론으로 손꼽히는 것이 Howard Kaplan에 의해 제시된 일탈일반이론(general theory of deviance)이다. 그는 사회의 주류를 형성하는 일반적인 계층이 따르는 규율과 규범을 한 개인이 제대로 이해하지 못하고 적절하게 따르지 못한다면 이로 인해 반사회적이거나 반도덕적인 가치규범을 접하게 된다고 주장하였다.

물리학에서 나오는 작용과 반작용의 원리와 동일하다. 좋고, 선한 쪽을 선택하지 않으면 어쩔 수 없이 나쁘면서 악한 쪽으로 갈 수밖에 없다는 이분법적인 논리가 숨어 있다고 생각할 수 있다. 사회의 규범과 규율을 통제하는 보편적인 계층의 기대(expectation)에 미치지 못하는 소수계층은 이들의 사고와 생활태도를 따라가지 못한다. 결국 자신들만의 고유한 별도의 습관과 생활태도 등을 형성하게 되며, 이를 보고 보편적 계층이 일탈적 내지는 범죄적 낙인을 부여한다.

일탈적 하위문화(deviant subculture)에 소속된 사람들은 기존의 사회가 가지고 있는 사회적 규범이나 문화와 정면으로 대치되는 일탈적 규범과 문화에 대해 긍정적이면서 동화되는 태도를 나타낸다. 그리고 이것이 오래 가면 반사회적, 일탈적 행위규범이 자신의 행동원칙으로까지 발전하고 만다. 일탈적 집단(deviant group)에 들어가 있다는 일종의 소속감은 범죄나 마약남용 등의 행위를 부추기는 결정적인 요인으로 작용을 한다.

2) 차별적 사회통제이론

Karen Heimer와 Ross Matsueda에 의해 제안된 새로운 낙인이론으로서 차별적 사회통제이론(differential social control theory)이라는 것이 있다. 위 두 학자는 사회통제이론(social control theory)에서 모티브를 따와 차별적 사회통제이론이라는 명칭을 사용했으며, 가장 최근에 나온 낙인이론으로 다루어지고 있는 상태이다.

Heimer와 Matsueda는 다른 사람들에 의해 부여된 낙인을 개인이 자기 것으로 수용한다는 점을 전제조건으로 했는데, 여기에 자신에 대한 평가과정(self evaluation)이 추가된다는 점을 강조하였다. 따라서 다른 사람들에 의한 낙인을 자신이 만들어 놓은 기준에 따라 다시 평가하는 과정을 거쳐 일정한 형태의 행동모형이 결정된다고 보았다. 스스로를 비행청소년이라고 생각하는 아이들은 내적 자아에게 자신과 관련한 다른 사람들의 의견이나 생각, 이미지 등을 그대로 전달한다.

두 학자가 주장한 중요한 개념은 반사적 역할인수(reflective role taking)이다. 둘은 주변에서 가해지는 자극에 대한 반사적 행동으로서 범죄행위나 준법행위를 벌이게 된다고 주장하였다. 만약 부모가 준법적, 가정적 그리고 사회적으로 정상적인 삶을 살아간다면 이들의 자녀 역시도 반사적으로 부모님의 정상적인 생활에서의 준법적인 모범을 배워 사회적 역할을 자연스럽게 받아드리게 되는 것이다. 그러나 반대로 부모가 마약중독자 혹은 알코올중독자인 경우에서 심각한 범죄적 행위를 자주 벌이는 사람이라면 그 자녀 역시도 동일하게 약물을 남용하거나 비행을 저지를 가능성이 높다.

다른 관점에서 보면, 두 학자는 반사적 평가(reflective appraisal)라는 개념도 제시하였다. 이들은 주변에서 청소년들에게 가하는 비행청소년이라는 평가가 바로 본인들 스스로가 내리는 자아평가로 그대로 이어진다는 점을 강조하였다. 이를 Heimer와 Matsueda는 반사적 평가라고 정의를 하였다(Karen Heimer, Gender, Race and the Pathways to Delinquency; An Interaction Explanation, in Crime and Inequality, ed. John Hagan and Ruth Peterson(Stanford, California. Stanford University Press, 1995).

Heimer와 Matsueda의 연구가 지금에 와서 범죄학계로부터 상당한 지지를 받는 것은 기존의 낙인이론에 상징적 상호작용주의와 사회통제이론의 개념을 적극적으로 도입하여 이를 접목시켰기 때문이다. 그리고 이들 이후로 많은 관련 연구와 논문, 세부 이론들이 등장하는데 영향을 끼쳤다는 점에서 높은 평가를 받고 있다.

3) 범죄낙인이론에 관한 조사 연구

낙인이론에 관한 여러 실증적, 실험적 조사연구는 크게 두 가지의 범주로 나누어 볼 수 있다. 그 하나는 낙인을 부여받은 범죄자들의 인격형이나 특성에 관한 연구인데, 주로 사회적으로나 경제적으로 힘이 없고, 권력으로부터 멀리 떨어져 있는 소외계층이라는 점이 강조되고 있다.

또 다른 것은 낙인의 효과(effects of label)에 관한 연구인데, 주변으로부터 개인에게 부여된 낙인이 향후 범죄나 비행의 발생에 어떠한 영향을 주는지를 중심으로 연구가 되었다. 대체적으로 낙인이론을 연구하는 학자들은 주변으로부터 범죄적, 비행적, 그리고 일탈적 낙인을 부여받은 사람들이 자기 스스로를 그에 맞추어 가는 모습을 보이며, 실제로 범죄자나 일탈자가 될 가능성이 높다는 점을 지적하였다.

먼저 낙인을 부여받는 개인의 특성에 관한 연구를 들 수 있다. 일반적으로 낙인이론을 지지하는 학자들은 사회적으로 힘이 없고, 권력이 없는 계층에 속한 사람들을 대상으로 범죄적, 일탈적 낙인이 많이 부여되며, 이러한 과정으로 인해 낙인을 부여받은 계층에서 범죄가 많이 일어날 수밖에 없다는 식의 논리를 가지고 있다.

다음으로 낙인의 효과에 대한 연구를 살펴보면, 낙인의 효과에 대한 연구는 실제 현장에서 많이 진행되었다. 개인에게 부여되는 범죄적 낙인은 범죄와 일탈의 확산을 가져온다는 연구결과가 나왔다. 그리고 부모가 자녀에게 부여하는 부정적 낙인이나 비행청소년, 범죄소년으로서의 낙인은 실제 그렇지 않은 청소년이 그렇게 될 수 있도록 만드는 효과와 작용을 함이 여러 연구를 통해서 확인된 바 있다.

다른 성인들에 의해 부여되는 범죄적 낙인보다 부모에 의해 부여되는 직접적인 범죄적 낙인이 더욱 큰 문제를 일으키는 것으로 알려져 있으며, 경찰이나 검찰, 법원과 같은 사법기관에서 부여하는 공식적인 범죄적 낙인은 사회적응과 정상적인 사회인으로 살아가는데 결정적인 타격을 입히는 요인으로 작용한다는 점 또한 확인이 되었다.

학교에서 문제아(troublemaker)로 낙인된 청소년들은 그렇지 않은 청소년들에 비해 높은 자퇴율(drop-out rate)을 나타냈다. 그리고 낙인으로 인한 청소년들의 자퇴는 비행이나 범죄로 이어지는 경우가 많은 것으로 확인되었다.

마약을 비상습적으로 복용하는 남용자들을 대상으로 한 낙인이론 연구에서도 이들에 대한 낙인여부가 약물남용을 오히려 상습화시키는 것으로 확인되었다. 약물을 가끔 남용하던 사용자가 사법기관에 적발되어 마약범으로 낙인 되면 이때부터 본격적으로 상습적인 약물남용이 진행되는 것으로 나타났다. 이는 범죄적 낙인 부여가 개인적인 범죄자로서의 인격동화현상으로 이어진다는 기존의 이론을 증명하는 내용으로 평가된다.

Lawrence Sherman과 그의 동료학자들은 가정 내 폭력(domestic violence) 혐의로 체포된 사람들을 대상으로 낙인의 효과에 대한 조사연구를 시행하는데, 이 결과 역시도 기존의 내용들과 동일한 것으로 확인되었다. 경찰이나 검찰에 의해 기소되고, 주변으로부터 가정에서 폭력을 행사하는 사람이라는 식의 낙인이 부여된 이후로는 더 많은 폭력을 행사하여 구속되거나 이전보다 강력한 형사처벌을 받은 것으로 나타났다.

낙인이론의 효용성에 대한 논란은 아직도 진행 중이다. 하지만 분명한 사실은 개인의 사회적, 경제적 명예에 심각한 타격이나 손상을 미칠 수 있는 낙인의 부여에는 누구든지 조심해야만 한다는 사실이다(Charles Tittle, Two Empirical Regularities in Search of an Explanation; Commentary on the Age/Crime Debate, Criminology 26, 1988, pp. 75~85). 경미하게 시작한 이야기가 큰 문제를 일으킬 수 있기 때문에 개인을 상대로 한 부정적 낙인의 부여에는 세심한 주의와 배려가 있어야 하겠다.

물의 종류

약물들을 약리작용을 중심으로 분류하면 중추신경흥분제, 중추신경억제제 및 환각제로 구분하는데, 그 내용은 다음과 같다.

중추신경제 흥분제

뇌신경세포의 기능을 흥분시키는 약물로서 암페타민(필로폰), 카페인, 코카인, 니코틴 등이 있다. 중추신경흥분제는 일의 능률을 올리고, 피곤을 줄이며, 행복감을 느끼게 만드는 효과가 있어 남용된다. 그러나 중추신경흥분제는 건강을 해치며, 쉽게 중독이 된다.

중추신경 억제제

뇌신경세포의 기능을 억제하는 약물로서 알코올, 아편계열(아편, 모르핀, 헤로인), 흡입제(본드, 신나, 부탄가스 등), 신경안정제와 수면제 등이 여기에 속한다. 중추신경억제제에 중독되면, 인지기능에 장애가 오고, 정서조절이 안되며, 점차 졸리다가 결국 혼수상태에 빠지게 된다. 금단증상은 불안, 허약, 발한, 불면증 등의 경한 증상들에서부터 대발작간질, 섬망, 심혈관 순환장애와 같은 심한 반응까지 나타날 수 있다.

환각제

뇌신경세포의 기능을 흥분시키기도 하고 억제시키기도 하는 약물로서 사이키델릭제제와 마리화나가 있다. LSD와 흥분제(mescaline)와 같은 사이키델릭제제는 내성이 강하고, 정신적인 의존은 있지만 신체적인 의존은 없다. 사용자는 현실과 환상을 잘 구별하지 못하고, 공황과 편집반응까지 이르는 심한 불안을 경험하게 되고 때로는 우울증에 빠지게 된다. LSD는 1960년대와 1970년대 초에 미국 중류층 사이에서 크게 유행한 바 있다.

1) 알코올

가장 흔하게 남용되는 약물인 알코올은 중추신경억제제로 뇌의 기능을 둔화시키며, 수면이나 마취효과를 나타내는 중독성이 강한 습관성 물질이다. 술의 알코올(에틸알코올)은 뇌 조직에 직접 작용하여 기분을 좋게 만든다. 인체의 분해효소의 정도에 따라 사람마다 주량에 차이가 나는데, 1일 최대 허용치는 체중 70kg인 사람의 경우 알코올 49mg(소주 한 병)이다.

지속적인 음주는 뇌 조직을 파괴하여 방향감각의 상실, 기억장애 등 치매증상, 인격적 결함 등을 야기한다. 알코올의 해독은 간에서 대사되기 때문에 간기능 저하, 간경화, 간암 등을 유발하며, 음식물의 소화 효소제를 만드는 곳인 췌장의 세포를 파괴하여 췌장염을 일으킨다. 그 밖에 남성의 생식능력 저하, 여성의 수유 및 생식능력 저하, 기형아 출산, 주의력이 현저하게 떨어지는 아이의 출산 등이 나타날 수 있다(다음의 표는 혈중알코올농도가 인체에 미치는 영향을 나타낸 것이다).

[혈중알코올농도가 인체에 미치는 영향]

혈중 알코올농도	신체반응	심리작용	알코올 해독시간
0.03%	홍조, 근육이완, 현기증	보통 편안함	2시간
0.06%	근육조절 능력 감소	억압감 탈피	4시간
0.09%	위의 자극으로 인한 구토와 출혈	판단력 상실, 조직적 사고 곤란	4시간
0.15%	근육 조절능력 격감, 갈지자걸음	정신기능 저하, 사고, 행동의 일관성 결여	8시간
0.40%	혼수상태	완전 마취상태	10~12시간
0.50%	사망(호흡 및 심박동 장애로 인한)		

알코올은 중독성이 있고, 금단증상이 있으며, 그 정도에 따라 사람에게 신체적, 경제적, 심리적으로 해를 준다는 점에서 약물이 분명하다. 그럼에도 여전히 대부분의 사람들은 알코올을 음료수(beverage)의 한 종류로 간주하고 있다. 술에 대한 사회적 경각심이 약하기 때문에 술은 청소년이 본드나 가스 등 불법약물을 접하기 전에 먼저 접하는 시작약물(gateway drug)의 역할을 한다.

2) 담배

담배는 콜럼버스가 쿠바 원주민들이 피우던 토바코스(tobaccos)를 유럽에 소개함으로서 전 세계적으로 확산이 되었다. 우리나라에서는 임진왜란 때 일본을 통해 들어와 일부 양반계층의 기호품으로 사용되었으며, 광복 이후 미국에서 양담배가 들어오면서 흡연율이 크게 증가하기 시작하여 현재는 세계 최고 수준의 흡연국가가 되어 있다.

담배연기 속에는 약 4,000여 종의 독성 화학물질이 들어 있는 것으로 추정되고 있다. 담배가 연소될 때 온도가 약 900도가 되는데, 이때 여러 종류의 화학물질이 생성된다. 담배에 함유된 가장 주요한 유독물질은 아래와 같다.

타르(tar)

타르는 담배의 독특한 맛을 내는 물질로서 흑갈색의 액체이다. 일반적으로 담배 진이라고 한다. 어떤 식물이든 불에 태우면 생기는 것이며, 수천 종의 독성화학 물질이 들어 있다. 담배가 우리 건강에 주는 해독의 대부분은 바로 이 타르 속에 있는 각종 독성물질과 발암물질에 의한 것이다. 타르 속에는 약 20여 종의 발암물질이 들어 있는 것으로 보고 있다.

니코틴(nicotine)

니코틴은 아편과 거의 같은 수준의 습관성 중독을 일으키는 물질로 불안, 초조, 안절부절, 집중력장애 등의 금단증상을 나타낸다.

일산화탄소

일산화탄소는 혈액의 산소운반 능력을 감퇴시키고, 만성 저산소증을 일으켜 신진대사에 장애를 주고 또한 노화를 촉진시키는 것으로 알려져 있다.

담배는 감기나 기관지염과 같은 호흡기계 질환, 폐암, 빈혈이나 혈전증과 같은 심혈관계 질환, 구강암, 치주염 등 질병의 원인이 되며, 특히 임산부가 흡연을 할 경우 태아의 발달에 치명적인 영향을 주는 것으로 보고되고 있다.

3) 마리화나와 해쉬쉬

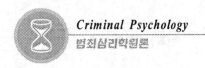

Marijuana는 대마초의 잎과 꽃에 포함되어 있는 물질로서, 대마초에 존재하는 400여종 이상의 화학물질 중 델타나인 테트라하이드로카나비롤(THC, delta-9 tetrahydrocannabinol)이 강력한 환각작용을 한다.

대마초는 담배보다 훨씬 많은 자극제와 두 배나 많은 tar를 함유하고 있다. 또한 흡연 시 연기는 가끔 뇌와 인두의 염증 및 목젖이 붓는 증상이 나타난다. 마리화나 연기속의 유독물질들은 담배보다 더 빨리 인체에 흡수된다. 마리화나는 폐 손상, 만성기관지염, 축농증, 뇌 손상, 기억력 저하 등을 유발하고, 여성의 경우 미성숙한 난자가 생산되거나, 알코올증상 아기와 비슷한 미숙아가 태어날 가능성도 있다. 대마초는 우리나라에서 예전부터 삼베옷의 원료로 이용되어 왔던 식물로서, 대마초가 환각 목적의 흡연물질로 우리나라에 소개된 것은 1960년대 중반 미국들을 통해서였는데, 1970년대 중반부터 청년층을 중심으로 급속히 번져나가 현재 우리나라의 대표적인 환각제가 되고 있다.

대마초 꽃에서 분리한 호박색 수지를 가루로 만든 것을 해쉬쉬(hashish)라고 한다. 오일 형태의 것도 있다. 해쉬쉬는 대마초보다 THC 성분이 3~4배 정도 약용효과가 강한 편이다.

4) 아편

아편(모르핀, 헤로인)은 강한 진통효과 때문에 만성통증환자에서 남용되기 쉬우며, 강한 내성과 의존성을 가진 약물이다. 아편은 기분의 변화와 졸림, 정신혼탁, 호흡억제 등 자율신경계증상을 야기 한다. 중독증상으로는 심한 무반응, 느리고 주기적인 호흡, 느린 맥박, 저혈압 등이 있으며, 금단증상으로는 눈물과 콧물, 식용부진, 소름, 경련 및 불면이 나타난다. 금단증상은 보통 48~72시간 사이에 정점에 도달하며, 5~10일 사이에 서서히 가라앉게 된다. 아편 중에서 가장 많이 사용되는 것이 헤로인인데, 흡연 또는 주사의 형태로 흡수한다. 헤로인 사용자는 모든 직업과 사회계층에서 광범위하게 나타나고 있는 편이다.

5) 코카인

Cocaine은 중남미의 산악지방에서 자라는 코카나무 잎에서 추출되는 중추신경흥분제이다. 페루와 볼리비아 인디언들은 고산지역에서 발생하는 고산병 및 피로감을 해소하기 위해 코카 잎을 사용했다고 한다. 1855년 가르데컨(Gardeken)이라는 화학자가 코카 잎에서 코카인을 추출했으며, 1859년 의사인 니만(Niemann)이 코카인이라고 명명하였다. 1883년 독일군의관 아쉔브란트(Aschenbrandt)는 병사에 대한 실험결과 병사들의 피로회복력이 증대되는 등 긍정적인 효과를 갖고 있음을 발표하였다. 이후 Sigmund Freud는 자신과 두 명의 환자의 우울증과 만성피로를 치료하기 위해 코카인을 사용한 결과 매우 긍정적인 결과를 얻었으나 환자가 코카인 중독자가 되고 심각한 정신적 질병으로 발전하는 결과를 낳았다. 이에 따라 20세기에 들어서면서 마약법으로 금지하기 시작했다. 우리나라에서는 코카인을 마약으로 엄격히 통제 관리를 함으로서 사회적으로 별 문제를 야기하고 있지 않다가 최근 들어 필로폰 사범과 함께 코카인 사범도 발생이 되고 있다.

코카인은 가루 흡입과 크랙(crack, 코카인, 제빵용 소다, 물을 섞어 끓여 결정체로 만든 것으로 가격이 비교적 저렴하면서, 각성효과가 큰 위험한 약물이다. 현재 미국에서 가장 많이 거래되는 마약의 하나이며, 많은 수의 크랙 사용자가 있는 것으로 추정되고 있다) 흡연이 가능하다. 코카인은 강력한 중추신경흥분제로서 흥분효과는 암페타민과과 유사하며, 혈관과 신경계에 영향을 준다. 혈관을 수축하여 혈압을 상승시키고, 심장박동을 빠르게 한다. 혈관에 영향을 주어 심장은 산소가 풍부한 피를 더 많이 요구하게 되는데, 산소가 부족하면 가슴에 통증이 올 수 있고, 산소결핍이 지속되면 심장세포가 죽어 심장병이 생길 수도 있다. 또한 동맥을 수축시켜 뇌졸중, 발작, 정신이상 등을 야기할 수도 있다. 그 밖에도 간세포를 파괴하여 간의 물질분해기능을 저하시키고, 허파에 액체가 채워져 호흡기능을 상실시키며, 비선세포를 손상시켜 후각기능을 상실시키고, 생식기관에도 손상을 줄 수 있다.

코카인을 소량 사용하면 말이 많아지고, 피로감을 덜 느껴 운동능력이 향상

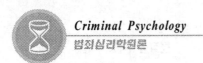

되는 것 같은 착각을 일으킨다. 과량 사용을 하면 교감신경계에 대한 효과 때문에 뇌에 영향을 줄 뿐 아니라 맥박, 혈압, 호흡이 빨라지며, 입맛을 잃게 하고, 동공확장, 혈관수축, 고열 등을 일으킨다. 또한 청각이 둔화되는 반면에 후각이 예민해지며, 귀에서 이명 소리가 들리고, 시간감과 거리감을 상실하는 경우로 나타난다.

6) 필로폰

필로폰은 히로뽕이라는 이름으로 우리에게 알려진 것으로, 히로뽕은 1941년 일본의 대일본제약주식회사가 각성제인 메스암페타민을 히로뽕이라는 상품으로 판매를 하면서 붙은 이름이다. 대일본제약주식회사는 히로뽕이 졸음과 피로감을 없애는데 착안하여 '일하는 것을 사랑한다'는 의미를 가진 희랍어 philoponos에서 philopon이라는 상품을 따왔다고 한다. 히로뽕은 일본어로 피로를 한 방에 뽕(의성어)하고 날린다는 의미도 지니고 있다.

필로폰의 주성분은 메스암페타민으로서 강력한 중추신경흥분제로서 1887년에 처음으로 합성되었으며, 1932년 의료계에 소개되어 기관지, 천식, 비만증, 간질, 수면발작, 파킨슨씨병 등의 치료제에 사용되어 왔다. 메스암페타민은 중독성이 강한 각성제로 물이나 알코올에 잘 녹고, 냄새가 없는 무색 또는 백색의 결정성 분말이다. 이것은 1883년에 일본 도쿄대학 나가이나가요시 교수가 천식약재인 마황으로부터 에페드린을 추출하는 과정에서 발견하고, 1893년 합성하는데 성공을 했다.

메스암페타민은 남용 가능성이 아주 높은 물질로서, 필로폰은 우리나라의 대표적인 약물로서 1980~1990년 사이에 히로뽕 사범이 매년 2~3배씩 급상승하면서 사회문제로 나타나고 있다(아래 표 참조). 메스암페타민은 여러 형태로 만들어지며, 흡연, 흡입, 입으로 섭취 또는 주사제로 사용이 가능하다.

[우리나라의 마약류범죄 발생]

(단위: 건)

구분	'93	'94	'95	'96	'97	'98	'99	'00	'01	'02
계	4,690	1,725	1,904	1,703	2,023	3,690	4,741	4,558	4,327	5,088
마약사범	3,132	672	553	451	415	474	492	925	568	808
대마사범	731	595	572	415	466	954	1,234	1,177	916	1,078
향정사범	827	458	779	837	1,142	2,262	3,015	2,456	2,843	3,202

(경찰청, 경찰백서 2003, 2003. p. 248)

[우리나라의 마약류사범 검거현황]

(단위: 명)

구분	'93	'94	'95	'96	'97	'98	'99	'00	'01	'02
계	4,825	2,367	2,519	2,355	2,525	3,912	5,428	5,389	5,041	5,594
마약사범	925	703	579	458	423	485	527	914	528	763
대마사범	3,116	991	861	596	664	959	1,424	1,435	983	1,302
향정사범	784	673	1,079	1,301	1,438	2,468	3,477	3,040	3,530	3,529

(경찰청, 경찰백서 2003, 2003. p. 249)

[미국의 약물사용 현황]

약 물	생 애	지난 일 년	지난 한달
마리화나, 해쉬쉬	34.6	8.9	5.1
코카인	11.5	1.7	0.7
헤로인	1.4	0.2	0.1
LSD	8.7	0.9	0.2
필로폰	4.3	0.5	0.2
담배	68.2	30.1	25.8
알코올	81.3	62.6	47.3

(Mooney, Knox Schacht, 2002, 67의 3.1, 12세 이상, 1999년)

메스암페타민을 흡입하면 강력한 쾌감을 느끼게 되며, 흡연 시 그 효과가 12시간 이상 지속된다. 메스암페타민의 특징 중 하나가 내성의 속도가 대단히 빠르다는 것이다. 보통 흡입 후 몇 분 안에 내성이 생기는데, 쾌감의 지속을 위해 사용자는 급격하게 사용량을 늘리는 경향이 있다. 메스암페타민은 독성효과가 있다. 동물실험에서 다량 투여한 결과 뇌의 신경말단을 손상시키는 것으로 나타났다. 사람이 다량 투여하면 심한 경련뿐 아니라 체온이 위험한 상태, 때로는 치명적인 상태까지 상승한다. 장기간 메스암페타민을 남용하면, 중독을 포함해 많은 위험한 결과를 낳는다. 메스암페타민 중독자는 폭력, 불안, 불면증, 정신착란 등과 같은 증상을 보인다. 또한 편집증, 환청, 기분장애와 망상증(피부에 벌레가 기어가는 것과 같은 느낌)과 같은 수많은 심리적 특징을 보일 수 있으며, 자살이나 살인의 충동을 느끼기도 한다. 사용을 중단하면, 신체적인 금단증상은 없지만, 만성적인 사용자가 중단할 경우 우울증, 피로, 불안, 공격성과 약물에 대한 강렬한 갈구 등의 심리적인 증상이 나타난다.

7) 흡입제

흡입제란 휘발유, 접착제, 수정액과 같은 휘발성 물질로서 원래의 용도와 무관하게 주로 청소년들이 환각을 위해 유사 마약처럼 사용하고 있어 문제가 되고 있다. 흡입제는 1960년대 미국의 청소년 사이에서 남용되어 사회문제가 된 바 있는데, 우리나라에서는 1970년대 이후 청소년 사이에서 유행하여 1990년대 급속도로 확산되면서 10대 청소년들의 가장 대표적인 남용물질이 되었다. 일반인들은 흡입제를 다른 마약에 비해 덜 심각한 것으로 간주하고 있다. 그 이유는 흡입제의 주된 사용자가 청소년들인데, 성인이 되면서 사용하지 않게 되고, 또 흡입제가 대부분 가정용품이어서 사용과 은닉이 비교적 쉽다는 데 있다. 흡입제는 크게 볼 때 다음과 내용의 종류가 있다.

휘발성 솔벤트

접착제, 에어로졸(헤어스프레이, 스프레이 페인트, 탈취제). 솔벤트와 가스(페인트

시너, 가솔린, 라이터 연료, 수정액, 매니큐어 제거제), 세척제(드라이클리닝용액, 얼룩 제거제) 등이 이에 속한다. 휘발성 솔벤트는 아주 빠르게 몸에 흡수되며, 쾌감, 흥분과 함께 졸음, 비틀거림, 초조 등의 증상을 야기한다.

아질산염(nitrites)

실내 방향제에 포함되어 있는 아질산염은 게이들이 성적 만족도를 높이기 위해 사용한다고 한다. 미국은 1991년 부틸 아질산염, 프로필 아질산염 및 그 밖의 아질산염을 함유한 제품을 금지시켰다.

마취제(anesthetics)

마취제의 남용물질은 니트로옥사이드(웃음물질)인데, 이를 흡입하면 몸에 산소가 고갈되어 사망할 수 있으며, 장시간 사용하면 말초신경이 손상될 수도 있다.

흡입제는 뇌 조직, 골수조직, 기억력 감퇴, 정서불안, 판단력 장애, 콩팥 기능 손상, 면역 계통 질환의 원인이 되고, 성격이 공격적이고 포악하게 만든다. 또한 흡입제를 장기간 사용 사용할 경우, 몸의 중앙신경체제를 손상시키거나 육체적, 정신적 능력을 현저하게 감소시킬 뿐 아니라 간장, 신장, 척수를 손상시켜 불규칙한 심장고동, 질식, 호흡 중지로 사망할 수 있다.

8) 엑스터시(ecstasy)

신종 마약 엑스터시(도리도리)는 환각작용이 강한 합성향정신성약물(MDMA)이다. MDMA는 원래 1914년 독일의 메르크스사가 특허권을 확보한 물질인데, 1978년 생화학자인 알렉산더 슐진이 엑스터시가 만병통치약 같은 효능을 갖는다고 발표하여 주목을 받았다.

그러나 1980년 들어 흥분제나 코카인 중독자들이 엑스터시를 대체물로 사용하기 시작하면서 미국과 유럽에 크게 확산되었는데, 엑스터시가 환각작용을 한다는 사실이 알려져 미국은 1985년에 제조 및 판매를 금지하였고, 다른 나라들

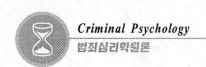

도 뒤따라 같은 조치를 취했다. 불법화된 엑스터시는 환락가 등 음지로 퍼졌으며, 현재 엑스터시의 최대 생산국은 네덜란드가 80%로 알려졌고, 동남아가 최대의 소비지로 부상을 하고 있다.

엑스터시는 가격이 다른 마약에 비해 저렴하지만(생산원가 50센트에 불과) 환각의 효과(메스암페타민의 4배 정도)는 매우 강한 것으로 알려져 있다. 엑스터시의 주된 소비자는 10~20대의 청소년들이 선호하는 레이브 파티(테크노바 같은 곳에서 격렬하게 춤을 추는 파티)라고 한다.

엑스터시의 가장 큰 위험은 뇌신경세포의 손상이다. 뇌신경세포가 손상되면, 사고능력. 기억능력에 치명적인 문제가 발생할 수 있다. 엑스터시의 MDMA는 인간의 감정을 통제하는 세로토닌 물질의 생성과 활동에 영향을 주는데, 뇌세포 속에 세로토닌 수치가 높아지면, 흥분은 고조되지만 체온이 크게 상승(43도까지)하고, 혈관이 굳어져 잘못하면 사망할 수도 있으며 성욕감퇴와 발작 증세를 동반하기도 한다(다음 표 참조).

[마약류와 용법]

구분 \ 분류		마약류	의학 용도	용법	용량	지속 시간	신체적 의존성 (중독성)	정신적 의존성 (습관성)	내성
마약	천연마약	아편 모르핀 코데인 헤로인	진통제 지사제	복용 흡연 주사	50mg 150mg 5~10mg	3~6	높음	높음	있음
	합성마약	메사든 페치딘	진통제	복용 주사		12~24 3~6	높음	높음	
	천연마약	코카인	국부 마취제	흡입 주사	30mg	1~2	거의 없음	높음	가능

향정신성의약품	환각제	LSD 페이오트 메스칼린 싸이로시빈 펜싸이클리딘	없음 동물 마취제	복용 흡입 주사	10~ 50mg	8~12	없음	없음	있음
	각성제흥분제	암페타민 (메스암페타민) 펜메트라진 메첼페니데일	기면 (수면) 비만 치료제	복용 주사	30~ 50mg	2~4	약함	높음	있음
	안정제억제제	바르비탈 그루테치밀 메사퀠론 벤조디아제핀 크로랄히이드 레일	진정제 수면제 근육 이완제	복용 흡입 주사		1~16 4~8 5~8	약간 높음	약간 높음	있음
대마		대마초 해쉬쉬 해쉬쉬오일	없음	복용 흡연		2~4	미발견	거의 없음	있음

5. 약물남용의 대책

약물남용의 대책은 약물의 공급을 차단하는 방법과 수요를 억제하는 방법으로 구분할 수 있다. 공급차단 대책은 약물의 생산과 유통을 억제하는 것으로 주로 관련자들을 색출하여 법적으로 처벌하는데 중점을 두고 있다. 반면에 약물수요 억제대책은 약물사용의 예방과 만성중독자의 치료에 중점을 두는 편이다. 서구의 경우 과거에는 약물의 생산 및 공급자는 물론 약물사용자도 처벌하는데 주력을 하였으나, 약물의 초기사용자를 처벌하는데 그침으로서 오히려 만성적인 사용자로 만들게 되는 부작용이 나타나자 현재는 치료를 중시하는 것으로 선회를 하였다.

현재 우리나라의 약물남용 대책은 예방과 치료가 아니라 단속과 감시 위주로

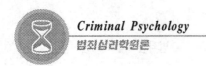

되어 있는 상태이다. 그리고 약물규제관련법규들도 약물 중독자를 환자가 아니라 범죄자로 보아 처벌에 중점을 두고 있는 것이다. 이는 약물남용을 막기 위한 법률, 즉 마약법, 대마관리법, 향정신성의약품관리법, 유해화학물질관리법, 청소년보호법 등을 보면 잘 알 수 있을 것이다.

마약법(특정범죄가중처벌에관한법률위반 제11조, 제17장 아편에 관한 죄 198조)

앵속, 아편 및 코카엽, 그것으로부터 추출되는 알칼로이드 계열의 물질인 코카인, 헤로인, 모르핀, 데바인, 코데인 등의 물질, 그리고 화학적 합성품인 메타조신, 메사든, 페치딘 등을 마약으로 분류를 하고 있다. 이 법에 의하면, 면허를 받은 마약취급자가 아니면 마약을 소지할 수 없으며, 규정을 위반하여 마약을 소지한 자는 무기 또는 7년 이상의 징역에 처해지고, 영리의 목적 또는 상습으로 소지한 자는 사형, 무기 또는 20년 이상의 징역에 처하도록 되어 있다. 그리고 마약에 중독되어 자제심을 상실하거나 사회질서를 문란하게 한 자는 2년 이하의 징역 또는 300만 원 이하의 벌금에 처한다.

[제17장 아편에 관 죄]

적용법조	죄 명	법정형	공소시효기간
제198조	(아편, 모르핀) (제조, 수입, 판매, 소지)	10년	7년
제199조	아편흡식기(제조, 수입, 판매, 소지)	5년	5년
제200조	세관공무원(아편, 모르핀, 아편흡식기) (수입, 수입허용)	1년	7년
제201조	①아편흡식, 모르핀주사 ②(아편흡식, 모르핀주사) 장소제공	5년 5년	5년 5년
제202조	(제198조 내지 제201조 각 죄명) 미수	각 본조 법정형	각본조공소시효적용
제203조	상습(제198조 내지 제202죄 각 죄명)	각 본조 법정형	각본조공소시효적용
제205조	단순(아편, 모르핀, 아편흡식기) 소지	1년, 500만원	3년

대마관리법

대마란 대마초와 그 수지 및 그것을 원료로 하여 제조된 일체의 제품을 말한다. 다만, 대마초의 종자, 뿌리 및 성숙한 대마초의 줄기와 그 제품은 제외한다. 보건복지부 장관이 인정한 대마취급자가 아니면서 대마를 소지한 자는 무기 또는 7년 이상의 징역에 처하며, 영리의 목적 또는 상습으로 소지한 자는 사형, 무기 또는 10년 이상의 징역에 처한다. 대마를 흡연 또는 섭취한 자는 10년 이하의 징역 또는 1,500만 원 이하의 벌금에 처한다.

[특별법, 대마법]

죄명	위반내용	적용법조	법정형	시효
대마관리법	대마수출입등	18①, 4(1)	무기, 7년	10년
	대마제조목적 재배	19①(1), 3①	1년	7년
	대마제조, 매매등	19①(2)[제조:4(2), 매매:4(3)]		
	대마제배등	20①(1), 3①	10년, 500만	7년
	대마흡연, 섭취	20①(3), 4(4)	10년, 500만	7년
죄명	위반내용	적용법조	법정형	시효
마약법	마약제조, 매매, 수출입등	특가법11②(1), 마약법 61~62	사형, 무기, 10년	15년
	마약소지, 소유, 관리	61①(1), 4, 44①	1년	7년
	마약원료식품 재배등	61①(2), 6(3)	1년	7년
	마약투약	61①(3), 6(5)	1년	7년
	마약원료물질, 매매, 매매 목적소지	61①(4), 6(6)	1년	7년
	장소, 장비, 자금, 등 제공	62①(2), 6(7)	10년	7년
	마약가액 50~500 미만	특가법 11②(2), 마약법61~62	무기, 3년	10년
	마약가액 500만 이상	특가법 11②(1), 마약법61~62	10년	15년

향정신성의약품관리법

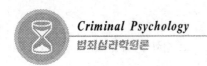

인간의 중추신경계에 작용하는 것으로 이를 오용 또는 남용할 경우 인체에 현저한 위해가 있다고 인정되는 물질을 향정신성의약품으로 규정하고 있다. 보건복지부 장관의 승인을 얻지 않고 향정신의약품을 취급한 자는 무기 또는 7년 이상의 징역에 처한다. 19세 미만인 자에게 향정신성의약품을 판매하여서는 안 된다. 향정신의약품에 중독되어 자제심을 상실하거나 사회질서를 문란하게 한 자는 5년 이하의 징역 또는 700만 원 이하의 벌금에 처한다.

[특별법, 향정신성의약품관리법]

죄명	위반내용	적용법조	법정형	시효
향정신성 의약품 관리법	히로뽕제조, 수출입등	40①(4), 4①, 2①(1)	무기, 7년	10년
	LSD등소지, 소지, 사용	41①(1), 3①, 2①(1)	1년	7년
	히로뽕매매, 소지, 사용	42①(1), 4①, 2①(2)~(3)	10년, 1억	7년

유해화학물질관리법

흥분, 환각 또는 마취작용을 일으키는 유독물을 함유하는 물질 또는 이에 준하는 유해화학물을 환각흡입물질이라고 규정하고 있다. 환각물질을 섭취 또는 흡입하거나 이러한 목적으로 소지한 자, 환각물질을 섭취 또는 흡입하고자 하는 자에게 그 사정을 알면서 이를 판매 또는 공여한 자는 3년 이하의 징역 또는 1천만 원 이하의 벌금에 처한다.

[특별법, 유해화학물질관리법]

죄명	위반내용	적용법조	법정형	시효
유해화학 물질 관리법	유해성 심사 없는 제조, 수입	45(1), 7②	3년, 1,000만	3년
	환각물질 흡입, 섭취등	45(7), 35①	3년, 1,000만	3년
	환각물질 흡입알고 판매등	45(7), 35②	3년, 1,000만	3년

청소년보호법

청소년(만19세미만)에게 청소년유해약물을 판매, 대여, 배포(향정신의약품관리법, 마약법, 대마관리법, 유해화학물질관리법의 규정에 의한 청소년유해약물 등을 청소년에게 판매, 대여, 배포한 자는 제외)한 자를 3년 이하의 징역 또는 2천만 원 이하의 징역 또는 1천만 원 이하의 벌금에 처한다. 그리고 양벌규정이 있어 법인, 단체의 대표자, 법인, 단체 또는 개인의 대리인, 사용인, 기타 종업원이 그 법인, 단체 또는 개인의 업무에 관하여 청소년에게 술과 담배를 포함한 청소년유해약물 등을 판매, 대여, 배포할 경우에는 행위자를 벌하는 외에 그 법인, 단체 또는 개인에 대하여도 각 해당사항의 벌금형을 과한다.

[특별법, 청소년보호법]

죄명	위반내용	적용법조	법정형	시효
청소년 보호법 (양벌: 54)	판매 금지된 유해매체물 등의 판매등	50(1), 17① 23조의 2	3년, 2,000만	3년
	유해업소에의 고용	50(2), 24①	3년, 2,000만	3년
	유해약물등의 판매, 대여, 배포	50(3), 26①	3년, 2000만	3년
	유해매체물, 출입, 이용, 고용, 제한의 미표시	51(1), 14, 26④	2년, 1,000만	3년
	유해매체물의 표시, 포장의 훼손	52, 16	500만	3년
	검사 및 조사의 거부, 방해 또는 기피	53, 35	300만	3년

그러나 비록 약물사용이 불법이지만 중독에서 벗어나게 하기 위해서는 처벌이 아니라 적절한 치료와 재활이 필요하다고 본다. 중독자가 정상적인 사회생활을 하도록 치료, 사후보호, 직업재활 등의 복지적 대책을 통해 사회가 도와야만 약물남용 문제는 근본적으로 해결된다는 것이다.

그리고 약물 중독자에 대한 치료보호제도의 실효성이 낮은 근본적인 이유는 치료를 받고자 하는 경우 의료인 약물중독자 보고의무와 환자 자신의 형사처벌에 대한 두려움 때문인 것으로 알려져 있다.

[마약류의 특징 증세]

구분	분류	마약류	증세	해독	원료및산지	국내생산	중독자식별
마약	천연마약	아편 모르핀 코데인 헤로인	행복, 도취감,신체 조정력상실, 동공축소, 눈물, 콧물, 식용감퇴, 졸음, 체중감소	정신적, 신체적 의존, 내성, 금단현상, 감염, 파상풍, 호흡마비, 사망	원료: 앵속(양 귀비) 산지:지중해, 중국, 인도, 멕시코 주산지:미얀마, 라 오스, 태국, 이란	허가 없이 재배, 성분추출, 소지, 판매, 수출입금지, 관상용, 가정상비약으로 비밀재배	눈물, 콧물 흘리며 졸림, 몸이 여위며, 팔에 주사자국이 있어 긴팔옷 착용
	합성마약	메사든 페치딘					
	천연마약	코카인	흥분, 동공확대, 초조, 약한 환각	정신적 의존, 정신혼돈, 현기증, 감정억제, 경련, 사망	원료:코카나무 산지:콜롬비아, 중 남미	국내생산없음	불안초조, 흥분, 식욕감퇴, 불면증
향정신성의약품	환각제	LSD 페이오트 메스칼린 싸이로시빈 펜싸이클리딘	도취, 불안초조, 착각, 동공확대, 망상, 환각, 지각, 왜곡, 구토	정신적 의존, 내성, 정신이상, 위험한 행동, 자살, 상해	LSD:곡물의 곰팡이 페이오트:성인장 메스칼린:선인장 싸이로시빈:버섯	허가없이 소지, 사용, 수출입 제조, 판매금지, 허가없이 원료, 재배, 성분추출금지	울었다 웃으며 하며, 손발이 차고, 눈동자 확대, 축소를 감추기 위해 색안경 착용
	각성제 흥분제	암페타민(메스암페타민) 펜메트라진 메첼페니데일	동공확대, 식욕상실, 흥분, 다변, 호흡곤란, 불면증, 편집증, 환각	고혈압, 심장마비, 뇌손상, 영양장애, 극도의 피로, 내성, 사망	원료:염산에페드린 (전량 수입)	감기약 원료로 전량 수입	말더듬, 신경질적, 입술이 마르고, 심한 입냄새, 안색창백, 팔에 주사자국
	안정제 억제제	바르비탈 그루테치밀 메사퀠론 벤조디아제핀 크로랄히이드레일	동공축소, 졸음, 억제, 사고산만, 멍청함, 호흡곤란	동공축소, 식용부진, 착각, 조정력상실, 금단증상, 위장장애, 뇌손상, 긴장장애, 사망	원료:바르비츠레이트	신경안정제로 원료전량 수입	동공확대, 말더듬, 신경병, 발작

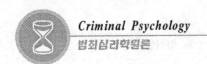

대마	대마초 해쉬쉬 해쉬쉬오일	안구충혈, 구강건조, 다변, 도취감, 환각, 과장된 지각, 시간공간 왜곡	정신적 의존 가능성이 있으며 내성과 신체적 의존 없으나 공간왜곡	원료:대마초 원산지:아시아, 아 프리카 주산지:세계전역	고대로부터 섬유 용도로 재배, 야생대마 특별관리	침을 흘리며 눈동자 충혈, 식욕왕성, 과식 및 단것 좋아함

(향정신성의약품은 환각제, 각성제, 중추신경안정제로 사용되며 메스암페타민은 1887년 일본에서 마황에서 에페드린을 추출하는 과정에서 메스암페타민 발견, 1927년 의약품개발과정에서 합성, 1932년 수면발작치료제, 코막힘을 완화하는 흡입제로 처음 사용됨(태평양전쟁 당시 피로방지약으로 사용되었고 국내 생산이 되지 않아 보건복지부 장관의 허가로 제약업자가 의약품(감기), 동물 사료 첨가제 용도로 사용하기 위해 수입하며, 국내 제조 단가가 높아 전량 외국에서 수입, 의약품 원료로 사용됨)

제4절 일탈행위의 이론과 범죄

1. 아노미이론

1) Durkheim의 아노미이론

19세기 말 프랑스 사회학자 Emile Durkheim은 사회적 분업(division of labour) 과정에서의 병리현상들(pathological forms), 예컨대 부분들 간의 부조화, 사회연대성(기계적 연대(mechanical solidarity)와 유기적 연대(organic solidarity)로 구분을 하고, 기계적 연대는 사회적 분업이 덜 진행되고, 사회적 규범은 억압적이며, 사회통합의 정도가 상당히 높은 전통사회에서 나타난다. 그리고 개인간의 차이가 최소화되고, 사회 구성원들이 공통의 가치를 강하게 지향할 때 기계적 연대는 커진다. 기능적 분화(differentiation of functions)의 산물이다. 유기적 연대의 사회에서는 계약관계가 지배적이고 되고, 개인 간의 가치관의 차이가 커지며, 사회통합 또는 사회적 응집도가 낮다. 이 단계에서는 자살과 같은 사회적 일탈이 증대하고, 개개인의 욕망(appetites)이 제대로 규제되지 않는다)의 약화, 사회계급 간의 갈등을 아노미(anomie)라 규정을 하였다.

Durkheim에 의하면, 노동의 분업과정 속에 있는 개인들은 공통의 규칙(common rules)을 준수하고, 작업과정을 숙지해야 최종 상품이 차질 없이 생산되는데, 이러한 규칙이 작동하지 않게 되면, 예측 불가능성과 불확실성이 발생하여 분업이 마비된다. 분업의 일부분을 맡은 개인들이 제각각 자신의 기능을 하지 못하게 된 과정을 분열상태(disintegration)에 빠지는데, 이를 아노미라 했다. 사회체계 속의 각 요소들 간의 관계를 규제하는 공통의 규칙이 붕괴된 상태가 아노미인 것이다.

Durkheim은 아노미 개념을 자살 연구에도 적용을 했다. 그는 자살에 대한 기존의 요인들, 예를 들어 정신병리, 인종, 유전, 기후 및 모방 등이 자살률의 변이를 제대로 설명하지 못한다고 반박한 다음 자살은 기본적으로 사회분업의 확대와 함께 개인주의가 팽배해지고, 사회의 개인에 대한 도덕적 규제가 해이됨으로서, 즉 사회통합이 약화되면서 증가했다고 주장했다.

말하자면, 자살이란 사회병리는 사회통합 또는 사회연대성의 함수라는 것이다. 그는 이것을 자살률이 가톨릭 국가와 개신교 국가 간에 차이가 나고, 개신교가 가톨릭에 비해 개인주의를 강조하고 반면에 가톨릭이 개신교에 비해 사회유기체와 사회연대성을 더 강조한다는 사실로 설명했다.

또한 그는 자실을 다음과 같이 유형화했다.

이기적 자살(egoistic suicide)

사회적 통합도가 낮은 경우 발생한다(예, 미혼 남녀의 연애 자살).

이타적 자살(altruistic suicide)

사회적 통합도가 지나치게 높을 때 발생한다(예, 일본의 가미가제 특공대).

아노미적 자살(anomic suicide)

규범이 붕괴되어 행위의 기준을 상실했을 때 발생한다(예, 규제의 해체 또는 이완). 급격한 계층이동을 경험한 사람이 그것에 좌절하여 자살하는 것이다(예, 파산한 기업인의 자살).

(아노미적 자살에 대응시켜 숙명적 자살(fatalistic suicide)을 첨가시킬 수 있다. 숙명적 자살은 아노미적 자살과 반대로 규범이 과도하게 개인을 지배하여 개인의 인격이 파탄 나서 발생하는 자살이다(과도한 규제). 숨 막힐 분위기를 참지 못하고 거기서 탈출하기 위한 방편으로 자살을 선택하는 경우가 여기에 속한다(예, 탈영병의 자살).

이러한 세 가지 자살의 유형을 사회통합의 측면과 사회규제의 측면에서 보면, 이해하기가 쉬운데 사회통합도가 약할 때는 이기적 자살이, 반대로 사회통합도가 높을 때는 이타적 자살이 증가하며, 사회적 규제가 약할 때는 아노미적 자살이 증가하는 것으로 보인다.

그리고 사회통합 측면과 사회규제 측면이 약할 때 발생하는 이기적 자살과 아노미적 자살의 차이를 이해하는 것도 중요하다. 이기적 자살은 사회통합의 약화가 개인의 삶의 의미를 상실하게 만들어 자살에 이르게 만드는 경우라면, 아노미적 자살은 사회적 규제가 약화되어 수단-목표 간의 거리(목표란 성공이나 출세를 말하고, 수단이란 이런 목표를 달성하는데 필요한 법과 절차를 말하는데, 그 괴리란 예컨대, 돈을 벌고 싶은데 그 기회를 얻지 못한 경우를 말한다)를 불러오고 이것이 결국 자살을 야기한다는 점에서 서로 다르다.

아노미적 자살은 세 가지 유형 중 가장 중요한 내용이다. Durkheim에 의하면, 아노미적 자살은 급격한 사회변동 시기에 증가한다. 경기주기에 따라 자살률이 다르다는 것이다. 구체적으로 말해서, 불경기와 호경기일 때 자살률이 높다. 불경기일 때는 실업이 증가하고 임금이 하락하여 삶의 목표와 이를 달성하는데 필요한 수단이 괴리되고(목표-수단의 괴리는 후술할 R. K. Merton식 표현이다) 이는 스트레스를 증가시키며, 그 결과 자살에 이르게 만든다. 호경기 때는 목표에 대한 성취도가 상승하고 또 열망수준이 커지는데 이것도 목표-수단 간의 거리를 가져오며 스트레스를 증가시킨다. 그 결과는 바로 자살이다.

2) 아노미이론의 발전

1963년 Robert Merton(Parsons의 하버드 대학 제자)은 사회구조와 아노미

(anomie)란 제목의 매우 중요한 논문을 발표했다. Durkheim(1858~1919, 프랑스의 범죄사회학파, 환경학파로서 범죄인류학파에 대응하여 범죄를 사회병리 현상으로 파악하고 환경을 중심으로 범죄원인 연구를 하였으며, 범죄정상설, 범죄필요설, 자살문제 연구, 아노미 용어사용을 한 학자. 임상곤, 공안교정학의 이해, 백산출판사, 2003, pp. 31~37) 이론의 한 측면을 발전시키면서 Merton은 주장하기를 문화적 목표(금전적 성공)가 지나치게 강조되고, 이러한 목표 성취의 합법적인 기회가 차단될 때(하층 계급에 대해) 사회의 특정한 층에 있는 사람들에게 있어 아노미는 정상적인 상태일 수 있다는 것이다. 이렇게 주장하고 나서 Merton은 합법적인 수단과 문화적 목표 간의 불일치에 의해 네 가지 유형의 일탈이 초래될 수 있다는 것을 이론화했다.

① 혁신(innovation)은 문화적 목표를 달성하기 위해 새로운, 보통 불법적인 수단으로 이루어지는 것.
② 의례주의(ritualism)는 목표를 포기하고 수단만을 지나치게 강조되는 것.
③ 도피주의(retreatism)에서는 문화적 목표와 제도화된 규범이 다 같이 포기된다는 것.
④ 대치(반역, rebellion)의 경우 사람들은 목표와 수단의 기존체계를 다른 체계로 대치하고자 한다는 것.

여기서 몇 가지 점이 중요하다.

① 이것은 여러 상이한 다수의 사회문제에 적용될 수 있는 하나의 일반이론이다. 예를 들면, 화이트칼라 범죄, 조직화된 공갈사기 행위, 악덕행위, 시험 때의 부정행위 혹은 경마용 말이나 운동선수들에게 자극제를 복용시키는 행위 등은 혁신을 반영할 수 있는 것들이며, 정신이상, 마약중독 그리고 우범지역(skid row)은 도피주의를 반영한다.
② 성공목표에 대한 미국인의 강조에 비취어 볼 때 아노미 그리고 몇 몇 형태의 일탕행위는 비정상적인 상황에 대한 정상적인 반응으로 간주될 수 있다. 이렇게 볼 때 그러한 행위를 설명하기 위해 생물학적 내지 심리학적

인 비정상에 대해 아무런 가정도 할 필요가 없다.

③ 인구층(Merton은 하층계급이라 지칭했다)은 보다 높은 일탈율을 나타내는데 그것은 성공목표는 모든 사람이 노력해서 성취해야만 하는 것으로 되어 있는 반면 그 목표의 성취를 가능케 하는 합법적인 수단은 모든 사람에게 이용 가능한 것이 아니기 때문이다. 따라서 자신이 감당할 수 없는 것을 원하게 될 때 사람들은 그것을 훔칠 수도 있는 것이다.

Anomie 이론의 기초형성

① 일반적 양심에 근거한 도덕적 권위(존경, 공포, 신성)에 의해서 통합되고 조화상태에 있는 사회에서는 범죄발생이 적다.

② 사회를 규제하는 가치기준, 연대감이 상실된 단편적 사회(아노미 사회)에서는 인간의 생물학적 측면의 발로인 격정에 대한 억제가 없어져 자살, 범죄 등 사회문제가 빈발하다.

③ 경제적 급격한 변화, 사회변동, 전쟁, 국제적인 테러, 기아와 같은 자연적 현상뿐 아니라 갑작스런 행운의 규범, 행위 그리고 규칙에 대한 사람들의 관념체계를 혼란, 붕괴시킬 때도 아노미가 발생한다.

아노미와 범죄의 상관성

일탈행동은 승인된 사회적 목표를 정당한 수단으로 달성할 수 있는 가능성이 없고 목표달성을 위한 정당한 수단이 별로 강조되지 않은 경우에 발생한다. 예를 들어, 어느 사회에서 물질적 풍요가 일반적인 문화적 목표로 승인되어 있다고 하자, 하지만 일정한 사회적 조건, 즉 특정계층의 한계 등에 의해 구속되기 때문에 목표달성을 위한 정당한 수단은 제한되어 있다. 정당하지 아니한 수단사용의 금지가 약하면 부정한 수단으로 목표를 달성해도 괜찮다는 사회적 압박 즉, 일탈행동의 강요가 일어난다. 이러한 압박은 미국처럼 기회평등 이데올로기와 사실상의 기회불평등이 대립되는 곳에서는 더욱 강해진다. 이때 문화적 목표를 달성하지 못하는 것은 개인의 무능력 탓으로 여겨지기 때문에 개인들은

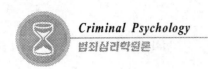

수단과 방법을 가리지 않고 사회적 목표를 달성하고자 하는 분위기가 조성된다 (임상곤, 공안교정학의 이해, 백산출판사, 2003. pp. 32~33).

아노미이론에 관한 실증적 연구

Durkheim의 아노미이론은 20세기 중반 이후 많은 사회학자들의 관심을 끌어 그의 주장을 검증하기 위한 시도, 특히 무규범(normlessness, deregulation)과 인간의 사회적 행위 간의 관점에 초점을 둔 연구들이 이어졌다. 먼저 Andrew F. Henry와 James F. Short의 연구를 들 수 있다. 이들은 사회적 지위와 자살 간의 관계에 관심을 가지고 있었다. 이들의 연구에 의하면, 자살과 살인(homicide)은 극단적인 좌절의 행동적 표현으로 매우 유사하다. 다만 살인은 자신의 문제를 다른 사람의 탓으로 돌리는 행위(외적)인데 비해, 자살은 자신의 좌절(frustration)을 자신의 탓으로 돌리는 행위(내적)라는 점에서 차이가 난다.

사회적 규제(속박)에 복종하는 사람은 자신의 잘못을 타인에게 전가하는 경향이 있는데, 이들이 극심한 좌절을 당했을 때 살인을 저지를 확률이 높다. 반면에 외적 구속에 복종하지 않는 사람은 좌절을 다른 사람의 탓으로 돌리지 않으며, 따라서 자살로 좌절을 표현하는 경향이 있다. 사회적 규제는 사회적 지위와 관련이 있다. 지위가 높은 사람은 규제의 대상이 되기보다는 규제를 만든다. 반면에 지위가 낮은 사람은 규제의 대상이 된다. 따라서 극심한 좌절을 당했을 때, 지위가 높은 사람은 자살을, 지위가 낮은 사람은 살인을 범할 가능성이 높은 것으로 본다.

그리고 경기와 좌절은 상당한 관계가 있다. 불경기 동안은 지위가 높은 사람이 많이 좌절하는데, 그 이유는 지위가 낮은 사람과 비교해서 자신들이 가장 큰 손해를 입고 있다고 생각하기 때문이다. 따라서 불경기에는 지위가 높은 사람이 자살할 가능성이 높아지고, 당연히 자살률은 살인율보다 높게 나타난다.

반면에, 호경기는 지위가 높은 사람이 낮은 사람보다 더 큰 이익을 본다. 즉, 지위가 낮은 사람이 더 큰 좌절을 느낀다는 것이다. 따라서 이들이 살인을 저지를 확률이 높아지고 호경기 동안은 살인율이 자살률보다 높게 나타난다.

요약하면, 불경기에는 자살률이, 호경기에는 살인율이 높아진다는 것이다. 또 이들은 Durkheim의 통계적 분석을 비판적으로 검토하기 위해 19세기 말에서 2차 대전 말까지의 미국의 경제주기를 분석하였다. 이에 의하면, 산업활동지수가 감소하는 해(불경기)에 자살률이 82%나 증가했다. 반면에 산업활동지수가 증가(호경기)하는 해에는 자살률이 42%만 증가했는데, 이는 Durkheim의 이론을 반박하는 것이다. 호경기 동안의 자살률을 보다 면밀히 검토한 결과, 자살률은 호경기의 초기에는 감소하다가 말기에 증가한다는 것이다. 이는 Durkheim 이론을 부분적으로 지지한다. 호경기(경기팽창)의 마지막 단계에서는 한계 성장률을 점차 하락하는 반면에 개인들의 열망수준은 활황기 때와 마찬가지로 계속해서 높아지기 때문에 기대치와 기대충족 간의 괴리가 커진다. 이러한 괴리는 좌절을 안겨 주고 나아가 자살로 이어진다.

그리고 Jack P. Gibb와 Walter T. Martin은 지위모순과 자살과의 관계를 연구하였다. 어떤 사람은 잘 통합된 지위세트(integrated status set)를 갖고 있어 기대되는 역할들 간의 모순이 없다. 그러나 혼돈된 지위세트(disintegrated status set)를 지닌 사람은 역할기대가 모순된다. 예컨대, 나이 든 부모와 아이를 부양해야 하고, 힘든 직업을 가진 여성이 있다고 가정할 때, 이 여성에게 기대되는 역할들, 즉 자식으로서, 어머니로서, 직장인으로서의 역할들은 상충될 가능성이 크다. 이 같은 상황은 사회관계를 불안정하게 만들게 되는데, 이는 종종 자살을 야기하는 경우가 있다.

정리하면, 지위혼돈(status disintegration)-모순적인 역할기대(inconsistent role demands)-낮은 동조(low conformity)-불안정한 사회관계(unstable social relationships) -자살로 이어진다는 것이다.

2. 문화전달이론과 범죄

문화는 문명(civilization)과 다르다. 문화의 반대발이 자연(nature)인 반면에 문

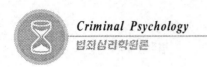

명의 반대말은 야만(barbarism)이다. 문화는 언어, 관습, 규범 등 우리가 생활양식(life style)이라고 하는 것의 총체로서 학습되어 세대 간에 전승된다는 점이 가장 큰 특징이다. 문화의 이러한 특징은 범죄나 비행 등 사회문제를 설명하는 데 유용하다고 볼 수 있을 것이다.

범죄나 비행의 문화적 특징에 주목하여 문화현상으로 설명하는 것이 문화전달이론(cultural transmission theory)이다. 문화전달이론은 일탈을 설명함에 있어서 personality와 같은 정신의학적 변수보다는 행위의 동기를 중시하되 그 동기를 지식과 태도의 산물로 간주한다. 다시 말해, 특정한 상황 하에서 일탈에 대한 지식, 신념 및 태도에 의해 일탈이 결정된다는 점이다.

Shaw와 Mckay의 비행지대이론(delinquent area theory)과 Sutherland의 접촉이론(differential association theory)이 그 대표적인 것이다.

1) 비행지대이론

Shaw와 Mckay는 Burgess의 도시생태학(동신원성을 말한다. 도시는 동심원처럼 성장, 발전하는데 도심에 중앙상업지대가 있고, 전이지대, 노동자, 중산층, 통근자 거주지대 등의 순으로 도심을 에워싸면서 커진다)을 일탈, 특히 청소년비행 연구에 적용했는데, 하나의 임상적 실험장으로 삼은 시카고 시의 비행 발생률이 지역별로 차이가 난다는데 착안하여 일탈은 인종, 피부색, 국적보다는 지역 그 자체로 설명된다고 주장하였다. 즉 비행발생률은 도심으로부터 멀어질수록 감소하고 도심을 에워싼 전이지대(zone in transition)에서 가장 높다는 것인데, 전이지대란 인구 이동률이 매우 높고 빈민가와 우범지대의 형태로 나타나며, 인구가 저소득층, 이민, 이농, 부랑자 및 범법자로 구성되어 있는 사회해체지대를 말한다.

비행지대론은 다음과 같이 요약할 수 있다.

① 도시의 황폐화된 지역(deteriorated area)은 사회해체를 유발한다.

② 사회적으로 해체된 지역에 사는 이웃들은 청소년들에 대한 사회 통제력이 약하다.

③ 사회 통제력의 약화는 길거리 갱 집단의 형성을 방조하게 만든다.

④ 비행전통은 한 소년 갱 세대에서 다음 세대로 이전된다.

⑤ 비행전통은 높은 비행 발생률을 야기한다.

비행지대론이 사회문제론의 발전에 끼친 공헌은 세 가지로 요약된다.

① 일탈이 정신적 결함이나 personality의 결함, 병리 또는 유전 때문이라고 간주한 1920년대의 일반적인 관념에 반론을 제기하면서 일탈의 문화적 근원을 밝혔다.

② 비행의 과정을 중시했다.

③ 비행과 불법적 기회와의 접촉의 중요성을 시사했다.

2) 접촉차이론

Sutherland는 비행이 유전되거나 행위자에 의해 고안, 발명되는 게 아니라 학습된다는 사회학적 학습이론, 즉 접촉차이론(differential association theory)을 제시하였다. 접촉차이론의 골자는 다음과 같다.

① 범죄행위는 학습된다.

② 범죄행위는 타인과의 커뮤니케이션 과정(process of communication)을 통해 학습된다.

③ 범죄행위의 학습은 원칙적으로 친한 사람들 집단 내(within intimate personal group)에서 일어난다.

④ 학습 내용에는 범죄기술뿐만 아니라 특정한 범죄동기, 범죄충동, 범죄에 대한 합리화 및 범죄에 대한 태도(motives, drives, rationalizations, attitudes)까지 포함한다.

⑤ 범죄동기와 범죄충동의 학습 여부는 법 조항이 자신에게 유리할지 불합리할지를 살핀 다음 정해진다.

⑥ 범법행위가 자신에게 유리하다고 생각될 때 범죄를 저지른다.

⑦ 접촉차이는 빈도(frequency), 지속기간(duration), 강도(intensity)에 따라 다

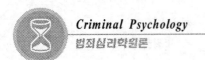

르다. 우선 빈도와 지속기간, 즉 시간길이는 비행으로서의 발전에 큰 영향을 주는데, 초기의 접촉에서 비행규범에의 노출은 결정적이다. 접촉의 강도는 비행규범에 대한 청소년의 위신에 관련되며, 그것에 대한 지신의 반응에 좌우된다.

⑧ 범죄행위의 학습과정은 다른 정상적인 학습과정과 동일하다.

⑨ 범죄행위나 비범죄행위 모두 일반적인 욕구와 가치(돈 벌고 싶고, 존경받고 싶은)의 표현이다.

정리를 하면, 일탈은 부분문화(비행문화, 하위문화)와의 접촉이 강할 때 사회화 과정을 통해 전달되는 학습행위이며, 범죄 집단의 기능은 그 집단에 특유한 문화적 전통을 전달하는데 있고, 범죄자나 비행소년은 그 집단에 고유한 문화목표(비합법적 경제적 이득)를 추구하고 있다는 것이다.

이에 대해 Sutherland는 다음과 같은 내용으로 주장을 했다.

① 상황규정(definition of the situation)이다. 대안들이 눈에 띄지 않거나 범죄행위가 유용하다고 생각될 때 범죄자가 된다.

② 감수성(susceptibility)이다. 어떤 사람이 낮은 감수성을 갖고 있다면 범죄행위에 대한 접촉을 꺼릴 것이다.

3. 하위문화론

하위문화(subculture)란 집단 내의 전통적인 가치, 규범 및 행위 패턴을 의미한다. 예를 들어, 청소년들이 머리카락을 염색을 하거나, 몸에 문신 혹은 링을 부착하거나 하는 행위는 신세대들의 하위문화이다. 하위문화는 사회 전체의 문화와의 관계에서 보면, 부분문화(주문화의 일부)일 수도 잇고, 종속문화(주문화에 종속화된 문화)일 수도 있으며, 대항문화(주문화에 저항하는 문화)일 수도 있다.

하위문화론은 일탈을 특정한 하위문화로 설명한다. 다시 말해서, 사회 구성원들 특히 청소년들이 열망과 성공을 얻는데서 반드시 어떤 문화적 특성이 있으며, 그것은 특정 계층에 따라 달리 나타날 수 있다는 것이다. 하위문화론은 특정한 상황 하에서의 적응 패턴이라는 아노미이론의 기본 가정과 하위집단 내의 문화적 상호작용이라는 문화전달이론과 상징적 상호작용론의 전체를 공유하고 있다.

1) 비행하위문화이론

Cohen은 아노미이론과 상징적 상호작용론의 전망을 합하여 아노미 상태 하에서의 적응문제에 대한 집단적 반응을 설명했다. 주로 하층계급에서 발생하는 집단적 비행은 계급간의 긴장과 갈등이라는 사회구조적 지반과 관련이 깊다.

하층계급의 소년들은 어려서부터 받아 온 계급차별적인 사회화의 양식 때문에 거기에 동조할 수 있는 능력을 결여하고 있다. 따라서 그들은 중간계급의 가치체계가 지배하는 사회 하에서는 지위에 대한 욕구불만(status frustration)과 자존심의 상실이라는 문제에 부딪친다. 이의 해소를 위해 청소년들은 다음과 같은 그들 나름대로의 하위문화를 만든다.

비공리주의(non-utilitarianism)

경제적 이득의 추구보다는 일종의 유희적 성격을 가진 행위를 선호한다. 이는 사유재산제도에 대한 반발이다.

악의성(maliciousness)

성인사회, 갱이 아닌 동년배 및 중간계급의 문화와 상징에 대한 적대행위이다.

거부주의(negativisticism)

일반적인 규범의 기준에 비추어 나쁜 것은 무조건 옳다는 태도이다.

요컨대, 비행하위문화는 중간계급의 문화가 지배하는 사회구조 하에서 하층계급의 소년들이 당면하는 지위 좌절을 집단적으로 해소하려는 반동형성

(reaction formation)의 소산이다. 이런 과정을 요약하면 다음과 같다.

① 하층민들도 중간계급의 성공윤리(success ethic)를 받아들인다.

② 하층민의 성정과정은 하층민 청소년들의 경쟁력을 약화시킨다.

③ 경쟁력의 약화는 긴장을 가져온다.

④ 긴장의 증대는 비행 하위문화를 만든다.

⑤ 비행하위문화는 비행을 야기한다.

2) 비행기회구조론(differential opportunity theory)

Cloward and Ohlin은 사회적으로 불리한 위치에 있는 사람들이 심각한 적응 문제를 해소하기 위해 기존의 규칙과 규범의 정당성에 대해 도전하려는데 주목하여 비행기회구조이론(differential opportunity theory)을 만들었다. 이들에 의하면 차별화된 성공기회를 다른 사람의 유리함과 자신의 불리함을 대비시켜 분개심을 유발하고, 이 같은 부정의 감정은 일탈을 야기한다. 이때 일탈자는 유사한 상황에 처해 있는 타인과 집단화(강화, 하위문화의 형성)를 시도한다(Merton의 아노미이론과 유사). 이러한 과정을 정리하면 다음과 같다.

① 성공윤리는 모든 미국인들이 선망하는 것이다.

② 성공에의 기회는 모든 계급에 평등하게 분배되어 있지는 않다.

③ 기회의 봉쇄는 긴장을 유발한다.

④ 긴장은 비행 하위문화를 만들게 한다.

⑤ 비행하위문화는 비행을 야기한다.

여기서 말하는 ①, ③, ④, ⑤는 Cohen의 비행하위문화이론과 동일하다. Cloward Ohlin은 ②인 성공기회의 계급간의 차등배분을 여기에 포함했는데, 이는 Merton의 아노미이론에서 응용한 것으로 볼 수 있을 것이다.

그리고 이들은 Merton의 문화목표와 제도화된 수단 간의 괴리와 유사하게 합법, 비합법적인 수단과 폭력의 용인 여부를 중심으로 일탈행위를 동조, 쇄신, 공격, 도형으로 유형화 하였다.

먼저, 쇄신형은 Merton의 쇄신형과 동일하고, 공격형(aggression)은 폭력을 수용하여 공격적 행동으로 좌절을 표현하는 청소년을 의미하며, 도피형(retreatism)은 남을 공격할 만한 신체적 조건을 갖추지 못하여 약물에 의존하는 사람으로서 Merton의 도피형과 같다. 도피형 중에는 합법적 수단뿐만 아니라 비합법적 수단에서도 배제된 사람, 즉 합법적인 방법으로 돈을 벌려 하다가 여의치 않아 불법행위를 통해서라도 원하는 바를 얻으려 하지만 그마저도 실패한 이들이 있는데, 이를 이중 실패자(double failure)라고 한다.

슬럼지역과 도시의 하층계급 사이에서 나타나는 다음의 세 가지 하위문화를 제시하였다.

범죄적 하위문화(criminal subculture)

전통적 문화와 범죄문화의 통합적인 접촉을 통해 범죄의 가치와 기술을 학습하여 생기는 문화이다. 어느 정도 사회통제가 이루어지는 오래된 슬럼지역에서 발생한다.

갈등적 하위문화(conflict subculture)

사회의 통제와 조직이 확고하지 않은 과도기에 있는 불안정한 빈민지역(빈민의 밀집지역)에서 발생하는 하위문화이다. 청소년은 억압된 분노와 욕구불만을 해소하기 위해 폭력행사를 불사한다는 것이다.

도피적 하위문화(retreatist subculture)

변동이 심하여 사회 통제력이 취약한 지역에서 발생되며, 마약, 약물 등의 사용에 빠지기 쉬운 이중 실패자가 많은 편이다.

3) 관심집중이론(focal concerns theory)

Miller가 제시한 이론으로서 이 이론에 의하면, 비행은 중간계급의 가치에 대한 하층계급의 갈등적 반응(Cohen의 이론)의 결과가 아니라, 하층계급의 생활

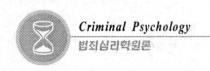

속에서 오랫동안 지속되어 온 문화적 전통의 결과이다.

하층계급이란 Harrington이 '또 하나의 미국(the another america)'이라고 부른 이촌향도인, 인디언, 푸에르토리코인, 도시 흑인과 같은 사회적 밑바닥 사람들로서 발전의 전망이 거의 없는 층을 말한다. 이들의 주요 구조적 패턴 중 하나는 성인여성에 의해 가족단위가 유지되는 편모가정(female based household female headed family)이다. 그리고 하층계급의 소년들은 처음에는 중산층의 가치규범을 별로 중시하지 않다가 학교나 직장에 들어가서 중산층의 지위기준을 중요시하게 된다. 이때 중산층의 지위기준이 이들에게 압박을 가하게 된다. 이러한 경험은 하층계급의 소년들을 소외시키고 결국 비행에 빠지게 만든다. 이들의 사회적, 경제적 박탈감은 다음과 같은 정서굴레를 만들게 한다.

① 문제(trouble): 경찰서, 사회복지기관, 기타 유사 기관 혹은 단체에 관련되는 것을 극도로 회피 혹은 말썽을 행한다.

② 억셈(toughness): 용감성과 대담성 그리고 전혀 여성적이거나 부드럽지 않다는 것을 과시하려 한다.

③ 영악함(smartness): 잔재주로 그럭저럭 살아가거나 남을 속여 먹을 수 있는 능력을 보이고 싶어 한다.

④ 흥분(excitement): 일상의 단조로움을 깨는 주말의 놀이를 각별히 좋아한다.

⑤ 숙명(fate): 하층계급의 인생은 권력을 가진 자에 의해 지배되고 소수 행운아들이 생활기회를 독점한다고 규정한다.

⑥ 자율성(autonomy): 타인의 통제나 지배를 철저히 거부한다.

4) 숨겨진 가치이론(subterranean value theory)

Matza, Sykes의 숨겨진 가치이론은 비행청소년들이 추구하는 가치인 모험주의, 흥분추구, 일의 경멸, 공격성 등은 사회의 지배적인 가치로부터의 일탈을 나타내는 지표로 간주되는데, 사실은 이러한 가치들은 하층민의 가치라기보다는 유한계급(leisure class)의 가치에 가깝다. 사회의 중산층계급 중 놀고 즐기기를 좋아하는 계급들도 이런 가치를 추구하고 있다는 것이다. 가치는 계급 간에도 있지만 계급 내에서도 차이가 있다는 것이다.

4. 사회통제 이론

T. Hirschi는 일탈행위, 특히 청소년비행의 원인을 사회화의 실패(ineffective socialization)에서 찾았다.

다시 말해, 성장기의 청소년이 사회화 과정에서 잘못되어 가정과 학교, 그리고 사회제도의 동조(conformity)하지 못하게 되면(사회통제의 부재), 비행에의 충동을 통제하지 못하고 비행에 물들게 된다고 보았던 것이다.

Hirschi는 문화전달이론과 비행하위문화이론에서 중시하는 비행문화(범죄문화)의 존재 또는 중간계급의 문화와 비행문화와의 차이를 인정하지 않았다. 즉 사회질서와 문화는 사회구성원의 가치합의(value consensus)에 기초해 있으며, 여러 가지의 하위문화가 존재하는 것은 아니라는 것이다.

대부분의 평범한 사람들은 훔치고, 강탈, 살인하는 것을 부정적으로 보아 하려 들지 않으며, 대다수 사람들이 '범죄는 나쁘다'라고 생각하는 것에서 이를 알 수 있다. 단지 소수의 비행청소년들이 법을 어기는데, 이는 다른 사람들에 대한 의무감(비행하위문화를 공유한 사람들)에서가 아니라 그들의 본능적 충동들(natural human impulses)이 통제되지 못한 데 기인한 것이라 볼 수 있을 것이다.

사회통제이론에서 중시하는 점은 비행과정이 아니라 정상적인 청소년으로 성장하는 동조과정이다.

Hirschi에 의하면, 특별한 청소년이나 특별한 가정에서 자란 청소년뿐만 아니라 모든 청소년들이 비행에 대한 인자를 가지고 있다. 비행청소년이 될 소지를 누구나 다 가지고 있다는 것이다.

그럼에도 대다수 청소년들이 비행청소년이 안 되는 이유는 바로 효과적인 사

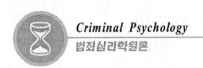

회화(effective socialization)에 있다. 사회화가 적절히 이루어지면 청소년들은 동조행위(conformity)에 가담을 하는데, 이를 사회적 결속(social bond)이라 하고, 그 결속의 요인들은 다음과 같은 네 가지로 되어 있다.

① 애착 : 애착(attachment)이란 아동에게 중요한 사람들인 부모, 교사, 친구와 아동 간의 애정과 존경의 연계를 말한다. 중요한 사람들에 대해 아동이 강한 애착을 가질 경우에는 비행에 빠지지 않는다. 그 중에서 아동의 사회화 대한 일차적 책임이 있는 부모에 대한 애착이 가장 중요한 것이다. 부모가 이혼 혹은 결손가정보다는 부모-자녀 간의 관계의 내용이 더 중요하다.

② 전념 : 전념(commitment)은 Freud가 말하는 자아의 개념과 유사하다. 아동기에 필요한 이상적인 요구(아동에 대한 사회적 기대)를 수용하는 것, 예컨대 교육을 받거나, 음주, 흡연 등 어른들이 하는 행동을 자제하거나, 장기적인 인생목표를 세우고 노력하는 것 등을 말한다. 아이들이 이런 일들에 전념한다면, 비행을 저지를 확률이 적어진다. 이런 점에서 전념은 사회적 기대의 내면화(internalized set of expectation)라고 할 수 있다.

③ 참여 : 참여(involvement)는 사회적 성공과 높은 지위를 얻는 데 필요한 활동에 참여하는 것이다. 이런 활동을 열심히 하면, 비행을 저지를 여유가 없어진다. 장래 목표의 설정과 달성을 위한 부단한 노력이 비행을 방지한다는 것이다.

④ 신념 : 신념(belief)이란 사회의 지배적인 가치와 규범에 대한 믿음을 의미한다. 법을 존중해야 한다는 사실을 제대로 훈련받지 못한 사람은 타인의 기대에 부흥해야 한다는 의무감이 약하다. 그러나 이는 범법행위의 의미를 모른다는 게 아니라 그런 행위에 양심의 가책을 느끼지 못한다는 것을 말한다. 다시 말해, 법의 도덕성에 대한 믿음이 약하면 약할수록 비행청소년이 될 가능성이 높다는 것이다.

따라서 Hirschi의 사회통제이론은 비행에 관한 이론이라기보다는 동조에 관한 이론으로 보인다. 어떤 사람이건 훔치고, 속이고, 빼앗고 싶은 충동을 타고 나는데, 이러한 충동이 성정하면서 사회화를 통해 적절히 통제(사회통제)되면, 정상적인 청소년, 나아가 성인으로 성장하게 되고, 반면에 실패하면, 비행청소년(juvenile delinquency)이 될 가능성이 상대적으로 높아진다는 것이 사회통제이론의 주된 내용이다.

5. 중화이론(techniques of neutralization theory)

범죄자가 자신의 범죄행위를 합리화하는 데 초점을 둔 이론이 G. Sykes와 D. Matza의 중화이론이다. 이 이론에 의하면, 범죄를 합리화하는 기술은 다음과 같은 네 가지로 볼 수 있다.

책임의 부정(denial of responsibility)

자신의 행위가 자신이 어떻게 해 볼 수 없는 상황에서 일어난 것이라고 변명하거나 그 탓을 남에게 돌리는 행위.

손해의 부정(denial of injury)

자신의 행위가 사회에 손실을 끼친 내용이 없다고 주장하는 행위.

피해자의 부정(denial of victim)

자신의 잘못으로 인해 선량한 사람이 피해를 본 경우는 없으며, 누군가가 피해를 입었다면, 당연히 그럴 경우의 사람이었다고 주장하는 행위.

고차원적인 가치규범 호소(appeal to higher loyalties)

자신의 가족이나 친구 또는 자신의 신념에 충실하기 위해 어쩔 수 없이 법을 어기게 되었다고 합리화하는 행위.

6. 피해자학이론

기존의 범죄이론들은 범죄자에 대한 연구가 중심을 이루고 있었다. 그러나 피해자이론(theory of victimology)은 범죄의 피해자를 과학적으로 연구하는 것으로, 범죄로 인한 신체적, 감정적, 경제적으로 고통 받는 사람들에게 연구의 초점을 두고 있다. 피해자학이론은 피해자와 가해자와의 관계, 피해자의 곤경에 대한 일반인들의 반응, 피해자를 다루는 형사재판제도, 곤경에서 벗어나려는 피해자의 노력 등을 연구하고 있으며, 1970년대 이후 기존의 범죄이론들과 사법제도가 오랫동안 피해자를 외면해 왔다는 사실이 알려진 후 피해자들의 권리보장 입장에서 피해자학이론에 대한 논의가 활발하게 이루어졌으며, 범죄학의 특수한 한분야로 인정을 받고 있다하겠다. 아래 표의 내용은 범죄학과 피해자학이론의 차이를 설명하는 것이다.

[범죄학이론, 피해자학이론 관점의 차이]

범죄학이론	피해자학이론
특정한 개인들이 왜 범죄를 저지르게 되는지와 범죄의 동기를 연구	왜 피해자가 되는지를 연구하고, 범죄자의 공격을 받게 되는 피해자의 약점을 규명하고, 피해자가 부주의하게 행동했는지, 아니면 범죄를 유발할 측면은 없었는지에 관심. 특히 왜 특정한 사람들이 다른 사람들에 비해 범죄의 희생양이 되어야 하는지에 관심을 두고 있다. 또한 피해상황에 빠질 수밖에 없었던 개인적, 사회적, 문화적 요인을 분석.
범죄자에 대한 자료를 수집하여, 그 자료 바탕으로 범죄 예방책을 강구	피해자에 대한 자료 수집. 자료를 통해 피해예방책, 즉 피해자가 직면하는 위험요소를 최소화하는 방안 모색
피해자, 피고인이 형사제도 내에서 어떻게 다루어지는 것을 연구	피해자들이 경찰, 검찰, 법관들에 의해 어떻게 다루어지는지를 연구
범죄자들이 범죄행위를 하기 전에 어떤 정신적인 문제를 가지고 있는지에 대한 연구	피해를 당한 후에 입게 되는 정신적인 문제, 즉 불안정한 인간관계, 자기파괴 충동, 심한 갈등과 스트레스 등을 연구
범죄자들이 법을 지킬 수 있도록 하는 방법을 연구	피해자들에게 도움이 되는 서비스와 정책에 관한 연구

범죄의 사회적 피해를 연구	피해자들의 개인적 손실을 측정하고 그 손해를 보상해 주기 위해 얼마만큼의 노력이 필요한가에 대한 연구
자신들의 연구범위가 불법행위 또는 일탈행위에 국한되어 있다는 점	연구범위에 대해 의문을 가지고 있으며, 일부는 통계로 나타나는 분명한 피해만을 연구대상으로 삼아야 한다고 보는 반면, 범죄피해의 종합적인 연구를 위해 홍수, 지진 등 자연재해의 피해자들, 전쟁과 기아와 같은 인간이 야기한 재앙의 피해자들, 그리고 사건 자체도 연구해야 한다는 주장

7. 발전범죄학이론(developmental criminology)

최근 범죄학 분야에서는 이른바, 발전범죄학이론이 새로운 학문으로 등장하고 있다. 기존의 범죄에 관한 이론들이 범죄의 원인을 설명하는데 주력했다면, 발전범죄학이론은 개인의 범죄경력이 연령의 증가에 따라 변화(발전)하는 과정, 즉 생애과정 또는 삶의 궤적(pathway)을 이론화하는데 중점을 두고 있다.

기존들의 이론들은 범죄 발생의 원인이 범죄경력의 지속이나 중단에도 계속해서 영향을 주는 것으로 가정한다. 그러나 발전범죄학이론은 이러한 범죄경력의 시작, 지속, 중단의 과정이 동일한 요인으로 설명할 수는 없다고 본다. 각 국면마다 범죄의 원인이 다를 수 있다는 것이며, 범죄의 상황의존성(state dependence)과 단계적 발전(stepping stone theory)이 중요하다는 것이다.

Thorberry(1997)는 청소년기에 전통사회와의 결속이 약해지면, 청소년비행이 발생한다고 보았다. 그것은 부모에 대한 사랑, 학업에의 전념, 전통적 가치에 대한 믿음 등 세 가지 결속의 약화를 말한다. 청소년 초기에는 이 중 가족과의 관계가 중요한 영향을 미치지만, 청소년 중기에는 친구, 학교 및 청소년문화가 더 중요한 역할을 하게 되며, 성인이 되면 전통적 가치와 가족이 더 중요해진다. 즉, 이런 인과적 과정이 개인의 생애에 따라 발전하는 동태적 과정이라는 것이다.

Patterson(1991)은 아동기와 청소년기의 반사회적 행동이 비행을 일찍 시작한 경우와 늦게 시작한 경우가 다르다는 것을 발견하였다. 비행을 일찍 시작한

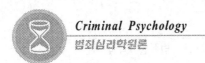

경우는 아동기의 부적절한 양육이 일차적 원인이 된 다음 학업실패, 친구집단의 거부 등 또 다른 실패를 경험하게 되며, 이런 이중 실패로 인해 비행집단에 가담하고 만성적인 범죄자가 될 가능성이 크다. 반면에 늦게 시작한 경우는 이중 실패의 경험이 없기 때문에 만성적 범죄자가 될 가능성은 낮고, 또 범죄경력을 일찍 끝내는 것이 보통이다.

그리고 Mofitt도 이와 유사하게 생애지속형 범죄자(life course persistent)와 청소년기 한정형 범죄자(adolescence limited)로 구분을 하였다. 전자의 경우는 태아기 뇌의 발달과정부터 분열과 같은 신경심리학적 손상을 입고, 이는 나중에 성장하면서 사회 환경적 요인과 상호작용하여 계속적 범죄를 하게 된다. 후자는 비행을 늦게 시작하고 청소년기에 한하여 비행을 저지르는데(범죄의 비계속성), 그 이유는 성숙격차(maturity gab), 흉내(mimicry), 강화(reinforcement)로 설명된다. 성숙격차란 생물학적 연령과 사회적으로 기대되는 연령의 역할에 차이가 생기는 것을 말하는데, 이로 인해 정서적인 불안정을 경험하게 되고 이것이 비행의 원인이 된다. 흉내는 생애지속형 범죄를 흉내 내는 것(magnet role)을 말한다. 강화란 범죄를 통해 부모의 보호로부터 벗어남을 상징하는 것을 의미하는데, 이런 경험을 통해 자신이 강해진다고 여길 경우 범죄를 저지른다. 그러나 이들은 점차 성장하면서 상위의 변수들로부터 자유로워져 정상적인 사회생활을 하게 된다.

제5절 정신분열증과 범죄

1. 정신분열증의 역학관계

전 인구 중 일생을 사는 동안 한번 정신분열증에 이환되는 사람의 비율, 즉 평생유병률(life-time prevalence rate)은 전 세계적으로 0.2%에서 거의 1%까지라고 알려져 있으며, 일정기간 중 발생되는 새 환자수의 비율인 발병률(incidence)은 지금까지의 조사를 종합해 볼 때, 전 연령층에서 인구 1,000명당 0.43~0.69명이고, 15세 이상에서는 1,000명당 0.30~1.20명으로 알려지고 있다.

우리나라의 경우 정신과 환자 중 정신분열증 환자가 차지하는 비율을 조사한 바에 따르면, 1974년에는 정신과 환자의 66.9%(남 44.4%, 여 22.5%)였고, 1983년 조사에서는 정신과 환자의 71.3%(남 45.7%, 여 25.6%)가 정신분열증으로 밝혀졌다.

유병률에 있어서는 '한국정신장애의 역학적 조사연구'와 이 자료를 기초로 각 정신장애의 1개월 시점유병률, 6개월 유병률, 평생유병률로 나누어 정리하고 외국의 경우와 비교한 자료가 보고되고 있다. 우리나라의 경우 정신분열증의 1개월 시점유병률, 6개월 유병률, 평생유병률 각각 0.3%, 0.4%, 0.4%로서 미국의 0.6%, 0.8%, 1.3%보다 전반적으로 낮았다.

평생유병률은 서울과 시골의 차이나 남녀차, 연령별 차이에 따라서 상당히 다르다. 정신분열증의 평생유병률은 서울이 0.31%, 시골지역이 0.54%, 남녀별로는 서울의 경우 남 0.41%, 여 0.24%였으며, 시골의 경우 남 0.7%, 여 0.38%로 나타났다. 연령별로는 서울의 경우 18~24세가 0.31%로 가장 높았고, 25~44 0.29%, 45~65세 0.13%였으며, 시골의 경우도 18~24세가 0.77%로 가장 높았고, 25044세 0.74%, 45~65세 0.11%였다. 따라서 평생유병률의 경우 서울보다는 시골이, 그리고 여자보다는 남자가 높았고, 연령별로는 18~24세가 가장 높았다.

2. 정신분열증의 증상특성

정신분열증은 인지, 동기, 정서 등 심리과정의 결함이 심각하고, 비현실적 증상 때문에 사회적 기능의 손상을 드러낸다. 이 장애는 인지장애 가운데에도 사고의 장애가 뚜렷하고, 이 장애환자 중에는 반 이상에서 주의 장애를 호소한다.

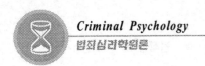

원인은 아직 분명하게 밝혀져 있지 않으며, 단일 증후군으로 보는 데도 논란이 있다. 우선 장애의 증상 또는 특성을 살펴보면 다음과 같다.

1) 사고장애

정신분열증은 비현실적인 사고내용과 논리성이 결여된 언어표현이 다른 어떤 장애보다도 더 특징적인 장애이다. 비현실적 사고 내용을 망상이라고 한다. 망상이란 현실에 대한 잘못된 해석으로, 명백한 객관적 증거에도 불구하고 잘못된 신념이 고정되는 경우가 많다. 이런 망상 가운데는 다른 사람들에 의해 자신의 생각, 행동 등이 지배받고 있다는 조종망상, 다른 사람이 나를 괴롭히거나 내가 피해 받고 있다는 피해망상과, 자기가 세상 구원자이거나 혹은 주요한 임무를 띠고 있다고 생각하는 과대망상, 자기의 생각을 다른 사람이 다 알고 있다고 생각하는 사고 전파, 외계인이 자기에게 생각을 넣고 있다는 사고 투입 등의 망상을 드러낸다. 이런 망상은 정신분열장애의 고유한 특징이 아니며, 다른 장애 예컨대 조증이나 우울증 또는 망상 장애에서도 망상을 타나낸다(아래 표 참조).

[망상내용의 차이]

장애유형	망 상 내 용
망상장애	질투 및 피해망상, 부정망상
정신분열증	조종망상, 기괴한 망상, 피해망상
조증	과대망상
우울증	죄책망상, 신체망상, 빈곤망상, 허무망상
기질성 뇌증후군	지각장애에 부차적인 망상

망상은 때로 다른 사람을 해치는 난폭한 행동을 야기할 수도 있고(예를 들어, 피해망상 때문에 가해자라고 생각하는 사람을 공격하는 것), 망상적 사고가 잘 조직화하여 현실생활에 영향을 미칠 수 있다.

이러한 망상 외에 이 장애환자들은 언어표현이 논리가 없고 남이 이해할 수 없는 경우가 있다. 이를 사고형식의 장애라고 한다. 말의 논리가 맞지 않은 경우 많고, 말의 음을 따라서 계속 연상하는 경우도 있고 새로운 말을 만들어 쓰기도 한다. 정신분열적 사고양상의 대표적인 특성이 자폐적(autistic) 사고이다. 이 말은 그리스어의 autos, 즉 자기(self)에서 유래된 것으로, 자폐적 사고란 생각하는 사람 자신에게만 이해가 가능한 자기중심적인 생각을 말한다. 그래서인지 이들은 부적절한 질문과 부적절한 대답을 해서 말의 의미를 다른 사람이 이해하기가 어렵다. 이들의 비논리적인 표현은 문법지식의 결여에서 비롯된 것은 아니라고 한다. 오히려 언어에 의해 전달되는 사고가 문제된다. 이들은 필요한 정보를 제대로 제공하지 못하고, 모호한 문구를 사용하며, 문장 간의 논리적 연결고리를 빠뜨리는 것이 특징이다.

정신분열증의 가장 뚜렷한 특징이 사고장애인 것처럼 기술하는 경우가 많다. 그러나 사고장애가 정신분열증에만 나타나는 고유한 특성은 아니다. 지능검사(WAIS)와 로샤검사(rorschach)를 실시하여 정신분열증 집단과 다른 집단의 사고장애 정도를 비교한 결과 정신분열장애에서 사고장애가 가장 심한 것으로 나타났다. 사고장애는 정신분열증의 발병 전부터 보이며, 약물치료의 효과로 정신분열증이 회복되면서 사고장애는 현저히 개선된다는 것이다. 그러나 정상수준으로 개선되는 것은 아니며 어느 정도의 사고장애는 지속되는 것으로 보고되었다.

2) 주의 장애

정신분열증 환자들의 지각 및 인지지능 장애 중 가장 흔하게 나타나는 것이 주의집중의 장애이다. 정신분열증 환자와 접해 본 사람은 누구나 그들의 주의 손상을 느낄 수 있다. 주의의 장애는 Kraepelin과 Bleuler가 자신의 주의를 일정기간 고정시키는데 어려움을 보인다고 하였다. 이들은 불필요한 자극을 여과하지 못하고 주의의 초점을 맞추지 못하는 것으로 알려지고 있다. 많은 심리적, 정신생리적 연구들이 이러한 주의 문제의 이해를 목족으로 행해졌는데, 정신분

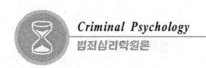

열장애 환자들은 불필요한 외부의 감각자극을 여과하지 못하고 이에 압도된다는 결과를 보고하고 있다. 또한 정보처리과정에서 단기기억의 장애와 관련된 주의 장애 보고하는 경우도 있다. 정신분열증 환자들의 주의 장애의 정신 생리적 기초를 찾으려는 노력도 있다. 지향반응의 연구나 안구운동의 연구가 바로 그것들이다.

지향반응

지향반응(orienting response)이란, 외부환경으로부터 오는 자극에 대하여 뇌가 이를 받아들이기 위하여 경계반응을 보이는 것을 말한다. 즉, 지향반응으로 동공이 확대되고 뇌파와 피부전도 반응 등 정신 생리적 변화가 생긴다. 그런데 정신분열증 환자들은 이런 정신 생리적 반응을 보이지 않는다는 것이다. 특히 음성 증상이 위주인 정신분열장애의 경우 이런 지향반응의 손상을 보인다고 한다. 이런 지향반응의 손상으로 외부자극에 대하여 적절한 주의를 주지 못하는 것으로 추측된다.

안구운동

외부자극에 대한 정신분열증 환자의 반응을 연구하는 한 방법이 안구운동이다. 두 가지 종류의 안구운동 연구가 진행되어 왔는데, 그 하나가 원활추시 운동(smooth-pursuit movements)이다. 이것은 진자와 같은 움직이는 표적을 추적할 때 일어나는 눈의 불수의적 운동이다. 다른 하나는 고정된 대상에 초점을 유지하는 것이다. 정신분열증 환자는 이 두 가지 안구운동의 장애를 보였다. 이런 안구운동의 결함이 시각적 주의의 장애와 관련되는 것으로 보고 있다.

3) 지각장애

정신분열증 환자들이 정상인과 다르게 상황을 지각하는 것은 잘 알려져 있다. 정신분열장애 환자들 중에는 객관적 현실과 환상적 영상 간의 구분에 실패하는 경우가 흔하다. 이런 지각 장애가 환각경험으로 드러나는 경우가 많다. 환각이란 외부에 대한 자극이 없는 데도 이를 지각하는 것이다. 이는 내적인 충동과 경험이 외부세계의 지각적 영상에 투사된 것으로 볼 수 있다. 이런 환각경험은 약물에 의해서도, 고열로 인한 섬망상태(delirium)의 경험, 의식이 분명한 상태에서 경험하는 경우는 정신분열증 밖에 없다. 환각은 우리의 오관 어떤 감각에서도 경험할 수 있지만, 정신분열증 환자들의 경우 어떤 행동을 하도록 지시하는 말이나 비난하는 소리 등 목소리를 흔히 듣는다. 이것을 환청(auditory hallucination)이라 한다. 냄새와 관련된 환각인 환후(olfactory hallucination)도 있는데, 예를 들어, 자신의 신체가 썩어가는 냄새를 맡을 경우를 말하며, 헛것을 보는 환시(visual hallucination)도 있다. 정신분열 장애환자가 보이는 환각 중에는 환청이 가장 흔한 증상이다. 따라서 환청에 관한 연구들이 이루어지고 있지만 아직 환청의 원인은 밝혀져 있지 않다.

한 연구에 의하면, 환청은 소리 내지 않은 말이나 자기 말이 자기에게 들리는 것이라고 보고하였다. 즉, 환청이 있는 정신분열 장애환자 18명에게 숨 쉬면서 속으로 자기 말을 못하도록 하였더니 환청이 사라졌다고 보고한 환자가 14명이나 되었다고 한다. 이와는 다르지만 환청이 자기 말이라는 것을 입증하는 또 다른 실험보고가 있다. 즉 환각이 있는 정신분열 장애환자들은 자신이 내부에서 생성한 것을 외부에서 주어진 것이라고 잘 못 귀인 하는 인지적 결함이 있음을 현실검색(reality monitoring) 과제에서의 기억출처 변별실험을 통해 밝히고 있다.

4) 일반기능의 손상

정신분열증 환자 중에는 행동을 예측하기 어려운 경우가 있다. 예컨대 여러 시간 동안 이상한 자세로 꼼짝하지 않고 있다가 통제하기 어려울 정도로 공격적인 행동을 하기도 한다. 또한 그들은 조증과 같이 지쳐서 그만둘 때까지 끊임없이 움직이기도 한다. 정신분열 장애환자의 또 다른 특징적 증상은 무감동(apathy) 한 점이다. 그들은 상황과 관계없이 정서표현 없이 무미건조(flat)한 경우가 많다. 따라서 그들은 대인관계에서 공감, 온정 등을 나타내지 못한다. 이

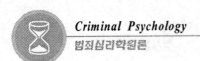

러한 정서적 부족은 급성정신증의 기간이 지난 후에 나타난다. 또한 정신분열증환자는 행복하거나 즐거움의 표현이 없는 것이 특징이라 할 수 있다. 정신분열증이 생기면 동기나 흥미수준도 변해서 전혀 의욕이 없고 어떤 것에도 흥미를 느끼지 않는다. 이런 모습은 우울장애와 유사한 것으로 오인될 수도 있다. 이러한 측면에서의 범죄 혹은 비행과의 관계연구는 오늘날 많은 범죄학자 및 범죄심리학자간에 즉 다자학자의 연구가 활발히 진행되고 있다.

신분열증의 개념]

오늘날 정신분열증이라고 불리는 행동특징에 대한 기술은 이미 기원전 1400년경 힌두의 Ayur Veda에도 나타난다. 하지만 이 장애가 정신분열증으로 명확히 정의된 것은 19세기 말 이후이다. 처음에는 조발성 치매로 정의되었다가 후에 다시 정신분열증으로 개념화되었다.

Kraepelin의 조발성 치매(dementia praecox)

현대 정신의학의 창시자로 불리는 독일의 정신과 의사인 Kraepelin(1856~1926)은 정신장애를 질병실체로 분류하고자 시도를 하였다. 그는 정신분열증을 조발성 치매로 보았다. 그가 조발성이란 용어를 사용한 이유는 정신분열증이 일찍, 주로 청소년기에 발병하기 때문이었다. 그는 정신장애 분류에서 증상의 출현뿐 아니라 병의 진행과정을 고려해야 한다고 하였는데, 이 장애가 회복될 수 없는 기질적 퇴화를 보이는 것으로 보고, 치매라는 병명을 사용하였다. 그러나 Kraepelin은 정신분열증의 기질적 퇴화와 관련된 증상에만 관심을 두었지, 심리적 측면에는 관심을 두지 않았다고 볼 수 있다.

Bleuler의 정신분열증(schizophrenias)

정신분열증의 심리적 측면에 관심을 둔 초기 인물은 Freud의 신경증 연구의 영향을 받은 스위스 정신과 의사인 Bleuler(1857~1939)이다. 그는 Kraepelin의 조발성 치매란 장애명칭을 정신분열증으로 바꾸었다. 그는 이 장애가 청소년기에 발병하고 지속적으로 퇴화된다는 것을 지지하지 않았다. 그 대신 이 장애가지, 정, 의, 행동 등의 뇌의 기능이 서로 분리된 심리과정에 대하여 연구를 하여, 그리스어로 뇌의 분리 혹은 정신 분리라는 의미를 지닌 정신분열증이란 개념을 제의하였다.

Bleuler는 정신분열증의 증상들이 서로 다른 원인과 결과를 가진 장애들의 집합이라고 주장한 바 있다. 그는 또 정신분열증을 만성(chronic)과 급성(acute)으로 구분했는데, 급성인 경우가 회복될 가능성이 높다고 보았다. Bleuler는 정신분열증에서 환경의 역할을 강조했는데, 사람에 따라서는 정신분열증을 일으킬 소인이 있지만, 환경적인 유발인자 유무에 따라서 발병할 수도 있고, 잠재형(latent)으로 증상이 나타나지 않을 수도 있다고 보았다. 그는 또 정신분열증이 기저에 4가지 1차증상(primary symptom)으로 이루어지며, 이런 1차증상으로부터 망상과 환각증상 같은 2차증상이 나타나는 것으로 개념화하였다가, 그가 말한 1차증상은 4A로 유명하게 알려진 증상으로 감정의 부조화(affective incongruity), 연상 장애, 연상의 이완(loosening of association), 양가성(ambivalence), 자폐증(autism) 등이다. 따라서 환상과 망상 같은 2차적 증상은 질병자체의 과정보다는 그 과정에 대한 정신적 반응의 산물이라고 보았다. 그러나 실제 임상장면에서 4A 발견이 쉽지 않고 다음에 언급할 Schneider처럼 정신분열증의 일급증상을 환각, 망상으로 보는 견해도 있어서 DSM-III에서부터는 그가 주장한 4A를 정신분열증의 잠재증상의 개념으로 수렴하였다.

Bleuler의 개념은 미국에서 Kraepelin의 개념은 유럽에서 더 우세하게 받아들였다. Bleuler의 장애 개념은 보다 광범위하여 정신분열증 진단에 융통성이 있다. 반면에 유럽에서는 이 장애의 진단을 매우 엄격하게 하는 경향이 있다. 즉 조기에 발생하여 점진적으로 퇴화하고 불가 적이어야 정신분열증 진단을 결정한다. 이런 차이가 미국과 영국의 정신과의사의 정신병 진단연구에서 잘 나타나 있다(유럽의 경우 진단은 20%, 미국은 80% 정도).

Schneider의 일급증상(first rank symptom)

정신분열증의 정의를 하는데 공헌한 독일의 정신의학자인 Kurt Schneider(188

7~1967)이다. 그는 정신분열증에 대한 Kraepelin의 신체적 변화의 가정을 부정하진 않았지만, 기질적인 기저가 밝혀지지 않은 시점에서 심리적 증상에 기초하여 진단하고자 하였다. 일급증상들은 환청, 사람과 환경 간의 경계에 대한 부적절한 지각, 정상적인 지각이긴 하나 그 해석이 아주 개인화된 망상적인 것 등의 세 범주로 구분할 수 있다. 이 증상들은 다음과 같다.

ⓐ 사고

ⓑ 특이한 환청(hallucinatory voice)=(여기에는 둘 이상의 사람이 서로 말을 주고받는 것 그리고 환자가 무슨 행동을 할 때 이에 간섭하고 논평하는 소리가 해당되며 그 밖의 각종 환각은 2급증상에 포함시키고 있다),

ⓒ 신체적 피동체험(somatic passivity)=(외적인 힘에 의해 자신의 행동이 지배당한다고 믿는 것),

ⓓ 사고탈핍(thought deprivation), 사고투입(thought insertion) 등의 피동사고=(외적인 힘에 의해 이질적인 사고가 자신 속에 침투한다고 느끼거나 자신의 사고가 빼앗기는 느낌),

ⓔ 망상적 지각(delusional perception)=(지각 자체는 정상적이나 거기에 망상적 해석을 내리는 것),

ⓕ 사고전파(thought broadcasting)=(자신이 생각하는 걸 남들이 알고 있다고 믿는 것), 또는 사고누출(thought leakage)=(자신의 사고가 새어 나간다고 믿는 것),

ⓖ 감정, 욕구(drive), 의지(volition)상의 피동(be-forced), 피조작(be-made), 피영향(be-influenced) 등.

2급증상은 기타 지각장애, 망상적 착상(delusional invasion or inspiration, 갑자기 떠오르는 망상적 생각), 절망, 우울 및 기분앙양, 정서적 빈곤(emotional poverty) 및 기타 체험 등이다. 그가 정의한 1급증상들은 쉽게 확인되고 평정일치도도 높다는 점에서는 진단기준으로 적절하다고 보겠으나, 1급증상이 정신분열증에만 고유하게 나타나는 증상은 아니다.

DSM-IV의 진단기준

정신분열증을 명확하게 구체적으로 정의하려는 노력은 DSM-III에서부터 비롯되었다. 종전의 개념이 어떤 특정한 이론적 입장을 전제하였던 것에서 벗어나 증상을 위주로 진단하고자 하였다. 이러한 현상학적 관점에서 Kraepelin, Bleuler 및 Schneider의 개념을 포함하고 있다고 할 것이다. DSM-III 이후 지속적인 진단기준의 개선노력에 힘입어 DSM-IV가 출간되기에 이르렀다. 이 진단 통계편람에서는 정신분열증 진단기분을 보다 단순화하고 증상들을 포괄하여 특징적 증상군과 사회, 직업적 기능, 지속기간, 배제조건, 경과 등 영역별로 재정리하여 기술하고 있다(아래 내용 참조).

[DSM-IV 정신분열증의 진단기준]

A. 특징적 증상 : 다음 중 두 개 또는 그 이상이 1개월 중 상당기간 동안(성공적 치료를 받은 경우는
이하로) 지속될 것 :
(1) 망상,
(2) 환각,
(3) 혼란된 말(언어) 예를 들면, 흔한 주제이탈이나 황당한 표현,
(4) 총체적으로 혼란된 또는 긴장성 행동,
(5) 부적증상, 즉 단조로운 정동, 비논리, 의욕상실,
주의 : 망상이 괴기하거나 환각이 자신의 행동이거나 사고에 대한 비평을 계속하는 목소리 또 는 둘 이상이 서로 대화하는 목소리로 구성되는 경우 이 증상 중 하나 만으로도 진단 을 내릴 수 있다.

B. 사회/직업적 기능: 장애가 시작된 이후 상당 기간 동안, 직업, 대인관계, 자기관리 등의 주요기능 영역에서 그 성취수준이 장애시작 전보다 현저하게 줄어들 것(또는 발병이 아동기나 청소년기에 일어난 경우 대인관계, 학업, 또는 직업성취에서 기대된 성취수준을 얻는 데 실패할 것).

C. 지속기간 : 장애의 연속적 지표가 최소한 6개월 이상 지속될 것. 이 6개월 중 최소한 1개월 동안 (성공적 치료를 받은 경우 그 이하도 가능) 기준 A의 증상(활성기 증상)이 있고, 전구증상이나 잔여증상을 포함할 수 있다. 전구, 잔여기간 동안 장애의 지표는 부적 증상만이 나타나거나 기 준 A에 열거된 증상 중 둘 또는 그 이상이 약화된 형태로 나타난다(이상한 신념, 이상한 지각경험).

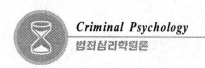

D. 정신분열, 정동장애 및 정동장애 배제 : 다음 두 경우 중 하나면 정신병적 측면이 있는 정신분열 정동장애와 정동장애는 배제된다.
(1) 주요 우울증과 조증, 또는 혼합기가 활성기 증상에 동반되어 일어나지 않을 때,
(2) 활성기 동안 기분발현이 일어난다면, 그 전체기간이 활성기와 잔여기 보다 상대적으로 짧을 때.
E. 물질사용/일반의학적 조건 배제 : 장애가 물질사용의 직접적인 생리적 효과(약물남용, 투약)나 일반적인 의학적 조건에 의한 것이 아닐 것.
F. 전반적 발달장애(pervasive developmental)와의 관련성 : 자폐증이나 다른 전반적 발달장애의 병력이 있을 때는 두드러진 망상이나 환각이 최소한 1개월(성공적 치료를 받는 경우 그 이하도 가 능) 이상 있을 때 부가적으로 정신분열증 진단을 내린다.

(출처: DSM-IV(1994), American Psychiatric Association).

3. 정신분열증의 유형

1) 정신분열증의 하위유형

Kraepelin은 정신분열증(조발성 치매)을 긴장형(catatonia), 파괴형(hebephrenic), 망상형(paranoid)으로 분류를 하였다.

Bleuler가 이 범주를 확정하여 단순형(simple type)을 추가하였다. 이렇게 네 가지의 하위유형이 상당히 오랫동안 사용되었다. DSM-III-R과 DSM-IV는 정신분열증의 주된 증상을 전통적 범주를 수정하여 구분했는데, 편집형, 긴장형, 해체형(disorganized), 미분류형(undifferentiated)이 그것이다.

이에 더해 급성정신분열증의 증상이 없어진 후에도 계속해서 둔화된 감정이나 사회적 고립 등을 보일 때 잔여형(residual type)으로 분류한다. 이전에 단순형 또는 경계선(borderline) 정신분열증으로 진단되었던 경우, 즉 환각이나 망상 같은 정신병적 요소가 없이 정신분열증의 증상을 보이는 경우들은 정신분열형의 성격장애(schizotypal personality disorder)로 분류한다.

이 장애의 환자들은 사람을 회피, 은둔하여 지내는 경우가 대부분이다. 그들은 사춘기 무렵에 흥미, 자발성, 열의의 감소를 보이고 점차적으로 사회적 활동

의 감소를 보인다.

정신분열증의 하위유형들은 그 발생 빈도나 치료결과가 각기 다르다. 또한 하위범주의 진단이 시간적으로 안정된 경우도 있지만 시간의 경과에 따라서 하위진단 유형이 바뀌는 경우도 있다(아래 표 참조).

[정신분열증의 하위유형별 지표와 증상]

망상형	긴장형	파괴형	단순형
환청	혼미성 무동증 (stuporous immobility)	피상적인 감정표현 (shallow affect)	피상적인 정서 (shallow emotion)
망상	때때로 폭발적인 흥분	부적절한 정서반응	욕구의 부족
사고장애	의사소통 불가	바보스럽게 웃음	생활변화에 무관심
관계관념	함구증	언어의 이완	괴기한 행동 적음
현실의 왜곡	집착(preoccupation) 체중감소	단어나열(word salad) 환각과 망상	방랑, 유랑, 은둔, 매춘

(단순형은 DSM-III-R과 DSM-IV의 정신분열형 성격장애를 의미한다)

해체형 정신분열증

매우 심한 괴기(bizarre)한 증상을 보이며, 다양한 망상과 환각(환시 포함), 얼굴 찡그림 및 논리에 맞지 아니한 언어, 연상의 장애 등 심한 와해된 행동을 보인다. 또한 어린이처럼 사회적 규범을 무시하고, 외모나 위생에 무관심, 장소와 상관없이 소변보는 행위, 비위생적인 상태에서의 음식을 먹는다. 상황에 부적절한 정서반응으로 웃거나 바보스런 행동을 보이거나 이해되지 아니한 동작을 하는 경우가 허다하다.

긴장형 정신분열증

근육운동의 장애를 주 증상으로 나타난다. 뻣뻣하게 굳어 있거나 극심한 요동을 보인다. 무동성의 가장 극단적 형태인 납굴증(waxy flexibility)은 팔 다리 등이 외적인 힘에 의해 만들어진 자세대로 오래 유지한다. 반대의 극단으로서,

초조성 긴장에서는 극단적인 정신운동 홍분과 계속적으로 고함을 지르는 행동을 하기도 한다.

망상형 또는 편집형 정신분열증

정신과 입원환자 중 가장 많은 유형으로서 인지기능의 장애를 일차적으로 보이며, 망상과 지속적인 의심을 하는 것이 특징이다. 이에 더해 연상이 이완되고 둔화된 정서반응을 보인다. 그러나 기능이 망상적 사고에 의해 장애되지 않는 경우가 있어 상황에 따라 잘 기능하기도 한다. 이 환자들은 자기 주위의 세상을 잘못 해석하는 경우가 많고, 피해망상이나 과대망상을 보이기도 하고, 이런 망상에 사로 잡혀 있을 때에는 때로 심하게 초조하게 혼란에 빠지거나 두려움에 휩싸일 때도 있다. 편집형 정신분열장애와 달리 잘 정의되고 체계화된 망상적 사고를 보이지만 그 외의 영역에서는 잘 기능하는 사람이 있는데, 그들에게 편집성 장애(paranoid disorder) 또는 망상장애(delusional disorder)라는 진단이 내려진다(아래 표 참조).

[망상적 성질을 띤 현실에 대한 지각적 오류의 범위]

경 증 의	중 증 도 의				심각한
	편집형 성격	편집형 성격장애	망상장애	급성 망상장애	망상형 정신분열증
일반적인 사람들이 때로 의심하는 것	의심하는 인지유형 suspicious cognitive style	의심하는 인지유형이 효율적 행동에 손상을 줄 정도로 강함. 망상은 없고 현실 검증력도 정상	안정적이고 만성적인 망상체계. 다른 영역에서는 현실검증력이 정성적	심한 스트레스에 의해 갑자기 생김. 6개월 이내로 지속되고 만성화되는 경우는 드물다	단편적인 다양한 망상들이 연상의 이완, 명백한 환각 등 혼란의 증거들과 함께 나타나며, 현실 왜곡이 심하다

(망상의 심각도에 따른 진단과 지각적 오류의 범위를 요약)

2) 정신분열증 범주에 속하는 장애

정신분열증 환자의 가족들 가운데 이상한 행동과 마술적 사고 등 다양한 행동들을 보이는 빈도가 높은데, 정신분열증을 포함하면서 이런 이상행동들을 포괄하는 개념으로 정신분열 연속체 장애(schizophrenic spectrum disorders)를 제의하고 있다. 이 연속체 장애에는 정신분열형 성격장애와 편집형 성격장애, 분열정동장애(schizoaffective disorder, 사고장애와 더불어 우울이나 조증증상이 같이 있는), 비정형 정신병(atypical psychosis) 및 망상장애 등이 포함된다. 이 정신분열 연속체 장애들 간의 관계를 연구하는 것이 정신분열증 원인을 연구하는데 도움이 된다.

3) Type (I, II) 정신분열증

정신분열증을 하위유형으로 구분하는 것과는 달리 최근에는 증상 유무에 따라서 유형 I, II로 구분하는 것이, 이 장애의 원인을 밝히는데 있어서나 치료에 있어서 도움이 되는 것으로 알려져 있다. Crow는 이를 정적증상(positive, 일반인보다 많거나 일반인에게 없는 것이 있다는 의미에서)과 부적증상(negative, 일반인에게 있는 것이 없다는 또는 부족하다는 의미에서)으로 처음 구분하였다. 유형 I의 정신분열증은 정적증상 즉 환각, 망상, 묘한 행동, 사고장애 등을 나타낸다. 이 유형은 급성으로 발병하는 경우가 많으며 항정신병약물 치료에 효과가 좋은 것으로 보고되고 있다. 이는 화학적 신경전달물질인 도파민이 과다하게 활동하여 정신분열 증상을 일으킨다는 도파민 가설과 연관된다. 즉 도파민 과다로 망상이나 환각증상이 심해지는 것으로 보는데, 항정신약물이 도파민 활동에 작용하여 이를 약화시킨다고 보기 때문이다.

유형 II는 부적증상들이나 행동결손이 특징인데, 언어 및 언어내용의 빈곤, 둔화된 감정반응, 무감동, 주의장애 등이 뚜렷하다. 이들은 약을 써도 효과가 거의 없고 만성화되는 경우가 많다. 따라서 유형 II의 장애는 도파민 활성과는 상관이 없는 장애이고 오히려 뇌의 구조적 변화와 관련되는 것으로 본다.

Dworkin과 Lenzenweger는 정적증상에 비해 부적증상이 유전적 소인의 작용이 크다고 하였다.

정신분열증의 정적, 부적증상에 대한 견해는 크게 세 가지로 접근해 볼 수 있다.

① Gottesman 등은 정적, 부적증상의 구분은 질적 차이가 아니라 이 두 증상이 단일 차원의 심각성을 드러내는 것이며 부적증상이 더 심한 상태.

② Andreasen은 정적, 부적증상이 단일 차원상의 양극단을 나타내며, 따라서 서로 역상관을 보인다.

③ Crow는 이 두 증상이 정신분열증의 서로 독립적인 병적 과정을 반영하며, 서로 다른 유형의 장애라고 주장하였다.

그러나 위의 세 입장의 견해에서 한 이론을 지지하는 연구결과는 없는 편이다. 다만, Lenzenweger 등이 LISREL이라는 특수한 요인분석의 통계절차를 적용하여 정신분열증 환자를 연구한 결과 유형 I, II는 서로 독립적인 장애라는 것을 지지하는 결과를 얻었으나 이는 증상을 위주로 연구한 것이고 뇌의 구조나 생리적 연구를 병행하지 않아 아직 논란이 되고 있다(아래 표 참조).

[정신분열증 유형 I, II 차이]

구 분	유형 I	유형 II
특징적 증상	망상, 환각 등 정적 증상	무의미한 감정 및 비언어적
약물에 대한 반응	좋음	나쁨
치료결과	회복 가능성 있음	회복 가능성 없음
지적손상	없음	때로 있음
비정상적 불수의적 운동	없음	때로 있음
가정된 병리적 과정	D2 도파민 수용기 증가	측두엽 구조상의 세포상실

4. 정신분열증의 이론적 접근

정신분열증의 원인은 분명하게 밝혀진바 없는 것으로 알고 있다. 그러나 정신분열증은 유전적 소질, 중추신경계의 감염이나 자동면역반응, 다양한 환경적 영향을 포함하는 여러 요인들이 상호작용을 통해서 생기는 이질적 장애들을 포괄하는 것으로 보인다. 이 장애에 대한 연구에서 최근 가장 주목을 받고 있는 영역은 정신생리적, 신경화학적 접근으로 신경과학의 발달에 따른 추세이며, 이에 인지과정에 대한 연구가 활발히 이루어지고 있다. 특히 정신분열증의 인지적 특성을 특정증상이나 신경생리적 과정과 연결하여 연구하는 과정이 우세하다. 또한 정신분열증의 이질적 증상군보다는 특정한 개개의 증상을 연구하는 경향으로 진행이 되고 있는 편이다.

1) 유전적 요인이론

정신분열증 환자의 가족 중에 정신분열증에 걸리는 사람이 많다는 사실은 이미 잘 알려져 있으나, 이런 현상이 유전적 요인에 의한 것인지 아니면 가정환경이 병을 유발할 수 있는 스트레스가 되기 때문인지는 명확하지 아니한 입장이다. 유전적 요인을 밝히려는 가계연구, 쌍생아 연구, 입양아 연구 등이 활발하게 이루어지고 있다.

가계연구이론

정신분열증을 유발하는 유전인자가 가계를 통해서 전이된다면 가족 내에서의 유병률과 일반인에게서 발생할 수 있는 유병률을 비교할 때 차이가 있을 것으로 본다. 정신분열증 환자와 그의 친족 간의 유병률을 조사한 연구결과가 아래 표에 잘 나타나 있다.

[정신분열증 환자 친족에서의 정신분열증 유병률]

친 족		유병률(%)
직계	부모	4.4
	형제자매	8.5
	부모 모두 비정신분열증일 때	8.2
	부모중 한 사람이 정신분열증일 때	13.8
	성이 다른 이란성 쌍둥이	5.6
	성이 같은 이란성 쌍둥이	12.0
	일란성 쌍둥이	57.7
	자녀	12.3
	부모 모두 정신분열증인 경우 그들의 자녀	36.6
3촌 이내	3촌 또는 고모나 이모	2.0
	조카나 조카딸	2.2
	손자 소년	2.8
	의부 형제자매	3.2
4촌		2.9
일반인 집단		0.86

위 결과에서 보면, 일반집단의 유병률이 0.86%인데 비하여 환자의 형제는 8.5%, 일란성 쌍생아 형제인 경우는 57.7%로 유전적 소인이 크게 작용함을 알 수 있다.

쌍생아 연구

이 연구는 주로 일란성과 이란성 쌍생아를 비교함으로서 유전요인과 환경요인을 보다 통제한 결과를 엿볼 수 있게 한다. 쌍생아 연구의 주요 결과들은 일란성 쌍생아가 이란성 쌍생아보다 정신분열증의 일치율이 높다는 것이다. 일란성 쌍생아의 경우라도 출생전의 환경 즉 태내환경이 다를 수 있다. 이런 측면에서 조사한 한 연구에서는 쌍생아 중 한 쪽만 정신분열증에 걸린 경우 두 아이를 비교하였더니 장애에 걸린 쪽이 출생 시 몸무게가 적었다는 보고가 있다. 이는 자궁 내에서의 환경조건의 차이가 영향을 주었음을 의미한다.

이환율이 높은 집단연구(high-risk studies)

정신분열증 원인 연구의 한 방법은 유아기나 아동기 초기에 연구를 시작해서 그들 중 후에 정신분열증이 된 아동과 그렇지 않은 아동의 기록을 비교하는 것이다. 이런 유형의 연구는

다음의 몇 가지 장점을 가지고 있다.

ⓐ 입원이나 약물복용 전의 환자를 연구할 수 있다.

ⓑ 연구자, 친지, 교사, 환자 자신 모두 정신분열증이 될 줄 모른다. 따라서 관찰이나 보고에 있어서의 편향을 제거할 수 있다.

ⓒ 회고적 정보보다 정확한 최근의(당시 연구) 정보를 얻을 수 있다.

ⓓ 비교적 균등하고 일관된 정보를 얻을 수 있다. 여러 사람으로부터 특히 서로 다른 방식으로 연구하는 연구자로부터 정보를 얻는 것 보다 일관적이다.

이러한 유형의 연구는 이미 정신분열증으로 진단된 사람을 연구하는 데서 생기는 문제들, 즉 가족이나 환자의 보고가 틀리거나 과거 사건을 선택적으로 보고하거나 병의 원인 보다는 경과에 치우치는 등의 문제를 피할 수 있게 한다.

그러나 이런 종단적 연구가 가지는 문제점도 여러 가지가 있다. 일반적으로 정신분열증에 걸리는 사람이 전 인구의 1% 내외이므로 유용한 연구를 위해서는 적어도 수천 명 이상을 연구에 포함시켜야 한다. 이러한 난점을 극복하는 한 방법은 일반 전집보다는 정신분열증에 걸릴 잠재성이나 위험이 높은 집단을 연구하는 것이다. 그 중 하나가 Mednick 등의 연구이다.

Mednick는 Denmark에서 1962년에 연구를 시작하여 종단적 연구를 했는데, 그 결과 이환율이 높았던 집단에서 실제 정신분열증이 된 집단과 그렇지 않은 집단을 구분하는 특성들을 발견할 수 있다. 그 특성들은,

ⓐ 어머니가 더 심한 장애를 가진다.

ⓑ 어린 나이에 부모와 떨어져 따로 살았다.

ⓒ 학교에서 심한 공격, 폭력적이다.

ⓓ 피부전기저항 측정치가 후의 정신분열증을 예언했다. 특히 망상, 환각, 사고장애를 두드러지게 보였다(아래 표 참조).

[정신분열증의 위험지표]

구 분	내 용
출생 시 문제	체중부족, 난산
정서적 유대의 부족	3세까지의 기간 동안 어머니와 밀접한 관계가 부족 유아기 동안 운동협응이 부족
부모와의 별거	기관이나 입양 가정에서 성장
지적결함	지능검사, 특히 언어성의 저조한 수행
인지적 결함	산만성과 주의 초점 맞추기의 문제
사회적 문제	부모-자녀 간 의사소통에서의 혼란과 적대감

이환율 연구는 정신분열증에 대한 지식에 주요한 공헌을 했다고 볼 수 있다. 그러나 결정적인 문제가 있는데, 정신분열증 환자 중 15%정도만이 정신분열증 부모(부모 모두 혹은 어느 한 명 중)를 갖기 때문에, 이 결과는 정신분열증의 특정 하위유형에만 적용할 수 있다. 따라서 결과의 일반화에도 문제가 있다. 그러나 취약성에 초점을 둔다는 점에서 예방프로그램 설계에 중요한 역할을 할 수 있다고 본다.

2) 신경생리적 요인이론

정신분열증(schizophrenia)의 원인이 되는 중추신경계의 구조적, 기능적, 생화학적 이상, 그리고 감염이나 자동면역 기능 등에 관한 관심은 최근 다른 원인적 요인보다 강조되고 있으며, 최신의 연구기법과 장치들의 개발로 더욱 연구가 활발하다.

뇌의 구조적 이상

정신분열증이나 기타 행동장애와 관련해서 뇌의 구조적 이상을 연구한 것은 오래 전부터 있어 왔으나 아직 의미 있는 연구가 되지 못하고 있는 입장으로 볼 수 있다. 그러나 최근 새로운 기술의 발달으로 말미암아 뇌의 연구에 활기를 가지고 있는데, 컴퓨터단층촬영(CT, computerized axial topography)과 자기공명영상장치(MRI, magnetic resonance imaging)의 등장으로 살아있는 뇌의 구조관찰이 가능해졌다. CT를 사용한 연구 결과 중 하나는 정신분열증 환자의 뇌실(뇌척수액이 들어있는 곳)이 다른 사람보다 더 크다는 것이다. 정상인보다 뇌실의 크기가 작은 정신분열증 환자군도 확인되었는데, 이 군은 괴기한 행동, 환각, 망상 등이 주증상이었고, 정상인 보다 뇌실이 큰 군은 둔화된 감정, 의욕저하, 쾌감의 부재 등을 주증상으로 하는데서 차이가 있다는 것이다. 즉 뇌실이 큰 집단은 유형 II 정신분열증으로 부적 증상을 주로 보이며, 작은 집단은 정적 증상을 주로 보이는 유형 I 정신분열증에 해당된다.

뇌의 생화학적 이상

생화학적 변화를 일으키는 항정신병제의 효과가 나타나면서 정신분열증과 관련된 생화학적 요인에 대한 관심이 증가되었다. 그러나 정신분열증을 구분해 주는 생화학적 차이에 대해서는 명확한 결론은 미비하다고 볼 수 있겠다.

ⓐ 양전자방사단층촬영법(PET scan) : 뇌의 화학적 활동을 연구하는 획기적인 기법이 양전자방사단층촬영법(PET, positron emission topography)이다. 이 기법은 CT와 유사한 것으로 혈류에 포도 당류의 물질을 주입한 후 방사를 기록함으로서 뇌내의 화학적 운동을 알 수 있게 해 준다. 양전자방사단층촬영법을 사용한 한 연구 결과, 만성정신분열증 환자는 정상집단에 비해 전두엽과 측두엽에서 낮은 대사 수준을 보이고 두개골의 기저부위에서 높은 흐름을 보였다. 그리고 항정신병제를 투여했을 때 전두엽 부위를 제외한 모든 부위의 대사가 통제집단과 유사해졌다는 연구의 결과를 Wolkin가 1985에 발표한바 있다.

ⓑ 도파민설 : 정동장애에서 신경전달물질의 중요성이 부각되면서, 정신분열증에 대한 생물학적 연구도 신경전달물질의 기능에 강조를 두고 있다. 정

동장애의 경우 노어에피네프린(norepinephrine)에 관심이 집중되었고, 정신분열증은 도파민(dopamine)에 초점을 두고 있다. Dopamine 가설은 뇌의 신경전달부위, 즉 연접부(synapses)에 과도한 도파민이 있음을 가정하고 있다. 이러한 현상은 도파민의 과잉생산, 귀환체계의 조절실패, 도파민 수용기의 과민성, 지나치게 많은 수용기 등에 의해 일어날 수 있다. 정신분열증에 도파민이 관계된다는 가정은 두 가지 발견에 의해 제기되었는데, 첫째는 심리적 장애의 경험이 없는 사람도 다량의 암페타민(amphetamine)을 복용하면 망상형 정신분열증 환자와 유사한 행동을 보인다는 것이다. 생화학적으로 amphetamine은 카테콜라민(catecholamine), dopamine, norepinephrine의 양을 증가시킨다. 두 번째는 항정신병제의 효과와 관련된 것인데, 항정신병제의 효과는 연접후 도파민 수용기를 차단하는 것과 관련이 있다는 것이다.

그러나 뇌 수용기에서의 화학적 전달은 수 분 내에 이루어지는데도, 항정신병제가 급격한 행동변화를 일으킨 다기 보다는 6주 정도에 걸친 점진적 호전을 가져오기 때문에 정신분열증에서의 생화학적 요소가 도파민 가설보다는 복잡하다고 하겠다. 한 가지 가능한 설명은 도파민 수용기의 차단이 중뇌의 도파민 신경세포의 활동을 증가시키지만 얼마 후에는 그 신경세포의 흥분이 너무 빨라서 효율성이 떨어진다는 것이다. 최근에는 양전자방사단층촬영법을 통해 도파민 수용기를 확인할 수 있게 되었다.

정신생리적 이상

행동에 대한 정신생리적 연구는 중추 및 말초신경계의 기능변화와 행동 간의 관계, 그리고 체계가 다른 체계를 매개하는 방식에 초점을 둔다. 정신생리적 측정치에는 피부표면으로부터 생물전기적 신호를 기록하는 것이 포함된다. 정신생리적 반응은 피부전도반응, 뇌파(EEG, electroencephalogram), 심전도 등의 기법을 통해 연구될 수 있다. 그러나 뇌 전기활동 기록장치(brain electrical activity mapping)를 이용한 연구는 주목을 받고 있다. 뇌 전기기록활동(BEAM)은 뇌파와 유전전위잠재기(EEP, evoked electrical potential)를 색채지도의 형태로 요약해 주는 기법이다. Morihisa의 연구 결과 정신분열증 환자는 통제집단보다 전두엽에서 느린 뇌파(delta파)가 많았다. 이는 과잉각성을 뜻하는 것인데, 높은 수준의 delta파는 항정신병제로 교정될 수 있었고, 정상인의 경우 LSD-25를 통해 delta파를 줄일 수 있는 것으로 알려져 있다.

인지과학과 신경망 모사모형

최근 신경생물학적 측면과 행동적 측면을 연결 짓는 모형을 통해 정신분열증을 이해하려는 노력이 주목을 하고 있는데, 그 대표적인 사례가 Cohen과 Servan-Schreiver의 연구이다. 이들은 stroop 과제, 연속수행 검사, 어휘명료화 문제(lexical disambiguate task, 동음이의어의 의미판단 과제)에서 나타나는 주의 및 인지 문제가 모두 맥락정보의 내적 표상(internal representation of contextual information, 적절한 행동반응을 위해 정보를 내적으로 유지하는 것)의 결함과 관련된다고 가정하고, 이 결함은 전두전엽과 중피질 도파민 체계(meso-cortical dopamine system)의 장애에 기인한다고 가정했다. 그들은 자신들의 모형을 신경망모사 모형(neural network simulation model)이라고 했으며, 이모형을 컴퓨터 모사(computer simulation)를 통해 검증하였다. 현대 인지 과학적 접근을 응용한 이러한 접근은 컴퓨터 단층촬영(CT)이나 양전자방사단층촬영법(PET), 자기공명영상장치(MRI) 등 움직이는 뇌촬영을 가능하게 하는 첨단장비와 컴퓨터과학의 발전이 결합된 결과로서 앞으로 정신분열증의 연구에 획기적으로 발전될 것으로 보인다.

3) 취약성과 스트레스요인

Zubin의 취약성 모형

취약성(vulnerability)과 스트레스(stress) 모형은 다른 행동에도 적용하나 특히 정신분열증에 있어 Joseph Zubin의 모형은 매우 유용하다. Zubin은 정신분열증

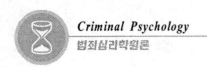

이 만성화 장애라기보다는 장애에 대한 취약성이 지속적이라고 가정한다. 각 개인은 정신분열증에 대한 각기 다른 수준의 취약성을 가지며, 이 수준은 유전적 요인, 생후의 신체적 요인, 심리적 요인 등에 의해 결정되고 스트레스 사건이나 생활조건과 상호작용하는 것으로 본다. 이러한 상호작용이 특정한 결정적 수준을 넘으면 정신분열증이 발병하게 된다는 것이다. Zubin의 모형은 왜 일란성 쌍생아가 100%의 발병일치율을 보이지 않는가를 설명하는 이론이 될 수 있다. Zubin의 모형은 유전모형과는 상당히 다른데, 만약 스트레스원이 감소하면 정신분열 증상도 감소하고 결국 이전의 기능 수준으로 회복될 수 있음을 가정한다. Bleiler의 장기연구는 Zubin의 모형을 지지한다. 그의 연구결과 입원경력이 있는 정신분열증 환자의 80%가 호전을 보였다. 특히 그 중 40% 정도는 전혀 재발하지 않았다. 이는 정신분열증이 일회적인 장애임을 지지하는 것이다. Zubin의 입장을 지지 혹은 무지지 간에 현대의 대부분의 연구자들은 정신분열증이 생물학적 구성, 대처기술, 환경조건 및 생활사건 등을 포함한 여러 요인들의 산물이라는 점에는 동의한다.

Perris의 발견적 상호작용과 인지-행동적 모형

Perris는 정신분열증을 비롯한 다양한 정신병리의 원인에 대한 이론적 모형으로 발견적 상호작용 모형을 제안하였다. 이모형은 개인의 취약성과 생활사건 및 환경과의 상호작용의 결과로서 장애가 발생한다고 가정하는 점에서는 위에 소개한 Zubin의 모형과 유사하나, 개인의 취약성 요인 중 특히 인지과정에 강조를 둠으로서 인지-행동적 모형으로 볼 수 있다는 점이 다르다. 이모형에서 일반적으로는 인지과정이, 특수하게는 정보의 수집 및 처리과장이 궁극적으로 정신병리의 발현을 유도하는데 매우 중요하다고 본다.

Perris는 이 일반모형이 정신분열증에서도 적용될 수 있다고 보았는데, 이모형에 따르면 정신분열증으로 발병할 사람은 초기 발달단계에서 이미 정보의 수집과 처리과정에 장애가 있다는 가설을 받아들인다. 그는 또한 이모형에 기초해 정신분열증에 대한 집중적인 인지-행동치료를 소개하고 있다.

5. 치료

1) 생물학적 치료

정신분열증의 생물학적 치료를 강조하는 입장에서는 뇌의 구조적, 생화학적 이상이 정신분열증의 원인이라고 가정하며, 따라서 뇌의 구조적, 생화학적 측면의 변화를 위한 개입을 목표로 한다. 최근 정신분열증 치료에 가장 많이 사용되는 것이 항정신병제(antipsychotic drugs)이다. 이 약물은 1950년대에 개발되어 임상에 사용되기 시작하였으며, 정신분열증의 증상 감소에 효과가 커서 병원에서의 치료에 혁신을 가져왔다. 이 약이 신경전달체계에 작용한다는 것은 알려져 있으나 정확한 작용 기제는 불분명하다.

현재 많이 쓰이는 항정신병제는 chlorpromazine, haloperidol, fluphenazine 등이나, 약물의 효능에 있어 어느 약물이 특정계열의 약물이 더 우수하다는 증거는 아직도 없다고 한다. 최근 clozapine이 새롭게 각광을 받고 있는데, 1990년 상품화된 이후 정신분열증의 약물치료에서 새로운 가치를 인정받고 있다. 실제 임상에서 약물을 선택할 때 중요한 고려의 대상이 되는 것은 약물치료 경험에 비추어 최대의 임상적 효과와 최소의 부작용을 일으키는 약으로 최소 용량을 찾아내는 것이다. 약물치료에 의해 호전된 사람 중 상당수는 퇴원 후에도 약물을 투여하며, 그 중 약 절반은 약을 중단하면 증상이 재발한다고 한다.

약물치료의 가장 큰 단점은 항정신병제의 과용으로 인해 신경계의 회복될 수 없는 손상을 가져올 수 있다는 점이다. 이는 지발성 운동장애(TD, tardive dyskinesia)로서 주로 입술, 입, 혀, 턱 등 안면부위에서 시작되며, 무도병적 행동, 즉 불수의적, 상동적, 율동적 운동으로 나타난다.

약물 다음으로 자주 쓰이는 생물학적 치료가 전기경련치료(ECT, electroconvulsive therapy)이다. May 등에 따르면 단기적으로는 약물이 ECT보다 더 효과적이라고 하였으나 치료 5년 후의 효과는 비슷한 것으로 나타났다.

2) 정신역동적 치료

정신분열증을 자아기능의 장애(ego disturbance)로 개념화한다. 환자는 자아경계가 분명치 않기 때문에 타인을 분리된 개체로 보지 못하며, 자기감(sense of self)이 결여되어 있어 분리된 주체로서 자신을 주장하지 못하고 타인에 의해 자신의 존재가 무너질까 두려워한다. 이렇게 자아기능이 약화된 원인은 성기기 전 단계(progenital stage)에서 모자관계에 문제가 있기 때문이라는 것이다. 이런 점에서 정신분열증 환자의 심리치료에서 가장 중요한 것이 의미 있는 관계형성이다.

일반적으로 정신분열증에서 정신역동적 심리치료는 큰 효과가 없다. 약물치료와 심리치료가 각각 단독으로 사용되었을 때 약물치료가 증상의 호전과 재발방지에 더 효과가 있었다고 한다. 정신역동적 치료가 비효과적이라는 지적도 있다. 즉 이 치료법은 만성환자에게 지나친 자극을 제공하는 부담을 주기 때문에 비효과적일 수 있다. 이를 뒷받침하는 연구로 Linn 등의 연구가 있다. 그들의 연구에 의하면 집단치료나 정신분석에서처럼 치료자의 개입이 많은 경우보다 작업치료(occupational therapy)와 같이 비도전적인 환경일수록 치료가 성공적이 된다.

정신분열증에 대한 심리치료를 논함에 있어 Will의 입장을 수용하는 것이 도움이 되는데, 그의 주장은 정신분열증을 포함한 모든 심리치료에서 차료자의 기본적 자세가 어떤 것이어야 하는지를 설득력 있게 보여주고 있다.

3) 행동 및 인지행동치료

행동 및 인지 행동적 접근에서는 정신분열증 환자의 증상도 상당 부분은 학습된 부적응적 행동이나 결함 또는 기저의 비합리적인 인지체계에 의한 것으로 보며, 따라서 강화수반성에 의한 행동수정이나 새로운 기술의 학습, 인지 구조의 수정을 통해 증상을 변화시킬 수 있다고 본다. 장애의 원인에 대한 역동적 설명 보다는 환자의 전반적 적응 능력증진에 더 강조를 둔다. 행동적 측면보다는 인지적 측면을 강조하는 접근으로는 집중적 인지-행동치료와 정보처리 이론에 기초한 사회적 문제해결 훈련, 망상 수정법 등이 정신분열증에 대한 성공적인 치료법으로 주목되고 있다.

두 가지 유형의 행동적 치료가 정신분열증적 행동의 수정에 제한적인 성공을 보였는데, 그 하나가 환표강화체계(token economy)로서 환자가 바람직한 행동을 했을 때 물질적으로나 생활상의 이득을 얻을 수 있는 환표를 사용하여 강화를 줌으로서 병실에서 환자의 행동을 변화시키는 기법이다.

또 다른 치료로서는 사회기술훈련(social skill training)으로서 이는 사회학습이론에 기초한 것인데, 특정행동의 훈련이나 문제 상황에 대한 사고방식의 훈련에 초점을 둔다. 이외에도 문제해결접근과 자기지시훈련 등이 많이 사용되는데, Bentall은 이 네 가지는 정신분열증의 부적 증상의 치료에 효과적이고, 환각, 망상 등 정적 증상의 치료에는 조작적 절차, 체계적 둔감화, 사고중단, 자기검색(self-monitoring), 신념수정(belief modification) 등의 기법이 주로 사용된다고 보았다.

환표강화체계

환표강화체계(대리경제 체계)는 시설에 수용된 정신분열증 환자의 행동수정을 위한 프로그램으로서, 치료적으로 바람직한 행동의 발생 후에 강화물을 제공함으로서 그 행동을 습득시키는 것이다. 주로 자기관리(self-care) 행동, 직무수행, 장애행동의 통제에 초점을 둔다. 강화의 주요 특성은 새로운 반응을 습득하도록 환자를 동기화시키는 것이다. 특정자극과 반응 간의 연합을 강화하기 위해 주의 깊게 계획된 강화절차가 사용된다. 정신병원은 환자가 행함으로서 배우는(learn by doing) 환경으로서 기능한다. 환표강화 체계는 만성적으로 심하게 장애된 환자에게 효과적이다.

환표강화 체계는 다음의 기본적 특성들을 가지고 있다.

ⓐ 환자는 환표 즉 대리물을 작업수행 또는 적절한 행동에 대한 보수로서 받는다. 여기서 치료목표, 즉 표적행동과 강화수반성이 분명히 규정되어야

한다.

ⓑ 환표의 수는 강화의 양을 나타낸다.

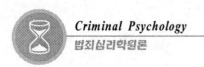

ⓒ 환표가 사탕, 담배 등과 같은 현물이나 외출 같은 보상으로 대체될 때 강화물이 수용된다.

최근에는 효과의 지속과 일반화를 위해 치료 초기에는 강화물을 물질적인 것으로 하다가 점차 인정, 칭찬 같은 사회적 강화로 바꾸어 가는 절차가 필수적으로 사용되고 있으며, 퇴원 후의 효과지속을 위해 가족 등 실생활 장면에서의 중요한 타인들에 대한 교육도 중요한 절차가 되고 있다.

사회기술 훈련

정신분열증 환자들이 사회기술의 결합을 보이며, 다른 사람들에게는 강화물이 되는 사회적 관계가 그들에게는 비효과적이거나 혹은 혐오적인 것이 된다. 정신분열증 환자들은 공허감이 무감각함을 나타내는데, 외부세계에 대한 그들의 즐거움 부족은 그들을 더욱 더 공상이나 망상으로 위축시키는 악순환을 형성한다. 그들은 또한 사회적 상황에서 불안이나 고통을 경험하는데, 이에 따라 사회적 상황 심지어 치료관계 조차 회피하게 된다. 그러나 적절한 강화물을 통해 사회기술 훈련에 참여하고 필요한 대인관계 활동을 하도록 동기화시킬 수 있다.

Bellack과 Mueser가 지적한 바와 같이, 사회기술 훈련도 환표강화 체계처럼 만성환자의 경우 그 지속효과가 적지만 유용한 치료법이다. Wong과 Woolsey는 행동치료 기법을 통해 만성 정신분열증 환자의 대화기술(conversational skill)을 증진시킬 수 있었다. 즉 그 동안 치료를 거의 포기해 왔던 만성정신분열증 환자의 사회기술 증진이 가능함을 보여 주었다.

사회적 문제해결

사회적 문제해결(social problem solving)이란 만성정신분열증에서 결여되어 있는 문제해결 기술을 정보처리 이론(information processing theory)에 근거한 훈련을 통해 증진시키는 것으로, 기본요소는 다음과 같다.

ⓐ 문제 확인.

ⓑ 치료목표의 명세화.

ⓒ 대안적 문제해결 기술의 창출.

ⓓ 여러 대안들의 비교.

ⓔ 대안선택.

ⓕ 선택된 기술의 실행.

ⓖ 선택된 기술의 성공도 평가로 구성되며, 사회학습 접근과 자기지시법이 주로 사용된다.

행동적 자기지시(behavioral self-instruction)

정신분열증 환자들은 언어적 지시보다는 구체적인 행동의 모방에 더 잘 반응한다. 그러나 자신에게 어떤 지시를 정해놓고 그에 따라 자신의 행동을 검색함으로서 행동변화를 가져올 수 있다. Meyers는 이러한 절차를 사용하여 45분씩 6회 훈련한 결과 정신병적 언어사용이 65%에서 8%로 줄어드는 것을 발견하였고, 그 효과가 새로운 자기지시에 의한 것으로 보았다. Meichenbaum과 Cameron도 자기지시 훈련을 통해 정신분열증 환자의 비논리적 언어와 인지적 결합을 수정할 수 있다고 주장했다.

사회기술 훈련이나 사회적 문제해결 등 대부분의 인지 행동적 치료는 일상생활과 관련된 행동 및 인지반응을 훈련하는데 강조를 두어야 강화의 확률이 증가될 수 있다. 자연 상황에서의 치료가 필요하고 치료자는 새로운 상황에 환자와 동행하는 것이 필요하고, 또한 사회적으로 적절한 반응에 강화를 주도록 환자 주위의 사람들을 설득해야 한다.

망상과 환각의 수정

망상의 수정에는 망상에 대한 증거를 통해 환자와 적절한 조치를 취하고, 환자에게 망상과 반대되는 주장을 소리 내어 말하도록 신념수정(belief modification)

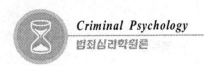

기법이 사용되는데, 신념수정은 가장 약한 신념(망상)으로부터 위계적으로 시행되는 것이다. 이와 반대로 직면(confrontation)은 가장 강한 신념부터 시작하여 치료자가 확고하고 일관되게 그러나 예절바르게 직면시키는 것이다. 이 둘의 효과는 비슷하다. 이 외에 사고중단(thought stopping) 기법과 행동수정 기법을 이용한 조작적 절차 등이 있는데, 조작적 절차는 주로 망상적 언어의 수정에 주로 사용된다.

Chadwick와 Lowe, Haddock 그리고 Slade는 신념수정 기법과 유사한 구조적 언어도전(structural verbal challenge)과 환자가 직접 신념을 경험적으로 검증해 보는 현실검증(reality testing) 과제를 통해 망상적 사고를 제거 또는 수정할 수 있었다. 인지 행동적 접근에서는 망상적 사고를 정상적 행동의 연속선성에서 보며, 외부사건에 대한 여러 가능한 해석 중 하나로 보고 수정을 시도한다.

또한 Bentall, Haddock 그리고 Slade는 환각경험이 내적, 정신적 사건을 자신에게 귀인하는 것에 실패한 결과로 보고 환각의 특성과 의미에 집중하도록 함으로서 자신의 목소리를 자신에게 재귀인하도록 학습시킬 수 있었으며 그 결과 환각이 줄어들었다고 주장했다.

집중적 인지행동치료

Perris는 자신의 정신병리에 대한 일반적 모형에 기초해 정신분열증에 대한 집중적인 인지행동 치료를 내놓았다. 그는 정신분열증 환자의 인지 행동적 심리치료를 소개하면서 두 가지 일반적 전제를 제시하였다. 첫 번째 전제는 정신분열증이 사고장애와 부적응적 행동, 사회기술과 대처기술의 결핍 등 다양한 문제들이 동시 발생한 결과로 나타나는데, 그 중 사고자애가 일차적인 장애라는 것이다. 여기서 강조되어야 할 점은 인지치료 프로그램 맥락에서 수행되는 사회적 기술과 대처기술의 훈련은 이 장애의 배후에 있는 왜곡된 인지의 교정이며, 단지 사회적 상황에서의 적절한 행동학습이 아니라는 것이다.

두 번째 전제는, 인지치료에서 행동적 기법은 정신병리적 장애의 발생 유지에 핵심적인 요인으로 가정되는 왜곡된 인지와 기본적인 역기능적 가정들을 식별하고, 궁극적으로는 교정하는 수단으로 항상 사용된다는 점이다. 따라서 역할 학습은 행동치료에서는 특정상황에서 특정기술의 학습을 증진시키는데 사용되지만, 인지 행동적 치료에서는 주로 환자의 역기능적 인지 및 이와 관련된 감정을 끌어내고 그에 대한 환자의 자각을 높여서 수정하는데 사용한다.

6. 정신분열증과 망상장애

1) 임상적 특징과 하위유형

신분열증(schizophrenia)]

정신분열증의 주요 증상은 인지적, 정서적, 행동적인 장애 영역에 걸쳐 널리 퍼져있다. 이러한 증상은 크게 나누어 보면 환각, 망상, 와해언어 및 사고장애 등과 같은 양성증상과 감정의 둔화, 사고의 빈곤함, 사회적인 철수와 같은 음성증상으로 구분된다. 정신분열증의 이러한 증상은 적어도 6개월 이상 진행되어야 하고 동시에 이 증상들로 인해 직업적인 수행이나 사회적인 기능의 손상이 심각하게 붕괴된다. 정신분열증의 각 특징들을 살펴보면 아래와 같다.

정신분열증의 임상적 특징

ⓐ 사고의 장애 : 정신분열증 환자 사고의 특성은 자신의 논리와 법칙에 따라 진행된다는 것이다. 이들의 사고과정은 논리적인 연결을 상실하고 토막토막 단절되어 있는데, 이를 연상의 이완(loosening of association)이라 한다. 이 같은 연상의 이완이 심해지게 되면 사고의 지리멸렬성을 보이게 된다. 사고의 괴리성을 보이는 환자의 말을 예로 들어 보면, 나는 내가 좋아하는 미래를 안다. 원래 미래는 없었고 가다 안가다 했다. 어머니는 내가 존경하는 분인데 누군가가 방해를 하고 있다. 내 능력은 무한대, 완전무결, 실패하라, 출발하라 등이다. 사고의 통합이 결여되어 있다는 사실을 환자 자신이 다소라도 느끼게 되면 환자는 자신의 생각을 누가 갑자기 빼앗아 갔

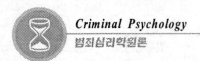

다고 설명한다(사고박탈, thought deprivation). 또 생각의 흐름이 막히는 경우에 나타나는 사고의 두절(blocking)은 연상 작용이 무의식적인 괴로운 내용을 자극할 때 일어난다. 여러 생각들이 걷잡을 수 없이 지나가는 경우 사고의 압축(pressure of thought), 누군가가 생각을 자기의 머릿속에 집어 놓는 다는 사고의 삽입(thought insertion), 자신의 생각이 남에게 널리 퍼져 신문, 라디오, TV에 보도된다는 사고전파(thought broadcasting)를 보이기도 하며 이것은 관계망상(idea of reference)으로 발전된다. 그 밖에도 새로운 단어를 만들어 내는 신조어(neologism), 단어나 문장의 공허한 반복, 여러 단어들이 혼합되어서 정신분열증에서 나타나는 증상이다.

ⓑ 정동의 장애 : 정신분열증 정동장애(affective disturbance)의 특징은 감정의 둔화(flattening)와 부적절성(inappropriateness)이다. 감정의 둔화는 느낌이 점차 사라지고 다양한 감정을 느끼는 능력이 사라지는 것을 말한다. 감정이 점차 사라지게 되면서 주변 사람들에 대한 관심도 현격하게 줄고 심지어는 가족의 죽음에 대해서도 별다른 관심을 보이지 않는 냉담성을 드러낸다. 감정의 부적절성은 말로 표현하는 정서의 내용과 얼굴 표정이 사뭇 달라서 환자의 정서상태가 타인에게 전혀 공감이 되지 않는다. 예컨대, 즐거운 내용을 이야기하면서 눈물을 보이거나 웃으면서 가족의 죽음을 이야기하는 것 등이다.

ⓒ 지각의 장애 : 환자의 망상적 기분, 망상개념, 그 밖의 요인으로 말미암아 환자는 자신의 세계를 다양하게 왜곡하며 지각한다. 지각의 장애는 착각과 환각으로 구분이 되는데, 어떤 대상, 인물의 크기, 명암, 윤곽, 소리의 강도가 이상하게 커지거나 작아지고 또한 뚜렷했다가 흐려지는 각종 착각(illusion)이 일어날 수 있다. 환각(hallucination)으로는 환청이 제일 흔하나 환시도 일어난다. 환청은 주로 말소리, 즉 환성으로서 Schneider는 다른 사람들이 서로 이야기를 주고받는 소리, 자기의 행동에 일일이 간섭하는 소리를 특히 정신분열증의 일급 증상으로 삼고 나머지 환각은 이급 증상에 포함시켰다. 환청의 내용은 대개 불쾌한 내용이어서 감히 입에 담지 못

할 욕설, 공격적이고 비웃는 내용 등이 흔하나 충고, 위로, 권유 등의 내용도 있다. 환자는 처음에 이러한 환청에 당황하고 공포에 질리게 되나 이 현상을 설명하기 위하여 조정망상과 같은 피해망상 또는 종교적 망상을 발전시키고, 이런 망상을 환각에서 그 자료를 얻을 수 있다.

만성적인 정신분열증에서는 환각의 내용이 덜 부정적이고 환자도 환각에 무감각해진다고 하나 대체로 환자는 환각에 비상한 관심을 가지고, 두려우면서도 여기에 호기심을 가지고 매달리며, 그것이 자신 내부의 생각이나 희구라는 점을 전혀 생각지 않고 밖에서 누군가가 보내는 소리거나 실제로 이웃집 사람이나 아는 사람이 들려준 말이라고 믿으면서, 환청과 말을 주고받거나 울거나 화를 내고 혹은 환청의 명령대로 자신의 몸을 자해하거나 다른 사람에게 가해를 한다. 중얼거림, 바보스런 웃음(silly smile), 갑작스럽게 공격적인 행동을 보일 때에는 이 환청의 영향 여부를 고려하여야 한다.

환각은 환자의 마음이 외계로 투사된 것이다. 죄책감, 욕망, 도덕관, 증오심, 사랑, 공격심, 영웅심, 등 모든 감정 complex가 환각의 내용이 될 수 있다. 환자는 그와의 관계를 상실한 외부세계 대신에 환각세계에 몰두하며, 환각은 이런 새로운 적응양식을 매개하는 수단이 된다. 정신분열증 환자의 특유한 환각과 비슷한 체험은 사고화성(thought echo)으로서 생각하고 있는 곳이 큰소리로 머릿속에서 혹은 밖에서 들리는 체험이다. 이것을 Schneider는 일급 증상의 하나로 간주하고 있다.

ⓓ 행동장애 : Bleuler가 정신분열증의 4가지 기본증상의 하나로 간주한 양가성은 사랑과 미움 같이 서로 대립되는 정서나 선과 악 등의 대립되는 사고가 하나의 대상에서 동시에 느껴지거나, 음식을 먹고자 하는 마음과 먹지 않고자 하는 의지가 동시에 있기도 하는 등으로 나타난다. 본래 이런 대립된 양극적인 관념이나 감정의 형성은 정상적인 인간정신의 특징이며 무의식(unconsciousness)의 근원적인 양가성에 뿌리를 가지고 있을 것으로 본다. 다만 정상인의 의식생활에서는 감정의 하나가 억제되어 행동에 방

향성을 갖추는데 비해서, 정신분열증에서는 그 정도가 심각하여 양극 사이에서 어느 하나를 취하거나 어떤 종합된 결단을 못 내리고 서로 모순된 행동상의 급격한 변화가 나타난다는 것이 차이점이다. 한 손으로 어머니의 빰을 쓰다듬고 별안간 다른 한 손은 빰을 치는 경우이다. 대부분의 정신분열증 환자가 의지에 약화에 시달리고 있다. 무엇을 하고자 하기는 하나 어떤 결단을 못 내리고 멍청한 채 하루 종일 침대에 누워 있거나 공부한다고 책을 펴 놓고 한 페이지도 넘기지 않거나 한 글자도 쓰지 않은 채 허공을 응시하고 있는 경우가 있는데 자폐적 사고(autistic thinking) 때문인 경우가 많다. 관심의 결여, 행동상의 후퇴를 말하는 무위증(anergia)도 이에 속한다.

의지와 의욕이 약한 것과는 반대로, 그것이 고집스러우리만큼 강하고 굽히지 않는 것도 정신분열증의 특징이다. 그 대표적인 것이 함구증(mutism)을 포함한 거부증(negativism)이다. 거부증은 반드시 그의 행동의 전체를 언제나 침해하는 것이 아니라 대상인물에 따라 선택적으로 일어나는 경우도 있다.

의지의 억제가 사고의 경우와 마찬가지로 생길 수가 있어서 환자가 무엇을 하고자 할 때 이를 막는 반대되는 행동이 일어난다. 환자는 자기의 의지가 자유롭지 못하다고 느끼고, 다른 힘이 자기의 행동에 영향을 주고 침해하고 있다고 호소한다. 긴장성 혼미(catatonia stupor)에서는 주위의 자극에 일체 반응하지 않으며 동통에 대해서도 무감각한 듯이 보인다. 거부증과는 반대로 병적으로 항진된 피암시성(pathological suggestibility)을 볼 수 있다. 검사자에게 자동적으로 복종하여 앵무새처럼 묻는 말을 그대로 반복하는 말의 메아리(echolalia), 행동을 흉내 내는 반향행동(echopraxia)과 함께 납굴증(waxy flexibility)은 그 극단적인 증상의 하나이다. 이런 피암시적 행동은 현실과의 접촉에서 오는 괴로움을 경감시키려는 노력의 표현이라고 본다.

행동장애의 또 하나의 특징은 현기증(mannerism)으로서 이는 자세, 언어,

걸음걸이, 필적, 그림, 옷차림 등 여러 면에서 나타나며 상당시간 거북스럽고 이상한 자세를 하고 서 있는 환자도 있고, 입술을 삐죽이 내밀고 씰룩거리는 증상이나 얼굴 찡그림, 입속에 바람을 불리는 행위 등 여러 가지가 있다. 상동적 행동으로는 똑같은 동작을 계속 되풀이 하거나 같은 질문, 같은 구절의 되풀이를 계속한다.

정신분열증의 하위유형

ⓐ 편집증(schizophrenia, paranoid type) : 전 세계 대부분의 지역에서 가장 많은 정신분열증의 유형이다. 임상적 소견은 대개 환각, 특히 환청과 지각장애를 동반하는 비교적 체계화되어 있으며, 흔히 피해적인 망상이 우세하다. 정감, 의욕(volition), 언어의 장애와 긴장성 증상은 두드러지지 않는다. 가장 흔한 편집성 증상의 예를 들면,

- 피해망상, 관계망상, 출생망상, 특정 소명망상, 신체변화망상, 질투망상 등.
- 환자를 위협하거나 그에게 명령하는 환각음성 또는 언어형태를 취하지 않은 환청, 즉 휘파람, 콧노래, 웃음소리 등.
- 후각과 미각의 환각 또는 성적 혹은 기타의 신체감각의 환각 또는 환시도 있을 수 있으나 그것이 우세한 경우는 없다.

급성상태에서는 뚜렷한 사고장애가 나타날 수 있으나 그렇다고 해서 환자가 전형적인 망상과 환각을 명확하게 묘사하지 못하는 경우는 없는 편이다. 감정은 보통 정신분열증의 다른 종류에 비해 덜 무디지만, 경미한 부조화가 흔하며 자극과민성, 갑작스런 분노, 공포심, 의심 등의 기분장애를 보인다. 감정의 둔화, 의욕저하 등의 음성증상도 자주 있지만 임상소견에서는 우세하지 않다.

ⓑ 와해형(schizophrenia, disorganized type) : 와해형의 주된 증상은 와해된 언어, 와해된 행동, 둔화된 감정 또는 부적절한 정동이다. 와해된 언어에는 말의 내용과는 관계가 없는 바보스런 웃음이 동반될 수 있다. 행동의 와해 예컨대 이 환자들은 어떤 목적을 가지고 행동하지 못하는 목적 지향성의

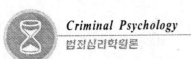

상실을 보여 일상 활동 즉 목욕, 옷 입기, 식사 준비조차 제대로 수행치 못하는 장애를 가져온다. 긴장형의 진단기준에 맞지 않아야 하며, 망상이나 환각이 있는 경우에는 단편적이고 한 가지 주제를 중심으로 체계화되어 있지 않아야 한다. 찡그림, 매너리즘, 기타 이상 행동들이 동반될 수 있다. 다양한 신경심리학적 검사 및 인지지능검사에서 기능손상을 보인다. 보통 열등한 병전 인격을 보이고, 조기에 잠행성으로 발명하며, 뚜렷한 관계없이 지속적인 경과를 보이는 경우가 일반적이다.

ⓒ 긴장형(schizophrenia, catatonia type) : 필수적이고 우세한 특성은 정신운동성 장애이며 극단적인 운동과다와 혼미(stupor), 또는 자동적 복종행동과 거부증 등의 양극단이 교대로 나타날 수 있다. 무리하게 힘을 준 태도나 자세가 오랫동안 유지되기도 한다. 난폭한 흥분의 에피소드가 이 장애의 결정적인 특징일 것이다.

긴장형 정신분열증은, 그 이유는 잘 모르지만 산업국가에서는 현재의 거의 발견이 되지 아니하고 있다. 그러나 그 밖의 다른 곳에는 흔하게 남아 있다. 이러한 긴장성 현상은 생생한 실경환각(scenic hallucination)을 동반한 꿈과 같은 상태와 함께 나타날 수 있다.

이 장애의 진단지침은 정신분열증의 일반적 기준을 충족시켜야 한다. 일시적인 긴장성 정신분열증의 진단을 내리려면 다음에 열거한 형태 중 그 하나가 우세해야 한다.

- 혼미(주위 환경에 대한 반응성, 자발적인 운동과 활동의 현저한 감소) 또는 함구증.
- 흥분(외부의 자극에 영향 받지 않은 분명히 목적 없는 운동성 활동).
- 자세유지(posturing, 자발적인 수락과 부적절하고 기이한 자세의 유지).
- 거부증(negativism, 몸을 움직이게 하려는 모든 지시와 시도에 대해 뚜렷한 이유 없는 저항이나 반대로 행동하는 것).
- 경직증(rigidity, 몸을 움직이지 않으려는 경직된 자세유지).
- 납굴증(waxy flexibility, 외부에서 강요된 위치로 사지와 몸체 유지).
- 명령자동증(command automatism, 지시에 따라 자동적으로 복종).

• 보속증(perseveration, 단어와 어구를 계속하여 반복).

긴장장애의 여러 형태를 나타내는 의사소통이 불능한 환자의 경우 정신분열병의 진단은 다른 증상이 존재하는지를 우선적으로 검토하여야 하며 이 장애에 대한 확실한 증거가 있기 전까지는 잠정적인 것이다. 또한 긴장성 증상은 정신분열증을 진단하는데 필요한 증상이 아니라는 것을 염두에 두는 것이 중요하다. 한 가지 혹은 여러 가지 긴장성 증상은 뇌질환, 대사 장애 또는 술과 약물에 의해서도 유발될 수 있으며, 기분장애에서도 또한 나타날 수 있다.

ⓓ 미분류형(schizophrenia, undifferentiated type) : 정신분열증의 일반적 진단기준에 맞지 아니하는 경우, 임상증상을 나타내면서 진단적 특성의 어느 한 특정한 기준에 해당되지 않는 경우이다.

진단지침은,

• 정신분열병의 진단기준에 맞아야 하며,
• 편집형, 와해형 또는 긴장형 등의 형에 대한 진단기준을 만족시키지 않는다.

ⓔ 잔류형(schizophrenia, residual type) : 잔류형은 적어도 한 번 이상 정신분열증 삽화가 있었으나 현재는 현저한 양성의 정신증적 증상(망상, 환각, 와해된 언어나 행동)이 없는 경우에 진단된다. 음성증상(둔화된 정동, 빈곤한 언어, 무욕증)이나 두 개 또는 그 이상의 약화된 양성증상(기이한 행동, 가벼운 정도의 와해된 언어, 기이한 믿음)에 의해 장애가 지속되고 있음을 알 수 있다. 망상이나 환각이 있는 경우에는 현저하지 않아야 하고 강한 정동을 수반하지 않아야 한다. 잔류형의 경과는 한시적이며, 완전한 삽화 사이의 과도기적 단계를 볼 수 있다. 그러나 이러한 상태가 몇 년 동안 지속될 수도 있으며, 급성 악화가 일어날 수도 있고 일어나지 않을 수도 있다.

망상장애(delusional disorder)

망상장애의 임상적 특징

망상장애의 필수증상은 기이하지 않은 한 가지 이상의 망상이 적어도 한 달이상 지속되는 것이다. 그러나 정신분열 증상이 한 번이라도 있었다면 망상장애의 진단이 내려질 수 없다. 또한 환청이나 환시가 존재한다면 현저하지 않아야 하며, 기생충 감염 망상과 연관된 벌레가 돌아다니는 느낌 또는 관계망상과 연관된 자신의 배설기관에서 악취가 나는 것 같은 감각 등의 환촉이나 환후가 망상의 주제가 되기도 한다. 망상의 직접적인 효과가 나타나는 경우를 제외하면 정신사회적 기능의 손상은 심하지 않으며 뚜렷하게 이상하거나 괴이한 행동을 보이지도 않는다. 만약 기분삽화가 망상에 동반된다면 그 기간이 전체 망상의 기간보다 상대적으로 짧아야 한다. 망상은 코카인 같은 물질이나 알츠하이머 같은 질병의 직접적인 생리적 효과로 인한 것이 아니어야 한다. 망상이 기이한지의 여부를 결정하는 것은 정신분열증과 망상장애를 구분하는 매우 중요한 것이지만 이것의 판단은 어렵고 문화권마다 다르다. 망상이 일반생활 경험에 근거하지 않고, 이해 불가능하고 받아들이기 어려울 때, 예컨대 낯선 사람의 것으로 대체하였다고는 믿는 경우 기이하다고 간주된다. 반면에 누가 미행한다거나, 누가 독살하려 한다거나, 감염되었다거나, 멀리서 타인이 자신을 사랑한다거나 또는 연인으로부터 기만당했다는 등 실제 상황에서 일어남직한 상황을 포함하는 경우는 기이한 망상으로 보지 아니한다.

망상장애의 정신사회적 기능수준은 다양하다. 어떤 개인들은 대인관계나 직업생활이 비교적 손상되지 않고 잘 보존되어 있지만 심리적, 사회적 기능의 손상이 심각하여 직업생활은 거의하지 못하고 사회적으로 소외되기도 한다. 이러한 저조한 정신사회적 기능은 망상적 믿음 자체에서 생긴다. 예를 들면, 누군가의 감시를 받고 있다는 믿음 때문에 직업을 그만두고 밤이 아니면 집 밖으로 외출도 하지 아니하는 경우이다. 반면에 정신분열증이 있는 개인의 경우, 저조한 정신사회적 기능은 양성증상과 음성증상에서 기인된다. 망상장애가 있는 개인들은 짜증이나 불쾌감을 잘 느끼는데, 이는 자신의 망상적 믿음에 대한 반응으로 이해될 수 있다. 특히 피해형이나 질투형의 경우는 격심한 분노나 난폭한 행동을 보일 수 있다. 소송하기를 좋아해서 정부나 재판부에 수백 통의 항의편지를 보내기도 하고 법정에 자주 나타난다. 망상장애가 있는 개인들의 공통된 특징들은 망상적 사고가 드러나지만 않는다면 정상적인 외모나 행동을 보인다는 것이다.

발병연령은 일반적으로 성인 중반이나 후기지만 젊은 나이에도 발생 할 수 있는 것으로 보고 있다. 피해형이 가장 흔한 유형이며 그 경과는 다양하다. 특히 피해형의 경우, 망상적인 믿음에 대한 집착이 종종 반복해서 악화되고 호전되기도 하지만, 대부분 만성적인 경과를 이루고 있는 편이다.

망상장애의 하위유형

망상장애의 하위유형은 망상의 주체가 어떠하냐에 따라서 나누어 구분을 할 수 있다.

ⓐ 색정형 : 망상의 중심주체가 다른 사람이 자신과 사랑에 빠졌다는 내용일 경우에 적용되는 유형이다. 성적인 흥미보다는 이상적인 사랑이나 낭만적인 사랑과 연관되는 내용이 많다. 자신과 사랑에 빠졌다고 확신되는 대상은 유명인이나 전문인처럼 주로 지위가 높고 전혀 알지 못하는 사람이다. 때론 비밀스럽게 간직하는 경우도 있지만, 통상적으로는 전화나 편지, 선물, 방문, 심지어는 감시나 추적 등을 통해 망상의 대상과 접촉하려는 시도가 흔하다. 이 유형에 속하는 대부분의 환자들은 많은 경우 여성이나 법적으로 문제가 되는 경우는 남성이 대부분을 차지하고 있다.

ⓑ 과대형 : 망상의 주체가 자신이 엄청나지만 인식되지 않은 능력이나 통찰력을 가졌다거나 중요한 발전을 했다는 확신이다. 흔하지는 않지만 자신이 대통령 보좌관과 같은 특별한 사람과 특별한 관계를 맺고 있다거나, 실제로 그러한 위치에 있는 사람으로 믿는 망상도 있다. 과대망상은 때때로 신으로부터 계시를 받았다는 등의 종교적인 내용을 담을 수도 있다.

ⓒ 질투형 : 배우자 또는 연인이 부정하다는 믿음일 경우 적용된다. 이러한 믿음은 근거가 없으며, 망상을 정당화하기 위해 수집된 사소한 증거들, 예컨대 옷매무새나 시트의 얼룩 등을 잘못 유추함으로서 생기게 된다. 망상을 갖고 있는 개인들은 보통 배우자나 연인과 다투고, 배우자의 자율성을

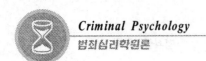

구속하거나 몰래 미행하거나 상상의 연인을 조사, 배우자의 공격을 하는 등 상상의 부정을 막기 위한 시도를 지속적으로 하는 경우이다.

ⓓ 피해형 : 모함, 감시, 미행, 중상모략, 괴롭힘, 음식에 독이나 약이 들어 있다는 믿음, 자신의 장기적인 목표가 누군가로부터 차단을 당하고 있는 믿음일 경우이다. 사소한 모욕이 과장되어 망상체계의 초점이 되기도 한다. 피해망상이 있는 개인의 경우, 종종 자신을 해칠 것이라고 믿는 대상에 대해 분노와 원망을 나타내면서 폭력을 행사할 수도 있다.

ⓔ 신체형 : 신체적 기능이나 감각일 경우에 해당된다. 신체형 망상에서 가장 흔한 경우는 자신의 피부나 입, 직장 또는 질에서 악취가 난다는 확신이다. 다음으로는 피부나 피부 밑에 벌레가 있다는 믿음이다. 또한 내장에 기생충이 있다는 믿음, 신체의 특정부위가 없거나 잘못되었다는 생각, 신체의 일부가 기능을 하지 않는다는 생각에 사로잡혀 있는 것이 보통이다.

2) 병인론

[정신분열증]

생물학적인 요인

정신분열증의 유전적인 연구로는 정신분열증 가족연구, 쌍생아연구 및 양자연구(앞 글 참조) 등이 있다. Kallman의 연구에 의하면, 정신분열증 가족에서 정신분열증이 발병하는 빈도는 일반 인구에서 발병하는 빈도보다 높았으며, 정신분열증이 이복형제의 1.8%, 배우자의 2.1%, 형제의 7%, 이란성 쌍생아의 경우 14.7% 그리고 일란성에서는 85.8%가 발병하는 것으로 보고하였다. Salter의 41쌍 정신분열증 일란성 쌍생아를 연구한 결과에서도 일치율이 76%로 나타나서 Kallman의 연구보다는 다소 떨어지기는 하나 정신분열증의 유전적인 요인을 뒷받침해 주고 있다.

심리학적, 사회문화적 요인

ⓐ 정신역동적인 요인 : 환자의 정신내부의 갈등과 정신분열증의 장애와의 관계를 정신분석의 입장에서 Freud는 그의 성적 퇴행에 관한 학설로, 정신분열증 환자 Schreber의 망상적 장애를 설명하였다.

Freud는 Schreber가 stress의 반응으로서 그의 아버지에 대한 유아기 때의 통합되지 못한 동성애적 애착상태로 퇴행을 하였으며 받아들이기 힘든 동성애의 위협을 처리하기 위하여 이 충동을 무의식적으로 부정하였으며 이를 망상적인 사고 체계에서 다른 사람에게 투사하고 있다고 설명하였다. Klein은 정상적인 유아가 첫 6개월에 자기가 의지하고 있는 모체에게 느낀 불안, 분노, 불만과 분열, 투사의 방어기제를 이용한 심리적 갈등은 성인의 망상적 분열성 시기와 유사하다고 보았다. 또한 Hartman은 정신분열증의 병적 증상을 심한 갈등, 과도하게 조절불가능한 공격성과 관련지어 이것들이 자아기능의 자율적인 발전을 저해하고 지각장애, 이론적 사고의 와해, 대인관계의 장애를 일으킨다고 보았다. 이 공격성은 특히 의존적 성격의 사람들에게서, 이별의 위협 또는 얻고자 하는 목표에 도달하기 힘들어질 때 폭발하며 이와 같은 공격성과 그로 말미암은 결과는 정신분열증뿐만 아니라 다른 정신병, 경계상태에서도 결정적인 요소를 이룬다고 보았다.

정신분열증 환자의 자아기능 약화는 정신분석 분야의 학자가 공통적으로 주장하는 것으로, Bellak 등은 그 기능을 세분하여 각 기능의 장애 및 예후와 관련지어 관찰하기도 하였다.

그러나 이러한 견해들은 분열증의 정신병리를 설명하는 데는 어느 정도 타당할지 모르나 그 원인을 밝히는 데는 충분하지 않다. 정신분열증에서의 자아기능의 분열을 똑같이 주장한 Jung(임상곤, 심리학의 이해, 백산출판사, 2002)은 자아기능의 심한 해리는 자아의식이 극도로 약화되어 무의식적 충격에서 쉽게 해리되는 경우와 자아의식은 비교적 통합되어 있으나, 무의식과 콤플렉스가 큰 에너지를 획득하게 되어 그로 인한 의식의 심각한 해리를 야기하는 경우를 가정하고 있다. 정신분열증의 구성요인에서 아직 설명 불가능한 소인의 존재를 인정하면서도 격심한 감정적 충격이 무의식의 콤플렉스의 자아 붕괴를 일으키고 그로 말미암은 생리적 이상이 콤플렉스의 파괴력을 병적으로 항진시킬 것이라고 보았다.

Sullivan은 이 질환의 원인을 어린 시절 대인관계에서의 어려움 특히 부모자식관계의 어려움에 있다고 믿었고, 이들에 대한 치료는 이러한 어린 시절의 문제점에 대하여 시도되는 장기간의 대인 관계적 과정이라고 하였다. 그에 따르면 잘못된 양육은 영아에 있어 불안을 가지고 있는 자기(anxiety laden self)를 형성하게 하고 소아가 자신에 대한 신뢰를 형성하지 못하도록 방해한다. 이런 식의 자기경험은 심각한 자존심의 손상을 초래한다. 정신분열증의 발병은 해리된 자기가 재출현하여 공황상태에 이르게 하고 이어서 정신병적 혼란 상태에 빠지는 것이라고 생각하였다. Sullivan과 그의 이론을 함께하는 학자들이 대인관계이론을 발달시키는 동안 초기의 자아심리학자들은 자아 경계의 이상이 정신분열증 환자의 주된 결핍의 하나라는 점을 확인할 수 있었다.

Ogden은 정신분열증의 중요한 갈등은 자신의 의미가 존재할 수 있는 심리적 상태를 유지하려는 바램과, 자신의 의미와 사고로부터 새로운 경험을 창출하고 생각할 수 있는 능력을 파괴하려는 바람사이의 갈등이라고 생각하였다. 이 개념으로 볼 때 정신분열증 환자는 무의식적인 사고나 감정들이 자신을 위협하여 견딜 수 없는 고통과 처리할 수 없는 갈등을 유발하기 때문에 환자는 자신의 내적 불행의 근원에 대하여 관심을 갖지 않으려 애쓰며 극심한 폐쇄상태나 혹은 무경험에 가까운 심리적 제한상태에 빠지게 된다고 한다. 이에 따라 정신분열 환자는 이러한 상태를 계속 유지할 것인가 아니면 사고, 감정 혹은 외적 세계에 대한 자극들을 받아들여서 심리적으로 성장할 것인가 하는 갈등을 지속적으로 경험하게 된다.

Pollack은 정신분열증 환자의 주관적 경험을 이해하는데 있어 자기심리학적 개념을 적용하였다. 그는 Kohut의 이중축이론(double axis theory)과 일치하여, 정신병을 일으키는데 있어서 대인관계의 상실이나 대상애의 다양한 측면들보다 자기에 대한 자기애적 손상이 더 많은 영향을 줄 수 있다고 주장하였다. 정신분열증의 기본적 장애는 장기간에 걸친 자기의 약화와 자기분열로 이해될 수 있겠다.

ⓑ 인지 및 정보처리 요인 : 정신분열증 환자의 기억손상을 정보처리 입장에서 볼 때 일차적으로 약호화의 장애로 보는 견해가 지배적이다. 이러한 입장에 관한 초기 연구에서 가장 영향력을 미쳤던 Broadbent의 여과기제(filtering mechanism)모형에 의하면, 정신분열증 환자들은 여과기제 손상 때문에 적절한 정보만을 입력하기 위한 선택적인 주의집중의 장애를 지니고 있다고 보았다. 이는 정신분열증의 과잉 포괄성(over inclusiveness), 즉 포함하지 않아야 할 감각자극까지 모두 사고 체계에 포함시키는 특성을 설명하는 데에도 적용되었다.

이와 유사한 견해로 Miller는 통합화이론에서 정신분열증의 주장애는 입력된 자료를 조작하거나 통합하여 좀 더 높은 단위로 묶어 단기기억에서 용량을 작게 줄이는 기능을 못하는 것이라고 지적을 하였다. 이 개념은 단기기억뿐 아니라 정신분열 환자의 기억과정에서 나타나는 회상의 손상을 설명하는 데도 적용되어 왔다. 정신분열증 환자의 기억손상은 기억해야 할 과제의 양이 많아 질 때 이를 적절이 줄이기 위한 목적에서 상위수준의 처리 단위로 묶거나 정교화하는 기억 조성적 조직(mnemonic organization)의 결핍에 기인하는 것이다. 기억조성적 조직 혹은 비효율적인 약호화를 다루는 초기 연구들은 주로 자유회상만을 사용하였으나 회상과 재인을 동시에 취급한 실험 절차상에서는 다소의 이견을 보이기도 했다. 최근 이론들에 의하면 인출 시에 회상은 조직화된 인출전략을 포함하는 반면 재인은 복사단서를 통해 개념 주도적 인출과 자료 주도적 인출을 포함한다고 본다. 이 같은 관점에서 볼 때 정신분열증 환자에게서도 회상이 재인보다 어렵다고 할 수 있는데, 그 이유는 약호화할 때 회상의 경우 기억조성적 조직을 더 많이 요구하기 때문이다. 반면에 재인의 경우에도 비슷한 장애 정도를 보인 연구결과도 있다.

ⓒ 가족 간의 사호관계와 의사소통 장애 : 가족 전체의 사호관계, 특히 의사소통의 장애가 정신분열증의 구성요인으로 작용한다는 입장에서, Lidz는 가족의 불합리성이 직접아이에게 전달된다는 관찰을 토대로 두 가지 형태의 가족 상호관계를 제시하였다. 첫째, 결혼왜곡으로서 가족의 감정생활이 한쪽 배우자에 의해서 지배되어 있는 경우인데, 지배적이고 증오에 찬 부인과 수동적이고 의존적인 남편으로 구성된 결혼관계이거나, 폭군적이고 자기애적인 남편과 겁이 많고 유순한 부인으로 구성된 경우이다. 어느 경우에나 약한 쪽이 다른 배우자에게 대한 증오감을 그쪽에서 좋아하는 아이에게 옮기는 역할을 한다. 둘째로, 결혼분열에서는 두 배우자 모두 서로 실망하여 서로 고립된 생활을 하며 아이에게만 의지하려고 하므로 가족이 두 패로 갈라지게 되고 아이들은 자기가 편을 들지 않는 다른 한쪽 부모에게 죄책감을 느끼게 된다. 예컨대 부부간에 숨겨진 불만, 억압된 부정적 감정 등이 아이의 독립된 성장을 막게 되는 것이라고 볼 수 있다.

Wynne는 가성상호소통(pseudomutuality)이라는 개념을 제시하여, 가족성원들이 서로 돕고 상대방에 맞추려고 하여 겉으로는 의사소통이 잘 되는 것처럼 보이나 사실은 개개인의 독립된 발전을 두려워하고 이를 막기 때문에 아이의 정상적인 발전을 저해한다는 사실을 발견하였다. 이들은 가족이라는 큰 테두리를 유지하기 위하여 좁고 위축된 역할을 가족 성원에게 강요하여 피상적인 공존을 기도하는데 문제가 있다. 또한 Bateson은 이중구속(double bind)이라는 형태의 가족관계를 연구하였는데, 아이에게 내려지는 말과 행동이 모순된 의사소통이 되풀이 될 때 아이는 갈등에서 벗어나지 못하고 마비, 분노, 불안, 절망에 잠기게 되며 분명한 의사소통, 사회적인 판별능력을 발전시키지 못하게 된다. 정신분열증 환자는 소아기에 이런 상황에 반복적으로 노출된다고 한다. 그러나 이중구속의 의사전달은 반드시 정신분열증 환자의 가족에만 있는 것은 아니라 정상적으로 보이는 가족에서도 발견되므로, 이중구속을 피할 수 없게 될 때 깊은 불안을 조성할 수는 있지만 오히려 개체의 창조적 열정을 촉진시킬 수 있으므로 이것이 정신분열증에 기여하지 않을 수 있다는 사실을 주장한다.

그리고 Jackson은 환자가 가족의 비합리적 행동을 직접 배우게 된다고 주장을 했다. 그러나 환자는 그 자신의 욕구체계 안에서, 주위에서 주어진 영향을 선택적으로 취하게 되므로 문제가 되는 행동을 직접 배워서 정신병이 되는 것이 아니고 내면적 심리에 있는 그 개인 특유의 조절체계가 중요한 역할을 한다는 주장을 하였다.

제6절 물질관련 장애와 범죄이론

1. 임상적 특징과 하위유형

1) 임상적 특징

알코올, 코카인, 아편, 대마계를 포함하여 향정신성 물질의 사용과 남용에 대한 설명은 문명만큼 오래되었다고 볼 수 있다. 물질과 알코올에 대한 의존은 그리스, 로마의 성경저자들에 의해 기술된 바 있다. 의사, 철학자, 신학자, 시인, 정치가들은 오랫동안 향정신성 물질사용의 장점과 해로운 효과에 관해 논쟁을 벌였다. 최근의 의학적 진보는 새로운 물질을 생산하게 되었으며, 또한 세계 많은 지역에서 이러한 물질을 생산하게 되어 널리 확산이 되는 있는 실증이다. 식물에서 뽑아낸 향정신성 물질과 비슷한 것이 실험실에서 만들어지고, 그 사용이 유행하고 있다. 가솔린, 페인트, 에어로졸과 같은 산업용 휘발물질 또한 향정신성 효과를 유발하는데 이용되어 왔다. 술은 유럽에서 오랫동안 경제적, 사회적, 문화적, 종교적인 활동에 윤활제의 역할을 해왔다. 이와 함께 술과 담배의 전 세계적인 판매 노력은 건강과 관련된 문제들을 증가시키는 결과를 가져왔으

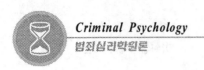

며, 술은 담배와 함께 가장 흔히 사용되고 남용되는 향전신성 물질이 되어 오고 있다.

향정신성 물질에서 생기는 비행, 범죄에 대한 연구는 현저한 진보를 나타냈으며, 향정신성 화학적 물질 의존이 생물학적 및 정신사회적 측면에 미치는 영향을 이해하는데 두드러진 선도를 하였다.

DSM-III에서, 전체 인구에 대해서 약물남용과 의존을 측정할 수 있는 진단의 준거를 조작적으로 만드는 노력이 있었다. 약물남용사용 장애는 진단들 간의 상호작용 검토를 위해서 축 I, II, III에 있는 다른 장애들과 함께 진단 될 수 있다. 약물(물질)남용이라는 용어는 사회적 또는 직업적 기능의 손상을 가져오는, 적어도 1개월간 지속되는 병리적인 사용 양상을 가리키기 위해서 DSM-III에 도입되었다. 이것은 물질의존과 구별되었으며, 약물의존은 내성이나 금단증상이 있는 것으로 본다.

DSM-III에서 약물남용으로 진단되는 것의 대부분이 DSM-III-R에 의해서 향정신성 약물의존으로 진단되었음을 보여주었다. 이러한 변화는 위험요인, 남용, 의존이 개인의 사용 내력을 살펴볼 때 분명한 발병 시기를 구별하기 어려운 것이 계기가 되었다. 내성과 금단증상은 둘 다 분류된 현상들이다. 물질에 대한 의존의 정신사회적 측면은 주로 질병률 및 사망률에 영향을 미칠 수 있다.

WHO는 ICD-10에서 알코올관련문제와 물질(약물)관련문제의 분류에 대한 예비적인 계획서들을 만들었다. ICD-10에서는, 문제의 보다 더 넓은 스펙트럼이 포함되며, 이것은 위 요인들이 어떤 장애의 진단과 분명히 분리되는 DSM-III와 비교해서 잠재된 문제의 예방과 조기 발견에 적절하다고 보일 수 있는 것들이다. 일반적인 약물의존 증후의 개념은 WHO에 의해 구성되었고, 그 준거들은 DSM-III-R과 DSM-IV 준거와 상당히 겹치는 부분이 많다.

DSM-IV에서 물질관련장애라는 용어는 향정신성 물질사용장애로 대치된다. 이 변화는 개인이 기분이나 행동을 변동시키기 위해 택하는 물질뿐만 아니라 물질로 유발된 상태를 포함하는 개념으로 넓힌 것이다. 비의도적인 물질사용의 결과로서 혹은 약복용의 부작용으로서 일어나는 그러한 경우들은 다른 물질사용장애 범주를 사용하여 분류된다. DSM-IV에서 물질관련장애는 의존, 남용, 중독, 금단 증후군을 물질사용장애들의 항목에 포함시키고 있다. 물질로 유발된 장애들은 현상학적으로 겹쳐지는 장애들이 있는 군으로 옮겨졌다. 예를 들면, 물질로 유발된 기분장애는 기분장애군에 속한다.

특정 물질로 유발된 장애들은 세 부분의 이름을 갖는데, 물질의 이름을 포함하며, 중독이나 금단이 발생하고, 현상학적인 출현이 있으며, 물질관련군과 기분장애군에 둘 다 위치하게 된다.

DSM-IV에서, 물질의존은 생리학적 의존과 관련된 준거가 달리 분류되지 않았으나 두드러지게 변경되지는 않았다. 그리고 생리학적인 의존이 물질의존의 부분인지를 나타내는 하위유형으로 나누는 방식이 있으며, 병리와 무관한 물질사용, 남용 및 의존, 물질남용을 정의하는 특정 용어들, 정의에 영향을 주는 문화 및 특정 상황적인 요인들의 영향들 간의 경계를 보다 분명히 하기 위한 노력을 했다.

DSM-IV에서 물질남용은 사회적 곤란과 위험한 상황에서의 사용에 의존하며, 자아동조적인 알코올 중독의 진단은 삭제되었다.

2) 물질남용의 발생과정

물질을 남용하는 청소년들 중에서 공통분모는 낮은 자존감과 빈약한 자아의 발달이다. 물질사용의 시작이 어떻든지 간에 모든 물질남용 청소년들은 감소된 자존감과 손상된 자기통제로 고통을 받게 된다. 이들은 충동적이고 소외감에 사로잡혀 있고, 자기증오로 가득 차 있다. 청소년 물질남용자들은 다른 청소년 또래집단들 보다 미래에 대한 조망이 부족하고, 만족을 지연시킬 수 없으며, 의지력을 거의 가지고 있지 않고, 또래집단 압력에 매우 취약한 것으로 볼 수 있다.

정신역동적인 수준에서 중독의 과정을 이해하는 모델을 제시하자면 중독은 전형적으로 진행되어가는 과장으로, 실험적 또는 사회적 사용으로 시작하며, 다음 단계에서 자기감정을 마음대로 조작하기 위해서 의도적으로 물질을 사용하

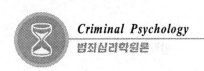

기 시작한다. 이것은 도구적인 사용의 가장 큰 문제가 되기 시작한다. 중독의 마지막 단계에서 물질 사용은 정상에 대한 주관적인 상태를 유발하기 위해 요구되는 강박적인 행동이다. 이러한 다양한 단계의 역동을 이해하는 것은 진단과 치료계획에 유용하다. 중독과정은 다음의 다섯 단계로 나눌 수 있다.

즉 실험적 단계, 사회적 단계, 도구적 단계, 습관적 단계, 강박적 단계의 순으로서 각 내용의 과정을 다음과 같이 설명할 수 있다.

실험적 단계

호기심과 모험을 감수해 보고자하는 일차적 동기에서 시작된다. 이때는 모험심에서 약물을 대하게 되는 것이 보편적이어서 약물의 정서적 영향에 대해서는 커다란 관심이나 주의를 기울이지 않는 것이 특징이다. 물질이 어떤 기분이 들게 해주는지 물어보면, 실험적 사용자들은 이를 잘 회상하지 못할 수 있다. 이들은 경험과 관련된 전율을 생생하게 회상할 수 있다. 이 단계에서 사용의 빈도는 가끔이지만, 사회적인 상황뿐 아니라 혼자 있을 때에도 사용한다.

사회적 단계

또래집단은 사회적 사용을 용이하게 한다. 청소년들은 무리에 어울리기 위해서 단순히 기분변동을 일으키는 화학물질을 사용한다. 성인들의 사회적인 물질사용에 대한 동기도 이와 크게 다르지 않다. 이 단계에서는 기분전환이나 행동적 효과를 경험하고 그리고 나서 정상으로 되돌아간다. 가끔 있는 만취상태를 제외하고, 대부분은 물질사용 후에는 정상적이라고 느낀다. 이들은 사회적인 기능을 유지할 수 있기 때문에 청소년이나 성인들조차 이 수준의 사용을 위기로 인식하는 경우는 드물다. 이 단계에서는 타인들의 경고나 주의를 무시하기도 한다.

도구적 단계

도구적 단계에서 시행착오의 경험과 모델링의 결합을 통해서 청소년들은 감정과 행동을 마음대로 조작하기 위해 의도적으로 물질을 사용하는 것을 배운다. 이들은 알코올의 물질이 영향을 줄 수 있는 행동뿐만 아니라 알코올과 물질이 유발할 수 있는 기분전환에 익숙해진다. 그리고 감정을 억제 또는 강화하기 위해서 의도적으로 물질을 사용하기 시작하고 행동을 억제하기 위해서 물질을 사용한다.

도구적인 사용의 단계에서 주요단어는 추구이다. 청소년들은 일차적 동기가 또래집단이 수용하는 행동을 하기 위해서이고 그 다음으로는 적극적 약물의 구체적인 감정 및 행동의 효과를 추구하는 데로 나아간다. 도구적 사용에는 두 가지 유형, 즉 쾌락적인 사용과 보상적인 사용이 있는데 이 둘은 각각의 다른 동기를 반영하고 있다.

[쾌락적인 사용]

약물사용은 기분이 좋아지거나 성적인 행동을 억제시키지 않으려는 욕망을 유지하기 위해서 대부분 사용을 한다. 약물을 사용하는 주된 이유는 호기심과 쾌락추구이다. 기분변동을 유발하는 화학물질의 쾌락적인 사용이 바로 쾌락추구인 것이다. 도구적 단계에서 부모들과 교사들은 행동 및 성격의 변화를 알아채기 시작할 수 있다. 성적은 다소 변동이 심하고 결석이 많아지고 학교에 대한 동기나 다른 활동 동기는 감소한다. 종종 부모나 형제들 간의 갈등이 강화된다. 그리고 가정 규칙에 대한 저항과 부모와 학교의 제한에 대한 반항이 있을 수 있다.

[보상적인 사용]

보상적인 사용이란 스트레스와 불편한 감정에 대처하는 수단으로서 기분변동을 일으키는 화학물질이 의도적으로 사용하는 것을 말한다. 그 목표는 감정(분노, 불안, 수치감, 죄책감, 슬픔, 고독 등)의 억제를 의미한다고 볼 수 있다.

물질남용이 전형적으로 의심되는 것은 부정적인 결과들이 늘어날 때이다. 청소년들이 순수하게 쾌락적인 사용자 혹은 보상적인 사용자 중의 하나인 경우는 거의 없지만, 임상적으로 물질사용에 대한 일차적인 동기를 확인하는 것과, 환자가 쾌락을 목적으로 사용했는지 보상적인 목적으로 물질을 사용했는지의 분별이 대단히 중요하다.

습관적인 단계

습관적인 물질사용은 단지 사용의 빈도가 아니라 기저에 있는 사용의 동기에서 도구적인 사용과는 다르다. 왜냐하면 의존의 증상이 나타나기 시작하는 단계이기 때문이다. 습관적인 사용은 의도적인 사용을 강박적인 사용과 분리시키는 경계의 표시이다. 이 단계에서는 물질 통제에 대한 싸움이 일어나기 시작하고 여기서 화학물질을 개인의 생활에 영향을 미치기 시작한다. 이 단계의 특징은 순응이다. 남용자의 생활양식은 점차로 레크리에이션의 수단으로서 물질에 탐닉하여 이전의 관계, 취미, 활동 등에 대해서는 점차적으로 관심을 잃는다고 보아야 한다.

도구적인 물질사용에서 습관작인 사용의 더 심한 단계로 진행할 때 그들은 자주 물질사용을 시작한다. 주관적으로 많은 사람들은 임박한 의존을 감지하기 시작하고 여러 가지 자기 부과적인 규칙이나 제한을 설정함으로서 그에 반응을 한다. 그리고 나서 자신의 규칙을 깨뜨리기 시작한다. 이러한 과정은 중독으로 귀착되는 통제에 대한 내적인 투쟁이다. 약물과의 전쟁에서 졌을 때 청소년들은 자신의 사용을 정당화하기 시작하거나 그것을 최소화하기 시작한다. 즉, 이전의 규칙을 깨뜨리기로 결심하거나 자신들보다 더 심하게 사용하는 또래들과 비교한다. 습관적인 사용자들은 물질사용이 그들을 행복하게 해주고, 더 잘 대처하게 도와주고 어떤 상황에서 잘 수행할 수 있게 해준다고 믿으려 한다.

중독으로 이르게 하는 습관적인 단계 동안에 두 가지 사건을 경험하게 된다. 첫 번째는 사용자가 물질사용 후에 더 이상 주관적인 정상의 기분으로 되돌아가지 않는다는 것이다. 이것은 못 견딜 정도로 물질을 갈망하고 불안, 우울 또는 안절부절못하는 것과 같은 증상을 낳는다. 두 번째로는 경험은 내성이 생긴다는 것이다. 이는 기분변동을 화학물질을 많이 사용할수록 그 효과가 점차로 줄어드는 것을 말한다. 습관적인 물질사용자들은 시간이 갈수록 두 번의 코카인이나 두 번의 음주에서 예전과 같이 기분이 좋아지지 않는다는 것을 알게 된다. 그리하여 기분이 좋아지게 하기 위해서는 똑같은 물질을 더 많이 사용하게 만들고 더 강한 새로운 물질을 사용하게 만들기도 한다.

강박적인 단계

이 단계의 물질사용은 강박적인 행동으로 나타난다. 물질사용에 순응하게 되고 여기에 전적으로 매달리게 된다. 중독은 취해서 기분이 좋아지는 것으로 문자 그대로 물질은 이들이 생각하고 행동하는 것의 모두가 될 정도로 물질사용에 집착하게 되는 것이다. 학교, 일 취미 등은 모두 물질사용의 뒷전에 있으며, 부모, 친구들과의 관계도 소홀히 하고 인간관계 전반에서 동떨어지게 된다. 중독자가 지속하는 유일한 관계는 자신과 물질선택과의 관계이다.

강박적인 물질사용은 전적으로 통제를 벗어난 사용을 말한다. 화학물질이 그들의 생활을 움직인다. 습관적인 단계에서 나타나는 문제들보다 더 악화되고 내성도 더 높아지게 된다. 이제 물질사용은 정상에 이르는 어떤 주관적인 기분을 갖기 위해서 필요하다.

마지막 단계에서도 중독자들은 사용을 통제하기 위해서 가끔 노력을 할 수도 있다. 그러나 매번 실패하게 되고 결국 자존감을 더 악화시킨다. 어떤 점에서 자기 방어도 무너질 수 있다. 이러한 정도에 이르게 되면 수치심과 무감각으로 압도되어 자실을 할 수 있다. 중독으로 희생되는 사람은 강박적이 될 뿐만 아니라 강박적으로 자기중심적이게 된다. 이것은 중독과 관련된 보다 더 주목할 만한 성격변화 중의 하나이다.

3) 하위유형

알코올 관련장애

DSM-IV에서 알코올 남용과 의존에 대한 정의는 다른 물질장애의 정의에 따르며 그와 병행한다. 알코올에 대한 내성은 사람마다 매우 다양하며, 내성을 측정하는 것도 어렵다. 금단은 연장된 심한 음주를 그만 둔 몇 시간 내에 시작되

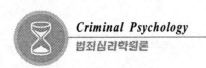

며, 다음과 같은 증상이 나타난다. 발한 또한 100번 이상 맥박이 뛰거나, 손 떨림의 증가, 불면증, 메스꺼움이나 구토, 일시적인 시각, 촉각 또는 청각적 환각 혹은 착각, 불안 증상 등이다.

알코올 중독의 발생과 유병률에 대한 연구는 진단준거의 부족, 알코올관련 행동에 대해 특별한 입장을 취하는 문화 또는 하위문화의 관용 때문에 평가하기가 쉽지는 않다. 알코올 남용이나 의존은 시골지역일수록, 그리고 덜 교육받은 사람에게서 더 높게 나타난다고 보고되고 있다. 대부분의 문화에서 남자들은 여자들보다 더 흔하게 문제성 음주와 폭음을 보인다. 미국에서는 남녀의 비율이 4:1이며, 한국에서는 28:1로 미국에 비해 여성의 비율이 낮다.

알코올 남용 및 의존은 일반 인구에서 가장 유병률이 높은 장애 가운데 하나이다. DSM-III의 진단기준을 이용해서 1980년에서 1985년 사이에 미국에서 수행된 지역사회의 연구를 보면, 성인 인구의 약 8%가 알코올 의존을 약 5%가 일생 중에 한 번은 알코올 남용한다고 보고하였다. DSM-III-R의 진단기준을 적용하여 1990~1991년 사이에 시행된 비입원 성인(15~54세)의 미국 표본 인구 조사에서는 14%가 일생동안 알코올 의존을 경험하고 7%가 과거 몇 동안 알코올 의존을 경험했다고 보고했다.

대부분의 알코올관련문제는 16~3세에 시작하며, 50세 이하에서는 가장 낮은 비율을 보인다. 알코올 중독은 이혼 및 별거 등의 결혼문제와 연관되어 있기는 하나 미혼자에게서도 일어난다. 아래의 내용은 DSM-IV의 알코올 진단기준이다.

ⓐ 알코올 중독의 진단기준(DSM-IV)

(a). 최근 알코올 섭취.

(b). 알코올을 섭취하는 동안 또는 그 직후에 임상적으로 심각한 부적응적인 행동변화 및 생리적인 변화가 발생한다(부적절한 성적, 공격적 행동, 정서 불안정, 판단력 장애, 직업적 기능 손상).

(c). 알코올 사용 중 또는 그 직후에 다음 항목 가운데 1개 이상이 나타난다:

ⓐ 불분명한 말투.

ⓑ 운동조정 장애.

ⓒ 불안정한 보행.

ⓓ 안구진탕(nystagmus).

ⓔ 집중력 및 기억력 손상.

ⓕ 혼미 또는 혼수.

(d). 증상이 일반적인 의학적 상태로 인한 것이 아니며, 다른 정신장애에 의해 잘 설명되지 않는다.

ⓑ 알코올 중독 : 알코올 중독의 필수 증상은 알코올 섭취 동안 또는 그 직후에 임상적으로 심각한 부적응적 행동 변화나 심리적 변화(부적절한 성적, 공격적 행동, 정서적 불안정, 판단력 장애, 직업적 기능 손상)가 발생하는 것이다. 이러한 변화에 따라 불투명한 말투, 운동조정장애, 불안정한 보행, 안구진탕, 집중력 및 기억력 손상, 혼미 또는 혼수를 보인다. 증상은 일반적인 의학적 상태로 인한 것이 아니어야 하며, 다른 정신장애에 의해 잘 설명되지 않아야 한다. 그 결과는 벤조다이아제핀 또는 바비튜레이트 중독시에 관찰되는 양상과 유사하다. 운동조정장애는 사고를 일으킬 정도로 운전능력과 일상 활동의 수행을 방해한다. 알코올 사용의 증거는 숨 쉴 때 알코올 냄새로 또는 개인이나 다른 관찰자를 통한 과거력에서 수집될 수 있다. 필요할 때에는 개인이나 형액 그리고 소변에 대한 독성분석을 할 수 있다.

ⓒ 알코올 금단 : 알코올 금단의 필수증상은 심하게 지속적으로 사용하던 알코올을 중단한(감소한) 후 발생되는 특징적인 금단 증후군의 발현이다. 금단 증후군은 다음과 같은 증상 가운데 2개 또는 그 이상의 증상을 포함하고 있다. 자율신경계의 기능항진(발한, 맥박수가 100회 이상 증가)이 있으며, 손 떨림이 증가하고, 불면증, 오심 및 구토, 일시적인 환시, 환촉, 환청, 착각, 정신운동성 초조증, 불안, 대발작 등을 보인다. 환각과 착각이 관찰될 때 임상가는 지각장애가 있다고 세분화하여 진단 내려야 한다. 이 증상들은 사회적, 직업적 또는 다른 중요한 기능 영역에서 임상적으로 심각한 고

통이나 장애를 일으킨다. 그러나 이 증상이 일반적인 다른 신체질환에 의한 것이 아니어야 하며, 동시에 다른 정신장애와도 관련되어 있지 않아야 한다. 증상은 보통 알코올 투여나 다른 뇌 억제제에 의해서 완화된다. 금단증상은 알코올 사용이 중단되거나 감소된 후에 알코올의 혈중 농도가 급격히 감퇴될 때, 즉 4~12시간 이내에 전형적으로 시작된다. 급성금단기가 지난 후 불안증상이나 불면증, 자율신경계 기능저하의 강도가 약하기는 하지만 3~6개월 동안 지속될 수도 있다.

알코올 금단증을 보이는 개인의 5% 미만에서 극적인 증상(심각한 자율신경계 항진증상, 진전, 알코올 금단 섬망)이 나타난다. 대발작은 이러한 개인의 3% 미만에서 발생한다. 알코올 섬망은 인지와 의식의 장애 및 환시, 환촉, 환청을 포함하고 있다. 알코올 섬망이 나타났을 때, 임상적으로 연관되는 일반적인 의학적 상태(간 부전, 폐렴, 위장관 출혈, 뇌 손상 후유증, 저혈당, 전해질 불균형, 수술 후 장애)가 있을 수 있다.

암페타민 관련장애

암페타민 혹은 스피드는 흥분제이며 강화효과는 코카인과 유사하다. 텍스트로암페다민과 메틸페니데이트 같은 자극제는 수면발작, 주의집중 결함과 과다행동장애와 같은 정신상태의 치료를 위해 사용을 하기도 한다. 불법적인 판매로의 전환과 남용은 1960년대 후기에 절정에 올랐지만 이 약물이 더욱 조심스런 처방 때문에 합법적인 사용은 감소를 보였다.

암페타민 사용의 징후와 증상은 심박급속증, 혈압상승, 동공확대, 고양, 초조, 수다, 과다경계를 포함하고 있다. 부작은 불면증, 혼란 적의를 포함한다. 암페타민의 정신증은 급성 망상형 정신분열증과 유사하나 환시가 일반적이다.

암페타민은 코카인과 유사하게 신경전달물질인 도파민 수용기를 증가시켜 우리 뇌에 도파민 수준을 높이는 효과를 가지고 있다. 암페타민은 코카인과 같은 유사한 사인과 증후 그리고 장기간의 후유증을 공유하나, 학자들은 그 차이점을 연구하는데 주력을 하고 있다.

암페타민은 체중감소치료, 에너지 고양의 목적으로 정맥주사로 사용하는 것이 보편적이다. 정맥주사로 남용되는 암페타민은 정맥주사를 사용하는 코카인과 헤로인에서 보이는 것과 유사한 합병증을 나타낼 수 있다. 암페타민을 매일 정맥주사로 사용하는 환자의 경우 금단증상이 나타나거나 증상을 보인다면 망상적인 사고나 자살의 위험, 폭력적인 행동을 보일 가능성이 있기 때문에 꼭 입원치료를 하여야 한다.

ⓐ 암페타민의 중독 : 암페타민 중독의 필수 증상은 암페타민이나 암페타민 유사물질 중 또는 사용직후에 임상적으로 심각한 부적응적 행동 변화 또는 심리적 변화가 발생하는 것이다. 암페타민 중독은 일반적으로 고양된 느낌으로 시작하며, 그 후 증가된 활기, 사교성, 과다활동, 안절부절, 지나친 경각심, 예민한 대인관계, 불안, 긴장, 상동증적 반복행동, 분노, 싸움, 판단력장애를 동반하는 다행증과 같은 증상이 뒤따라 발생한다. 만성중독의 경우 피로나 슬픔을 동반하는 정서적 둔화와 사회적 위축이 나타난다. 급성 혹은 만성의 암페타민 중독은 흔히 사회적, 직업적 기능 장애를 동반하고 있는 편이다. 증상은 일반적인 의학적 상태로 인한 것이 아니어야 하고 다른 정신장애에 의해 잘 설명되지 않아야 한다. 행동변화와 생리적 변화의 정도와 양상은 사용한 용량과 물질을 사용하는 개인의 특성(내성, 흡수율, 사용의 빈도)에 따라 좌우된다. 중독과 연관되는 변화는 특정약물과 사용방법에 따라 다르지만, 대개 물질 사용 후 1시간 이내에 시작되며 몇 초 혹은 수 초 만에 나타나는 경우도 있다.

ⓑ 암페타민 금단 : 금단의 필수증상은 심하게 지속적으로 사용하던 암페타민을 중단한 후 몇 시간 내지 며칠 내에 발생되는 금단 증후군을 말한다. 금단 증후군은 불쾌한 기분과 더불어 다음에 열거한 생리적 변화 가운데 1개 또는 그 이상이 나타나는 것이 특징이다. 피로, 생생한 기분 나쁜 꿈, 불면 또는 과다 수면, 식욕증가, 정신성 운동지연 또는 초조 등이다. 그 밖에도 약물갈망이 흔히 존재하지만 진단기준의 일부는 아니다. 이러한 증상들은 사회적, 직업적 또는 다른 중요한 기능 영역에서 임상적으로 심각

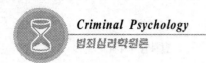

한 고통이나 장애를 수반한다.

암페타민 금단증상은 일반적인 의학적 상태로 인한 것이 아니어야 하고, 다른 정신장애에 의해 잘 설명되지 않아야 한다. 대단히 많은 용량을 사용하는 삼화를 경험한 개인에게는 심한 금단증상이 나타난다. 이 기간에는 일반적으로 며칠 동안의 휴식과 회복을 필요로 하는 강렬하고 불쾌한 권태감이나 우울증이 생기는 것이 특징이다. 흥분제를 과다 사용하는 기간 동안에는 체중감소가 흔히 나타난다. 반면에 금단 기간 동안에는 현저한 식욕 증가와 빠른 체중의 증가가 있다. 동시에 우울증상이 지속되거나, 자살사고도 동반되는 경우도 있다.

코카인 관련 장애

DSM-III에서는 코카인 남용의 진단만 포함되지만, DSM-III-R에서는 코카인 의존을 포함하고 있으며, 사회적 혹은 직업적 문제들을 포함한다. DSM-IV에서는 코카인 중독, 금단, 의존, 남용과 관련하여 코카인 관련 문제들을 다루고 있다.

코카인을 구입하는 비용이 비싸기 때문에 재정적 곤란으로 인해 저지르게 되는 범죄 혹은 비행 문제나 매춘 등은 코카인 의존이라는 오명이 생기기 전에 코카인 문제를 예고하는 경고의 표시가 될 수 있다. 약물에 대한 통제의 상실과 계속되는 사용은 코카인 의존에 대한 진단적 준거들이다.

미국의 경우 1978년에 최고였던 코카인 사용은 1989년 20%로 감소했다. 주간 마리화나의 사용이 1978년의 26%에서 1989년에 5.7%로 감소를 했다. 이러한 경향은 십여 년 동안 약물에 관한 미국 젊은이들의 태도에 변화를 일으킨 것으로 보인다. 특히 최근에는 중류계층 혹은 부유한 가정의 학생들 중에서 코카인 사용이 감소를 하고 있는 추세이다. 감소된 이유로는 학생들이 코카인 사용의 위험과 그 후속결과에 관하여 더 잘 알게 된 것과 건강증진, 현대사회에서 경쟁적이어야 할 필요 등을 포함하고 있다. 코카인은 약물사용이 지속화될 가능성이 높은 사회적으로 혜택을 받지 못한 이들이 더 위험성을 가지고 있다고 볼 수 있다.

ⓐ 코카인 중독 : 코카인 중독의 필수 증상은 코카인 사용 중 또는 그 직후에 발생되는 임상적으로 심각한 부적응적 행동변화나 심리적 변화의 발현이다. 코카인 중독은 통상적으로 "기분고조상태"의 느낌으로 시작되고, 다음에 열거하는 증상들 가운데 1가지 또는 그 이상을 포함한다. 증가된 활기, 사교성, 과다활동, 안절부절, 지나친 경각심, 예민한 대인관계, 과대성, 분노, 말이 많음, 상동증적 및 반복적 행동, 판단력 장애를 동반하는 다행증, 그리고 만성중독의 경우는 피로 또는 슬픔과 사회적 위축이 동반되는 감정둔화 등이다.

행동변화와 생리적 변화의 정도와 방향은 많은 변수들에 따라 좌우되는데, 변수에는 사용용량과 물질을 사용한 개인의 특성(내성, 흡수율, 사용의 만성도, 물질을 복용한 배경)이 포함된다. 그리고 들뜬 기분, 맥박증가와 혈압상승, 정신운동성 활동증가와 같은 흥분 효과는 아주 흔히 볼 수 있다. 그러나 슬픔, 혈압감소, 정신운동성 활동 저하와 같은 억제 효과는 드물게 일어나고, 단지 만성적으로 많은 용량을 복용하는 경우에만 볼 수 있다.

ⓑ 코카인 금단 : 코카인 금단의 필수 증상은 심하게 지속적으로 사용하던 코카인을 중단한 후 몇 시간 내지 며칠 내에 발생되는 금단 증후군의 발현이다. 금단 증후군은 불쾌기분과 더불어 열거한 생리적 변화 가운데 2가지 또는 그 이상이 나타나는 것이 특징이다. 피로, 생생한 기분 나쁜 꿈, 불면 또는 수면과다, 식욕증가, 정신운동성 지연 또는 초조, 약물갈망이 흔히 존재하지만 진단기준의 일부는 아니다. 이러한 증상들은 사회적, 직업적 또는 다른 중요한 기능 영역에서 임상적으로 심각한 고통이나 장애를 일으킨다.

환각제 관련장애

환각제는 1960년대와 70년대에 향정신성 효과와 그 시대의 문화적 영향 때문에 일반적으로 사용되었다. 이 같은 이유들로 환각제 사용은 시대적 흐름을 타고 한때는 낭만화 되었고, 문화적 변화의 상징이 되었다. 합성약물인 LSD-25가 가장 많이 사용된 환각제이다.

ⓐ 환각제 중독 : 환각제 중독의 필수 증상은 환각제 사용 중 또는 그 직후에 발생되는 임상적으로 심각한 부적응적 행동변화나 심리적 변화(심한 불안이나 우울증, 관계망상, 심한 공포감, 편집성 사고, 사회적 또는 직업적 기능 손상)의 발현이다. 지각적 변화는 환각제 사용 중 또는 그 직후에 생기고 충분한 각성상태나 의식이 명료한 상태에서 발생한다. 이러한 변화는 주관적인 지각 강화, 이인증, 비현실감, 착각, 환각, 공감각을 포함한다. 이에 더하여 진단을 내리기 위해서는 다음의 생리적 징후 가운데 2가지 항목을 필요로 한다. 동공확장, 심계항진, 발한, 가슴 두근거림, 시야혼탁, 운동조정곤란 등이다. 증상은 일반적인 의학적 상태로 인한 것이 아니어야 하고 다른 정신장애에 의해 잘 설명되지 않아야 한다.

환각제 중독은 대개 불안, 자율신경계 활성과 같은 흥분 효과로부터 시작된다. 이 중독은 용량이 증가할수록 더 심한 증상이 일어난다. 다행감은 우울이나 불안증상으로 신속히 교차된다. 초기의 시각적 착각이나 강화된 감각적 경험은 환각에 이를 수 있다. 낮은 용량에서는 지각적 변화에 환각이 포함되지 않는다. 공감각(감각이 혼합되는 현상)이 일어날 수도 있는데, 소리가 보인다는 환각은 대개 시각적인 것으로서, 흔히 기하학적 형태나 모습으로, 때로는 인물이나 사물에 대한 환각이 일어난다.

ⓑ 환각제 지속성 지각장애(플래시백) : 환각제 중독 기간 동안 경험되었던 것을 재 경험하는, 지각장애가 일시적으로 다시 일어나는 것이다. 이 진단을 내리기 위해서는 최근에 환각제에 중독된 적이 없으며, 현재 어떤 중독 증세도 보이지 않아야 한다. 이와 같은 지각증상의 재경험은 사회적, 직업적 또는 다른 중요한 기능 영역에서 임상적으로 심각한 고통이나 장애를 일으킨다. 증상은 일반적인 의학적 상태로 인한 것이 아니며, 다른 정신장애에 의해 잘 설명되지 않는다. 지각장애에는 기하학적 형태, 주변 시야상, 색체의 섬광, 강렬한 색감, 질질 끌리는 영상, 대상주위의 후광, 거시증 그

리고 미시증 등이 있다.

흡입제 관련장애

흡입제 관련 장애에는 가솔린, 아교, 시너, 스프레이 페인트와 같은 물질에서 발견되는 지방족 및 방향족 탄화 수소류를 흡입하여 유발되는 장애가 포함된다. 흡입된 대부분의 화학물질들은 정신활성효과를 유발 할 수 있는 몇몇 물질의 복합체이다. 따라서 이 장애를 일으킨 정확한 물질을 알아내는 것은 어렵다.

흡입제를 사용하는 사람들은 사회, 경제적으로 박탈된 13~15세의 청소년들이 대부분이다. 니트로스옥시드 남용은 치과의사들과 같은 손쉽게 접근할 수 있는 건강관련 전문가들 중에서 지배적일 수 있다.

공격, 파괴, 반사회적 행동과 흡입제 중독과는 연관이 있다. 흡입제는 흔히 쉽게 그리고 싸게 얻게 되며, 다양한 용기에서 흡입될 수 있다. 손상된 판단, 빈약한 통찰, 폭력, 정신병은 심리적인 후유증일 수 있다. 청소년 사이에서 흡입제 남용은 체포, 저조한 학교생활, 증가되는 가족 붕괴, 다른 약물남용과 관련되어 왔다. 흡입제 남용과정은 분명하지 않지만 발생 보고서는 흡입제가 생애 후기에 다른 물질로 옮겨가는 젊은이들 중에서 일차적으로 남용할 수 있는 가능성이 높다.

ⓐ 흡입제 중독 : 흡입제 중독의 필수 증상은 휘발성 흡입제를 의도적으로 사용하거나 단기간 고용량에 노출된 도중이나 그 직후 인상적으로 심각한 부적응적 행동변화나 심리적 변화(호전성, 공격성, 정서적 둔화, 판단력 장애, 사회적, 직업적 기능 손상)가 나타나는 것이다. 부적응적 변화에는 현기증, 시각장애(시야혼탁, 복시), 안구진탕증, 운동조정곤란, 불분명한 언어, 불안정한 보행, 다행감 등의 징후가 동반된다. 흡입제를 고용량 사용하게 되면, 기면, 정신운동성 지연, 전반적인 근육약화, 반사의 감소, 혼미에 이를 수 있다. 장애는 일반적인 의학적 상태로 인한 것이 아니어야 하며, 다른 정신장애에 의해 설명되지 않아야 한다.

니코틴 관련장애

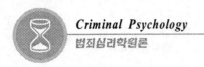

흡연사용과 관련된 건강 위험요인의 인식은 1950년대 이후로 지금까지 계속 되어왔다. 흡연은 대체적으로 10대에 시작하며 동료의 흡연, 부모의 흡연, 다른 물질 사용과 관련이 되고 있다. 흡연의 중독은 아편중독과 유사한 특징을 가지고 있다. 높은 스트레스, 빈약한 사회적 지지, 부적응, 불안, 낮은 자기 확신은 빈약한 치료결과와 관련되며 그리고 이러한 요인들은 계속적인 흡연을 중지시키는데 있어 중요한 역할을 한다. 외향성 불안, 분노와 같은 심리적인 특성은 타바코 사용과 관련된 것으로 제안되었다.

타바코 사용은 만성적인 사용자들에게서 진정시키고, 행복감을 주는 효과를 낳을 수 있는데 타바코 금연 기간 후에 이런 특징은 더욱 그러하다. 급성 니코틴 중독은 구역질, 타액분비, 복부통증, 설사, 두통, 현기증, 식은땀, 주의 집중문제 등으로 나타난다.

ⓐ 니코틴의 의존 : 일반적인 의존 기준은 니코틴에 적용되지 않고, 다른 일부 기준은 설명이 더 필요하다. 니코틴 내성은 니코틴을 상당량 사용했음에도 불구하고 현기증 그리고 다른 특징적 증상이 없거나, 니코틴을 함유한 동량의 물질을 지속적으로 사용하였을 때 그 효과가 감소하는 경우이다. 니코틴 사용의 중단은 금단 증후군을 일으킨다. 니코틴을 사용하는 많은 사람들은 아침에 깨었을 때 또는 일할 때나 흡연이 제한되어 있는 상황에서 벗어난 후 금단증상을 피하거나 감소시키기 위해 니코틴을 사용한다. 담배흡연자나 니코틴 사용자들은 그들이 의도했던 것보다 더 빠르게 담배나 니코틴 함유물을 사용해 버리는 경향이 있음을 발견한다. 흡연자의 80% 이상이 금연을 하려는 욕구를 표현하고 매년 35%가 금연을 시도하지만 5% 이하에서만 도움을 받지 않고 금연에 성공한다. 특히 흡연과 연관되는 기관지염이나 만성폐질환 등은 담배로 인해 유발되는 심각한 질환이라는 것을 알면서도 계속 흡연하는 것이 문제이다.

ⓑ 니코틴 금단 : 니코틴 금단의 필수 증상은 니코틴 함유물을 오랜 기간 매일 사용한 후 급격히 중단하거나 감소한 다음에 발생되는 특징적인 금단

증후군의 발현이다. 금단 증후군은 다음 중 4가지 또는 그 이상을 포함한다. 불쾌기분 또는 우울기분, 불면, 자극 과민성, 좌절감 또는 분노, 불안, 집중력장애, 성급함, 식욕증가 혹은 체중증가 등이다. 금단 증상은 사회적, 직업적 또는 다른 중요한 기능 영역에서 임상적으로 심각한 고통이나 장애를 일으킨다. 증상은 일반적인 의학적 상태로 인한 것이 아니어야 하며, 다른 정신장애에 의해 잘 설명되지 않아야 한다.

이러한 증상은 대개 니코틴 박탈에 의한 것이고, 특히 다른 니코틴 함유물을 사용하는 사람에게서보다 궐련 흡연자에서 더 심하게 나타나는 것으로 알려져 있다.

2. 성정체감 장애와 범죄

1) 임상적 특징과 하위유형

성기능 부전은 성적 욕구의 장애 그리고 성반응의 주기를 특징짓는 정신생리적 변화의 장애가 특징이며, 이러한 성기능 부전은 심한 고통과 대인관계의 어려움을 호소한다. 성기능 부전은 성욕장애(성욕감퇴자애, 성적 혐오장애), 성적 흥분장애(여성 성적 흥분장애, 남성 발기 장애), 절정감장애(여성 절정감장애, 남성 절정감장애, 조루증), 성교통증장애(성교통증, 질경련증), 일반적인 의학적 상태로 인한 성기능 부전, 물질로 유발된 성기능 부전, 또한 분류되지 아니한 성기능 부전 등을 포함하고 있다.

변태성욕은 비정상적인 대상, 행위 및 상황 그리고 반복적이고 강한 성적 충동, 성적 환상 및 성적 행동으로 특징지어지며, 이는 사회적, 직업적 또는 기타의 중요한 기능 영역에서 심각한 고통이나 장애를 일으킨다. 변태성욕은 노출증, 물품음란증, 마찰도착증, 소아기호증, 성적 피학증, 성적 가학증, 복장도착증, 관음증 그리고 분류되지 아니한 변태성욕을 포함하고 있다.

성정체감 장애는 강하고 지속적인, 반대 성에 대한 동일시로 특징지어지며 생물학적으로 지정된 자신의 성에 대한 지속적인 고통이 동반된다.

[성기능 부전(sexual dysfunction)]

성욕장애(sexual desire disorders)

ⓐ 성욕감퇴장애(hypoactive sexual desire disorder) : 성욕감퇴장애의 필수 증상은 성적 공상 및 성행위에 대한 욕망이 부족하거나 없는 것이다. 이 장애는 심한 고통이나 대인관계의 어려움을 일으킨다. 이 성기능 부전은 다른 축 I장애(다른 성기능 부전은 제외)에 의해 설명되지 않으며, 물질 또는 일반적인 의학적 상태의 직접적인 생리적 효과로 인한 것이어야 한다. 모든 형태의 성적 표현에 전반적으로 성욕감퇴가 일어날 수 있고, 상황적으로 특정 대상이나 특정 성행위(성교 시에는 문제가 있지만, 자위 행위 시에는 문제가 없음)에 제한되어 성욕감퇴가 일어날 수도 있다. 이 장애는 성적 자극을 추구하는 동기가 없고, 성적 표현의 기회가 상실되더라도 좌절의 정도가 약하다. 일반적으로 개인은 성행위가 시작되었을 때만 마지못해 참여한다. 보통 성경험의 빈도가 빈번하지는 않을지라도 상대방의 압력이나 성적이 아닌 욕구(신체적 위로 또는 친밀감)로 인해 인적인 상황에 직면하게 되는 빈도가 증가된다.

성욕의 강도 및 빈도에 대한 연령별, 성별 표준자료가 결여되어 있기 때문에, 개인적인 특성, 대인관계의 결정요소, 생활배경, 문화적 상황을 근거로 하여 임상적 판단을 내린다. 성욕에 있어서의 불일치가 전문적인 관심을 요구할 때, 임상가는 두 사람(성적 파트너)을 모두 평가할 필요가 있다. 한 대상에서 보이는 저하된 욕망이 다른 대상의 지나친 성적 표현을 반영할 수 있다. 아니면, 두 대상이 모두 정상 범위내의 성욕을 갖고 있지만 연속선상에서 서로 반대되는 지점에 있을 수 있다.

성적 흥미의 감소는 빈번하게 성적 흥분의 문제나 절정감장애를 동반한다. 성욕의 결함이 일차적인 성기능 부전의 결과일 수도 있고, 아니면 흥분이나 절정감장애에 의해 유발된 정서적 고통의 결과일 수도 있다. 그러나 성욕감퇴를 보이는 일부 개인들은 성적 자극에 대해 적절한 성적 흥분과 절정감을 나타내는 능력이 보존되어 있기도 하다. 일반적인 의학적 상태로 인한 쇠약, 동통, 신체상의 문제, 생존에 대한 염려감 등이 성욕에 대해 비특이적이고 해로운 영향을 미치기도 한다. 우울증은 흔히 낮은 성욕과 연관이 있고 우울증의 발생이 성욕결함에 선행하거나, 동시에 발생 또는 결과로 나타날 수 있다. 성욕감퇴장애가 있는 개인들은 안정된 성적 관계를 발전시키기가 어렵고 결혼생활의 불만과 파경을 초래하기도 한다.

성욕감퇴장애는 일반적인 의학적 상태로 인한 성기능 부전과 구별되어야 하며 물질로 유발된 성기능 부전은 전적으로 물질(항고혈압 약물, 약물남용)의 직접적인 생리적 효과로 인한 것이기 때문에 구별되어야 한다. 또한 성욕과 관련되는 간헐적인 문제가 지속적이거나 반복적이지 않고, 심한 고통이나 대인관계의 어려움을 동반하지 않을 때는 성욕감퇴장애를 고려하지 않는다.

ⓑ 성적 혐오장애(sexual aversion disorder) : 성적 혐오장애의 필수 증상은 성적 대상과의 성기적 성적 접촉에 대한 혐오 및 자극적인 회피이다. 이 장애는 심한 고통이나 대인관계의 어려움을 일으킨다. 이 성적 장애는 다른 축I장애(다른 성기능 부전 제외)에 의해 잘 설명되지 않는다. 이러한 개인들은 성적 대상과 성행위를 갖게 되는 기회에 직면하면 불안, 두려움, 혐오감을 느낀다. 성기 접촉에 대한 혐오는 특정한 성적경험(성기 분비물, 질내 삽입)에 초점이 맞추어지기도 한다. 일부 개인들은 키스와 접촉을 포함한 모든 성적 자극에 강한 혐오를 나타내기도 한다. 혐오스런 자극에 노출될 때 개인의 반응 강도는 중간 정도의 불안과 쾌감의 결여로부터 심한 심리적인 고통에 이르기까지 다양하다.

성적 혐오장애가 다른 축I장애(주요우울증장애, 강박장애, 외상 후 스트레스 장애)에 의해 잘 설명된다면, 성적 혐오장애는 추가로 진단되지 않고 가끔 일어나는 성적혐오가 지속적이거나 반복적이지 않고, 심한 고통이나 대인관계의 어려움을 동반하지 않는다면 성적 혐오장애를 고려하지 않는다.

성적 흥분장애(sexual arousal disorder)

ⓐ 여성 성적 흥분장애(female sexual arousal disorder) : 여성 성적 흥분장애의 필수 증상은 성행위가 끝날 때까지 성적 흥분에 따른 적절한 윤활부종 반응이, 지속적으로 또는 반복적으로 일어나지 않거나 유지되지 않는 것이다. 흥분반응으로 골반의 충혈, 질 윤활액의 분비와 확장, 외부 성기의 팽창이 일어난다. 이 장애는 심한 고통이나 대인관계의 어려움을 일으킨다. 이 장애는 다른 축I장애에 의해 잘 설명되지 않고, 물질이나 일반적인 의학적 상태의 직접적인 생리적 효과로 인한 것이 아니어야 한다.

여성 성적 흥분장애가 흔히 성욕장애와 여성 절정감장애를 동반한다는 제한된 증거들이 있다. 여성 성적 흥분장애가 있는 개인은 성적 흥분에 대한 주관적인 느낌이 거의 없거나 전혀 없다. 이 장애는 고통스러운 성교, 성적회피, 결혼 및 성관계에서 문제를 일으킨다.

여성 성적 흥분장애는 일반적인 의학적 장애에 의한 성기능 부전과 구별되어야 하고, 만약 여성의 성적 흥분장애와 일반적인 의학적 상태가 존재하고, 이 장애가 전적으로 일반적인 의학적 상태의 직접적인 생리적 효과로 인한 것만은 아니라고 판단된다면, 복합요인으로 인한 여성 성적 흥분장애로 진단된다.

ⓑ 남성 발기장애(male erectile disorder) : 남성 발기장애의 필수 증상은 성행위가 끝날 때까지 성적 흥분에 따른 적절한 발기가 지속적으로나 반복적으로 일어나지 않거나 유지되지 않는 것이다. 이 장애는 심한 고통이나 대인관계의 어려움을 일으킨다. 이 성기능 부전은 다른 축I장애에 의해 잘 설명되지 않으며, 물질이나 일반적인 의학적 상태의 직접적인 생리적 효과로 인한 것이 아니어야 한다. 발기장애에는 다양한 양상이 있는데, 일부 개인들은 성경험이 시작될 때부터 전혀 발기되지 못하는 경우와 다른 개인들은 처음에는 적절한 발기를 하였으나, 삽입을 시도할 때 팽창이 상실되었을 경우, 또 발기가 되어 삽입하기까지는 충분히 유지되지만 삽입 직전 또는 삽입동안 팽창 상실됨을 보고한다. 일부 남성은 자위행위나 깨어 있는 동안에만 발기를

경험할 수 있다고 한다. 자위행위로 인해 발기가 안 될 수도 있으나 흔한 경우는 아닌 것으로 알고 있다.

남성 발기장애의 발기 부전은 빈번하게 성적 불안, 실패에 대한 두려움, 성적 수행에 대한 걱정 그리고 주관적인 성적흥분 및 쾌감의 감소가 초래된다. 발기장애는 결혼관계나 성관계를 파멸시키고, 불완전한 결혼 및 불임을 야기시키는 경우도 있다. 이 장애에 성욕감퇴장애와 조루증이 동반되기도 한다. 기분장애와 물질관련장애가 있는 개인들이 성적흥분과 관련되는 문제를 흔히 보고한다. 다양한 형태의 남성발기장애는 서로 다른 경과를 보이는데, 발생 연령 역시 다양하다. 일부 개인들은 성적 대상과 성행위를 끝낼 수 있을 정도의 충분한 발기를 경험하지 못하며, 이들은 전형적으로 일생동안 만성적인 장애를 갖게 된다. 후천적인 사례들 가운데 15~30%는 자연적으로 회복한다. 상황형인 경우 성적 대상에 따라 또는 관계의 강도나 질에 따라 달라지는 것으로 알려져 있다.

[변태성욕(paraphrasia)]

노출증(exhibitionist)

노출증의 성도착적 초점은 낯선 사람에게 성기를 노출시키는 것이다. 때로는 성기를 노출시키면서 또는 노출시켰다는 상상을 하면서 자위행위를 하기도 한다. 개인이 이러한 충동을 행동화하는 경우 낯선 사람과 성행위를 하려는 시도는 없다. 어떤 경우는 보는 사람을 놀라게 하거나 충격을 주려는 욕구를 인식하고 있기도 한다. 어떤 경우에는 바라보고 있는 사람이 성적으로 홍분을 일으키게 될 것이라는 상상을 하기도 한다. 노출증은 보통 18세 이전에 발생되며, 그 이후에도 시작될 수 있다. 나이 든 사람들이 이 문제로 구속된 경우는 많지 아니하는 점으로 미루어 보아 40세 이후에는 조금은 완화된다고 볼 수 있다.

물품음란증(fetishism)

물품음란증에서의 변태 성욕적 초점은 무생물의 사용이다. 흔한 물건은 여성의 내의, 브래지어, 스타킹, 신발, 부츠 또는 기타의 착용물이다. 물품음란증이 있는 개인들은 물건을 만기거나, 문지르거나, 냄새를 맡으면서 자위행위를 하거나, 성교 시 상대방에게 그런 물건을 착용하도록 요구하는 경우도 있다. 보통 그런 물건들은 성적흥분을 위해서 필요하며, 그런 물건이 없을 경우에는 발기부전이 일어나기도 한다. 만약, 복장도착증에서와 같이 옷 바꿔 입기에 사용되는 것이 여성 의류에 국한되거나 성기자극을 위해 고안된 물건이 사용될 때에는 물품음란증이라고 진단되지 않는다. 소아기에 기호물에 대한 특별한 의미가 부여되기는 하지만 발병은 보통 청소년기에 시작된다. 일단 발병하면 만성적이 된다.

소아기호증(pedophilia)

통상적으로 전사춘기 또는 사춘기 초기 연령의 어린이에 대한 성적선호, 그들 중 일부는 소녀들에게만 매력을 느끼고, 다른 일부는 소년들에게만, 그리고 또 다른 일부는 소년, 소녀 모두에게 흥미가 있다. 소아기호증은 여성들에게서는 거의 발견되지 않는다. 성적으로 성숙한 청소년과 성인과의 접촉은 사회적으로 용인되지 않으며, 특히 양자가 동성일 경우 더욱 그렇다. 그러나 그러한 접촉이 반드시 소아기호증과 연관되어 생기는 것은 아니다. 일회성의 우발적 사건인 경우에는, 특히 가해자 자신이 청소년일 경우, 소아기호증의 진단에 필요한, 지속적 또는 두드러진 경향의 존재라는 조건을 만족시키지 않는다. 그러나 성인인 성적 상대를 선호하지만, 적절한 접촉기회를 마련하는데 만성적으로 실패하여 어른 대신 습관적으로 어린이들을 상대하게 된 남자들은 소아기호증에 포함된다. 자기 자신의 사춘기 이전 자녀를 성적으로 괴롭히는 남자들이 종종 다른 집 아이들에게도 접근하는데, 이 두 경우 모두 소아기호증에 해당된다고 볼 수 있다. 아래 내용은 DSM-IV의 소아기호증 진단 기준이다.

아기호증의 진단기준 DSM-IV

ⓐ 사춘기 이전의 소아나 소아들(보통 13세 이하)을 상대로 한 성행위를 중심

으로 성적 홍분을 강하 게 일으키는 공상, 성적충동, 성적 행동이 반복되며, 적어도 6개월 이상 지속된다.

ⓑ 이러한 공상, 성적 충동, 임상적으로 심각한 고통이나 사회적, 직업적 또는 기타 중요한 기능 영역 에서 장애를 초래한다.

ⓒ 나이가 적어도 16세 이상이며 진단기준 ⓐ에 언급된 소아 또는 소아들보다 적어도 5세 연상이어 야 한다.

주의: 12세 또는 13세 소아와 성관계를 맺고 있는 후기 청소년기의 청소년들은 포함시키지 않는다.

관음증(voyeurism)

옷 벗는 것과 같은 사적인 행동이나 성적인 행위를 하고 있는 사람들을 엿보는 반복적 혹은 지속적 경향을 의미한다. 이것은 보통 성적흥분과 자위행위로 이어지게 되며 엿보임을 당하는 사람은 모르게 이루어진다. 다음은 DSM-IV에서의 관음증 진단기준이다.

음증의 진단기준 DSM-IV

ⓐ 옷을 벗는 과장에 있거나 성행위 중에 있는, 전혀 눈치 채지 못한, 옷을 벗는 대상을 관찰하는 행위를 중심으로, 성적흥분을 강하게 일으키는 공상, 성적충동, 성적행동이 반복되며, 적어도 6개월 이상 지속된다.

ⓑ 이러한 공상, 성적충동, 행동이 임상적으로 심각한 고통이나 사회적, 직업적 또는 다른 중요한 기능 영역에서 장애를 초래한다.

정체감장애(gender identity disorder)

이 장애의 진단을 내리기 위해 필수적으로 요구되는 두 가지 요소가 있다. 반대의 성에 대해 강하고 지속적인 동일시, 즉 반대의 성이 되기를 기대한다는 증거가 있거나, 아니면 개인이 다른 성의 일원이라고 주장하는 증거가 있어야 한다. 이와 같은 반대 성에 대한 동일시는 반대 성이 된다면 얻게 될 문화적 이득을 단순히 갈망하는 정도여서는 안 된다. 또한 다른 요소로는 자신에게 부여된 성에 대해 지속적인 불편을 느끼거나 성역할에 대한 부적절감을 느끼는 증거가 있어야 한다. 만일 개인이 신체적으로 양성의 조건을 동시에 갖고 있다면(안드로겐 불감성 증후군, 또는 선천성 부신 과식증) 진단에서 제외된다. 진단을 내리기 위해서는 임상적으로 심각한 고통이나 사회적, 직업적, 다른 중요한 기능 영역에서 장애가 있어야 한다.

남아인 경우 전통적인 여성적 행위를 좋아한다. 이러한 남아들은 소녀의 옷이나 여성의 의류를 좋아한다. 여성적 게임과 여아들의 유희에 강한 호기심을 나타낸다. 또한 여자가 되기를 원하고 자라서 여자가 될 것이라는 확신을 한다. 드물게는 남근이나 고환을 혐오하여 제거하는 경우 혹은 여성의 성기를 갖기를 원하는 경우도 있다.

여아인 경우 그들에게 여자의 옷을 입히거나 기타 여성적인 차림새를 갖추게 하려는 부모의 기대나 시도에 강한 부정적 반응을 보인다. 남자 옷이나 짧은 머리를 좋아하고 남자이름으로 불러지기를 원한다. 놀이 친구로는 남자아이를 선호하고 신체적 접촉을 필요로 하는 운동이나 거친 놀이 등 전통적으로 남자들의 놀이에 관심이 많은 편이다. 자라서 남자가 될 것이라고 확신한다. 성인의 경우 반대 성의 구성원으로 살기를 원하고, 이러한 기대에 강한 집착을 하고 있다. 이러한 집착은 반대 성의 사회적 역할을 받아들이려는 강한 욕구로 표현되거나, 호르몬 또는 외과적 수술에 의해 반대성의 육체적 모습을 감추려는 강한 기대를 가지고 있다. 이 장애를 가진 성인들은 자신에게 부여된 성적 존재로서 남에게 지각되고, 사회에서 그러한 성역할을 해야 하고, 그러한 성의 구성원으로 살아가는 것을 불편해 한다.

성정체감장애가 있는 개인에게 있어서 고통이나 기능 장애는 생활주기에 따라 다르게 나타난다. 소아 초기에는 자신에게 부여된 성에 대한 불행감으로 나타나며, 반대의 성이 되고자 하는 기대가 일상적인 활동을 방해한다. 소아 후기에는 나이에 적절한 동성 또래와의 관계 및 사회적 행위의 실패로 인해 고립과 고통을 겪게 되고, 어떤 소아는 이미 결정된 성에 맞는 옷차림을 해야 한다는 고통과 압력으로 인해 학교생활을 싫어한다. 사춘기와 성인기에서는 반대의 성이 되고자 하는 욕구가 일상생활을 방해하고 대인관계나 학교, 직장에서의 기능에 장애를 초래한다고 볼 수 있다.

2) 치료

[성기능장애]

성기능장애를 단기행동치료, 부부치료, 정신분석이나 표현, 지지 정신치료와 약물치료 혹은 병합요법 중 어느 것을 처방할 것인가를 전문가들은 결정을 하여야 한다. Lief는 단기행동치료로 모든 성기능장애 환자의 30~40%가 증상의 호전을 보인다고 하였다. 효과를 보지 못한 환자의 20%는 부부치료를 요하며, 10%는 장기간의 표현, 지지 개인정신치료, 그리고 30%는 부부치료와 성치료를 혼합하여야 만이 치료가 가능할 것으로 지적을 하고 있다.

부부의 치료동기가 높거나 어느 쪽에도 심각한 증상이 없고, 서로가 관계에 대하여 만족하고, 장애 자체가 실행불안에 기초하거나 절정기에 관계된 경우라면 단기 행동적 성치료가 성공할 수 있을 것이다. 성욕억제장애인 경우, 서로의 관계에 환멸을 느끼는 부부라면 근본적인 문제를 해결하기 위하여 상당기간의 부부치료를 필요로 한다. 부부치료 후 동거하기로 결정한 후에야 성치료기법을 권유하는 것이 적절할 수도 있다.

단기성치료에 적절하지만 연습을 할 수 없는 부부에게는 Kaplan이 심리성치료(psychosexual therapy)라는 일종의 혼합치료법이 필요하다. 이 치료에서는 치료자가 행위연습을 처방하고 그런 다음에 역동 정신치료를 사용하여 연습에서의 저항을 다루게 된다. 치료의 역동적 부분은 성적 쾌감에 대한 강렬한 죄의식 등의 문제를 파악한다. 상대에 대한 부모상의 전이를 표출시키고 탐구할 수 있다. 또한 많은 환자들은 특별한 형태의 성적행위 등에서 노력하여 성공해야 한다는 것에 대한 무의식적(unconsciousness) 갈등을 가지고 있을 수 있다. Kaplan은 또한 환자들은 결혼 전의 가족관계에서 상실하거나 실패한 사람의 역할을 무의식적으로 수행하고 있음을 발견하였다.

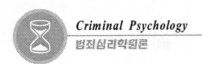

성격장애나 성에 대하여 깊은 신경증적 갈등이 있는 환자들은 정신분석이나 표현, 지지 정신치료를 받아야 한다는 것이 여러 문헌에서 일치된 의견이다. 이러한 문제들은 성치료를 하는 동안 광범위한 평가를 해야만 발견할 수 있다. 치료자들은 광범위한 성치료를 통하여 부부 각자의 내적 대상관계를 많이 파악할 수 있고 양쪽 배우자로부터의 다양한 투사적 동일시를 모두 수용할 수 있어야 한다.

[변태성욕]

변태성욕 환자들은 치료한다는 것은 지극히 어려운 것으로 보고 있다. 많은 성도착증 환자들은 강압에 의하여 치료를 받게 된다. 관음증, 노출증, 특히 소아기호증의 경우는 집행유예 상태에서 치료가 위임되거나 구금 대신 치료를 받게 하는 등 사법적 강제조치가 취해지기도 한다. 법적인 모든 문제들이 해결된 후에도 치료를 계속하고자 하는 환자의 경우는 예후가 좋을 것이다.

이 환자들의 치료에 있어 또 하나 중요한 장애물은 역전이 반응이다. Freud 이래로 많은 사람들이 주장한 것처럼 치료자가 진정으로 무의식적인 성도착증 기대와 싸운다면, 치료자 자신의 성도착증 충동에 반응하는 것과 똑같이 성도착 환자에게 반응할 것이라고 가정하는 것은 당연하다. 우리는 혐오와 불안 그리고 모욕감에 휩싸이게 된다. 우리 자신이 이러한 충동을 스스로 조심스럽게 제어를 하고 있을 때 어떤 사람이 이러한 충동을 마음껏 사용한다면 우리는 공포를 느끼고 위축될 것이다. 마지막으로 또 다른 역전이 경향은 인생의 다른 면에 대하여 대화를 함으로서 성도착에 대한 논의를 회피하려는 환자의 의도에 공모하는 것이다. 치료자들은 성적 병리 전반에 대해 논의를 회피함으로서 자신의 혐오감이나 모욕감을 회피할 수 이을 것이다.

변태성욕 환자의 치료가 어려운 또 다른 이유는 이들 질환과 함께 나타나는 다른 정신적 질환에 있다. 성도착적 공상이나 행동이 충분히 변화되기도 어렵지만, 환자의 상태가 경계성, 자기애성 혹은 반사회성 성격병리와 동반될 경우에는 그 예후가 나쁘다.

변태성욕의 치료에 있어서 이러한 어려움에도 불구하고 이러한 어려움 때문에 일반적으로 정신역동적 치료가 좋은 치료법으로 되어 있다. 치료결과에 대한 연구도 적고 그 결과를 해석하는 것도 조심스럽지만 어떤 종류의 치료도 환자의 치료를 효과적으로 하는 데는 어느 정도의 제한이 있다. 행동치료가 단기적으로는 어느 정도의 성공을 거두는 반면 장기적으로는 좋은 결과를 보이지 않으며 소아기호증으로 인한 범죄인구의 재범율도 변하지 않고 있다.

변태성욕증에 단 하나의 적절한 치료란 없으며 개개인에 맞추어 잘 짜여진 접근이 필요하다는데 의견이 일치되고 있다. 통합모델에는 개인정신치료, 역동적 집단정신 치료, 인지적 재구성, 행동적 재조건화와 재발예방 같은 방법이 포함된다.

일반적인 치료목표는,

① 환자가 부정을 극복할 수 있도록 돕고,

② 피해자와 공감을 할 수 있도록 도와주며,

③ 도착적인 성적 각성을 인식하여 치료를 받도록 하고,

④ 사회적 결핍과 부적절한 대응기술인 인식할 수 있게 하고,

⑤ 인지 왜곡에 대하여 도전하며,

⑥ 유혹받기 쉬운 상황의 회피를 포함한 총체적인 재발예방 계획을 세울 수 있게 도와주는 것이다.

제4장

아동기 및 청소년기 장애론

제1절 임상적 특징과 하위유형

제2절 치료

제3절 성격장애와 범죄심리

제4장
아동기 및 청소년기 장애론
범죄심리학원론

제1절 임상적 특징과 하위유형

1. 학습장애

학습장애(learning disorder)는 읽기, 수학, 글쓰기를 평가하기 위해 개별적으로 시행된 표준화 검사에서 나이, 학교교육, 그리고 지능에 비해 기대되는 수준보다 성적이 현저하게 낮게 나올 때 진단된다. 학습장애는 읽고, 계산, 쓰기를 요구하는 학업의 성취나 일상생활의 활동을 현저하게 방해한다. 현저하게 낮다는 것은 표준화 검사 성적과 지능지수 사이에 2 표준편차 이상 차이가 날 때로 보통 정의된다. 그리고 성적과 지능지수 사이의 작은 점수 차이(1, 2 표준편차 사이)가 판단의 근거가 되기도 하는데, 특히 개인의 지능검사 결과가 인지과정과 연관되는 장애로 인하여 영향을 받았거나, 개인의 정신장애, 일반적인 의학적 상태, 또는 개인의 인종적, 문화적 배경에 의해 영향을 받았을 경우 그러한 기준이 적용된다. 만약 감각결함이 있다면, 학습장애는 통상적으로 감각결함에 동반되는 정도를 초과해서 심한 정도로 나타나야 한다. 학습장애는 성인기에도 지속되는 것으로 보고 있다.

행동문제, 낮은 자존심, 사회기술의 결함이 학습장애와 연관될 수 있다. 학습

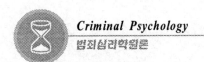

장애가 있는 소아나 청소년들이 학교를 중단하는 비율은 약 40%로 보고되고 있다(이현수, 이상심리학, 서울 대왕사, 1985, pp. 485~486). 학습장애가 있는 성인은 직업과 사회 적응에서 심각한 어려움을 겪을 수 있다. 품행장애, 반항성장애, 주의력결핍 및 과잉행동장애, 주요우울장애, 또는 기분부전장애가 있는 개인들 가운데 많은 개인들(10~25%)이 학습장애를 지니고 있다. 언어발달 지연이 학습장애 특히 읽기장애와 연관되어 나타날 수도 있다.

2. 자폐성장애

자폐성장애(autistic disorder) 아동은 통상 정상발달단계를 거치지 못하는 경우가 대부분이며, 이러한 상태를 3세 이전에 분명히 보인다. 이 장애에서는 사회적 상호교류의 질적인 장애가 항상 있다. 그것은 사회, 정서적 암시를 부적절하게 식별하는 형태로 나타나는데, 이는 다른 사람의 정서에 대해 반응이 없다든지, 또는 사회적 상황에서 행동조절의 결핍을 보이고, 사회, 정서적 및 의사소통의 행동 통합능력이 부족하며, 특히 사회, 정서적 상호교류가 결핍됨을 볼 수 있다. 마찬가지로, 의사소통에서의 질적인 장애 역시 보편적인 현상인데, 이것은 언어능력이 있더라도 언어의 사회적 사용의 결여, 소꿉놀이나 사회적 모반놀이의 장애, 대화를 통한 교류에서의 동조성(synchrony)과 상호성의 결핍, 언어표현의 유연성결핍, 사고과정에서의 창의력과 상상력의 상대적 결핍을 나타낸다.

이상행동은 사회적인 관계에 대한 관심이 없다는 점과 관련되어 있고 행동특징이 상동적 양식을 띄고 있다. 이것은 일상생활 기능의 대부분의 측면에서 융통성이 없는 경우로 나타나게 된다. 이러한 아동 혹은 청소년들은 특별하게 판에 박힌 자기식의 행동을 고집하는 경우가 많다.

특징적인 진단적 특성에 추가하여, 자폐아동에서는 두려움, 공포증, 수면 및 섭식장애, 분노발작, 공격 등과 같은 기타의 일반적인 일련의 이상이 흔히 나타난다. 그리고 자해가 상당히 흔한데, 특히 정신지체가 동반되었을 때 그러한 편이다. 자폐증을 가진 대다수의 아동은 여가시간을 사용하는데 있어 자발성, 주도성, 창의성이 부족하며, 작업시 결단을 내리는 과정에서 비록 그 과제 자체가 그들이 해낼 수 있을 경우에도 결정을 내리는데 어려움이 있다. 자폐증의 특징적인 여러 증상들은 나이가 듦에 따라 변화하지만 이러한 결손은 사회성, 의사소통, 관심의 양식에 있어서 대체적으로 비슷한 문제의 유형을 보이면서 성년기 내내 지속된다. 그리고 자폐증의 지능 수준은 다양하나, 이들 전체의 3/4 정도는 임상적으로 의미 있는 정신지체에 해당이 된다고 본다.

3. 주의력결핍과 과잉행동장애

주의력결핍과 과잉행동장애(attention deficit and hyper activity disorder)의 필수증상은 동등한 발달수준에 있는 소아들에게 관찰되는 것보다 더 빈번하고 더 심하고 지속적인 부주의 또는 과잉행동 충동이다. 아동들의 대부분은 증상이 발생된 후 몇 년이 지나서야 진단되지만, 장애를 일으키는 충동적인 증상 및 부주의 증상이 7세 이전에 발생되어야 한다. 증상으로 인한 장애가 적어도 2가지 상황에 있어야 한다(가정, 학교, 작업장에서). 발달적으로 적절한 사회적, 학업적, 직업적 기능이 손상되어 있다는 분명한 증거가 있다. 장애는 광범위성 발달장애, 정신분열증, 다른 정신증적 장애의 기간 중에만 발생하지 않고, 다른 정신장애. 즉, 기분장애, 불안장애, 해리성장애, 또는 인격장애에 의해 잘 설명되지 않는다.

부주의는 학업적, 직업적, 사회적 상황에서 드러난다. 이 장애가 있는 개인들은 세부적인 면에 대해 주의를 기울이지 못하고, 학업이나 다른 과업에서 부주의한 실수를 범한다. 작업은 흔히 무질서하고, 신중한 생각 없이 부주의하게 수행한다. 이 장애로 진단받은 개인들은 하나의 과업을 시작하고 다른 과업으로 넘어가고, 어떤 과업도 다 끝맺기 전에 또 다른 과업으로 방향을 바꾼다. 그들

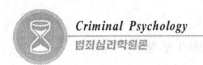

은 흔히 다른 사람의 요청이나 지시에 따라 일을 하지 못하며, 학업, 직업, 다른 과제들을 끝마치지 못한다. 일을 완전하게 끝맺지 못하는 이유가 다른 이유(지시를 이해하는데 실패)가 아닌, 부주의 때문인 경우에만 이 진단을 내릴 수 있다.

과잉행동은 자리에서 만지작거리거나 움직이고, 가만히 앉아 있어야 할 경우에 가만히 있지 못하고, 부적절한 상황에서 지나치게 뛰어다니거나 기어오르고, 조용히 여가 활동에 참여하거나 놀지 못하고, 끊임없이 활동하거나 무엇인가에 쫓기는 것처럼 보이고, 지나치게 수다스럽게 말하는 행동으로 나타난다. 과잉행동은 개인의 나이와 발달 수준에 따라 다양한데, 어린소아에서는 이 진단을 신중하게 내려야 한다. 이 장애가 있는 걸음마 시기와 학령기 이전의 소아는 모든 것을 항상 멋대로 한다는 점에서 정상적으로 활동적인 어린소아와 다른데, 그들은 앞뒤로 돌진하고, 옷을 입히기 전에 문 밖에 있거나, 가구 위로 올라가 위험하게 뛰어 내리거나, 집안 온통 뒤집어놓고 뛰어다니는 경우와 집단생활에 참여하는데 어려움이 있다. 그리고 청소년과 성인들의 과잉행동장애는 안절부절못하고 조용히 앉아서 하는 활동에 참여하지 못하는 양상이 보편적이다.

또한 충동성은 성급함, 반응을 연기하는 어려움, 질문이 채 끝나기 전에 성급하게 대답하기, 자신의 차례를 기다리지 못하는 경우와 다른 사람의 활동을 방해하거나 간섭하는 양상으로 나타난다. 이러한 개인들은 전형적으로 의견을 말하면서 차례를 기다리지 못하고, 지시를 경청하지 못하고, 접합하지 않은 시기에 대화를 시작하고, 지나치게 다른 사람의 활동을 방해 혹은 간섭, 물건을 가로채기, 타인의 물건만지기 등의 행동을 한다.

행동증상은 가정이나 학교, 직장을 포함한 사회적 여러 상황에서 나타난다. 진단이 내려지기 위해서는 적어도 2가지 장면에서 손상이 있어야 한다. 모든 장면에서 또는 동일 장면에서 항상 동일수준의 기능장애를 보이는 경우는 매우 드물다. 증상은 전형적으로 지속적인 주의나 정신적 노력이 요구되는 상황, 또는 관심을 끌 만한 매력이 없거나 신기함이 없는 상황(교사에 경청, 숙제, 긴 자료를 읽거나 듣기, 단조롭고 반복적인 일을 계속하기)에서 악화된다. 매우 엄격한 통제 상태에 있을 때, 신기한 장면에 직면해 있을 때, 또는 적절한 행동에 대해 빈번한 보상을 경험하는 상황에서는 장애의 징후들이 최소한으로 나타나거나 나타나지 않는다. 증상은 집단 상황에서 보다 쉽게 나타난다. 그러므로 임상전문가는 각 영역 내 다양한 상황에서 일어나는 개인행동에 대해 물어 보아야 한다.

주의력결핍 및 과잉행동장애로 임상에 의뢰되는 많은 소아들은 반항성장애 또는 품행장애도 갖고 있다. 주의력결핍 및 과잉행동장애가 있는 소아에서 기분장애, 불안장애, 학습장애, 의사소통장애의 유병률이 보다 높다. 이 장애는 뚜렛 장애가 있는 개인에게서 흔히 나타나는데, 두 장애가 공존하는 경우, 주의력결핍 및 과잉행동장애의 발병이 뚜렛 장애의 발병보다 선행한다. 소아학대나 부모의 무관심, 자궁 내 약물 노출, 저체중아, 정신지체의 과거력이 있을 수 있다. 주의력결핍장애 및 과잉행동장애는 주의력결핍 및 과잉행동장애가 있는 소아의 직계가족에서 흔히 발견된다. 또한 연구들은 주의력결핍 및 과잉행동장애가 있는 개인의 가족에서 기분장애 및 불안장애, 학습장애, 물질관련장애, 반사회성 성격장애의 유병률이 보다 높다고 시사하고 있다하겠다.

4. 품행장애

품행장애(conduct disorder)란 반사회적, 공격적 또는 도전적 행위를 반복적이고도 지속적으로 행동함을 특징으로 하고 있다. 이러한 행동이 가장 심한 형태로 나타낼 때에는 그 나이에 적합한 사회적 기대를 크게 어기는 상태까지 도달해야 하며, 보통 관찰되는 소아의 장난기나 청소년의 반항보다는 더 심한 것이어야 한다. 단발적인 반사회적 또는 범죄(비행)적 행위는 그 자체만으로는 이 진단을 내릴 수 없다고 하겠다.

일부 품행장애는 반사회성 인격장애로 발전할 수 있다. 품행장애는 가족 내 불화와 학교생활의 실패 등의 좋지 아니한 사회 환경과 흔히 연관되어 있으며, 남자에게 더 편이나, 정서장애와의 구별은 다르나 운동과다와의 구별은 흔히 함께 나타난다.

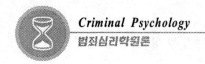

진단의 근거가 되는 행동의 예는 다음과 같다. 과도한 다툼 또는 괴롭힘, 잔인하게 하는 행동, 기물파괴, 방화, 도둑질, 거짓말, 무단결석과 가출 등정도 이상으로 자주 있는 심한 분노발작(temper tantrum), 도전적이고 남을 자극하는 행동들이나 지속적으로 계속되는 심한 불복종이다. 이 중에서 어느 한 가지라도 두드러지면 진단내리기에 충분하지만, 일회성의 반사회적인 행동만 있을 때에는 해당되지 아니한다고 볼 수 있다.

제외기준에 해당되는 것은 정신분열증, 조증, 광범위성 발달장애, 운동과다성 장애와 우울증 등과 같이 흔하지는 않으나 심각한 기저의 이상 상태들이 속한다. 이상 설명한 내용들이 지속적으로 6개월 이상 아닌 경우에는 이 진단을 내리기에는 어렵다.

5. 반항성장애

반항성장애(oppositional defiant disorder)의 필수증상은 권위 인물에 대해 반복되는, 거부적, 도전적, 불복종적, 적대적 행동이 적어도 6개월 이상 지속되고 다음 행동 가운데 적어도 4가지 행동이 빈번하게 발생되는 특징이 있다. 예컨대, 화내기, 어른과 논쟁, 요구나 규칙을 무시 혹은 거절, 고의적으로 타인을 무시하기, 잘못된 행동을 남의 탓으로 돌리기, 신경질 내기, 화내고 타인 원망하기, 앙심품기 등이다. 반항성장애로 진단내리기 위해서는 나이가 비슷하고 동일한 발달 수준에 있는 다른 사람들에게서 전형적으로 관찰되는 것보다 그러한 행동이 더 빈번해야하고, 그러한 행동이 사회적, 학업적, 직업적 기능에 심각한 장애를 초래해야 한다. 만약 행동장애가 정신증적 장애 또는 기분장애 기간에만 나타나거나 품행장애 또는 18세 이상에서 반사회성 인격장애의 진단기준에 맞는다면, 반항성장애는 진단내리지 않는다. 거부적이고 도전적인 행동은 지속적인 고집, 지시에 대한 저항, 어른이나 친구와의 타협, 양보, 협상을 하지 않는 양상으로 표현된다. 또한 도전은 대개 명령을 무시하고, 논쟁 그리고 실수에 대한 비난을 받아들이지 못하는 양상으로 표현된다. 적개심은 어른이나 친구에게 직접적으로 표현되고, 고의적, 언어적으로 공격하는 양상으로 나타나나 품행장애에서 흔히 보이는 심각한 신체적 공격성은 나타나지 않는다.

부수적인 특징은 개인의 나이와 반항성장애의 심각도에 따라 다양하게 나타난다. 남자의 경우, 반항성장애는 학령기 이전 동안에는 문제가 되는 짜증을 잘 내고 아주 예민한 기질이나, 높은 운동 활동성을 지니고 있는 아동에게서 쉽게 발병하는 것으로 보인다. 그리고 자존심이 낮고, 기분의 변동이 심하고, 좌절에 견디는 힘이 약하고, 욕, 술, 담배 및 불법 약물을 조기에 사용하기도 한다. 이 때문에 부모, 교사, 친구관계에서 갈등이 빈번하다. 반항성장애는 적어도 부모 가운데 한쪽 부모가 기분장애, 반항성장애, 품행장애, 주의력결핍 및 과잉행동장애, 반사회성 성격장애, 또는 물질관련장애를 갖고 있을 경우가 발병률이 높다. 일부 연구에 의하면, 우울장애가 있는 모친이 반항적 행동을 가진 자녀를 갖기 쉽다고 하고 있지만, 모친의 우울이 자녀의 반항성장애의 결과로 초래된 것인지 아니면 방항성장애를 야기 시킨 것인지는 분명하지 않다.

6. 뚜렛장애

뚜렛장애는 다발운동성 틱과 하나 이상의 음성 틱이 현재 있거나 과거부터 있어온 틱 장애를 말한다. 음성틱은 입에서 무엇을 뱉으려는 소리, 킁킁거리는 소리 같은 폭발적이고 반복적인 발성을 동반한 다발성이며, 외설스런 어구를 쓰는 경우가 흔하다. 때때로 몸짓의 반향행동(echopraxia)이 나타나는데, 이것이 외설적인 성질을 띠기도 한다. 운동성(corpropraxia) 틱과 마찬가지로 음성 틱도 잠깐 동안 의도적으로 억제할 수 있고 스트레스(스트레스의 강도는 여러 가지 요인에 따라 달라진다. 보다 절실한 욕구 좌절한다면 하찮은 욕구가 좌절당했을 때보다 더 심한 스트레스를 받게 된다)로 인해 악화되고, 잠자는 동안은 없어지기도 한다.

7. 분리불안장애

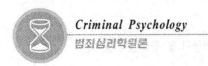

분리불안장애(separation anxiety disorder)라는 진단은 이별에 대한 공포가 불안의 중심을 이루고, 그런 불안이 생후 이른 시기에 생기는 경우에만 붙여야 한다. 정상적 이별불안과의 차이점은 이 장애에서는 일반적인 아동이 애착대상과 떨어졌을 때 보이는 불안의 정도에 비해 뚜렷이 아이들에게서 나타나는 연령을 넘어서까지 비정상적으로 지속된다는 점이며 이 때문에 사회적 기능상 상당한 문제가 수반된다는 것이다. 이에 부가하여 이 진단을 내리기 위해서는 인격기능 발달상의 전반적인 장애가 없어야 한다. 그러나 발달상 나타나기 부적절한 연령인 사춘기 동안에 보이는 이별불안의 경우에는 비정상적으로 지속되는 것이 아니라면 이 진단을 내려서는 아니 된다. 핵심적인 진단적 특성은 소아가 애착의 대상들인 부모나 다른 가족들과의 이별시에 나타나며 지나친 불안을 집중적으로 보인다는 것이다. 따라서 이 증상이 여러 가지 상황에 대한 전반적 불안의 일부일 때는 고려되지 않는다. 이 불안은 다음의 형태를 보일 수 있다.

① 주로 애착대상에게 생길지도 모를 위해에 대한 비현실적인 걱정에 사로잡혀 있거나, 그들이 떠나서 돌아오지 않을 것이라는 공포.
② 불운한 사건, 예컨대 미아가 되거나, 납치, 입원, 살해 등으로 인해 주된 애착대상과 떨어질 것이라는 비현실적인 걱정.
③ 이별에 대한 공포 또는 학교에서의 사건에 대한 두려움 등으로 학교가기를 지속적으로 거부하기.
④ 애착대상 옆에 혹은 근처에 있지 않으면 잠자리 들기를 지속적으로 거부하기.
⑤ 낮 시간 혼자 있거나 애착대상 없이 집에 있는 것을 부적절하게 지속적으로 두려워하는 것.
⑥ 반복적인 이별에 관한 악몽.
⑦ 집을 떠나 학교 가는 일처럼 애착대상과의 이별시에 나타나는 메스꺼움, 위통, 두통 또는 구토 등의 반복적인 신체증상.

⑧ 애착대상과의 이별이 예상되거나 이별 도중 또는 이별 직후에 나타나는 과도하고 반복되는 고통의 불안, 소리쳐 우는 행동, 발작, 비참함, 무감동 또는 사회적 위축 등으로 표현.

이별에 관여된 여러 상황에서는 또 잠재적인 스트레스 혹은 불안요인이 관련될 수 있다. 진단은 불안을 유발하는 여러 상황 중에서 공통된 요소가 주된 애착대상 인물과 격리되는 상황임을 증명하는 데에 달려 있다. 이것은 가장 흔하게는 등교거부 또는 공포와 관련되어 생겨난다. 등교거부는 자주 이별장애를 대변하나 때로는 그렇지 않을 경우도 있다. 청소년기에 첫 발생한 등교거부가 일차적으로 이별불안에 의한 것이 아니라면, 또 불안증상이 학령기 전에도 비정상적일 정도로 명확히 심한 것이 아니라면 이 진단을 내려서는 아니된다.

제2절 치료

1. 행동수정론

행동수정이론(behavior modification theory, 인간행동을 분석하고 수정하는 심리학 분야)은 정신지체나 자폐 등의 중증장애 아동을 지도하는 데는 중요한 학습지도 방법이지만, 요즘에는 일반 아동의 행동지도 및 일반 성인의 제반행동, 대인관계, 부부관계, 불안, 공포, 체중조절, 금연, 금주, 고혈압과 당뇨 같은 만성질환자의 건강관리, 뇌손상자의 재활치료, 편두통 치료 등을 관리 및 지도까지 널리 활용되고 있고, 행동수정에서 사용하고 있는 방법으로 행동형성, 행동연쇄, 소거, 고립, 과잉교정, 용암법 등을 알아보면 다음과 같다.

1) 행동형성

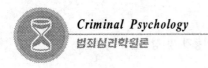

행동형성은(shaping)은 새로운 행동을 처음 가르칠 때 사용하는 방법인데, 목표행동을 한 번에 달성하기 어려울 때 처음에는 보상받는 기준을 낮게 잡아서 보상을 주고, 점진적으로 보상기준을 높이면서 보상을 주는 방법이다. 이 방법은 언어, 대인관계, 중도 정신지체나 자폐아동의 식사나 옷 입기 등의 신변처리 지도에 많이 사용된다.

2) 행동연쇄

행동연쇄(chaining)는 과제의 각 단계들을 한 번에 한 단계씩 지도하는 방법을 말한다. 과제의 첫 단계부터 순서적으로 학습시키는 것을 행동연쇄 또는 긍정적 연쇄(positive chaining)라고 하고, 맨 나중 단계부터 거꾸로 한 단계씩 지도하는 것을 역연쇄(backward chaining)한다. 양말 벗기를 행동연쇄방법으로 지도할 경우 처음에는 손을 양말에 대는 것만 시켜서 잘 하면 보상을 주면서 이 과정을 4~5회 반복한 후 보상을 주는 등의 과정을 거쳐 마지막 단계에서는 양말의 처음부터 끝까지 혼자 벗으면 보상을 주는 것이 긍정적 행동연쇄방법이다.

3) 소거

소거(extinction)는 사람의 행동이 주위로부터 관심을 받지 않으면 저절로 도태된다는 강화의 원리를 역이용하여 아동이 문제행동을 보여도 타이르거나 꾸중을 하는 등의 관심을 철저히 보이지 않는 방법이다. 즉 지금까지 받아오던 관심을 받지 못하는 것이 아동에게는 서운하거나 화나는 일이 될 수 있는 것이다. 이 때 소거를 받아야 할 문제행동 이외의 다른 행동에 대해서는 집중적으로 관심을 가져주거나 보상을 해야 한다.

4) 고립

고립(time-out)은 아동이 현재 즐기고 있는 상황으로부터 다른 곳으로 격리시키는 방법을 말하는데, 구석에 세워두는 것, 다른 방으로 내보는 것이 그 예이고, 그러한 행동 가운데도 통제를 가하는 것을 동작억압고립(movement suppression time out)라고 한다. 고립은 대체로 10분이 넘지 않도록 하고, 동작억압고립은 15초 이내로 하는 것이 바람직하다.

5) 과잉교정

과잉교정(overcorrection)은 특정 행동을 지나칠 정도로 반복 연습시킴으로서 문제행동의 발생을 예방하는 지도방법이다. 과잉교정에는 두 가지 방법이 사용되는데 하나는 행동의 결과에 대한 책임을 지우는 방법(원상회복, restitution)이고, 다른 하나는, 오줌을 싼 경우 잠자리에서 화장실 가는 동작을 20여회 반복해서 연습시킴으로서 문제행동의 발생을 예방하는 방법이다.

6) 용암법

용암법(fading)은 아동이 꺼려하거나 스스로 하지 않으려면 행동을 치료자가 처음에는 많이 도와주거나 같이하나 점차로 차료자의 도움 행동을 줄여 가는 방법이다. 보조법은 목표행동을 학습시킬 때 필요하고, 용암법은 일단 학습된 환경이 일반 환경에서 잘 유지되고 전이되도록 도와주는 과정이 필요하다.

2. 각 장애에 따른 치료법

1) 자폐증의 행동수정

행동수정은 환자에 대한 직접적인 적용뿐만 아니라 부모와 교사에 대한 직접적인 훈련을 포함하고 있다.

언어훈련

Lovaas는 언어회득을 두 가지 기본적인 사상들을 학습하는 것으로 개념화했다. 첫째 아동은 복잡성이 증가되는 언어반응을 숙지해야 한다. 기본 언어소리(음소), 단어와 단어의 부분(형태소), 구와 문장에서의 단어위치(구문론)를 숙지해야 한다. 둘째, 그들은 언어반응에 대한 적절한 맥락, 즉, 의미의 배치와 다음 반응의 예측을 숙지하여야 하다.

자폐증 아동의 치료 시에는 일반적으로 훈련 상황에 대해 그들에게 사전에 준비시키는 것이 필요하다. 이는 학습을 방해하는 자기자극과 자해행동을 억제하는 기법을 포함하고 있다. 치료자가가 하는 행동을 아동이 따라하도록 가르치는 일반화된 모방을 가르치는 것도 꼭 필요하다. 자폐증 아동은 관찰학습에서 장애를 보이나, 모방하지 않는 아동에게도 강화를 사용해 모방하도록 가르칠 수 있다.

언어반응의 숙지는 네 단계로 되어 있다.

ⓐ 치료자가 아동의 모든 언어화에 대해서 보상을 한다.
ⓑ 치료자의 시도 후 3초 이내에 반응을 할 때만 보상을 준다.
ⓒ 아동은 치료자가 제시한 언어자극에 가까워지는 데에 따라 보상을 받는다.
ⓓ 치료자는 유사하지 않은 다른 자극들을 제시하고 정확하게 반응할 때만 강화시킨다.

소리, 단어, 구 등이 단계적으로 프로그램화되어 있어서 아동은 모델링과 강화를 통해 언어를 습득한다. 언어를 의미 있게 사용하는 능력은 표현변별과 수용변별을 모두 포함하고 있다. 표현변별은 아동이 비언어적 자극을 제게 받고 이것을 명명하거나 기술하는 언어적 반응을 하도록 요구받을 때 일어난다.

자해행동

자해행동은 자신의 신체에 상처를 입히는 행동으로 가장 보편적인 유형은 머리 부짖치기, 깨물기, 찌르기, 꼬집기 등이다. 자해행동은 다양한 빈도로 만성적이고 반복적인 경향이 있다. 상처는 대개 작지만 자해행동은 반복되기 때문에 이미 난 상처에 세균이 오염되거나 충격으로 인하여 생명이 위태롭게 될 수도 있다. 자해행동은 학습에 현저한 영향을 미치기 때문에 치료가 중요하다. 자해행동에 대한 가설은 기질적, 행동적, 자기자극, 정신역동 등으로 분류할 수 있으며, 나머지 가설들을 검증하기 위해서는 자해의 동기를 결정하기 위한 사전조사를 해야 한다. 즉, 기질적 이상의 기능성을 조사하고, 그 행동이 외적요인에 의해 통제되는지를 알기 위해 자해행동의 직접적인 결과를 분석해야 한다. 이들 중 어느 것도 나타내지 않는다면 자기자극의 가능성을 평가하여야 한다.

자해행동은 그 행동에 주의함으로서 흔히 강화된다. 이러한 주의를 주는 행동이 실제로 자해행동을 증가시키는 것으로 보이는 반면, 주의를 주지 않음으로서 감소시킬 수 있다. 그러나 이러한 소거절차가 항상 성공적인 것은 아니며 일정 기간이 지나면 다시 나타난다. 마찬가지로 정적 강화로부터 배제시키기 위해 고립된 방에 일정 기간 동안 두었을 때 자해행동이 계속된다면 위험해질 수 있다.

신체적 처벌이 자해행동을 다루는데 보편적으로 사용되고 성공적인 유관성을 가지는 것 같다. 보통 상처는 주지 않으나 유해한 전기자극을 "안 돼"와 같은 언어적 질책과 함께 제시하는 방법이 있다. 즉각적으로 자해행동을 억제시키는 성공적인 다른 방법이 없고 이 효과도 다른 상황에서는 일반화되지 못하는 경향이 있다. 쇼크와 신체적 처벌은 윤리적 문제를 일으키기 때문에 처벌은 마지막 수단으로서만 사용된다. 고통은 치료적으로 사용하는 상황에서는 최후의 수단이어야 하고, 비교적 작은 고통으로 장래의 비교적 크고 지속적인 고통을 막을 수 있다는 사실로 정당화 된다.

과잉교정은 특정 자해행동 후에 하게 되며, 자해행동과 같이 일어 날 수 없는 행동의 반복연습이다. 예를 들면, 자기 때리기를 한 여아에게 몇 분 동안 양손

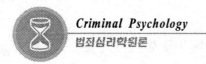

을 잡게 하는 과정이다. 과잉교정은 교정자 쪽에서는 많은 노력이 요구되지만 매우 효과적일 수 있다.

2) 학습장애의 진단 및 치료

3) 학습장애 진단절차

학습장애의 유형이나 학습장애 아동들에게 나타나는 특성이 매우 다양하고 개인차가 크기 때문에, 학습장애를 정확히 진단하는 것은 어렵다. 학습장애의 판별을 위해 표준화된 심리검사와 학업성취도 검사, 행동관찰 및 비표준화 검사(information test)등의 질적 분석이 사용이 된다.

학습장애의 가장 두드러진 특서이 학업상의 결함 또는 실패이므로, 일반적으로 아동의 지능, 나이, 학교교육연수에 비해 학업성취도가 현저하게 뒤떨어진 경우에 학습장애를 의심해 볼 수 있다. 따라서 1차적으로 표준화된 개인 지능검사(KEDI-WISC)와 학업성취도검사(기초학습, 기능검사 포함)를 실시하여 아동의 지능을 측정하고 인지 능력상의 불균형이나 지적 능력과 학업성취도간의 불일치가 있는지를 평가한다. 만약 지능이 보통이나 그 이상이면서도 자신의 능력과 나이, 학년 수준에 비해 학업성취가 현저히 낮다면, 학습장애로 잠정적인 진단을 내릴 수 있다. 그 다음에는 부모면접 등을 통해 아동의 발달을 조사하여 감각장애의 유무와 교육환경의 결손여부를 확인하고, 행동관찰과 정서적인 측면을 평가 할 수 있는 심리검사(HIP, SCT, TAT, Rorschach)를 실시하여 정서적, 행동적 특성을 파악한다. 만약 감각장애가 없고, 충분한 교육을 받았으며, 1차적으로 심각한 정서장애가 없는 경우에는 학습장애로 진단 할 수 있다.

학습장애 아동의 치료교육을 위한 방법에는 다음의 몇 가지가 있을 수 있다.

ⓐ 인지과정 접근방법(cognitive processing approach)은 학습자의 인지과정 또는 정보처리 과정상의 결함을 발견하여 치료하는 것이다. 아동의 지각능력, 주의능력, 기억능력, 언어능력 등을 평가하여 아동의 정보처리 양식과 처리상의 강, 약점을 밝혀 결함이나 약점을 치료하거나 강점을 활용하는

치료과정을 모색한다.

ⓑ 발달단계 접근방법(developmental stage approach)이 있다. 이 방법의 기본 전제는 현재의 발달과업을 성공적으로 완수해야 다음 단계의 발달과업을 성취할 수 있다는 것이다. 따라서 발달이 감각, 지각, 기억, 상징화 및 개념화 순으로 진행된다고 볼 때, 아동이 해당 연령수준의 발달단계에서 미처 완수하지 못한 발달과업을 확인하고 이를 보충할 수 있도록 돕는다.

ⓒ 기초학습기능개발 접근방법(basic academic skill developmental approach)은 기초학습기능의 위계를 분석하여 학습하는 아동으로 하여금 주어진 학습과제를 수행하는데 필요한 학습기능을 습득하도록 돕는 것이다. 따라서 학습문제를 가진 아동의 기초학습기능의 수준을 확인하고 부족한 기능을 중점적으로 개발시키는데 초점을 둔다. 그 외에 아동들의 학습 환경이나 조건을 변경하여 아동들의 행동변화에 초점을 두는 행동적 접근방법, 학습장애아들이 학업실패로 인해 겪는 실패감, 좌절감, 불안 등을 감소시키도록 도와주는 심리치료 접근방법이 있다.

제3절 성격장애와 범죄심리

성격장애란 한 개인이 지닌 지속적이고 일정한 행동 양상으로 인해 현실에 적응하는데 있어서 자기 자신에게나 사회적으로 중요한 기능장애를 초래하게 되는 이상성격이라고 정의를 내릴 수 있다. 성격장애는 한 개인이 속해 있는 문화권에서 보통 사람들이 평균적으로 지각하고, 느끼고, 생각하는 방식, 특히 타인과의 인간관계 형성 방식에서 심각하게 벗어나는 행동양식을 의미한다.

그러나 성격장애자들은 정신병 환자에서 볼 수 있는 퇴행적 행동이나 사고장애 혹은 정동장애를 거의 보이지 않으며또한 신경증 환자처럼 과장되고 고착된 방어도 거의 없다. 성격장애자들은 그들의 행동이 사회에 미치는 영향은 인식하

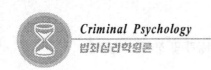

지 못할 뿐 아니라 그 증상 자체가 자신에게 맞추어 환경을 바꾸고자 하는 환경수식적(allopathic)인, 그리고 증상을 자신이 용납하는 자아동조적(ego-syntonic)인 특징이 있어 스스로 치료를 받으려 하지 아니 한다.

성격장애를 설명하는 체계에는 다양한 방법들이 있다. 즉, 미국정신의학학회의 DSM-IV에서의 분류체계와 Millon의 강화모형(reinforcement matrix)을 살펴보면, DSM-IV에서는 성격장애를 크게 세 가지 집단으로 나눈다.

ⓐ A집단은 편집성 성격장애, 분열성 성격장애, 분열형 성격장애가 포함된다. 이 집단의 특성은 이상하고 괴짜이며 동떨어진 경향성을 보인다는 점이다.

ⓑ B집단은 히스테리성 성격장애, 자기애성 성격장애, 반사회성 성격장애, 경계성 성격장애가 포함된다. 이 집단의 특성은 극적이고 감정적이며 변덕스러운 경향성을 보인다는 것이다.

ⓒ C집단은 회피성 성격장애, 의존성 성격장애, 강박성 성격장애가 포함된다. 이 집단의 특성은 쉽게 불안해하고 근심이 많으며 무서움을 잘 느낀다는 점이다(아래 표 참조).

[성격장애의 구분]

구 분	장 애	특징(경향성)
A 집단	편집성, 분열성, 분열형	괴짜, 동떨어진 행동
B 집단	히스테리성, 자기애성, 반사회성, 경계성	감정적, 변덕스러움
C 집단	회피성, 의존성, 강박성,	불안, 근심, 두려움

1. 강화모형에 따른 성격과 성격장애

성격과 성격장애를 이해하는 하나의 모델로서 강화의 개념을 사용하고 있다.

강화라는 개념은 보상, 만족, 쾌락이라는 개념과의 동의어로 사용되어 왔는데, 여기서는 각 개인이 강화물, 즉 삶의 즐거움을 추구하는 과정에 초점을 두고 있다. 강화를 추구하는 과정은 서로 상호작용하는 양극성 관점에서 분석 될 수 있는데, 이는 강화를 얻기 위해 이용되는 방법인 도구적 행동에 대한 분석과 어디서 강화를 찾느냐하는 강화의 원천에 대한 분석으로 나누어 볼 수 있다. 먼저 강화를 획득, 추구하는 방식에는 강화에 대한 능동적 추구와 수동적 추구가 있을 수 있다.

1) 강화에 대한 능동적 추구

이들은 순응적(proactive)인 사람이다. 민첩, 빈틈없고, 고집이 세고, 야망, 목표지향적인 행동이 특징이다. 그들은 확실하게 원하는 목표에 집중한다. 전략을 세우고 대안을 검토하며 환경을 조작하고 방해요소를 넘어 쾌락과 보상을 이끌어 내거나 처벌과 불안으로 인한 곤란을 피한다.

2) 강화에 대한 수동적 추구

반응적(reactive)인 사람이다. 전략은 거의 사용하지 아니하고 환경이 그들에게 강화를 제공하기를 기다린다. 자발성과 자기주장이 없고, 다른 사람의 욕구에 쉽게 순종하는 편이다.

다음으로 강화의 원천에 대한 분석으로 독립적, 의존적, 양가적, 이탈적인 네 가지 측면으로 나누어 볼 수 있다.

독립적 추구 강화

자기 자신으로부터 강화를 구한다. 강화를 얻고 처벌을 피하기 위한 최상의 방법이 자기 신뢰라는 것을 학습한 사람들이다.

의존적 추구

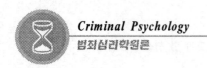

타인에게서 강화를 구한다. 강화를 극대화하기 위해서는 다른 사람들에게 의존해야 한다는 것을 학습해 왔다. 다른 사람의 주의나 지지가 이들에겐 매우 중요한 것이다.

양가적 추구

강화를 추구하는 원천이 일치하지 않는다. 강화란 독립적이고 의존적인 방식 둘 다로 행동할 때 얻어지는 것이라고 학습되었다. 해결이 불가능한 딜레마를 유발 할 수 있는데, 의존 대 독립, 복종 대 자율성의 사이를 오가며 혼란에 빠지게 된다. 그 결과 불일치감과 자기회의로 괴로워한다.

이탈적 강화추구

사실상 강화를 얻는데 실패하게 된다. 자신이나 타인으로부터 강화를 얻고자 하는 의지도 능력도 없다. 그 결과 쾌락을 추구하거나 처벌을 피하려는 욕구조차 없는 것처럼 보인다(아래 표 참조).

[강화의 원천분석]

도구적 (행동양식)	강 화 의 원 천			
	독 립 적	의 존 적	양 가 적	이 탈 적
능동적 (순응적)	원기왕성한 성격	사교적 성격	민감한 성격	억제적 성격
수동적 (반응적)	자신감 있는 성격	협동적 성격	공손한 성격	내성적 성격

ⓐ 증후의 연속성 : 정상 성격과 병리적 성격간의 관계에 대해서 살펴보면, 만약 성격장애를 정상성격 패턴과 비교하여 질적으로 구분되는 정신과정이라 생각한다면 그것은 증후의 불연속성 개념을 지지하는 것이다. 이와는 달리 성격장애를 정상성격 패턴의 양적인 병적 확장이라고 본다면 그

것은 증후의 연속성 개념을 지지하는 것으로 볼 수 있겠다.

이러한 연속성 개념은 2500년 전 Hippocrates에서 비롯되어 오늘날 Sheldon, Szasz, Beck, Millon 등의 연구 결과에서도 나타나 있다. 연속성 개념을 기초로 한다면, 성격장애는 한 개인의 성격에 외부로부터 이질적인 특성이 침입한 것이 아니라 정상적인 기질이 질적으로 과장되고 왜곡된 것이라고 볼 수 있다.

이러한 전제하에 DSM-IV 상의 10가지 성격장애들을 상위에서 언급한 강화모형성격의 왜곡된 변형이라는 개념에서 살려보고자 한다(아래 표 참조).

[성격유형]

강화모형에 따른 성격 유형	병리적인 변형
원기왕성(능동적-독립적) 성격	반사회성 성격장애
자신감(수동적-독립적) 성격	자기애성 성격장애
사교적(능동적-의존적) 성격	히스테리성 성격장애
협동적(수동적-의존적) 성격	의존성 성격장애
민감(능동적-양가적) 성격	(수동-공격성 성격장애)
공손(수동적-양가적) 성격	강박성 성격장애
억제적(능동적-이탈적) 성격	회피성 성격장애
내성적(수동적-이탈적) 성격	분열성 성격장애

(수동-공격성 성격장애는 DSM-IV에서 제외됨)

그 외 분열형 성격장애와 경계성 성격장애, 편집성 성격장애는 보다 심각한 성격장애로서 위 표에서 제시한 가벼운 정도의 성격장애의 악화로 본다.

① 분열성 성격장애 : 분열성 또는 회피성 성격장애의 악화.

② 경계성 성격장애 : 의존성 또는 히스테리성 성격장애의 악화.

③ 편집성 성격장애 : 자기애성, 반사회성 또는 강박성 성격장애의 악화.

또한 각 성격장애를 구체적으로 여섯 가지 기준에 따라 살펴보면 다음과 같다.

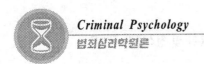

① 행동양상 : 다른 사람에게 어떻게 보이는가.

② 대인관계 : 다른 사람들과 어떻게 상호작용하는가.

③ 인지양식 : 사고 과정의 독특한 특성은 무엇인가.

④ 정서표현 : 감정을 어떻게 나타내는가.

⑤ 자기지각 : 자신을 바라보는 태도는 어떠한가.

⑥ 주요방어기제 : 대처양식은 어떠한가.

2. 임상적 특징과 하위유형

1) 편집성 성격장애(paranoid personality disorder)

임상적 특징

편집성 성격장애는 자기애성, 반사회성 또는 강박성 성격장애의 악화 유형으로 타인 전반에 대한 근거 없는 의심과 불신, 지나친 과민성을 그 특징으로 하고 있다. 이들은 화를 잘 내고 타인에게 적대적이며, 조소나 기만, 배신 같은 것에 지나치게 분노하는 경향이 있다.

다른 사람을 믿지 못하기 때문에 자기 통제력을 상실할 수도 있다고 생각되는 밀접한 관계는 맺지 않으려 한다. 항상 속임과 공격에 과민해져 사소한 것에도 많은 신경을 쓰기 때문에 스스로도 고통스러울 뿐만 아니라 대임관계에서 많은 어려움을 야기한다고 볼 수 있다(아래 내용 참조).

ⓐ DSM-IV의 편집성(망상성) 성격장애의 진단기준 :

A. 타인들의 동기를 악의에 찬 것으로 해석하는 등 광범위한 불신과 의심이 성인기 초기에 시작되어 여러 가지 상황에서 나타나며 다음 중 네 가지(또는 그 이상) 항목을 포함한다.

① 충분한 근거 없이도 타인들이 자신을 착취하고 해를 주거나 속인다고 의

심한다.

② 친구나 동료의 성실성이나 신용에 대한 부당한 의심에 집착되어 있다.

③ 정보가 자신에게 악의적으로 사용될 것이라는 부당한 공포 때문에 터놓고 애기하기를 꺼린다.

④ 사소한 말이나 사건 등을 자기의 품위로 손상시키려 하거나 위협적인 숨겨진 의도로 해석을 한다.

⑤ 원한을 오랫동안 풀지 않는다. 예를 들면, 모욕, 상해, 혹은 경멸을 용서하지 않는다.

⑥ 타인들에게는 그렇게 보이지 않지만 자신의 성격이나 명성이 공격당했다고 느끼고 즉시 화를 내거나 반격을 한다.

⑦ 이유 없이 배우자나 성적 대상자의 정절에 대해 자꾸 의심을 한다.

B. 정신분열증, 정신증적 양상을 보이는 기분장애, 혹은 기타 정신증적 장애의 결과 중에만 나타나는 것이 아니고 일반적인 의학적 상태의 직접적 생리적 효과에 의한 것이 아니어야 한다.

주의: 만약 정신분열증의 발명 이전에 지니고 있던 성격 특성이 위에 제시된 진단기준에 맞으면, 병전이라고 괄호 안에 써준다. 예: 편집성(망상성) 인격장애(병전).

ⓑ 행동양상 : 행동은 늘 자신을 방어하고 주변을 경계한다. 이들은 실제의 위험이 있거나 혹은 없거나 관계없이 지나치게 과민한 상태이다. 타인에게 의지하는 것은 약하고 열등한 것이라 여길 뿐만 아니라 아무도 신뢰하지 않기 때문에 어느 누구에게도 의지하지 아니하는 편이다. 그 결과 외부의 영향과 통제에 완강히 저항한다고 볼 수 있다.

ⓒ 대인관계 : 대인관계에서 까다롭고, 늘 시비조이며 도발적이다. 타인이 얼마나 진실한 지를 계속 확인하고 숨겨진 의미와 동기를 살핌으로서 다른 사람을 화나게 한다.

이들이 다른 사람을 믿지 못하고 지나치게 방어적인 것은 타인을 향한 분노가 내재되어 있기 때문인 것으로 보인다. 대부분의 사람들이 부정한 방

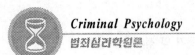

법으로 성공했다고 보고, 늘 자신은 제대로 대우받지 못하고 무시당하고 있다고 느낀다. 이같이 자신이 부당한 대우를 받는다는 생각 때문에 늘 공격적인 태도를 취하게 되는 것이다.

요약하여 보면, 의심하는 특성은 다투기 좋아하는 기질과 의존성에 대한 경멸의 혼재라고 볼 수 있다.

ⓓ 인지양식 : 인지양식은 회의적인 것이 특징이다. 의심과 의혹이 많고 냉소적이다. 평범한 사건을 자신에 대한 비판으로 받아들여 타인의 동기를 의심하고 때로는 피해망상을 가지기도 한다.

기본적으로 모든 것에 신뢰가 부족한 편집성 성격은 지각, 인지, 기억 모든 면에 영향을 미쳐 자신의 생각과 다른 어떠한 증거도 받아들이려 하지 않는 편집증적인 상태에 이르게 한다.

어느 누구의 말도 믿지 않으려는 고집스러움으로 다른 사람들과 어울리지 못하고 자신의 생각이나 태도를 공유하지 않으려 한다. 이렇게 혼자만의 생활 속에서 자연적으로 망상적인 인지구조를 더욱 발전시키게 된다.

ⓔ 정서표현 : 정서표현은 까다롭고 화를 잘 낸다. 냉정하고 사소한 것에도 의심하는 경향으로 유모란 찾아보기 힘들다. 이들은 이용당할지 모른다는 생각에 늘 불안해하고, 자신의 삶을 스스로 통제하지 못하게 될까봐 두려워한다. 항상 타인이 자신을 배반하지 않을까하는 생각에 그 증거를 찾느라 지나치게 예민하고 긴장되어 있다.

ⓕ 자기지각 : 자신의 잘못이나 실패를 받아들일 수 없기 때문에 편집성 성격장애는 투사과정을 통해 자신의 단점을 다른 사람에게 전가시키는 것으로 자존감을 유지한다.

이들은 타인의 사소한 결점이라도 쉽게 알아내는 재주를 가지고 있고 늘 시기하고 적대적이다. 이런 이유에서 편집성 성격장애는 얕잡아볼 수 없고 불의를 용납하지 않는 사람으로 자신을 지각하고 있는 것으로 보인다.

ⓖ 주요방어기제 : 편집성 성격장애는 대하기에 가장 불편하고 힘든 성격장애 중 하나이다. 늘 의심이 많고 적대적인 이들이 주로 사용하는 방어기제

는 투사(projection)이다.

투사는 두 가지 과장으로 전개되는데, 먼저 바람직하지 못한 특성과 동기를 억압하거나 자신과 관계없는 것이라고 단정하고 그 다음 그러한 특성이나 동기를 타인에게 전가를 시킨다. 투사는 자신의 바람직하지 못한 행동을 부인할 뿐만 아니라 방출하게도 한다. 더욱이 적대적인 동기를 타인에게 전가시킴으로 타인을 학대할 권리를 주장한다. 즉, 투사는 바람직하지 못한 행동을 부인하고 방출시키는 도구인 동시에, 타인을 향한 공격성 또는 보복성을 정당화하는 도구로서 작용을 한다.

병인론

ⓐ 생물학적 요인 : 편집성 성격장애 발달에 기여한다고 생각되는 유전적 요인에 대한 연구는 없는 편이다. 적대적이고 공격적인 행동을 보이는 편집성 성격장애 환자의 가족구성원을 대상으로 한 일부 연구에서 이들은 공통적으로 활성화 수준과 에너지 수준이 유의하게 높은 기질을 보인다는 주장이 있다.

ⓑ 환경적인 요인 : 부모의 성격특성과 양육태도가 편집성(paranoia) 성격을 발달시키는 원인이 될 수 있다. 편집성 성격장애자 부모의 성격특성은 그 자신이 강한 분노감을 지니고 있는 경우가 많다고 보고 있다. 어린 시절 아이는 불합리한 부모의 엄청난 분노에 짓눌려 성장하면서 자신을 자신의 부모와 동일시함으로서 누적된 분노를 다른 사람에게 투사하게 된 결과로 나타난다.

가혹하고 학대적인 부모의 양육태도에 계속적으로 노출된 아동은 타인에 대한 깊은 불신을 학습하게 되고 그에 따라 자신만이 결정의 주체임을 확신하게 된다. 그 결과 아무도 신뢰하지 않으며 부모나 사회의 통제는 거부하고 대신 충동적이고 공격적인 삶의 방식을 발달시킨다. 이들 중 일부는 자신이 지각한 환경의 위협에 직접적으로 대처하지 못하고 증가된 긴장을 적대감, 망상 등으로 표출하기도 한다.

2) 분열성 성격장애(schizoid personality disorder)

임상적 특징

분열성 성격장애는 수동적-이탈적(passive-detached) 성격유형으로 정상적인 내성적 성격(introversive personality)의 병리적 형태이다. 이들은 사회생활에서 드러나지 않고 조용히 자신의 일을 하며 다른 사람들과의 관계에서도 좀처럼 주의를 끌려고 하지 않는다. 다른 사람들로부터 방해받지 않는 삶을 살고 싶어 하며 사회적 관계에서 보상을 기대하지 않기 때문에 타인과의 접촉이 요구되지 않는 분야에서 재능을 나타낸다. 우표수집과 같은 취미생활이나 동물사육, 기계 조립 등에 몰두하는 경우가 많다.

이들의 주된 특징은 비사교적인 것으로 대인관계에 무관심하고 정서적으로 냉담하며 외부자극에 잘 반응하지 않고, 과도한 백일몽이나 정교한 환상을 잘 갖는다(아래 내용 참조).

ⓐ DSM-IV 분열성 성격장애의 진단기준 :

A. 사회적 관계에서의 고립양상과 대인관계 상황에서의 제한된 감정 표현이 광범위한 양상으로 나타나고, 이런 양상이 성인기 초기에 시작되며 가양한 상황에서 드러나며, 다음 중 4 가지(이상의) 항목을 나타낸다.

ⓐ 가족의 일원이 되는 것을 포함하며, 친밀한 관계를 바라지도 즐기지도 않는다.

ⓑ 거의 항상 혼자서 하는 활동을 선택한다.

ⓒ 다른 사람과 성관계를 갖는 일이 거의 없다.

ⓓ 만약 있다고 하더라도, 소수의 활동에만 즐거움을 얻는다.

ⓔ 직계 가족 이외에는 가까운 친구나 마음을 털어놓는 친구가 없다.

ⓕ 타인의 칭찬이나 비평에 무관심해 보인다.

ⓖ 냉담, 고립, 혹은 단조로운 정동을 보인다.

B. 장애가 정신분열증, 정신증적 양상을 동반하는 기분장애, 기타 정신장애 혹은 광범위성 발달장애의 경과 중에서만 나타나는 것이 아니며, 신경과

적(측두엽 간질 등) 또는 다른 일반적인 의학적 상태의 직접적 생리적 효과로 인한 것이 아니어야 한다.

ⓑ 행동양상 : 행동은 무기력하고 거의 활동을 하지 않는다. 활기가 없고 에너지가 부족하며 행동도 활발하지 못하다. 말은 느리고 단조로우며 의사표현도 거의 없는 편이다.

ⓒ 대인관계 : 대인관계는 타인에 대해 무관심하며 타인과 동떨어져 있다. 최소한의 인간관계에게만 관심을 갖고 친구들이 거의 없으며 다른 사람들의 행동이나 감정에 거의 반응을 하지 않는다.
이러한 대인관계의 소극성이 다른 사람에게는 적대감이나 거부를 나타내는 것으로 해석되기도 하지만 실제로는 무능함을 나타내는 것이다. 집단토론에서는 자신의 의사를 분명히 하지도, 뚜렷한 관심을 보이지도 않으며 사회적 활동에서는 피상적인 수준으로 참여한다.

ⓓ 인지양식 : 이들은 거의 내성을 하지 아니한다. 왜냐하면, 이들은 실존적 사고나 정서를 경험할 능력이 없어서 자기평가가 제대로 이루어질 수 없기 때문이다. 인지적으로 빈곤하며 고차적이고 의미 있는 인지능력은 거의 없는 편이다. 사고과정은 모호하고, 사고와 대화패턴은 산만하기 때문에 쉽게 비행 혹은 범죄에 연루가 되기 쉽다.

ⓔ 정서표현 : 정서적 표현에 있어 광범위한 결함을 보이는 것으로 나타나 있다. 정서표현은 단조롭고 황폐하기까지 하다. 행복, 슬픔, 깊은 분노조차도 경험할 수 없어 냉담하고 불만도 없으며, 타인에 대한 온정이 부족하다.

ⓕ 자기지각 : 스스로를 편안하고, 내향적이라고 여긴다. 자신의 생활에 만족해하고 사람들과 동떨어져 지내는 것에 별로 불만스러워 하지 않는 것처럼 보인다. 사회적 야심이나 경쟁에도 무관심하다.

ⓖ 주요방어기제 : 이들은 이지화(intellectualization)를 주요방어기제로 사용한다. 이지화는 그들의 정서와 대인경험을 지극히 사실적인 용어로 기술하려는 경향이 있다.
이지화를 사용하는 사람은 사회적, 정서적 사건들에 대해 형식적이고 객

관적인 면에만 관심을 두고 정서적 표현을 유치하고 미성숙한 것으로 보이는 경우도 있다. 이지화는 분열성 성격 장애자에게 환경과 정서적으로 관련되지 않고 초연하게 지낼 수 있는 도구가 된다.

병인론

ⓐ 생물학적 요인 : 분열성 성격장애의 일부 측면은 유전되는 생물학적인 결함에 기인할 수 있는데, 이러한 가설은 대개 정신분열증의 생물학적 기초에 대한 연구를 바탕으로 하기 때문에 보다 신중한 연구가 있어야 하겠다. 분열성 성격발달에 기여한다고 생각되는 잠재적인 생물학적인 요인의 하나는 변연계와 전두피질에 위치한 도파민성 후시냅스 수용기의 증식이다. 그 결과 과도한 억제 기능으로 빈곤한 인지활동과 제한된 정서행동이 야기된다.

ⓑ 환경적인 요인 : 이들의 가정은 형식적이고 경직된 분위기를 가지고 있을 수 있다. 아동들은 반복적으로 경험하는 대인관계 패턴을 모방하게 된다. 가혹하고 냉담한 대인관계뿐만 아니라 피상적이고 형식적인 대인관계도 병리적 결과를 낳는다. 그러한 가정에서는 가족구성원들이 서로 상관없는 타인들이고 단지 동거하는 관계일 뿐이다. 이러한 분위기는 사회적 부적절성, 무감각, 무감동, 대인 친화감 결여 등의 뿌리 깊은 습관을 발달시키게 된다. 가족들이 싸우지는 않으나 애정표현이 결여되어 있으며 최소한의 상호작용만 있고 그것 또한 극히 형식적이다.

대화기술이라는 것은 사회행동의 선결요인이므로 적절한 의사소통 기술 없이는 타인과 효율적으로 상호작용을 할 수 없게 된다. 이러한 대화기술을 학습할 수 있는 최초의 장이 가정이다. 따라서 가정 내의 대화패턴이 단편적이라면 적절한 의사소통기술의 학습이 불가능하다.

역기능적 대화 패턴의 하나가 단편적인 대화인데, 단편적 대화란 완전한 생각을 전달하지 않고 일부만 표현하며 간접적이고 우회적인 것을 의미한다. 이것은 그대로 아이들에게 학습이 된다. 이러한 대화양식은 그 자체로만 끝나는 것이 아니라 인지적, 정서적 측면에서도 유사한 패턴을 갖게 된다. 이러한 대화패턴은 다른 사람들을 혼란시키게 되고 상대의 부정적인 반응이 이 사람으로 하여금 더욱 사회적으로 고립되게 한다.

3) 분열형 성격장애(schigoiypal personality disorder)

임상적 특징

분열형 성격장애는 분열성 또는 회피성 성격장애가 악화된 형태라고 본다. 분열성이나 회피성 성격장애보다 더 심각하고 퇴화된 증후를 보인다. 따라서 이는 분열성과 회피장애의 동일한 특성을 포함하면서 그 강도와 심각성은 더한 상태라 할 수 있다.

ⓐ 행동양상 : 행동은 일탈되고 이상하고 특이하다. 학교와 직장을 자주 그만두고 여기저기를 옮겨 다니며 기혼자인 경우 종종 별거하거나 이혼을 하기도 한다. 이들은 사회적 고립을 선호하고 때로는 다른 사람들에게 별나게 보이는 활동에 참가하기도 한다.

심한 경우 매우 기이하며 색다른 언어패턴이 나타나기도 하는데, 중심에서 벗어난 엉뚱한 이야기를 하기도 하며 은유적인 표현을 많이 하는 편이다. 그러나 언어 표현이 독특하고 개념은 불분명하며 단어를 이상하게 쓰기는 하지만 정신분열증에서 보이는 연상의 이완(loosening of association)이나 아주 특이한 행동을 수반하지는 않는다.

ⓑ 대인관계 : 최소한의 대인접촉과 의무를 하면서 고립된 생활을 한다. 피상적이고 지엽적인 사회적, 직업적 역할을 하기는 하나 실제로는 가까운 친구는 없고 직접적으로 대면해야 하는 관계를 피하는 경우가 있다. 비교적 대수롭지 않은 대인관계 문제에도 강렬한 불안(anxiety)을 경험하고 이러한 이유 때문에 이들의 대인관계는 사람으로부터 동떨어져 있거나 숨어있기를 좋아한다.

ⓒ 인지양식 : 인지양식은 반추적이고 자폐적이며 심한 경우 혼란스러운 경

향을 보인다. 인지과정의 주요 특징은 일탈이나 간섭으로 그 결과 논리적 사고의 전개가 어렵다. 정신병적인 사고가 일시적으로 나타나기는 하나 정신분열증 진단에는 맞지 않는다.

ⓓ 주요방어기제 : 분열형 성격장애는 자폐적이고 기이한 인지 양상을 보이며 심한 사회적, 정서적 고립을 경험하는 것이 특징으로 취소(undoing)를 주요방어기제로 사용한다. 취소는 자기정화적 기제로서 바람직하지 않은 행동이나 악한 동기를 참회하려는 시도이다. 실제로 취소는 보상의 한 형태인데 심각하게 병리적인 형태일 때는 복잡하고 기이한 의식들의 형태나 마술적 행위들을 취한다. 그들은 이러한 행동들의 실제 의미를 알지 못할 뿐만 아니라 그 행동을 통제할 능력마저 상실한 것처럼 보인다.

병인론

ⓐ 생물학적 요인 : 분열형 성격장애는 생물학적으로 상향 망상 활성계나 변연회로에 과소 자극결함이나 기능부전이 있을 가능성이 있다. 대뇌의 이러한 기능부전은 중요한 신경학적 활동을 감소시키게 되며 환경에서 오는 인지적, 정서적 자극에 대한 전위를 낮추는 것 같다. 따라서 이들은 자기자극이나 환상 혹은 환각에 의존하려는 욕구가 생겨나는 것으로 보인다.

ⓑ 환경적 요인 : 사회 학습적 관점에서 보면 이들은 감각 운동단계에서 부모의 무관심이나 무시로 인해 자극을 제대로 받지 못했을 가능성이 있으며, 이러한 조건에 반복적으로 노출되면 정신병리로 발달될 수 있다고 본다. 일단 형성된 행동과 대처의 초기 양식은 영속적인 과정을 통해 지속되고 과거의 문제들을 심화시킨다.

4) 반사회성 성격장애(antisocial personality disorder)

임상적 특징

반사회적 성격은 강화모형에서 보면 적극적으로 자신에게서 강화를 추구하는 능동적-독립적(active-independent personality) 타입으로 정상적인 원기왕성한 성격의 병리적 형태이다. 야심 있고, 고집스러우며 공격적이고 환경을 통제하고자 하는 욕구를 드러내며 좀처럼 타인의 능력을 믿지 않으려는 특성을 보인다.

이러한 반사회적 성격의 경미한 수준의 특성은 종종 권장되어질 뿐만 아니라 경쟁사회에서는 지지되고 길러져야 하는 성격이기도 하다. 그래서 냉엄하고 비정한 사업세계에게서나 정치계, 군사조직에서는 생존을 위해서 필요한 성격이라고까지 여겨진다.

ⓐ 행동양상 : 행동은 어려움이 없으며 심하면 무모하기까지 하다. 충동적이고 폭력적인 경향이 있으며, 처벌을 두려워하여 행동을 자제하는 경우는 좀처럼 없다. 또한 모험을 즐기는 특성이 있으며 이러한 행동이 그들에게 활력을 주기도 하지만 타인의 권리를 고려하지 않기 때문에 다른 사람에게는 공격적이고 무책임하게 보인다. 극단적인 경우 타인의 권리와 안녕을 개의치 않고 사회적 규칙과 관습을 무시하며 법에 저촉되는 행위와 같은 무모한 행동을 보이기도 한다.

ⓑ 대인관계 : 대인행동은 거칠고 냉담하며 적대적이다. 타인에게 무관심한 것처럼 보이나 실제로는 민감하며 의도적으로 그런 모습을 보인다. 대인관계상 공격적인 면을 보이는 것의 이면에는 내재되어 있는 의존과 사랑에 대한 욕구를 방어하려는 기제가 작용한다. 극단적인 경우 호전적인 태도를 보이는데, 이는 대부분 아동기에 학대받은 경험에 뿌리를 두고 있다. 또한 권위에 매우 반항적이라 처벌이 행동교정에 효과가 없다.

ⓒ 인지양식 : 경직되고 융통성이 없으며 외부 지향적인 인지패턴을 보인다. 약한 경우에는 고집이 세고, 지나치게 현실적이나 극단적인 경우에는 편협하고 완고한 인지양식을 보인다. 그들은 외부환경을 위협적인 것으로 보아 공격적인 태도를 지닌다. 자신의 적대감과 원한을 타인의 행동에 귀인하며 자기방어의 명분에 따라 행동한다.

ⓓ 자기지각 : 자신을 경쟁적, 정력적, 독립적이고 고집이 세다고 지각하는데, 이러한 특징들은 스스로 가치 있는 것으로 본다. 경쟁에 가치를 두고 권력

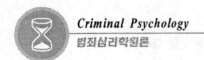

지향적이며 법이나 규칙 위에 군림하려 한다. 사람만이 아니라 사건 등 환경 전체를 자기 통제 하에 두고자 한다.

ⓔ 주요방어기제 : 행동화(acting-out)를 주요방어기제로 사용한다. 행동화는 공격적인 사고, 감정 및 외형적 행동들을 충동적으로 표출하는 경향이다. 예컨대 분노발작(temper tantrum)이 행동화의 특징적인 예이다. 사회적으로 용납되지 않는 행동을 바람직한 형태로 바꾸지 않고 직접적으로 결과에 대한 고려 없이 방출하는 것이다(아래 내용 참조).

DSM-IV의 반사회성 성격장애 진단기준

A. 15세 이후에 시작되고, 다음에 열거하는 타인의 권리를 무시하거나 침해하는 광범위한 행동 양식이 있고, 다음 중 3 가지(그 이상) 항목을 가진다.

① 법에서 정한 사회적 규범을 지키지 못하고, 구속당할 행동을 반복하는 양상으로 드러난다.

② 개인의 이익이나 쾌락을 위한 반복적인 거짓말, 가명을 사용하거나 타인들을 속이는 것과 같은 사기.

③ 충동성 또는 미리 계획을 세우지 못함.

④ 빈번한 육체적 싸움이나 폭력에서 드러나는 자극과민성과 공격성.

⑤ 자신이나 타인의 안전을 무시하는 무모성.

⑥ 일정한 직업을 갖지 못하거나 채무를 청산하지 못하는 행동으로 드러나는 지속적인 무책임성.

⑦ 자책의 결여, 타인에게 상처를 입히거나 학대하거나 절도행위를 하고도 무관심하거나 합리화하는 양상으로 드러난다.

B. 연령이 적어도 18세 이상이어야 한다.

C. 15세 이전에 발생한 품행장애의 증거가 있어야 한다.

D. 반사회적 행동이 정신분열증이나 조증삽화 경과 중에만 나타나는 것이 아니어야 한다.

병인론

ⓐ 생물학적 요인 : 유전적 영향을 강조한 Robins의 연구에 의하면, 사회병질이나 알코올 중독(alcohol-related disorder, 알코올 중독은 개인은 물론 가족의 정상생활을 크게 저해하는 질병이지만 우리나라에서는 관습적으로 또는 문화적으로 알코올 남용을 묵인해 오는 경향이 있다. 1984년 서울의대 정신과학교실에서 진단면접 척도(diagnostic interview schedule III)에 의하여 실시한 역학 조사에 의하면 우리나라 성인의 알코올 남용 평생 유병률은 12%, 알코올 중독 평생 유병률은 22%인 것으로 나타났다. 또한 한국생산성본부에 따르면 알코올 중독 가능인구가 약 460만 명으로 추정하고 있다. 통계청(1997)에 의하면 인구의 8.4%가 거의 매일 25.2%가 주 3~4회 술을 마신다고 한다. DSM-IV에 의하면, 알코올 남용(alcohol abuse)의 진단은 1년 이내에 다음 4 가지 증상 가운데 하나 이상의 중대한 손상이나 고충을 초래하는 알코올 사용을 하는 경우에 내려진다.

① 술로 인해 중요한 자신의 역할(직장, 학교, 가정)에 대한 책임을 적절히 완수하지 못함.

② 신체적으로 위험한 상황에서 알코올 섭취.

③ 지속적인 또는 삽화적인 음주상태로 인해 사회적, 대인관계적 기능의 손상.

④ 음주로 인해 법률적인 문제를 반복적으로 일으킴. 그리고 알코올 의존진단은 1년 이내에 다음의 7가지 증상 중 3가지 이상을 경험하게 될 때 내려지게 된다.

ⓐ 내성(tolerance, 점점 더 많은 양을 요구하게 되는 상태).

ⓑ 금단증상.

ⓒ 계획한 양보다 더 많이 마심.

ⓓ 술을 줄이려고 시도하나 실패함.

ⓔ 술을 습득하거나, 마시거나, 또는 술에서 깨는데 많은 시간을 소비함.

ⓕ 술로 인해 중요한 사회적, 직업적, 또는 여가활동을 포기하거나 줄임.

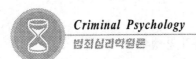

ⓖ 술이 신체적 심리적 문제를 계속 발생시킨다는 것을 알면서도 계속 음주를 함.

알코올 중독을 검사하는 간단한 도구 중 하나는 바로 CAGE이다. 그 내용은 다음과 같다.

C: 이제 술을 끊어야(cut-down)되겠다고 줄곧 생각이 드십니까?

A: 사람들이 귀하의 음주를 비난하면서 귀하를 성가시게 하고 있습니까?

G: 귀하의 음주에 대해 죄책감(guilty)을 느끼고 있습니까?

E: 숙취를 제거하기 위해 아침에 술을 들고 계십니까?

이 외에도 여러 가지가 있는데, 예를 들어 Alcohol use Disorders Identification Test(AUDIT, Saunders, et al., 1993)는 10개 항목으로 구성된 것으로 WHO가 개발하였다. 이윤로, 이선영, 정신보건 사회복지론(Mental Health and Social Work), 학지사, 2002. pp. 204~206)인 아버지를 가진 경우에서는 이 아이가 실제로 아버지 밑에서 성정했건 안했건 상관없이 반사회적 성격장애가 되기 쉽다고 하였다. 그 밖에도 기질적 근거가 명확히 밝혀지지는 않았지만 아동기에서 볼 수 있는 과잉행동이나 가벼운 신경학적 이상이 성장 후에 반사회적 성격장애와 통계적으로 연관성이 있음이 발견되고 있다.

ⓑ 환경적 요인 : 반사회적 행동 특히 적대감은 생물학적 요인을 추적할 수 있기는 하나 환경적 요인이 이러한 소질의 내용과 방향을 형성한다. 반사회적 성격의 발달력에는 부모의 적대감이 주목된다. 원인이 무엇이든 부모의 적대감과 학대의 대상이 됨으로서 그 반응으로 아이에게는 적대감이 발생될 뿐만 아니라 아이는 부모를 하나의 모델로 관찰함으로서 적대감을 배울 수도 있다. 즉 반사회적 성격의 발달원인은 부모의 적대감, 잔인성에 노출되어 시작된다는 것이다.

또 하나의 환경적 요인은 적절한 부모 모델의 결여이다. 유아기 시절 심한 박탈경험을 한 경우, 특히 출생 후 1년 동안의 부모 상실은 중요한 요인으로 생각되고 있다. 그러나 보다 중요한 요인은 부모의 상실 그 자체보다도 중요한 사람과의 일관성 있는 감정적 유대관계의 결핍에 있다는 주장도 있다. 다시 말하면, 부모의 상실보다도 변덕스럽고 충동적인 부모가 더욱 문제가 되는 것으로 보인다.

5) 경계성 성격장애(borderline personality disorder)

임상적 특징

경계성 성격장애는 의존성 또는 히스테리성 성격장애의 악화 유형이다. 대인관계, 행동, 기분, 자아상을 포함하여 여러 영역에서 불안정성을 보인다. 행동이 변덕스럽고 기분이 쉽게 변하는 것이 핵심이다.

ⓐ 행동양상 : 행동은 돌발적이고 무모하고 혼란스럽다. 갑자기 예기치 않게 화를 내며 빈번히 사고를 저지르고 싸우고 자해를 하며 자살시늉을 하는 것과 같은 자기 손상적(self-damaging)행동을 한다. 또한 과식을 하고 도박 및 도벽 등과 같은 자기 파괴적(self-defeating)행동을 하기도 한다.

ⓑ 대인관계 : 대인관계에서는 반항적이고 변덕스러우며 모순된 행동을 보인다. 타인에게 관심과 애정을 요구하지만 행동은 충동적이고 타인을 조종하려는 경향이 있다. 이러한 대인관계 양상으로 그들은 자신들이 필요로 하는 지지를 얻기보다는 타인으로부터 거부를 당하게 된다. 이들은 타인에게 과도하게 의존적이면서 동시에 타인으로부터 구속당하는 것에 극도로 예민하다. 그 결과 그들은 사람들과 더불어 지내고자 하면서 동시에 이를 부담스러워 하며 혼자 있고 싶어 하는 모습을 보인다.

ⓒ 인지양식 :인지양식은 일관성이 없고 변덕스러우며 통합력이 결여되어 있다. 과대이상화와 평가절하의 극단 사이를 반복하는 사고양상을 보인다. 그러한 비일관성이 타인을 혼란스럽게 하고 그 결과 자신들이 생각한 것과 타인에게서 오는 반응의 불일치에서 인지과정은 더욱 뒤죽박죽이 된다. 그 결과 타인에 대한 불신과 적대감을 갖게 되고 만성적인 공허감과 권태감을 느끼게 된다.

ⓓ 주요방어기제 : 이들은 정서적으로 불안정하며 특히 stress에 취약하다.

그러므로 이들은 압박과 고통을 피하는 기제인 퇴행(regression)을 주요방어기제로 사용한다. 퇴행이란 stress하에서 이전의 발달단계로 돌아가는 것으로 성인기의 불안과 스트레스에 대처할 수 없는 사람들이 이전의 단계 즉, 삶이 그다지 복잡하지도 힘겹지도 않았을 때의 보다 미성숙한 기능수준으로 돌아가는 것을 말한다.

퇴행의 초기단계에서는 충동통제가 약화되고, 타인으로부터 많은 보살핌을 요구하지만 더 심해지면 손가락 빨기, 아기 말투, 요실금, 태아 자세와 같은 현상이 나타난다(아래 내용 참조).

[DSM-IV의 경계성 성격장애의 진단기준]

A. 대인관계, 자아상 및 정동에서의 불안정성, 심한 충동성이 광범위하게 나타나며, 이러한 특징적 양상은 성인기 초기에 시작하여 여러 가지 상황에서 일어난다. 다음 중 5가지(그 이상)항목을 가진다.

① 실제적이나 가상적인 유기를 피하기 위한 필사적인 노력.

주의 : 진단기준⑤에 열거한 자살 또는 자해행위는 포함되지 않음.

② 극적인 이상화의 평가절하가 반복되는, 불안정하고 강렬한 대인관계 양식.

③ 정체감 혼란: 심각하고 지속적인, 불안정한 자아상 또는 자아지각.

④ 자신에게 손상을 줄 수 있는 충동성이 적어도 2가지 영역에서 나타난다(낭비, 성관계, 물질남용, 무모한 운전, 폭식).

주의: 진단기준 ⑤에 열거한 자살 또는 자해행위는 포함되지 않음.

⑤ 반복적인 자살행동, 자살시늉, 자살위협, 자해행위.

⑥ 현저한 기분의 변화에 따른 정동의 불안정성(간헐적인 심한 불쾌감, 과민성, 불안 등이 수 시간 정도 지속되지만 수일은 넘지 않음).

⑦ 만성적인 공허감.

⑧ 부적절하고 심한 분노 또는 분노를 조절하기 어려움(자주 울화통을 터뜨림, 항상 화를 내고 있음, 자주 몸싸움을 함).

⑨ 일과성으로 스트레스에 의한 망상적 사고 또는 심한 해리 증상.

병인론

ⓐ 생물학적 요인 : 가족력에서는 자율신경계의 과반응성이 특징으로 나타난다. 아동기 때 이들은 과잉민감성을 보이는데, 그 결과 이러한 아동들은 항상 높은 자극 수준에 노출되어 있는 셈이다. 그러한 자극은 신경심리학적 측면에서 자극 추구행동을 이끌게 된다.

ⓑ 환경적 요인 : 양육과정에서 부모가 아동에게 특정행동에 대한 보상이 언제 주어질지 모르는 변동비율강화를 자주 사용하게 되면 아동은 타인의 인정을 받을 때에만 자신들이 유능하고 수용 받는다고 느끼게 된다. 이러한 아동들 중 많은 경우 히스테리적 특성을 지닌 부모모델에 노출되어 자신의 관심 추구, 승인추구 행동은 무시된다는 느낌을 갖게 된다. 그 결과 보호에 대한 외부 근원이 유지되지 못하고, 관심과 지지를 이끌어 내는 자신의 능력이 감소하게 된다. 이들은 경계성 성격의 특징인 주기적 기분변화를 경험하게 되고, 악화과정이 더욱 진행되면 기분변화는 더욱 극적이게 되어 종국에는 경계성 성격장애가 형성된다. Kernberg의 가설에 의하면, 발달과정의 초기에 어머니와 가졌던 병적인 양가감정의 대상관계가 내재화됨으로서 원시적 방어기제들을 계속 사용하게 되어 대인관계에서도 모든 사람들은 선과 악의 극과 극으로 분리시킴으로서 왜곡된 인간관계를 갖게 된 것이 원인이라고 한다.

6) 히스테리성 성격장애(histrionic personality disorder)

임상적 특징

히스테리성 성격장애는 능동적-의존적(active-dependent) 성격유형으로 사교적 성격(sociable personality)의 병리적 형태이다. 타인으로부터 강화를 적극적으로 찾으며 이를 얻기 위해 매력적, 사교적, 유혹적으로 행동한다. 사람들과 이야기 잘하고 쉽게 어울린다. 그러나 심한 경우 극적인 행동과 과장되고 변덕스러운 정서를 보이며 공공연히 남을 이용하는 행동 때문에 대인관계에서 장애가

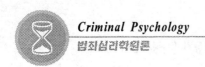

나타난다. 이 장애는 여자에게서 더 많이 나타나고 흔히 가족력이 발견되는 편이다.

ⓐ 행동양상 : 자기의 감정이나 사고를 쉽게 극적으로 표현하는 능력, 주위의 대상이 되는 천부적인 능력이 있다. 대개 여성인 경우에는 유혹적이고, 남성인 경우에는 매력적으로 보인다. 변덕스럽고 끊임없이 새로운 자극을 추구하여 때로는 무모한 모험을 시도하기도 한다.
첫인상은 세련되고 사교적이어서 호감이 가는 인상이지만 곧 깊이가 없고, 타인을 이용하려는 경향이 드러난다. 과시적이면서 동시에 의존적인 경향이 뚜렷하다.

ⓑ 대인관계 : 대인관계에서는 타인에게 쉽게 다가가며 때로는 유혹하는 행동을 보이기도 한다. 타인으로부터 칭찬, 보살핌, 지지를 얻기 위해 남과 잘 어울리고 비위를 맞추지만 때로는 교묘히 타인을 이용하기도 한다. 인정과 지지를 받고자 하여 다른 사람의 감정이나 생각에 매우 예민하면서도 행동은 자기중심적이고 피상적이다.

ⓒ 정서표현 : 정서표현은 불안정하고 때로는 격렬하기까지 하다. 단기간의 극적이고 피상적인 기분의 변화를 보이는데, 열광했다가 이내 지루해하고 즐거워했다가 곧 화를 내고 보다 심한 경우에는 주의를 끌기 위한 의상이나 직접적인 행동표현을 통해 자기극화(self-dramatization)를 보이기도 한다. 극단적인 경우에는 사소한 자극에도 충동적으로 과도하게 반응하고 때로는 비합리적인 감정표현을 하기도 한다.

ⓓ 자기지각 : 특성상 자기통찰이 결여되어 있다. 자신의 불안정한 정서, 유약함, 우울, 적대감을 인식하지 못하거나 인정하지 않으려 하면서 자신을 친화적, 사교적이라고 생각한다. 이들은 자신들만이 가진 타고난 특성보다는 사회적 관계와 타인에게 미치는 영향의 측면에서 자신들을 묘사한다. 외부세계 및 외부에서 얻는 보상에 집착하여 정체감을 잃고 있는 것이다.

ⓔ 주요방어기제 : 정서가 쉽게 변하고 피상적이기는 하지만 사교적이고 매력적으로 보이는 이들은 해리(dissociation)를 주요방어기제로 사용을 한다.

해리는 다른 사람들이 자신의 실제 모습을 보지 못하게 하는 기제이며, 불유쾌한 사고와 감정을 드러내거나 반추하지 못하게 하는 자기 분산적 과정이다. 따라서 이들은 실제 자신이 지니고 있는 단점들은 보지 못하게 되는 편이다(아래 내용 참조).

DSM-IV의 히스테리성 성격장애의 진단기준

광범위하고 지나친 감정표현 및 관심끌기의 행동양상이 성인기 초기에 시작하여 여러 가지 상황에서 나타나며, 다음의 5가지(그 이상 포함) 항목을 가진다.

① 자신이 관심의 초점이 되지 못하는 상황에서 불편해 한다.
② 다른 사람과의 행동에서 흔히 상황에 어울리지 않게 성적으로 유혹적이거나 도발적인 행동이 특징적이다.
③ 빠른 감정의 변화 및 감정표현의 천박성(감정표현이 얕음)을 보인다.
④ 자신에게 관심을 끌기위해서 항상 육체적 외모를 사용한다.
⑤ 지나치게 인상적으로 말하면서도 내용은 없는 대화 양식을 갖고 있다.
⑥ 자기 연극화, 연극조, 과장된 감정표현을 한다.
⑦ 피암시성이 높다(타인 또는 환경에 의해 쉽게 영향을 받음).
⑧ 대인관계를 실제보다 더 친밀한 것으로 생각한다.

병인론

ⓐ 생물학적 요인 : 에너지 수준을 높고 정서적 반응과 자율신경계의 반응성의 역치가 낮은데, 이는 변연계와 후시상하부핵의 역치가 낮음을 시사한다. 마찬가지로 상행성 망상체의 낮은 역치 수준도 역할을 했을 것으로 생각한다.

이 장애의 원인을 찾는 데에 유전적인 요인이 결코 과소평가될 수는 없지만 분명한 것은 행동적 영향이 그러한 자율신경계의 반응성을 촉진했을 것이고 환경요인도 이 장애의 원인과 발달에 많은 부분을 내포하고 있다고 본다.

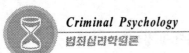

ⓑ 환경적 요인 : 의존 추구적 아동은 부모의 욕구를 충족시키거나 부모의 기대에 맞추기 위하여 히스테리성 행동을 하게 되고, 그 뒤에 부모의 관심과 애정이 따른다는 것을 알게 된다. 히스테리성 성격을 발달시키는 데는 부모의 강화특성도 작용한다고 보면 된다.

부모가 히스테리성 성격을 가지고 있을 경우 아이들은 무의식적으로 행동을 모방하게 된다. 히스테리성 성격유형을 갖는 아동의 부모들은 특히 두드러지고 극적인 행동을 하는 경우가 많은데, 그런 행동은 쉽게 모방될 수 있다.

어느 연령에서나 타인을 이용하는 것을 학습할 수 있다. 주로 아동기 형제간 경쟁시기에 부모의 사랑, 관심을 얻으려는 욕구가 강한 아동이 조종행동을 빠르게 익히고 이러한 행동은 그 이후로도 오래 지속된다.

7) 자기애성 성격장애(narcissistic personality disorder)

임상적 특징

자기애성 성격장애는 강화원리에 따르자면 수동적-독립적(passive- independent) 성격유형으로 자신감 있는 성격(confident personality)의 병리적 극단이다. 수동적-독립적 이라는 말은 이 유형의 사람들이 목표지향적인 행동을 통해 적극적으로 강화를 추구하기보다는 자체강화 능력이 있음을 의미한다. 이들에게는 존재하는 것 자체가 바로 강화를 받는 것이다. 자기애성이란 명칭에는 단순한 자기중심성 이상의 의미가 내포되어 있다. 자신의 가치를 과대평가하고 애정을 다른 사람이 아닌 자신에게만 쏟는 것 등을 말한다, 자기애성 성격장애는 주목을 받고자 하는 지속적인 욕구, 자신은 특별한 권리를 지녔고 그 권리를 위해 다른 사람을 이용하는 것이 마땅하다는 것에 대한 믿음, 자신의 중요성에 대한 과장된 느낌 등을 그 특징으로 한다.

ⓐ 행동양상 : 대개 건방지고 거만해 보이는 경우가 많다. 스스로를 우월하다고 믿고 그에 따라 행동을 한다. 자신들은 사회적인 책임으로부터 면제되

었다고 느끼며, 타인의 권리에 무관심하고 이를 무시하는 경향이 있다. 자만에 가득 차 있고, 허풍이 삼하며 제멋대로인 경우가 많다. 자신들이 선천적으로 우월하다는 비합리적인 믿음에 따라 생활하며 심한 경우는 우주의 중심에 내가 존재한다는 식의 망상을 가지는 경우가 있다.

ⓑ 대인관계 : 자기애성 성격장애를 가진 사람들은 자신의 욕구 만족을 위해 타인을 이용하는 대인관계 패턴을 보이며 다른 사람의 권리를 무시하는 것에 대해 만성적으로 기만하는 심리도 있다. 그리고 타인과의 상호교류관계란 보완점을 전혀 가지지 아니한다.

ⓒ 자기지각 : 자기애성 성격장애를 가진 사람들은 대부분 스스로를 존경할 만하고 위대한 사람으로 여긴다. 자신은 매우 특별하며 특권을 지닌 사람으로 착각을 하고 있는 편이다. 이러한 개념은 확고하여 이에 의문을 가지는 경우는 없는 편이다. 자기개념에 도전하는 경우는 경멸과 모욕으로 간주한다. 극단적인 경우는 자신이 독특하며 모든 사람에게 모든 것이 될 수 있는 능력이 있을 만큼 위대하다고 생각하여, 자신은 규율이나 윤리, 관습을 초월한다고 여기는 경우가 있다.

ⓓ 주요방어기제 : 합리화(rationalization)를 주요방어기제로 사용을 하고 있다. 합리화는 일반적으로 현실왜곡을 위해 사용되는 방어기제이다. 이는 실패나 실망, 사회적으로 용납되기 어려운 행동 등을 정당화하기 위한 자기 기만적인 무의식 과정이다. 그 결과 자신의 자존감을 손상시키는 단점을 희석시키고 자신의 가치와 우월감을 유지시킨다(아래 내용 참조).

DSM-IV의 자기애성 성격장애 진단기준

과장성(공상 행동), 칭찬에 대한 요구, 감정이입의 결여 들 광범위한 양상이 성인기 초기에 시작되어 다양한 상황에서 나타나며, 다음 중 5가지(그 이상) 항목을 충족시킨다.

① 자신의 중요성에 대한 과장된 지각을 갖고 있다(자신의 성취나 재능을 과장함, 뒷받침할 많은 성취도 없으면서 최고로 인정되기를 기대함).

② 끝이 없는 성공에 대한 공상과 권력, 탁월함, 아름다움, 또는 이상적인 사랑에 대한 공상에 자주 사로잡힌다.
③ 자신이 특별하고 독특하다고 믿고, 특별한 사람이나 상류층의 사람들만이 자신을 이해할 수 있고, 또한 그런 사람들(기관포함)하고만 어울려야 한다고 믿는다.
④ 과도한 찬사를 요구한다.
⑤ 특권의식을 가진다. 예를 들면, 특별대우를 받을 만한 이유가 없는데도 특별대우나 복종을 바라는 불합리한 기대감을 가진다.
⑥ 대인관계가 착취적이다. 예를 들면, 자신의 목적을 달성하기 위해 타인들을 이용한다.
⑦ 감정이입 능력이 결여되어 있다. 타인들의 감정이나 요구를 인정하거나 확인하려 하지 않는다.
⑧ 자주 타인들을 질투하거나 타인들이 자신에 대해 질투하고 있다고 믿는다.
⑨ 거만하고 방자한 행동이나 태도를 보인다.

병인론

ⓐ 생물학적 요인 : 모든 성격장애에 있어 생물학적 요인의 역할은 아직 추정적인 것으로 남아 있는데, 특히 자시애성 성격장애에 있어 그 역할은 불분명하다.
ⓑ 환경적 요인 : 생물학적 증거가 없기 때문에 자기애성 성격발달을 설명할 만한 환경적 요인에 특히 강조를 두게 된다. 일부 부모들은 자신의 자녀가 신이 내린 특별한 아이라는 생각을 갖고 그들을 지나치게 소중히 여기며 과잉보호를 하는 경향이 뚜렷하다. 그 과정에서 아이들은 자신이 특별하고 우월한 사람이며 자신이 하는 모든 일은 칭찬과 찬사를 받을 만하고 자신이 특별한 대우를 받기 위해 다른 사람으로부터 봉사와 복종을 요구하는 것은 당연하다는 점을 학습하게 된다. 이러한 부모의 방임과 과대평가로 인하여 다른 사람과 협력하고 타인의 권리나 관심을 고려해야 한다

는 사실은 배우지 못하게 된다.

가족으로부터 특별대우를 받고 자란 아이들은 가족 외에 다른 사람에게도 같은 대우를 기대하며 이것이 충족되지 않으면 요구적이고 착취적인 방법을 사용한다. 시행착오적 학습과정을 통해 다른 사람들을 조작하고 착취하는 기술을 발달시켜 어떤 사람과 어떤 상황에서 그들이 특별한 관심을 이끌어 낼 수 있는지를 배우게 된다.

자기애성 성격장애를 가진 사람들은 스스로를 숭배하도록 학습되는 동시에 대부분의 다른 사람들은 약하며 또한 착취될 만하다고 학습한다. 이런 과정은 의존적 대상을 과도하게 추구하는 히스테리성 성격장애와 같은 사람들과의 관계 속에서 강화되기도 한다.

8) 회피성 성격장애(avoidment personality disorder)

임상적 특징

회피성 성격장애는 능동적-이탈적(active-detached) 성격유형으로 정상적인 억제적 성격(inhibited personality)의 병리적 형태이다. 이들은 세상과 동떨어져 은둔하며 살려는 경우로서, 이러한 행동으로 인해 자신이나 다른 사람에게서 강화를 얻어내지 못한다.

소외감과 외로움을 느끼는 것이 특징으로, 감정은 대인관계에서 모욕과 거부를 당할 것에 대한 두려움과 관련이 있다. 이들은 이러한 모욕과 거부에 대해 지나치게 예민하여 대인관계를 회피한다. 회피성 성격장애자들은 자존감이 매우 낮아 대인관계를 맺고 싶은 소망은 있으나 거부당할 것이라는 두려움 때문에 피해버리는 것이 그 특징으로 볼 수 있다.

ⓐ 행동양상 : 수줍음과 걱정이 많으며 늘 조심스러워하고 불안해한다. 사회적 상황에서 어색해하고 불편해할 뿐만 아니라 상호 주문받는 대인관계에서는 쉽게 위축된다.

피상적으로 아는 사람에게 이들은 소심하고 위축되어 있고, 냉정한 사람

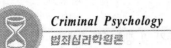

으로 보이지만 이들은 좀 더 잘 아는 사람은 이들이 매우 예민하고 회피적이며 쉽게 주변 자극으로부터 상처를 받는다는 것이다.

말은 느리고 어색하며 사고의 흐름이 자주 단절되며, 때로는 주제에서 벗어난 엉뚱한 이야기를 하기도 한다. 갑자기 안절부절 못하거나 불안정한 움직임을 보이기도 하나 대체로 경직되고 소극적인 행동을 하는 경우가 많다.

ⓑ 대인관계 : 대인관계를 아주 싫어하거나 아니면 단절해 버리는 경우가 있다. 이들은 사람에게는 관심이 있고 사람들과 같이 지내고 싶어 하나 상대편이 자신을 무시하거나 관계의 욕구가 거절당하지 않을까하는 두려움이 많은 편이다. 사회적 격리나 철수는 혼자이고자 하는 자연스런 마음에서 나온 것이 아니고, 자신을 보호하기 위해 스스로를 고립시키는 데에서 연유한 것이다. 만성적으로 외롭고 회피적인 사람으로 타인에게 거부당하거나 창피를 당할지도 모를 상황에서는 자신을 노출시키지 않는다. 이러한 회피적인 패턴이 전형화 되고 나아가 목욕과 거부에 지나치게 민감하게 되면 사회생활에서 완전히 고립될 정도인 경우도 허다하다.

ⓒ 자기지각 : 내성적이고 자의식적인 경향이 있어 스스로 다른 사람과 다르다고 지각하지만 자신의 정체성이나 자기 가치감을 확신하지 못하는 경향이 있다.
전반적으로 자존감이 부족하고 자신의 성취를 평가절하 한다. 그리고 스스로를 소외되어 있고 불행하고 공허한 사람으로 여기며 또한 격리감을 느낀다.

ⓓ 주요방어기제 : 회피성 성격장애는 대인관계를 원하기는 하나 타인을 믿지 못하고 두려워하며 수줍어하는 사람에게서 나타날 수 있는 장애로서 이들이 쓰는 주요방어기제는 환상(fantasy)이다. 환상은 현실에서 충족시킬 수 없는 욕구와 소망을 만족시켜 주는 상상의 반의식적(semi-conscious) 과정으로서 현실에서 성취하기 어려운 애정욕구, 공격성, 기타의 충동들을 방출시키는 안전한 매개체 역할을 한다.

대부분의 대인관계는 이들에게 위협적이기 때문에 이들은 쉽게 환상으로 빠져들 가능성이 많다(아래 내용 참조).

DSM-IV 회피성 성격장애의 진단기준

사회활동의 제한, 부적절감, 그리고 부정적 평가에 대한 과민성 등이 성인기 초기에 시작되고 여러 가지 상황에서 나타나며, 다음의 4가지(그 이상 포함) 항목을 충족시킨다.

① 비난, 꾸중, 또는 거절이 두려워서 대인관계가 요구되는 직업 활동을 회피한다.
② 호감을 주고 있다는 확신이 서지 않으면 상대방과의 만남을 피한다.
③ 창피와 조롱을 당할까 두려워서 친밀한 관계를 제한 한다.
④ 사회상황에서 비난이나 버림받을 것이라는 생각에 사로잡혀 있다.
⑤ 자신이 부적절하다고 느끼기 때문에 새로운 사람과 만날 때는 위축된다.
⑥ 스스로를 사회적으로 무능하고, 개인적인 매력이 없으며 열등하다고 생각한다.
⑦ 쩔쩔매는 모습을 들킬까 봐 두려워서 새로운 일이나 활동을 시작하기를 꺼려한다.

병인론

ⓐ 생물학적 요인 : 회피성 성격의 생물학적인 특징은 자율신경계의 역치가 낮은 것이다. Millon은 능동적-이탈적 패턴의 기피하는 특징은 교감신경계의 기능적인 우월성 때문이라고 주장하였다. 그 결과 억제되지 않은 신경계의 전달이 병리적 결과를 유발할 수 있다고 하였다.

이러한 생물학적인 기질이 회피성 성격 내에 존재하며 이러한 것들은 장애 그 자체의 출현에 대한 생물학적 기반으로서만 역할을 할 뿐이다. 실제적 현상은 환경적 요인의 영향에 따라 이루어진다.

ⓑ 환경적 요인 : 정상적이고 건강한 유아들도 다양한 수준에서 부모의 거부

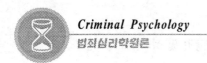

를 경험할 수 있다. 그러나 회피성 성격장애의 경우에는 이런 부모의 거부 정도가 특히 강하고 빈번한 것으로 보인다. 이런 거부의 결과로 아동들은 인간의 원래 타고난 낙천주의를 상실하게 되고, 대신에 자기비하와 사회적 소외감을 습득하게 된다. 가족에게서 거부를 당한 아동이라도 많은 경우 그 적대적인 가족환경을 떠나 다른 사회집단에서 긍정적인 강화를 경험할 수 있다. 그러나 가족의 거부에 이어 또래집단에서조차 거부를 당한다면 그 결과는 회피성 성격장애로 이어질 수밖에 없다. 가족에게서 지지를 받고 자란 아이조차도 또래집단에서의 거부는 치명적인 영향을 미친다. 오랜 기간 동안 또래들 사이에서 소외되면 자신감과 자존감이 떨어지고 학업성적도 저하된다. 그 결과 놀림이나 조롱이 다시 반복되고, 이러한 과정은 자신이 열등하고 매력적이지 않다는 심각한 자기비하를 가지게 된다. 아동기에 가족과 또래로부터 받는 소외감이 중요한 것은 그러한 패턴이 청소년기와 성인기에 계속되며 아울러 자신을 믿지 못하고 비하하는 느낌을 키워가게 하기 때문이다.

9) 의존성 성격장애(dependent personality disorder)

임상적 특성

의존성 성격장애는 수동적-의존적(passive-dependent) 성격유형으로 정상적인 협동적 성격(cooperative personality)의 병리적 극단이다. 유순함과 무력감, 지지와 인정에 대한 추구 등을 그 특징으로 한다. 그들은 자기비하적 현상과 또한 스스로를 열등하다고 느끼며 자기책임이나 자기통제를 기꺼이 다른 사람의 손에 맡긴다. 외로움이나 버림받은 것을 피하기 위해 어떠한 위협도 감수한다. 이런 사람들은 자신이 혼자 남겨지면 제대로 생활을 할 수 없을 것이라 생각하고 아주 사소한 결정을 내릴 때조차도 다른 사람의 지도를 구한다. APA(American Psychiatric Association)에 따르면 의존성 성격장애는 남자보다는 여자에게서 자주 나타나는 것으로 알려져 있다.

ⓐ 행동양상 : 의존성 성격장애를 가진 사람들은 무능력해 보이고 동정을 자아낼 만큼 무기력해 보인다. 그들의 목소리 전반적인 행동에서 자신감의 결여가 드러난다. 일부에서는 그들의 신중하고 사려 깊은 사람으로 보기도 하지만 관계가 깊어지면 그들의 과도하게 변명하고 아첨하는 행동을 보게 된다. 표면적으로는 정중하고 겸손하게 행동하지만 그 이면에는 인정과 수용, 보호와 지지를 얻고자 하는 갈망이 내재해 있다.

이런 사람들은 대부분의 사람들이 간단하게 여기는 사회적 기술조차 부족한 무능력한 모습을 보인다. 자기주장도 부족하고 당연히 요구되는 책임도 회피하는 수동적인 태도를 취한다. 보다 심각한 경우, 홀로 남겨지는 것에 대해 크게 두려워하여 자기는 없어지고(selfless) 다른 사람의 요구만을 행동한다. 만성적인 피로감을 경험하는 경우가 많고, 무언가를 위해 노력하는 행동은 너무 피곤할 것이라 염려하여 대부분의 활동에 대한 흥미와 동기도 저하되어 있다.

ⓑ 대인관계 : 수동-의존적인 사람들은 대개 자신의 후원자를 찾는다. 후원자가 되는 사람들은 힘 있는 사람들로, 의존적인 사람들에게 신뢰와 편안함을 주며 성인으로서 책임져야 할 것을 막아주는 파트너들이다. 의존성 성격의 대인 행동은 과도하게 매달리고 복종적인 경향을 띤다. 다른 사람에게 호의적이고 관대한 태도를 보이지만 동시에 지나치게 동적이고 순종적이다.

의존적인 사람들은 원하는 애정과 보호를 빼앗기게 되면, 크게 낙심하여 우울에 빠지며 사회적으로 철수된다. 다른 사람의 지지와 보호에 매달리는 의존성 성격의 사람들에게 대규모 집단의 떠들썩한 분위기는 주요한 스트레스 원인이 될 수 있다.

ⓒ 인지양식 : 의존적인 사람들은 자기나 다른 사람에 대한 인식이 제한되어 있다. 흔히 세상에 대하여 극단적인 낙관적 태도(polytonalism)를 취하고, 일어날 수 있는 어려움을 최소화하여 지각한다. 기본적으로 고지식하여 쉽게 이용당하는 경향이 있다.

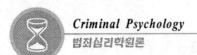

의존성 성격의 사람들은 그들의 세계를 축소시키고, 통찰력과 비판력이 없다. 인지양식은 불충분하고 분화되지 않았으며 다양성이 부족한 편이다. 일반적으로 사람과 환경에서 좋은 면만 보려 한다. 그러나 이러한 낙관주의적 입장이면서도 의존대상이 없으면 비관, 낙담, 슬픔 등을 경험하게 된다.

ⓓ 대인지각 : 의존적인 사람들은 외형적으로 사려 깊고, 신중하고, 협력적인 자아상을 가진 것으로 보인다. 그러나 자세히 관찰하면 이들이 스스로를 부적절하고 어리석은 사람으로 여긴다는 사실을 알게 된다. 기본적으로 불안정하여 자신의 실패와 부적절성을 극대화하는 반면, 성공은 최소화한다. 객관적으로 비난받을 만한 일이 없음에도 불구하고 다른 사람이 표현하는 불만이나 불평을 자신에 대한 비난으로 여긴다. 임상적으로 이러한 자기비하 경향은 다른 사람으로부터 그들이 가치 없는 사람이 아니라는 입장을 얻어내려는 전략이라고 볼 수 있겠다.

ⓔ 주요방어기제 : 가장 일반적인 방어기제는 내사(interjection)이다. 내사는 의존적인 사람들이 의미 있는 타인에게 전적으로 헌신하려는 경향으로 이는 단순한 동일시나 의존을 의미하는 것은 아니다. 불가분의 유대를 형성하려는 희망으로 다른 사람을 내재화하는 것이다. 의존성 성격은 자신이 의존하고 있는 대상과의 관계를 위해서라면 자신의 정체성과 자율성의 상실마저도 기꺼이 감수하는 경향이 있다(아래 내용 참조).

DSM-IV, 의존성 성격장애의 진단기준

보호 받고 싶어 하는, 광범위한 지나친 욕구로 인하여 복종적으로 되고, 상대방에게 매달리며, 헤어짐을 두려워하며, 성인기 초기에 시작되며, 여러 가지 상황에서 나타나고, 다음 중 5가지(그 이상 포함) 항목을 충족시킨다.

① 타인의 많은 충고와 보장이 없이는 일상적인 일도 결정을 내리지 못한다.
② 자신들의 인생의 중요한 영역까지도 떠맡길 수 있는 타인을 필요로 한다.
③ 지지와 칭찬을 상실할 거라는 두려움이 크기 때문에 타인, 특히 의지하고 있는 사람에게 반대 의견을 말하기가 어렵다.

주의 : 현실적인 보복의 두려움은 포함되지 않는다.

④ 자신의 일을 혼자서 시작하거나 수행하기가 어렵다(동기나 활력이 부족하여 판단과 능력에 대한 자신감이 부족하기 때문).

⑤ 타인의 보살핌과 지지를 얻기 위해 무슨 행동이든 다 할 수 있다. 심지어는 불쾌한 일도 그렇게 하여 보호만 얻어낼 수 있다면 자원해서 한다.

⑥ 혼자 있으면 불편하고 무력해지는데, 그 이유는 혼자서 해 나가다가 잘 못될 것 같은 심한 두려움을 느끼기 때문이다.

⑦ 친밀한 관계가 끝났을 때 필요한 지지와 보호를 얻기 위해 또 다른 사람을 즉시 찾는다.

⑧ 스스로를 돌봐야 하는 상황에 처하게 된다는데 대한 두려움에 비현실적으로 빠지게 된다.

병인론

ⓐ 생물학적 요인 : 의존성 성격장애 발달에 기여한다고 생각되는 생물학적 근거에 대한 연구는 활발하지 않다. 의존적인 유아는 선천적으로 겁이 많고 소극적인 기질을 보인다. 그러한 행동은 부모로부터 지나친 보호행동을 유발시키고, 부모의 그런 양육행동은 생물학적 소인을 강화하여 결과적으로 유아는 타고난 생물학적 기질을 고칠 필요를 인식하지 못하게 된다.

또한 물리적 힘의 원리로 의존성 성격을 설명하는 경우도 있는데, 생물학적으로는 불충분한 갑상선 기능으로 인한 대사부족현상으로 설명하기도 한다. 또 의존성 성격의 신체구조를 연구하여 이를 에너지 역치 및 활력 수준과 연결하여 설명하려는 경우도 있다.

ⓑ 환경적 요인 : 생물학적 요인의 역할이 불분명하기 때문에 의존성 성격발달에 대한 환경적 요인의 비중이 가중된다.

의존성 성격장애를 발달시키는 주요 환경적 요인의 또 다른 하나는 경쟁력 부족을 반복적으로 경험하는 것이다. 특히 아동기에 자신의 능력 부족이나 부적절성을 경험하는 것은 그 사람에게 강력한 영향을 미칠 수 있다. 그런 환경은 자기비하, 자기회의, 사회적인 수치감 등을 초래하게 된다. 이러한 사건들이 지속되게 되면 아동은 경쟁보다는 복종이 중요하다고 인식하게 된다.

의존성 성격장애는 남성보다는 여성에게서 많이 볼 수 있다. 이 문제는 문화적인 역할로 설명을 할 수 있다. 즉 대부분의 사회에서 여성들에게 수동-의존적인 행동을 학습하도록 강화한다는 것이다. 따라서 남성에 비해 여성에게서 의존성 성격장애가 많이 발달되는 것은 여성을 교육시키는 문화적 환경의 산물이라 할 수 있다. 사회적 역할 기대는 남성에게도 영향을 미치는데, 왜소하고 빈약한 남성의 경우, 의존적이고 복종적인 태도를 요구받기도 한다.

10) 강박성 성격장애(obsessive-compulsive personality disorder)

임상적 특징

강박성 성격장애는 수동적-양가적(passive-ambivalent) 성격유형으로 정상적인 공송한 성격(neglectable personality)의 병리적 형태이다. 강박성 성격은 사고와 감정이 일치되지 않아 한편으로는 주장적이고 자율적으로 행동하고자 하고 또 한편으로는 지지와 편안함을 얻고자 순응하는 행동을 보인다.

이러한 성격이 규율이나 원칙을 고수하는 것이 필요한 군조직이나 기초과학을 연구하는 분야나 회계, 금융, 컴퓨터와 같은 분야에서는 어느 정도 필요하나 지나치면 질서, 규칙, 정확성, 완벽함에 과도하게 집착한 나머지 전체적인 조망을 할 줄 모르며 결단력이 부족하게 된다. 따뜻하고 부드러운 감정을 표시하는데 인색하며 매사에 형식적이고 메마르며 지나치게 양심적이고 윤리적이다.

ⓐ 행동양상 : 근면하고 유능해 보이나 융통성과 자발성이 부족하며 고집스럽고 창의력과 상상력이 부족해 보인다. 익숙하지 않은 상황이나 예기치 못한 사건, 일반적인 기준에서 벗어나는 일 등에서 불안이나 공황발작을 보이기도 한다. 세부적인 것과 조직화에 몰두하고 규칙과 절차에 경직되어 있으며 우유부단하다.

ⓑ 대인관계 : 대인관계에서 공손하고 정형화된 방식으로 행동하나 상대하는

사람의 계층이나 지위에 따라 다르게 행동한다. 자신보다 지위가 높은 사람에게는 무조건적으로 충성하고 아랫사람에게는 이성적으로 혹은 매정하게 대한다. 항상 윗사람의 인정을 추구해서 인정받지 못할 때에는 심한 좌절과 불안과 긴장을 가지고 있다.

ⓒ 인지양식 : 인지적으로 경직되어 있어 생소하거나 예기치 못한 상황에 취약하며, 편협하고 독단적이어서 새로운 사상이나 방법을 수용하지 못한다. 이들의 의식은 양가적 갈등과 내적 동요로 시달리는데 규칙에 집착하는 것이나 독단적인 인지 경향은 억압된 반대적 사고와 감정이 분출되지 못하게 하는 수단이 된다.

따라서 강박적인 사람에게는 자기통제가 가장 중요한 문제로서 욕구만족을 극단적으로 통제하고 금지된 충동을 억압한다.

ⓓ 정서표현 : 정서표현은 진지하고 엄숙하다. 전형적인 정서는 냉담하고, 활기가 없으며 심각하다.

정서를 표현하는 것은 미숙하고 무책임한 것으로 여기며, 정서가 배제된 객관성을 추구한다. 통제할 수 없는 억압된 정서가 경험될 것을 두려워하기 때문에 정서를 표현한다는 것이 이들에게는 위협적인 것이 될 수 있다. 이들은 너무 억제되어 있어 정서적 경험을 할 수 없으며 타인의 정서적 표현도 좀처럼 이해하지 못한다.

ⓔ 자기지각 : 자신을 양심적이고 근면하며 유능하다고 생각한다. 이들은 무의식적 충동과 외향적인 행동 사이의 모순을 피하고자 노력한다. 따라서 내성(introspection)을 미숙하고 자기 탐닉적이라 경멸하면서 의미 있는 내성을 피하고 오판이나 실수를 두려워하여 양심적인 행동을 과도하게 추구하는 편이다.

ⓕ 주요방어기제 : 동조적이고 과도하게 통제되어 있고 융통성이 없는 사람으로서 반동형성(reaction-formation)을 주요방어기제로 사용하고 있다. 반동형성은 바람직하지 못한 충동을 억압하고 정반대의 의식적 태도를 형성하는 과정으로, 분노하거나 당황할 수 있는 상황에서 합리적이고 사회적

으로 수용되는 이미지를 나타내게 한다(아래 내용 참조).

DSM-IV, 강박성 성격장애의 진단기준

정리정돈에 몰두하고, 완벽주의, 마음의 통제와 대인관계의 통제에 집착하는 광범위한 행동양식으로서, 이런 특징은 융통성, 개방성, 효율성이 상실이라는 대가를 치르게 한다. 성인기 초기에 시작되고 여러 상황에서 나타나며, 다음 중 4가지(그 이상 포함) 항목을 충족시킨다.

① 사소한 세부사항, 규칙, 목록, 순서, 시간계획이나 형식에 집착하여, 일의 흐름을 잃고 만다.

② 일의 완수를 방해하는 완벽주의를 보인다(지나치게 엄격한 표준에 맞지 않기 때문에 계획을 마칠 수가 없다).

③ 여가 활동과 우정을 나눌 시간도 희생하고 지나치게 일과 생산성에만 몰두한다(경제적 필요성 때문은 아니다).

④ 도덕, 윤리 또는 가치문제에 있어서 지나치게 양심적이고, 고지식하며, 융통성이 없다(문화적 또는 종교적 배경에 의해서 설명되지 않는다).

⑤ 가치 없는 물건, 수집대상의 물건이 아닌 것임에도 불구하고 버리지 못한다.

⑥ 타인의 자신의 방식을 그대로 따르지 않으면 타인에게 일을 맡기거나 같이 일하기를 꺼려한다.

⑦ 자신과 타인 모두에게 인색하다. 돈은 미래의 재난에 대비해서 저축해야 한다고 생각한다.

⑧ 경직성과 완고함을 보인다.

병인론

ⓐ 생물학적 요인 : 유전적 요인이 있어 가족 중에 강박성 성격장애의 빈도가 일반 인구보다 높다.

ⓑ 환경요인 : 부모로부터 과잉통제를 받는 경우 강박성 성격으로 발달하기

쉬운데 과잉통제는 의존성 성격에서 보았던 과잉보호와는 다르다. 과잉통제는 부모의 단호하고 억압적인 태도에서 나온 것으로 과잉통제 부모에게 양육된 아이의 경우, 문제를 일으키지 않기 때문에 양육이 잘 교육시키는 것이라 보일 수도 있다. 과잉통제는 어느 면에서는 반사회성 성격에서 보았던 부모의 적대적 태도와 유사하나 중요한 차이가 있는데 적대적인 부모는 아동의 행동과 관계없이 처벌하지만 과잉통제 부모는 아동기 기대에 맞지 않게 행동했을 때만 처벌한다. 아동은 강박적 측면을 부모로부터 직, 간접적으로 배우게 되는데, 부모의 요구에 따르고 그 기대에 맞게 행동함으로서 처벌을 피하는 것을 도덕적으로 학습한다. 또한 부모의 강박성 행동을 따라함으로 강박성격을 대리적으로 학습한다.

따라서 부모의 기대에 맞춰 행동을 조성하고, 부모를 모델로 하여 성격을 형성함으로서 자율적으로 행동하는 것을 학습하지 못한다. 강박성 장애의 발달은 다른 사람에 대한 강한 책임의식을 배우고 또한 이러한 책임을 수행하지 못했을 때 죄책감을 느끼도록 배우는 과정을 통해 일어날 수 있다. 경박한 놀이나 충동적으로 행동하는 것은 수치스럽고 무책임한 것이라고 배운다. 따라서 그들의 행동은 잘 계획되고 조직화되어 있다. 완벽 주의적이고 처벌적인 부모의 양육을 통해 인정받지 못하는 것에 대한 강한 공포와 처벌에 대한 두려움을 갖게 되며, 이것이 강박성 성격에게 행동을 하게 하는 요인이 된다.

제5장

범죄이론과 범죄수사론

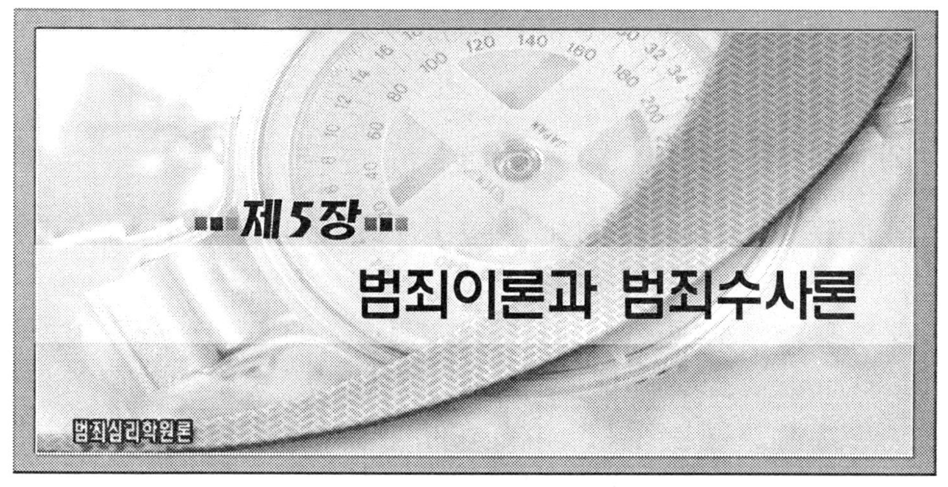

제5장
범죄이론과 범죄수사론
범죄심리학원론

제1절 범죄학파

[가로팔로(1851~1934)]

가로팔로(Raffaele Garofalo)는 이탈리아의 법학자로 롬브로조와 페리 등과 함께 이탈리아 범죄학파를 만들었다. 가로팔로는 1885년 범죄학을 출간하여 당시의 범죄학에 신풍을 일으켰다. 그는 범죄를 사회심리학적 입장에서 연구를 중시하고 범죄의 본질을 성실성의 결여라고 보았으며, 형벌은 범죄인의 위험성과 그 사회적 적응능력에 적합해야 한다고 주장했다.

1) 자연범의 원리

연민의 정과 성실성의 침해행위.

ⓐ 살인자 : 연민의 정과 성실성 완전 결여.

ⓑ 폭력범죄자 : 연민의 정 결여.

ⓒ 절도범죄자 : 성실성 결여.

ⓓ 성범죄자 : 연민의 정이 없고 결함이 있음.

2) 사회방위 이론

ⓐ 도태이론 : 범죄인은 사회에서 마치 원시단계에 고착된 것과 같은 존재이므로 생물계의 자연도태와 같은 인위적인 도태를 의미한다.

ⓑ 배제과정 : 범죄자는 그 자가 적응하지 못하는 사회로부터 배제되어야 한다는 이론으로 도덕결함 때문에 사회생활에 적응치 못하고 범죄를 저지르는 경우는 사형을, 유목민, 원시인과 유사한 조건에서 범죄를 저지르는 경우는 무기형, 또 이타작인 감정의 결여를 가진 범죄는 교정교육이 필요하다고 주장을 했다.

[페리(Enrico Ferri, 1856~1929)]

페리는 범죄사회학의 창시자이며, 이탈리아 형법학자, 정치가이다. 1884년 범죄사회학을 저술함으로서 범죄사회학의 명명자가 되었다.

범죄의 원인을 생물학적 요인과 사회적 요인과의 복합적 결과라고 하여 롬브로조의 생래적 범죄인설과 리용학파의 환경설과의 대립을 극복하고자 하였다. 그는 범죄를 인류학적 요소, 물리적 요소, 사회적 요소로 나누어 연구를 하였다.

인류학적 요소는 범죄자의 연령, 성별, 지위, 직업, 교육, 기질적 혹은 정신적 구조 등을 예로 들었고, 물리적 요소로는 인종, 기후, 토지의 비옥도, 계절, 기후 등을 연구하였고, 사회적요소로는 인구의 증감, 이민, 관습, 종교, 공공의 안녕에 관한 시책 등이 범죄에 영향을 미친다고 주장했다. 그는 또한 범죄포화의 원칙으로서 일정한 개인적, 물리적 조전을 갖춘 일정한 사회에서는 일정수의 범죄가 발생하며 하나의 증감도 없다고 주장을 했다.

[각 학파들의 주요 학자]

학 파	학 자	년 도	주요이론
이태리 범죄학파	-Lombroso -Garofalo -Ferri	1836~1909 1851~1934 1856~1929	생래적 범죄인설 범죄학 범죄사회학
프랑스 환경학파 (환경학파, 리용학파)	~Lacassagne ~Tarde -Durkhaim	1843~1924 1848~1904 1858~1917	사회환경학설 모방의 법칙 범죄정상설
형사사회학파 (통계학파, 환경학파)	-Liszt -Hamel -Prins	1851~1919 1842~1917 1845~1919	형법학파 형법학파(실증주의 형법) 형법학파
범죄생물학파 (신롬브로조학파)	-Krechmaer		체질유형학설
범죄사회학파	-Qutelet -Aschaffenburg -Bonger -Exner -Healy -Mezger	1796~1874 1866~1944 1876~1940 1881~1947 1869~1963 1884~1962	범죄항상설 범죄양식설 범죄학파 형법, 사회현상 정신의학자, 다인자분석 법학자, 동력학적 범죄설
현대범죄학 생태학	-Park, Burgess -Shaw, Mckey -Mills		자연천이론 비행현상론 사회붕괴론
문화갈등	-Thomas -Sutherland -Wrirth -Sellin -Merton		일상규범론 비행론 비행론 행위규범론 아노미이론
	-Whyte		차별첩촉이론
	-Akers, Skinner, Bandura		사회학습이론
사회심리학파	-Matza		비행중화, 표류이론
	-Hirschi		사회통제이론
	-Mead		낙인이론
	-Lemert		사회병리학
	-Tannenbaum		범죄와 지역사회
	-Goffmann		Stigma의 사회학 (낙인찍기)

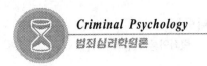

제2절 범죄의 과학수사방법론

1. 범죄의 개념

범죄란 법을 위반한 행위(violation of a law)를 의미한다. 즉 법은 정부가 강제하는 형식적인 사회규칙(formal social rules)을 말한다. 보통 국가는 사회 구성원들이 지키길 강하게 원하는 가치와 규범을 파괴하는 행위를 범죄로 규정하는 경향이 있다. 그러나 강력히 지지되는 가치와 규범을 어겼다고 해서 모두 범죄로 규정하는 것은 아니다. 범죄는 기본적으로 도덕적이고 윤리적인 의미를 포함하고 있지만 실질적, 형식적으로는 인간이 규정한 사회의 법규범을 위반한 행위를 말한다. 형법상 범죄라는 것은 형벌이 과하여지는 것으로 규정되어 있는 행위에 한정되어 있다. 범죄는 법률의 구성요건에 해당하는 위법한 행위이다. 구성요건이라는 것은 일정한 법률의 효과를 발생하기 위해 필요로 하는 가설 조건이며, 위법행위란 법질서의 명령, 금지에 위반하는 법익의 침해 또는 위험이라고 할 수 있다. 어떤 행위가 범죄로 되기 위해서는 법령의 근거가 있어야 하는데, 이를 죄형법정주의라고 하며, 죄형법정주의는 법률이 없으면 범죄가 성립되지 않고, 범죄 성립이 되지 않으면 형벌이 없다는 원칙을 의미한다. 이것은 형법의 근본이념으로서 1215년 영국의 대헌장(일반적 의미로는 국민의 권리를 보장하는 기본법을 말하는 것으로 영국왕 John이 1215년 6월 15일 귀족들의 압력에 굴복하여 승인한 칙허장을 말하는 것으로 영국 헌법의 기초를 이루었다)에 근원을 두고 있는 독일 형법학자 Feuerbach(Feuerbach Paul Johann Anselm Von, 1775~1833. 철학자로서 유명한 루드비히의 아버지이다. Kant 철학의 영향하에 근대적인 형법이론을 전개하고 오래전부터 행하여지고 있던 고문금지를 주장하는 한편, 형벌의 목적은 범죄를 억제하기 위한 심리강제라고 하는 일반예방설을 제창함과 동시에 죄형법정주의의 원칙을 확립하였다. 바이에른형법전의 기초자이기도 하다)의 유명한 말에 의하여 표현된 것이다. 이러한 점을 종합하여 보면, 범죄란 사회규범에 대한 하나의 위반행위이며, 법이 금지한 행위를 한 것이다.

범죄는 기본적으로 도덕적이고 윤리적인 의미도 포함하고 있지만 사회의 법규범 즉, 형벌법규를 위반한 행위로서 처벌할 수 있는 또는 처벌받을 수 있는 행위라고 결론지을 수 있다. 그리고 사회적 의미로도 형벌을 받게 되는 행위를 말하는데, 사회생활에서 해로운 행위는 무수히 많지만 그 가운데에서 특히 해로운 행위만을 법률로서 형벌을 가하도록 규정하고 있는 행위가 범죄인 것이다.

2. 범죄의 성립요건

1) 구성요건 해당성

범죄는 구성요건에 해당하는 위법하고 유책한 행위이므로 구성요건 해당성, 위법성 그리고 책임성 등의 세 가지 요건이 충족되어야 한다. 범죄는 구성요건에 해당하는 행위이어야 한다. 구성요건이라 함은 형법 기타 형법법규에 금지되어 있는 행위가 무엇인가를 구체적으로 규정해 놓은 것을 말한다. 즉, 형법 제250조의 살인죄에 있어서 사람을 살해한 사람은 사형, 무기 또는 5년 이상의 징역에 처한다는 규정은 그 배후에 사람을 살해하는 행위를 금지규범을 전제로 하고 있는 것이다. 이러한 금지규정에 위반되는 행위가 구성요건에 해당하는 행위인 것이다. 이러한 행위는 사람의 자유의사에 의거한 외부 행위이어야 하므로, 동물의 활동이나 자연현상 또는 물리적인 반사운동이나 절대적 강제하의 행동은 이 행위에서 제외를 한다.

단순한 내부적 의사나 사상은 행위가 아니다. 단독정범의 경우 행위는 단독으로 할 수도 있고, 공범의 경우 수명이 행위를 분담하여 할 수고 있다. 범죄는 적극적인 작위가 보통이나 소극적인 부작위로서도 범죄를 범할 수 있다.

구성요건을 완전히 실현하는 경우를 기수범(consummation, 범죄의 구성요건에 해당하는 범죄의 결과 또는 위험(침해사실)을 완전히 실현시킨 것을 말하는 것으로 미수에 반대되는 개념이다. 형법은 기수를 처벌하는 것을 원칙으로 하고 미수를 처벌하는 것은 특별한 규정이 있는 경우에 한한다. 기수와 미수가 논의되는 경우는 결과범(실질

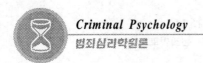

범)에 한하며, 법익 침해의 결과가 발생함을 요하지 않은 거동범(형식범)에 있어서는 기수와 미수가 논의될 수 없다)이라 하고, 범죄를 실행하여 미완성으로 그치는 경우를 미수범이라 한다. 그리고 범인의 자의에 의하여 중지하는 경우를 중지범이라 한다. 이러한 인간의 의사결정에 따라 구성요건을 실현하는 행위가 있을 때에 범죄의 제1차적 요건이 성립이 된다고 할 수 있다.

2) 위법성

구성요건에 해당하는 행위라고 하여 전부가 범죄가 되는 것은 아니고, 그 행위가 위법성이 있어야 한다. 위법성이 없는 행위는 구성요건에 해당하더라도 범죄가 성립되지 않는다. 즉, 사형집행관은 사람을 죽이더라도 형사상의 책임을 지지 아니 하며, 사람을 죽이더라도 정당방위로 인정이 되면 범죄의 성립이 되지 않는다. 전자는 법률에 의거한 것이고, 후자는 위법성조각사유(위법성을 조각하는 일련의 사유이다. 위법성은 범죄성립요건의 하나이므로 위법성이 없으면 범죄는 성립되지 않는다. 그런데 형법은 위법성에 관하여 적극적으로 규정하지 않고 소극적으로 위법성이 조각되는 사유만을 규정하고 있다. 따라서 형법 각조의 구성요건에 해당하는 행위는 위법성이 조각되는 특별한 사정이 없는 한 원칙적으로 위법한 행위라고 추정한다. 이와 같이 일정한 행위가 구성요건에 해당함으로서 생기는 위법성의 추정을 깨뜨려서, 그 행위의 위법성을 배제하는 예외적인 특별사유를 위법조각사유라고 한다. 형법은 제20조에서 제24조까지의 정당행위, 정당방위, 긴급피난, 자구행위, 피해자의 승낙에 의한 행위를 위법조각사유라 규정하고 있다. 그러나 위법조각사유는 반드시 이에 한하지 않고 형식적으로 실증법의 규정이 없더라도 법질서의 정신에 비추어, 실질적 위법성에 관한 초법규적인 원리에 의하여 위법조각사유를 인정하여야 할 경우가 있다. 특히 형법은 제20조 후단에 '기타 사회상규에 위배되지 아니하는 행위는 벌하지 아니한다'라고 규정하여 위법조각사유를 초법규적인 기준에 의하여 평가할 것을 명문화하고 있다. 이러한 의미에서 형법에 규정된 위법조각사유는 특히 주요한 경우를 예시한데 불과하다고 할 수 있다)가 있어서 위법성이 없기 때문이다. 위법성이란 좁은 의미로는 법규에 위배되고, 넓은 의미로는 사회상규에 위배되는 것을 말한다. 따라서 위법성은 형법을 비롯한 모든 법규와 사회상규에 적극적으로 위배되고, 소극적으로는 형벌법규에 위법성조각사유가 규정되어 있지 아니한 경우에 위법성이 인정되는 것이다.

3) 책임성

구성요건에 해당하고 위법한 행위라 할지라도 책임성이 없으면 범죄가 성립되지 아니한다. 즉, 사람을 죽이더라도 위법성조각사유가 없더라도, 행위자가 정신이상자 혹은 14세 미만의 형사책임이 없는 자인 경우에는 범죄가 성립되지 아니하는 경우와 같다. 책임성이란 비난 가능성 또는 형벌 적응능력을 의미하는 것이며, 그것은 주관적인 행위자의 평가문제인 점에서 구성요건 해당성과 위법성이 객관적인 평가문제인 것과는 다르다.

유책성에 있어서는 행위자의 고의나 과실 등 주관적인 내부의사에 따라 그 책임이 달라지고, 심신미약자, 심신상실자, 형사미성년자 등과 같이 의사능력이나 연령에 따라 책임이 경감되거나 부정이 되는 것이다.

이와 같이 범죄는 세 가지 요건을 충족할 때에 비로소 성립되는 것이데, 구성요건해당성 및 적법행위를 해야 함에도 불구하고 감히 위법행위를 했다는 위법성과 적법행위를 할 수 있었는데도 불구하고 위법행위를 했다고 하는 책임성이다.

3. 범죄수사론

1) 범죄수사의 개념

범죄가 발생한 때 또는 발생할 것으로 우려되는 사정이 있을 때에는 이를 형사사건으로 처리하기 위하여 범인을 발견하여 신병을 확보하고, 증거를 수집, 보존하여 검거된 피의자에게 유죄의 판결을 받게 하기 위하여 수사기관이 행하는 일련의 공적 행위의 절차가 수사이다. 그러나 수사는 수사기관의 일방적인 편의에 의하여 실시되는 것이 아니고, 헌법, 형법, 형사소송법, 수사규칙 등 법

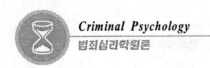

적 절차에 의하여 국민의 자유와 권리 그리고 인권을 보장하는 확고한 신념을 가지고 수행하는 것을 의미하는 것이다.

2) 범죄수사의 목적

수사의 목적에 관해서는 공소 또는 공판준비, 피의자의 혐의의 유무를 명백히 하여 기소, 불기소를 결정하는 데에 있다고 본다. 수사는 재판이 개시되기 전에 진행된다. 그러나 수사기관에 의한 피의자의 심문에 관해서는 피고인의 당사자로서의 지위 등을 이유로 부정하는 주장이 제기되고 있다. 수사단계는 그 성격상 자칫하면 실체적, 합목적적 견지로 흐르기 쉽고 법률적, 형식적 요청과 현실적으로 모순되는 경우가 있을 수 있다. 이 문제에 관해서 수사에 있어서도 당사자 주의와 직권주의 대립이 반영되어 있고, 이 두 개의 이념 중 적정 절차 면을 앞세울 것인가, 진실발견에 치중할 것인가라는 문제가 논의되고 있다. 수사를 할 수 있는 기관은 1차적으로 사법경찰관리(형사소송법상의 개념. 사법경찰관과 사법경찰관리를 말한다. 범죄수사에 있어서 검사의 지휘기관인 사법경찰관은 수사관, 경무관, 총경, 경정, 경감, 경위를 말하고, 사법경찰관리는 경사, 경장, 순경이며, 이외는 법률로서 정하는데, 산림, 해사, 세무, 전매, 군수사기관 등 특별한 사항에 관하여 사법경찰관리의 직무를 행할 자에 대하여도 법률로서 정하여져 있다)와 2차적으로는 검사가 있다. 양자는 서로 협력관계에 있는 것같이 보일 수 있으나 형사소송법 제196조(사법경찰관리, ①사법경찰관: 수사관, 경무관, 총경, 경정, 경감, 경위는 검사의 지휘를 받아 수사를 하여야 한다. ②사법경찰관리: 경사, 경장, 순경은 검사 또는 사법경찰관의 지휘를 받아 수사의 보조를 하여야 한다. ③전2항에 규정한 자 이외의 법률로서 사법경찰관리를 정할 수 있다) 후자가 전자를 지휘, 감독하도록 규정하고 있다. 이는 수사의 목적을 보다 능률적으로 달성하기 위하여 사법경찰이 가진 통일적 활동력, 과학적 수사 내지 조직적 지휘통솔계통을 효율적으로 활용하여 검사의 공소제기에 있어서 소추기관으로서의 역할을 보다 효과적으로 수행하려는 입법취지가 있고, 그 외에는 사법경찰이 동시에 행정경찰로서의 활동도 하고 있으므로 이에 대한 법률적 측면도 고려하고, 행정적 압력의 배제도 고려하여 검사에게 지휘, 감독하도록 한 것이다.

3) 범죄수사방법

형사소송법상의 수사방법은 강제수단에 의하지 않고 임의수사를 원칙으로 하고 있다. 형사소송법 제199조 제1항은 강제수사는 예외적으로 특히 법률에 명시규정이 있는 경우에 한하도록 규정하고 있다(형사소송법 제199조(수사와 필요한 수사) ①수사에 관하여는 그 목적을 달성하기 위하여 필요한 조사를 할 수 있다. 다만, 강제처분은 이 법률에 특별한 규정이 있는 경우에 한하여 필요한 최소한도의 범위 안에서만 하여야 한다. ②수사에 관하여는 공무소 기타 공사단체에 조회하여 필요한 사항의 보고를 요구할 수 있다).

임의수사는 내사, 감청, 미행, 현장검증, 승낙에 의한 수사, 참관, 피의자와 제3자의 출석과 진술, 감정 및 통역의 위촉, 변사자의 검시 등이 있으나 그 한계에 관해서는 문제점이 있는 것으로 보인다. 그리고 강제수사는 그 주체와 대상에 따라서 대인적 강제처분과 대물적 강제처분으로 구분할 수 있고, 전자에는 현행범 체포, 통상 체포, 구금, 증인심문, 감정유치 등이 있으며 후자에는 압수, 수색, 검증 등이 있다.

4) 범죄수사의 착수

형사소송법 제195조(검사의 지휘, 검사는 범죄의 혐의가 있다고 사료하는 때에는 범인, 범죄사실과 증거를 수사하여야 한다)는 수사기관은 범죄의 혐의가 있다고 사료되는 때에는 언제든지 수사를 개시할 수 있다고 규정하고 있다. 수사개시의 단서로는 고소, 고발, 자수, 현행범, 변사체검시, 직무질문 등을 법률에 명시하고 있다. 그러나 수사개시는 반드시 이에 한하지 않고 이러한 단서가 없더라도 수사는 개시할 수 있다. 수사가 일단 개시되면 반드시 기소, 불기소를 결정하여야 하는데, 검사는 공소를 제기하지 않으면 불기소처분을 하여야 한다. 따라서 사법경찰관리는 수사의 결과를 모두 검사에게 송치하는 것이 원칙이다.

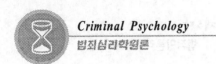

이상과 같은 수사의 절차에 있어서는 이론적으로는 그 기본적 구조를 어떻게 고려해야 할 것인가라는 것으로 적정절차인가, 진실발견인가라는 문제가 있다. 실질적으로는 이른바 과학적 수사의 발달과 촉진, 그리고 인권보장을 어떻게 조화할 것인가라는 문제가 기본적 현안으로 논란의 여지가 있으며, 임의수사와 강제수사의 한계 및 요건 등이 문제로 된다.

4. 범죄수사

1) 범죄수사의 개념

범죄수사라 함은 수사기관이 공소의 제기 및 유지를 위하여 범죄사실을 인지하고, 범인을 검거하고, 증거를 수집, 보전하는 수사기관의 활동을 의미한다. 수사기관의 활동을 적법하고 원활하게 하기 위하여 일정한 규칙을 규정하여, 국민의 권리를 보장하고 인권을 존중하여 수사로 인한 국민의 피해를 최소화하는 데 그 목적이 있다. 그리고 범죄현장을 탐지하여 범인을 검거하고 공소를 제기하여 유죄판결을 받게 하기 위한 절차를 규정한 것이 수사규칙(사법경찰관리인 경찰공무원이 범죄를 수사함에 있어서 지켜야 할 형태와 심리적 자세, 수사의 방법, 절차 기타 수사에 관하여 필요한 사항을 정한 규칙)이다. 범죄수사규칙은 범죄수사의 사안과 진상을 명확하게 하여 사건을 해결한다는 확실한 신념을 갖고 신속하게 직무를 수행하도록 규정하고 있다. 범죄수사는 수사기관이 범죄가 있다고 인지할 때는 사건의 전체내용을 명확하게 하고, 그 범죄의 증거를 발견, 수집하여 범인을 검거하고 유죄판결을 받게 하는 것이다.

형식적 의미

형식적 의미 또는 절차적 의미의 수사는 헌법, 형사소송법, 수사규칙 등 법률적인 차원에서 합법적으로 이루어지는 수사기관의 활동을 의미한다. 수사는 이러한 법률적 차원에서 수사관이 수사관계자의 권리와 의무 그리고 국민의 인권

보장이라는 관계의 가치를 존중하여 합법적으로 수사를 하여야 한다는 것을 의미한다.

실질적 의미

실질적 의미의 수사는 범죄수사의 목적을 달성하기 위한 수사기관의 구체적인 활동을 의미한다. 수사기관의 구체적인 활동이란 범인을 검거, 증거를 수집하고, 공소제기를 하여 범인으로 하여금 유죄판결을 받게 하기 위하여 실체적 진실을 발견하기 위한 필요한 활동을 의미한다.

2) 범죄수사의 성질

① 범죄사실의 실체를 밝히는 것.
② 소송법상의 정차.
③ 심증을 형성하는 활동.
④ 실체를 증명하는 활동.

3) 범죄수사의 목적

공소의 제기 및 수행

범죄수사는 범인으로 하여금 유죄판결을 받게 하는데 그 목적이 있기 때문에 유죄판결을 받게 하기 위해서는 검사가 공소를 제기하여 이를 수행하여야 한다. 검사가 법원에 대하여 특정사건에 대한 심판을 청구하기 위해서는 범죄사실에 대하여 객관적 진실을 증명하여야 가능한 것이다.

유죄판결

범죄수사의 결과 피고사건에 있어서 범죄의 증명이 있을 때에 선고하는 판결을 말한다(형사소송법 제321조, 형의 선고와 동시에 선고될 사항, ①피고사건에 대하여 범죄의 증명이 있는 때에는 형의 면제 또는 선고유예의 경우이외에는 판결로서 형을 선

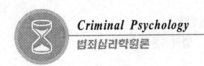

고하여야 한다. ②형의 집행유예, 판결 전 구금의 산입일수, 노역장의 유치기간은 형의 선고와 동시에 판결로서 선고하여야 한다). 유죄판결에는 보통의 재판이유보다 엄격한 이유가 요구되며 죄가 되는 사실, 증거의 요지 및 법령의 적용이 명시되어야 한다. 법률상 범죄의 성립을 방해하는 이유 또는 형의 가중, 감면의 이유가 되는 사실이 주장되었을 때에는 이에 대한 판단을 명시해야 한다.

형사소송법의 실현

범죄수사는 법령에 의하여야 하기 때문에 헌법과 형사소송법에 근거하여 국민의 권리와 자유를 보장하고 적법절차에 따라 수사를 하여야 하기 때문에 국민의 인권을 보장하여, 한 점의 의혹이 없는 정의를 실현하면서 실체적 진실을 밝히는 것을 내용으로 한다.

5. 수사관의 자세

1) 개념

범죄수사는 경찰관의 임무 중에서 가장 중요한 기본적 행위이다. 따라서 범죄사건이 발생하면 피해자, 참고인, 기타 관계인을 상대로 사건해결을 위한 조사를 하여 해결하여야할 책임을 가지고 있는 것이다.

경찰이 수사를 함에 있어서는 수사의 기본(범죄수사규칙 제2조, 수사의 기본, ① 수사는 사안의 진상을 명백히 하여 사건을 해결한다는 확고한 가지고 신속, 정확하게 행하여야 한다. ②경찰관이 수사를 할 때에는 개인의 인권을 존중하고 공정, 성실하게 하여야 한다)을 바로 하여 합법성, 합리성, 타당성 있는 수사로 국민의 인권과 자유를 보장하는 과학적인 수사 활동을 전개해야 한다. 경찰의 수사 활동은 국민으로부터 경찰전체에 대한 신뢰를 좌우하고 사회질서의 유지에 절대적인 영향을 미친다는 사실을 간과해서는 안 될 것이다.

2) 수사관의 자세

책임의 자각과 사회적 사명감

범죄수사규칙, 제6조, 착실한 수사. 수사는 부질없이 공명심에 치우치지 말고 범죄의 규모, 방법, 기타 제반사항을 냉정, 면밀히 판단하여 착실하게 행하여야 한다.

인격의 함양과 건전한 양식

확고한 신념과 진실의 규명

법령의 엄수와 성실한 자세

범죄수사규칙 제3조, 법령의 엄수. 수사를 할 때에는 형사소송법 등 관계법령과 규칙을 엄수하여 개인의 자유와 권리를 부당하게 침해하는 일이 없도록 주의하여야 한다.

타당성이 있는 수사

조직수사의 중요성

범죄수사규칙 제5조, 종합수사. 수사를 할 때에는 모든 정보 자료를 종합하여 판단하는 동시에 모든 지식과 기술을 활용하고 또한 언제나 체계 있는 조직력에 의하여 수사를 종합적으로 진행하도록 하여야 한다.

수사에 필요한 과학적 기술과 상식의 습득

비밀의 보안

범죄수사규칙 제9조, 비밀의 보안. 수사를 할 때에는 비밀을 엄수하여 수사에 지장을 초래하지 아니하도록 주의하는 동시에 피의자, 피해자 기타 사건 관계자의 명예를 훼손하는 일이 없도록 유의하여야 한다.

수사관계자 등의 보호

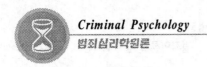

ⓐ 범죄수사규칙 제10조, 관계자에 대한 배려. 수사를 할 때에는 항상 언동을 삼가고 관계자의 편익을 고려하여 필요 이상으로 불편이나 혐오감 기타의 괴로움을 주는 일이 없도록 유의하여야 한다.

ⓑ 범죄수사규칙 제11조, 자료제공자의 보호. 경찰관은 고소, 고발 범죄에 관한 신고 기타 범죄수사의 단서 또는 범죄수사의 자료를 제공한 자의 명예나 신용을 해하는 일이 없도록 주의하는 동시에 필요한 경우에는 피의자 기타의 관계자에게 정보 제공자의 성명 또는 이들을 알게 될 만한 사항을 누설하지 아니하도록 하고 특히 필요가 있을 경우에는 적당한 보호를 하여야 한다.

세심한 기록유지

범죄수사규칙 제13조, 비망록. 경찰관은 수사를 함에 있어서 당해 사건을 공판 심리의 증인으로 출석하는 경우를 고려함과 아울러 장래의 수사에 참고로 하기 위하여 그 경과 기타 참고가 될 사항을 비망록에 세밀히 기록해두어야 한다.

6. 범죄수사의 원칙

1) 개념

범죄수사는 규정된 법률에 따라 적법하게(합법성, 합리성, 타당성을 검토 후) 절차에 따라 과학적인 방법으로 수사를 해야 한다. 수사의 기본(범죄수사규칙 제22조, 수사의 기본. ① 수사는 사안의 진상을 명백히 하여 사건을 해결한다는 확고한 신념을 가지고 신속, 정확하게 행하여야 한다. ② 경찰관이 수사를 할 때에는 개인의 인권을 존중하고 공정, 성실하게 하여야 한다) 원칙은 모든 범죄수사에 있어서 적용되는 것은 아니고 대부분의 중요 범죄를 수사하는 과정에서 지켜야 할 기본적인 방법인 것이다. 이러한 기본적인 원칙을 준수함으로서 범죄수사의 목적인 조기검거와 증거를 완전히 수집함으로서 유죄판결을 받도록 하는데 문제가 발생하지 않는 것이다.

2) 범죄수사의 기본원칙

수사의 기본원칙(수단상)

① 임의수사의 원칙,
② 비공개의 원칙,
③ 영장주의의 원칙,
④ 수사비례의 원칙,
⑤ 환부, 가환부의 원칙,
⑥ 자기부죄강요금지의 원칙,
⑦ 강제수사 법정주의 등이 있다.

수사자료 완전수집의 원칙

범죄수사규칙 제3조, 법령 등 엄수. 수사를 할 때에는 형사소송법 등 관계 법령과 규칙을 엄수하여 개인의 자유와 권리를 부당하게 침해하는 일이 없도록 주의하여야 한다.

수사자료의 정밀한 감식과 검토의 원칙

사건에 대한 적절한 추리의 원칙

범죄수사의 목적은 사건을 해결하여 범인을 검거하는 것이 가장 중요한 내용이다. 범인을 검거하기 위해서는 수집된 자료에 의하여 적절한 추리를 하는 것이 중요하다. 적절한 추리는 과학적인 판단을 말하는 것으로 이를 위해서는 다음과 같은 방법으로 할 수 있을 것이다.

ⓐ 자료를 수집하고 검토하는 과정에서 떠오른 직감이나 추리를 기록하고 이를 근거로 사건과의 관계를 검토(감수사)한다.

ⓑ 지금까지 경험한 사건과 사례로부터 생각할 수 있는 사안을 검토하여 문제를 해결할 수 있는 방안이 무엇인지 검토한다.

ⓒ 수집된 자료를 종합적으로 분석하여 분석된 결과에 따라 현실에서 일어날 수 있는 사안과 어떻게 관련될 수 있는가를 합리적으로 생각한다.

수사자료 검증의 원칙

사실판단 증명의 원칙

3) 범죄수사의 준수원칙

증거 제일의 원칙(선정후보)

적법절차의 원칙(법령엄수)

적법절차의 원칙은 증거수집의 과정뿐만 아니라 피의자를 검거할 경우에도 미란다 법칙(Fred E. Inbau. et. al., 1977: 4. 경찰이나 검찰은 피의자로부터 자백을 받기 전에 반드시 변호인 선임권과 진술거부권 등 피의자의 권리를 알려야 하는 것을 의미한다. 1966년 미국 대법원이 검찰이 제출한 성폭행 피의자 Miranda의 자백을 증거로 채택하지 않은데서 유래됨)을 고지한 후 검거하여야 하고 피의자를 조사할 경우에도 묵비권(넓은 뜻으로 형사책임에 관하여 자기에게 불리한 진술을 강요당하지 않을 권리. 보통 형사피고인, 피의자가 수사관의 조사나 공판에 있어서 각 신문에 대하여 진술을 거부하는 권리를 말한다. 이 권리를 피의자에게 명확하게 알려주기 위하여 자기 의사에 반하여 진술할 필요가 없다는 뜻을 수사기관이 이들에게 고지할 의무를 진다. 피고인에 대하여는 명문규정이 없으나 통설은 고지의무가 있다고 한다. 묵비권은 고문에 의한 자백강요를 방지하고 피의자, 피고인의 인권을 보호하기 위한 취지에서 나왔으며 강요된 진술은 유죄의 증거로 되지 않는다)을 행사할 권리 등을 고지해야 하는 등 검거하여 검찰에 송치할 때까지 모든 절차는 적법절차에 의존하여 행하여야 한다.

형사사건 처리의 원칙(민사사건불간여)

종합수사의 원칙(과학수사)

범죄수사는 단편적인 지식이나 기술, 소수의 수사관으로 모든 범죄사건을 해결할 수 있는 것은 아니다. 당연히 수사기관에서 보유하고 있는 인원, 지식, 기술, 장비, 정보 등을 총동원하여 합리적으로 수사를 하여야 한다. 중요 범죄수사에서는 결코 예단이나 서투른 판단 또는 공명심으로 해결할 있는 것은 아니다.

범죄수사는 법률의 절차에 따라 과학적, 조직적으로 수사체계를 운용하여야 사건을 해결할 수 있기 때문에 종합적으로 추진하여야 한다. 범죄수사규칙 제5조는 수사를 할 때에는 모든 정보자료를 종합하여 판단하는 동시에, 모든 지식과 기술을 활용하고 체계 있는 조직력에 의하여 수사를 종합적으로 진행하도록 하여야 한다고 규정하고 있다.

4) 범죄수사의 3대원칙

신속착수의 원칙

수사는 범죄사건의 발생과 동시에 혹은 빠른 시간에 수사관이 현장에 도착하여 필요한 모든 조치를 취함으로서 사건을 쉽게 해결할 수 있다. 수사경찰은 사건발생을 인지하였거나 접수하였을 때 즉시 현장에 도착하여 피해자를 구호하여야 한다. 피해자 구호가 늦을 경우, 인명의 손실은 물론 피해자로부터 얻을 수 있는 범죄정보를 숙지할 수 없기 때문에 수사에 막대한 지장을 초래할 수 있을 것이다.

현장보존의 원칙

현장보존이 신속하게 이루어지지 않을 경우 수사는 미궁에 빠질 위험성이 매우 높다. 수사경찰은 현장에 도착과 동시에 현장보존에 필요한 조치를 취해야 한다. 범죄현장을 중심으로 관계인 이외의 출입을 금지하도록 경계선을 설정하고 표식을 하여야 한다. 이러한 조치가 신속히 이루어지지 않을 경우, 범죄현장

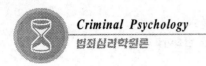

에 수사와 관계없는 사람들의 출입으로 증거는 파괴되고 범죄현장이 위장될 가능성까지 있어 수사해결의 실마리를 놓치게 된다.

민중협력의 원칙

범죄를 목격한 증인, 범죄의 피해자, 범인의 도주를 목격한 사람, 장물을 판매하려는 사람, 유류물을 목격한 사람, 범죄에 사용된 흉기 등을 판매한 사람 등 범죄와 직간접적으로 관계를 맺고 있기 때문에 시민들의 협력 없이는 사건해결을 쉽게 할 수 없을 것이다. 따라서 수사관은 평소 시민들과의 협력을 유기적으로 하고 관계를 친밀하게 유지할 필요성이 있을 것이다.

7. 범죄수법 수사론

1) 범죄수법의 개념

수법수사(범죄수법공조자료관리규칙 제2조, 정의. 이 규칙에서 사용하는 용어의 정의는 다음과 같다(개정 1998. 8. 28). 1. 범죄수법이라 함은 반복적인 범인의 범행수단방법 및 습벽에 의하여 범인을 식별하려는 인적 특징의 유형 기준을 말한다)라 함은 범행당시의 장소와 범죄행위에 사용된 수단과 방법, 그리고 습벽 등에 의하여 범인을 식별하려는 기준 또는 정형을 말하는 것이다. 사람에게는 적어도 7가지의 버릇이 있다고 한다. 사람은 의식적 또는 무의식적으로 경우에 따라서는 부분적으로 자기에게 맞는 행동을 하고 있기 때문에 범죄의 방식에 대해서도 같다고 말할 수 있을 것이다.

범죄수법의 반복성은 심리적으로 인간행위의 관습성에서 입증되며, 사실적으로는 범죄현장에 있어서의 수법의 필연성에서 입증되고 있다. 특히 수법범죄는 범인이 목적물을 안전하고 자신 있는 일정한 형식에 맞는 수단방법을 반복하는 편이다. 범죄수법은 일정한 형식으로 고정되어 쉽게 변경하지 못하고 반복하는 것이며, 개인적 습벽에 기초한 특징이 있으며, 범죄현장에 반드시 증거를 남겨진다고 하는 특성이 있다. 이런 범죄의 특성을 이용해서 범인을 발견해가는 수사방법을 수법수사라고 칭한다.

2) 범죄수법수사의 중요성

범죄현장에서의 수사와 지문, 발자국, 특징 있는 유류품 등의 발견, 또는 피해품에서부터 수사를 실시하여 범인을 검거할ㄹ 수도 있다. 그러나 최근에는 범죄현장에서 수사의 단서가 될 듯한 자료를 남기지 않은 것, 꼬리가 잡히기 쉬운 귀금속, 의류에는 손을 대지 않고 현금만을 절취하는 등의 범행이 많아지고 있는 편이다. 이와 같은 범죄자에게 대처하기 위해서는 범죄의 수단, 방법 등 무형의 자료인 범죄수법 주체의 수사 추진이 중요시되고 있다.

3) 범죄수법의 특징

범죄수법의 특성은 일정한 형식으로 고정되는 경향이 있어 용이하게 변경되지 않으며, 반복적인 개인적 습벽을 가진다는 특성이 있다. 이러한 특성을 심리적으로 고찰해보면 용이성, 안전성, 완전성을 추구하려는 심리적 요인이 있는 것이다.

4) 범죄수법의 제도

범죄수법의 제도는 범죄수법에 관한 자료를 조직적으로 수집, 관리해서 활용하는 것으로 범죄수사에 도움이 되도록 하기 위해 만들어진 것이다. 이 제도는 우리나라에서 범죄수법 공조자료 관리규칙(경찰청 훈령 제227호(1998. 8. 28)에 의하여 시행되고 있으며, 동 규칙은 범죄수법과 피의자의 사진 등 각종 인적, 물적 특징에 관한 자료의 수집, 관리방법과 그 조직적인 운영절차를 규정함으로서 과학적인 범죄수사에 기여함을 목적으로 한다)에 의하여 제도화되어 있으며, 전 세계의 수사기관에서 활용하고 있다.

수법범죄

모든 범죄에 존재하지만 반복성이 강한 범죄로서 살인, 강도, 방화, 유괴, 공갈, 절도, 사기, 위조, 변조사범 및 성범죄 등에 적용하는 것으로서 이것을 수법범죄라고 한다.

범죄수법 분류

수법범죄는 범죄의 방법을 종류별로 나누어 범죄수법을 세분화해서 범죄수사상 필요한 경우 수법자료를 용이하게 색출, 검토할 수 있도록 분류를 하고 있다.

5) 범죄수법의 자료

범죄수법 자료라는 것은 범죄수법 제도상의 기초자료인 수법원지와 피해통보표 그리고 보조자료인 공조제보와 각종 소표류가 있다.

범죄수법원지

범죄수법원지는 피의자의 범죄수법, 신분관계 등을 기재한 대장이라고도 할 수 있는 기초자료이고 수법범죄의 피의자를 검거하거나 이를 인도 받았을 때에 작성한다. 수법원지는 일정한 서식에 의하여 검거 또는 인도받는 범인의 인적사항, 범죄사실 및 그 수법의 내용 등을 수록한 기록으로서, 범죄수법을 이용하여 범인을 발견하고 범인의 배회처를 추정하는 등 기타 다각적인 수사자료 등으로 사용하고 있다.

피해통보표

공조제보

공조제보는 경찰관서 상호간에 각기 보관중인 수법원지, 피해자통보표 등의 조사 자료를 활용하여 범죄수사에 유기적인 협력을 하기 위하여 여죄조회, 사건수배, 장물수배, 장물조회, 지명수배, 지명통보, 수배해제, 참고통보, 이동통보를 서면, 사진전송 또는 전신으로 행함을 말한다.

각종의 소표류

일선수사관들의 조회에 대응하여 범죄수법 자료의 대조 등을 신속하고도 효과적으로 하기 위하여 각종 소표를 작성한다. 예컨대 수법소표, 신체특징소표, 피해자성명소표, 장물소표, 지명수배소표, 지명통보소표 등이 있다.

8. 범죄수법의 내용

시간

범행시간을 추정한다. 범인 중에는 일정한 시간을 선택하여 그 시간을 이용하여 범행하는 경향이 있으므로 시간적 수법을 파악하기 위해서는 정확한 범행시간을 관찰해야 한다. 기차, 자동차, 오토바이, 방송 내용 등의 통과음의 시간, 족적 각인상태로부터의 경과시간과 강우, 강설과 관련하여 판단, 기타 물건의 음향이 있었던 시간과 관련하여 생각할 수 있다.

장소

범죄장소는 매우 중요하다. 범인이 왜 그 장소를 선택하게 되었는가를 생각할 수 있다. 장소에는 지리감을 생각할 수 있으며, 범인과 범행 장소와의 특수한 관계를 파악할 수 있다. 따라서 범인은 범행 장소 물색에 있어서 목적물을 용이, 신속하게 그리고 어느 누구에게도 발각되지 않게 하기 위해서 범인 자신이 경험하고 사실상 숙련된 장소를 선택하기 마련인 것이다.

침입방법

침입구, 침입경로, 침입수단, 침입용구 등에는 범인의 개별적인 특성이 잘 표현되어 있다. 이러한 관찰에서 범인의 신체적 특징 또는 행동의 민첩성을 추정할 수 있으며, 침입수단, 침입용구 등에서 범인의 습성이나 직업 등을 알 수 있다.

말씨

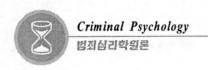

사기, 강도 등 면접범은 피해자나 관계자와 대화한 경우가 많고 그 말씨 내용에 의하여 방언, 직업, 경력, 주거 등을 판단하는 자료를 얻을 수 있다. 범인의 말씨에 따라 출신지, 본적, 직업, 성명, 연령, 특이한 표현 등을 파악하고 피해자와는 어떠한 관계가 있었는가, 중요 화제와 음성을 파악할 수 있다.

목적물

범인 중에는 현금, 귀금속 또는 판매하기에 용이한 물건만 노리는 자가 있는가 하면, 닥치는 대로 무엇이든지 절취하는 자도 있다. 어떠한 특징물을 범죄의 대상으로 하였는가를 알 수 있다. 즉 선택은 범인의 습성을 나타내는 것이므로 물색현황을 파악하여 범인과 피해자와의 관계를 파악할 수 있다.

물색방법

물색방법은 침입방법과 함께 범인의 수법이 가장 잘 노출되는 것이므로 물색방법을 감 수사의 대상이 될 수 있다. 즉, 연고감의 유무를 추정할 수 있다.

폭행수단

강도범과 같이 강력범인 경우에는 범인이 범행 시에 사용한 폭력, 폭행, 협박수단을 관찰하여야 한다. 피해자를 협박한 언어에 특징의 단체명, 지명 등이 있었는가, 특이한 용어를 사용하였는가, 사투리를 사용했는가, 폭행이나 협박에 사용한 흉기는 무엇인가, 범인 자신의 것인가, 타인의 것인가, 피해자를 결박한 경우 어떠한 방법으로 했는가, 결박한 재료는 무엇인가 등이다.

습성

범인 중에는 범행 전후에 특이한 행위를 하면서 범행을 하거나, 범행을 은폐하기 위한 행위, 도주를 하면서 특이한 행위를 하는 경우가 있는데, 이는 동일수법 사건의 발견, 범인 수의 추정 등에 이용할 수 있다. 이 때 범행을 용이하게 하기 위한 특이한 행위는 없었는가, 침입자체가 특이수단이 아닌가, 범행자체에 특이한 행동은 없는가, 미신행위 또는 기타의 특이한 행위는 없었는가 등이다.

제3절 범죄의 유형

1. 방화죄

방화죄는 불을 인위적으로 놓아 소훼하거나, 일정한 물건을 소훼하여 공공의 위험을 발생하게 함으로서 성립하는 것이다. 방화의 수단과 방법에는 제한이 없다. 방화죄는 방화행위에 의하여 소손의 결과를 발생하면 기수가 된다. 방화는 화력이 매개물을 떠나서 목적물에 독립하여 소훼를 계속할 수 있는 상태에 도달하면 소손으로 보는 독립연소설로 판례의 입장과 방화가 목적물의 중요한 부분을 소손하여 그 물건의 본래의 효용을 상실한 것으로 보는 효용상실설로 통설의 입장 등이 있다. 본죄의 보호법익은 사회공공의 안전으로 추상적 위험범과 구체적 위험범으로 나누어 구분할 수 있다. 방화죄는 사회공공의 법익에 대한 것이므로 피해자의 승낙이 있어도 위법성은 조각되지 아니한다. 현주 건조물방화죄는 주거자, 현존자의 승낙이 있으면 일반건조물 방화죄와 동일하게 처벌하고, 타인의 소유물에 대한 방화는 그 소유자가 승낙하면 자기의 소유물에 대한 방화와 동일하게 처리한다.

1) 객체

본죄의 객체는 현주건조물 등 방화죄, 공용건조물 등 방화죄, 일반건조물 등 방화죄, 일반건물 방화죄 등으로 나누어 구분이 된다.

2) 행위

방화하여 일정한 물건을 소손하거나 공공의 위험을 야기하는 것을 의미한다.

3) 죄수

방화죄의 보호법익은 공공의 안전이므로 1개의 방화행위로 수개의 객체를 소훼하여도 상상적 경합으로 하나의 방화죄가 성립한다.

4) 유형

현주건조물 등에의 방화

형법 제164조(ⓐ불을 놓아 사람이 주거로 사용하거나 사람이 현존하는 건조물, 기차, 전차, 자동차, 선박, 항공기 또는 광갱을 소훼한 자는 무기 또는 3년 이상의 징역에 처한다)에 해당하는 범죄로 본다. 본죄는 추상적 위험범으로 사람의 주거에 사용한다는 것은 일상 사용됨을 의미하며 반드시 사람이 현존함을 요하지 않는다. 그리고 사람이 현존하는 건조물이라 함은 주거에 사용되는 것은 아니다. 현재 범인 이외의 타인이 존재하는 건조물을 말한다.

공용건조물 등 방화죄

형법 제165조, 불을 놓아 공용 또는 공익에 공하는 건조물, 기차, 전차, 자동차, 선박, 항공기 또는 광갱을 소훼한 자는 무기 또는 3년 이상의 징역에 처한다(추상적 위험범).

일반건조물 등 방화죄

형법 제166조 제1항(ⓐ불을 놓아 전2조에 기재한 이외의 건조물, 기차, 전차, 자동차, 선박, 항공기 또는 광갱을 소훼한 자는 2년 이상의 유기징역에 처한다. ⓑ자기 소유에 속하는 제1항의 물건을 소훼하여 공공의 위험을 발생하게 한 자는 7년 이하의 징역 또는 1천만 원 이하의 벌금에 처한다)에 해당하는 범죄로 구체적 위험범이다.

일반건물 방화죄

형법 제167조(ⓐ불을 놓아 전3조에 기재한 이외의 물건을 소훼하여 공공의 위험을 발생하게 한 자는 1년 이상 10년 이하의 징역에 처한다. ⓑ제1항의 물건이 자기의 소유에 속한 때에는 3년 이하의 징역 또는 700만 원 이하의 벌금에 처한다)에 해당하는 범죄로 현주건조물 등에의 방화와 공용건조물 등 방화, 그리고 일반건조물 등 방화죄 이외의 물건을 소훼함 함으로 성립하는 것으로 구체적 위험범이다.

연소죄

형법 제168조, ⓐ제2항 또는 전조 제2항의 죄를 범하여 제164, 165, 166조 제1항에 기재한 물건에 연소한 때에는 1년 이상 10년 이하의 징역에 처한다. ⓑ건조 제2항의 죄를 범하여 전조 제1항에 기재한 물건에 연소한 때에는 5년 이하의 징역에 처한다로 되어 있다.

진화방화죄

형법 제169조, 화재에 있어서 진화용의 시설 또는 물건을 은닉 또는 손괴하거나 기타 방법으로 진화를 방해한 자는 10년 이하의 징역에 처한다.

폭발성성 물건 파열죄

형법 제 172조, ⓐ 보일러, 고압가스 기타 폭발성 있는 물건을 파열시켜 사람의 생명, 신체 또는 재산에 대하여 위험을 발생시킨 자는 1년 이상의 유기징역에 처한다.

ⓑ 제1항의 죄를 범하여 사람을 상해에 이르게 한 때에는 무기 또는 3년 이상의 징역에 처한다. 사망에 이르게 한 때에는 무기 또는 5년 이상의 징역에 처한다.

가스, 전기 등 방류죄

형법 제172조의2, ⓐ 가스, 전기, 증기 또는 방사선이나 방사성 물질을 방출, 유출 또는 살포시켜 사람의 생명, 신체 또는 재산에 대하여 위험을 발생시킨 자

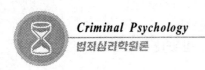

는 1년 이상 10년 이하의 징역에 처한다. ⓑ 제1항의 죄를 범하여 사람을 상해에 이르게 한 때에는 무기 또는 3년 이상의 징역에 처한다. 사망에 이르게 한 때에는 무기 또는 5년 이상의 징역에 처한다.

가스, 전기 등 공급방해

형법 제173조, ⓐ 가스, 전기 또는 증기의 공작물을 손괴 또는 제거하거나 기타 방법으로 가스, 전기 또는 증기의 공급이나 사용을 방해하여 공공의 위험을 발생하게 한 자는 1년 이상 10년 이하의 징역에 처한다. ⓑ 공용용의 가스, 전기 또는 증기의 공작물을 손괴 또는 제거하거나 기타 방법으로 가스, 전기 또는 증기의 공급이나 사용을 방해한 자도 전항의 형과 같다. ⓒ 제1항 또는 제2항의 죄를 범하여 사람을 상해에 이르게 한 때에는 2년 이상의 유기징역에 처한다. 사망에 이르게 한 때에는 무기 또는 3년 이상의 징역에 처한다.

과실 폭발성 물건파열 등 죄

형법 제173조의2, ⓐ 과실로 제172조 제1항, 제172조의2 제1항, 제173조 제1항과 제2항의 죄를 범한 자는 5년 이하의 금고 또는 1천 500만 원 이하의 벌금에 처한다. ⓑ 업무상 과실 또는 중대한 과실로 제1항의 죄를 범한 자는 7년 이하의 금고 또는 2천만 원 이하의 벌금에 처한다.

미수범

형법 제164조 제1항, 제165조, 제166조 제1항, 제172조 제1항, 제172조의2 제1항, 제173조 제1항과 제2항의 미수범은 처벌한다.

예비, 음모죄

형법 제164조 제1항, 제165조, 제166조 제1항, 제172조 제1항, 제172조의2 제1항, 제173조 제1항과 제2항의 죄를 범할 목적으로 예비 또는 음모한 자는 처벌한다. 그러나 목적한 죄를 실행에 이르기 전에 자수한 때에는 형의 감경 또는 면제한다.

타인의 권리대상이 된 자기의 물건

형법 제176조는 자기의 소유에 속하는 물건이라도 압류 기타 강제처분을 받거나 타인의 권리 또는 보험의 목적물이 된 때에는 본장의 규정의 적용에 있어서 타인의 물건으로 간주한다고 규정하고 있다.

5) 방화범죄의 일반적인 동기

① 보험사기를 목적으로 하는 경우.
② 범죄를 은폐하기 위한 경우.
③ 사업상의 대항, 경쟁을 목적으로 한 경우.
④ 원한, 복수, 협박, 공갈, 태업 등을 하기 위한 경우.
⑤ 장부 및 제반 기록의 소각을 위한 경우.
⑥ 화재를 보면서 쾌감을 느끼기 위한 경우.
⑦ 상품의 가치가 없는 것으로 쓰레기 처리 비용을 절약하기 위한 경우.

6) 보험사기 방화

① 기업을 청산하기 위한 경우.
② 낡은 상품을 처리하기 위한 경우.
③ 사업상의 파산이나 재정적 실패를 피하기 위한 경우.
④ 주문의 취소 또는 상품의 결함으로 인하여 판매가 불가능할 때 제품을 소손하고 보상을 얻기 위한 경우.
⑤ 상당한 비용이 걸려 있는 구조상의 변화를 요하는 건물 및 보건법규를 회피하기 위한 경우
⑥ 유해의 변화로 구식이 되어 판매가 불가능 상품을 없애기 위한 경우.
⑦ 보수비 및 개조비가 많이 드는 기계 또는 설비를 정리하기 위한 경우.
⑧ 상품을 다른 장소로 이전시키는 비용을 덜기 위한 경우.
⑨ 이득이 적거나 무가치한 건물을 처분하기 위한 경우.

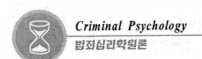

⑩ 계약된 상품의 납품기일을 어기고 위약금을 지불하지 않고 보험금을 사기하기 위한 경우.

7) 정신박약자의 방화

① 방화가 정신박약자와 같이 지적으로 열등한 자에게도 실행이 용이하다는 것.
② 정신박약자는 무능으로 인하여 타인으로부터 학대받거나 경멸당하는 경우가 많기 때문에 원한, 분노의 감정을 갖기 쉽다.
③ 방화는 그 자체가 정신박약자와의 사이에 어떠한 생물학적 친화성이 있어 불에 기쁨이나 쾌락을 느낄 수 있다는 것. 그리고 동기에 비하여 결과가 중대한 경우가 대부분이어서 동기와 결과와의 불균형이 주목되고 있지만 정신박약자는 이에 대한 인식이 부족하다는 것이다

2. 살인죄(criminal homicide)

1) 살인의 개념

살인이 가장 빈번히 발생되는 경우는 가정 내의 부부갈등, 직장동료 또는 친구, 사업관계 등에서 애정관계와 이해관계가 복잡하게 되어 순간 감정의 폭발로 발생하는 경우가 많은 편이다.

살인에서 남성의 경우는 감정의 폭발, 말다툼 등 순간적인 살인행위가 많고, 여성의 경우는 가족 간의 불화, 분노, 애정문제, 원한에 의해서 많이 발생하고 있다.

살인죄라 함은 형법 제250조에 해당하는 범죄로 고의로 사람의 생명을 박탈하는 것을 의미한다. 본죄의 보호법익은 사람의 생명으로 침해범이다. 살인죄에서의 사람이라 함은 자연인에 한하고 범인 이외의 자를 의미한다. 자신의 생명

을 박탈하는 경우에는 자살로서 처벌의 대상이 될 수 없으나, 자실에 관여한 행위는 범죄로 규정하고 있다.

2) 객체

객체는 사람이다. 사람이란 생명이 있는 인간을 말하며, 사람의 범위는 학자의 주장에 따라 다소 이견이 있다. 태아의 경우는 진통설, 일부노출설, 전부노출설, 독립호흡설 등이 있으며 통설은 진통설이다. 그리고 생명의 종기에 대하여는 호흡정지설과 맥박정지설이 있으나 맥박정지설이 통설이다.

3) 행위

본죄의 행위는 사람을 살해하는 것으로 살해는 고의로 사람의 생명을 절단시키는 것을 말한다.

본죄의 객체가 자기 또는 배우자의 직계존속인 때에는 존속살해죄로 형이 가중되고, 직계존속이 분만 중 또는 분만직후의 영아를 살해한 경우에는 영아살해죄로 형을 감경한다. 그리고 안락사에 대하여서는 위법성이 조각될 것인가에 이설이 있으나, 통설은 일정한 요건이 구비될 경우에는 적법한 행위로 위법성이 조각된다. 또한 과실로 인하여 사람을 사망에 이르게 하는 경우는 과실치사죄가 성립하는 것이다.

4) 살해의 수단

살해의 수단, 방법에는 제한이 없다. 살해의 수단은 작위 또는 부작위 모두 가능하다. 살해행위와 사망과의 사이에는 인과관계가 존재하여야 한다. 그러나 사망의 결과가 발생하였더라도 인과관계를 결여하면 미수죄로 된다.

5) 살인죄의 종류

보통살인죄

보통살인죄라 함은 형법 제250조 제1항(살인, 존속살해), ⓐ사람을 살해한 자는 사형, 무기 또는 5년 이상의 징역에 처한다. ⓑ자기 또는 배우자의 직계존속을 살해한 자는 사형, 무기 또는 7년 이상의 징역에 처한다.

존속살인죄

존속살인죄라 함은 형법 제250조 제2항에 해당하는 범죄로 자기 또는 배우자의 직계존속을 살해함으로서 성립하는 것이다. 여기서 배우자와 직계존속은 법률상의 개념이다. 사실상의 부모관계가 있더라도 인지절차를 완료하지 않았을 경우는 직계존속이 아니며, 양자가 양부를 살해하는 것은 본죄를 구성한다. 배우자라 함은 현재의 배우자를 의미하고 사망한 배우자는 해당하지 아니한다.

영아살인죄

형법 제251조(영아살해), 직계존속이 치욕을 은폐하기 위하거나 양육할 수 없음을 예상하거나 특히 참작할 만한 동기로 인하여 분만 중 또는 분만직후의 영아를 살해한 때에는 10년 이하의 징역에 처한다.

촉탁, 승낙에 의한 살인죄

형법 제252조(촉탁, 승낙에 의한 살인 등), ⓐ사람의 촉탁 또는 승낙을 받아 그를 살해한 자는 1년 이상 10년 이하의 징역에 처한다. ⓑ사람을 교사 또는 방조하여 자살하게 한 자도 전항의 형과 같다.

자상교사와 자살 방조죄

형법 제252조 제2항에 해당하는 범죄로 타인을 교사 또는 방조하여 자살하게 함으로서 성립하는 것이다. 여기서 자살의 교사라 함은 자살의 의사가 없는 자에게 자살을 결의하게 하는 것을 말한다. 그리고 방조라 함은 자살의 결의를 한

자에게 그 자살행위를 용이하게 하는 것을 말한다. 통설과 판례는 공동 자살을 기도하였으나 생존한 사람이 있을 경우에 그 생존자에게는 본죄가 성립한다.

위계 등에 의한 촉탁살인죄

형법 제253조(위계등에의한촉탁살인죄), ⓐ전조의 경우에 위계 또는 위력으로서 촉탁 또는 승낙하게 하거나 자살을 결의한 때에는 동법 제250조의 예에 의한다.

미수범

형법 제250조 내지 제253조의 미수범은 처벌한다.

예비, 음모죄

형법 제250조 내지 제253조의 죄를 범할 목적으로 예비, 음모를 하는 것을 의미한다. 이에 해당하는 자는 10년 이하의 징역에 처한다.

6) 살인의 유형

살인행위의 유형에는 여러 가지가 있으며 시대의 발전에 따라 범죄행위도 발전하여 기교화, 교모화 그리고 대형화하고 있는 추세이다. 살인의 유형으로는 범행의 원인을 추리할 수 있으며, 이 원인을 추적하여 범인을 검거할 수 있는 것이다. 살인의 방법으로는 교살, 총살, 액살, 절자살, 폭살, 박살, 독살, 소살, 기타 등으로 나누어 볼 수 있다.

교살

끈을 이용하여 목을 매어 질식하게 하여 살해하는 방법을 말한다. 이는 목 부위를 검사하여 판별할 수 있으며, 일반적으로는 범죄현장에 범행에 사용한 끈을 발견할 수 있거나 또는 목매어 자살한 것으로 위장하는 경우도 있을 수 있다.

총살

권총, 소총, 사냥총 등을 이용하여 살해하는 방법이다. 이 경우에는 현장에 탄피가 탄알이 남아 있다. 탄알의 경우 신체를 관통하여 벽면이나 바닥에 박혀 있거나 체내에 남아있기 때문에 이를 감식하여 총기의 종류 등을 판별할 수 있다. 총기의 경우는 자살로 가장하는 경우도 있다.

액살

손이나 발로 목 부위를 눌러 질식하도록 하는 방법이며, 액살의 경우는 손 주위에 손톱자국 등 여러 방어 흔이 있고, 발로 액살하였을 경우에는 발목 주위에 반항흔이 있다.

절자살

예리한 칼이나 송곳 같은 것으로 자르거나 찔러서 치명적인 상처를 주어 살해하는 방법이다. 이 경우는 칼, 송곳을 몸에 박힌 대로 방치하는 경우도 있고 가지고 도주하다가 버리는 경우도 있다.

폭살

폭발물질인 다이너마이트나 기타 화약 등을 이용하여 살해하는 방법, 이 경우는 현장에 도화선, 파편 등이 있다.

박살

박살 또는 타살이라 함은 둔탁한 망치, 곤봉, 몽둥이, 철주 등의 둔기로 때려서 살해하는 방법, 이 경우 살해 후 둔기를 현장주변에 버리고 도주를 하는 경우가 많다.

독살

취약, 제초제, 싸이나 등 독극물을 음식물이나 음료수 등에 타서 복용하도록 하여 살해하는 방법, 이 경우는 현장에 독극물의 병 혹은 약봉지 등이 있으며,

자살로 위장하는 경우도 있다.

소살

휘발유, 신나, 석유 등 인화성 물질을 이용하여 태워서 살해하는 방법, 이 경우 방화사건으로 위장하는 경우와 살해한 후 불을 놓아 소사한 것으로 위장하는 경우가 있을 수 있다. 해부를 하여 기관지 검사로서 알 수 있다.

기타방법

기타 방법은 부작위에 의한 살해방법과 실수사로 위장하는 경우 등이 있다. 예를 들면, 노유 또는 질병에 있는 사람에게 음식물을 제공하지 않아 아사하게 하는 경우와 강가나 절개지 또는 계곡 같은 곳에서 떠밀어 죽게 한 후 실족사한 것으로 위장할 수도 있다.

7) 살인의 동기

살인사건 수사에 있어서 살해된 사체의 형상, 잔인성 등으로 보아 그 동기를 알 수 있으며, 그 동기에 따라 수사의 방향과 범위는 달라진다. 살인의 동기는 물욕, 원한, 치정, 분노, 복수, 정신이상, 미신, 쾌락, 무원인, 범죄은폐 등으로 볼 수 있다.

물욕살인

재물이나 이익을 목적으로 하는 살인행위를 말한다. 동범죄는 강도 또는 절도의 목적으로 침입하여 금품을 물색하다가 피해자로부터 신분노출이 되거나 의외의 반항으로 대항할 경우에 살해 한다. 또는 동업자가 이윤의 욕심을 채우기 위하여 살해하거나 채무자가 채권자를 살해하여 채무를 면탈하기 위하여 살해하는 경우 등이다.

원한살인

남녀관계, 경제관계, 고용관계, 치욕적 관계 등으로 상호간에 관계가 악화되어 살인행위로 발전하는 것을 말한다.

치정살인

남녀의 애정관계에 문제가 발생하여 살해하는 것, 치정살인은 피해자의 성기나 유방 등을 잔인하게 훼손 혹은 절개하는 방법, 간음 등이 있고, 또는 잔인성이나 야만성이 있으며 사체에 성적 흔적 등이 있는 경우도 있다.

정신이상 살인

정신이상의 살인이라 함은 정신적 병중에 있는 자가 순간적으로 발작을 일으켜 사람을 살해하는 경우도 있다. 이러한 살인 사건의 수사는 간단하여 쉽게 해결할 수 있다. 그러나 경우에 따라서는 피의자의 위장술에 의한 살인의 가능성이 있기 때문에 과거의 병력과 정신감정 등을 할 필요가 있다.

미신적 살인

과학적으로 증명되지 않은 방법에 의하여 불치의 병을 치료할 수 있다고 믿고 몸의 장기를 약으로 사용하기 위하여 살해하는 경우와 안수기도, 광신적 종교의 교리에 의하여 단식토록 하여 죽게 한 경우 등의 살인이 있다.

쾌락살인

자신의 성충동을 정상적인 성행위로는 만족하지 못하고 살인행위의 방법으로 성적욕구를 충족하기 위하여 살인행위를 하는 것과 동시에 성교를 함으로서 성적욕구를 충족하는 행위를 말한다. 이 때 항거불능의 상태로 만들어 상대방으로 하여 극도의 고통을 겪고 있는 동안에 성행위를 하는 것으로 성교시의 쾌락을 극대화하거나 정상적인 성행위를 할 수 없는 성불능자들이 변태적인 성교의 대체로서 행해지는 경우를 말한다.

이러한 쾌락살인은 성적으로 한번 경험을 함으로서 그 쾌감에 빠져들기 때문에 동일한 범행을 되풀이하여 상습살인으로 연결될 가능성이 많다는 것이다. 항거불능의 상태로 만드는 방법은 술을 많이 마시게 하거나, 마약, 기타 약물 등을 사용하도록 하여 환각상태에 빠지게 함으로서 살인의 실행과정에서 피해자가 소리를 지르지 못하거나 죽음에 임박하여서도 피해의 고통을 느끼지 못하기 때문에 범행이 쉽게 외부로 노출되지 않는다.

이유 없는 살인

살인의 원인을 찾을 수 없는 완전히 돌발적으로 발생한 살인을 말한다. 이와 같은 살인은 여러 가지 급변하는 사회의 변화 속에서 이에 적응을 하지 못하고 정신병적인 자기의 감정을 통제하지 못하고 순간적으로 일으키는 광적인 살인으로 장기적인 소외감, 권태감, 자포자기, 열등의식 등의 비이성적인 상황에서 살인하는 경우 등이 있다.

8) 수사상 유의사항

초등조치

살인사건을 발생 인지 및 신고를 접수한 경우에는 즉시 경찰서 상황실이나 수사과에 보고하여야 한다. 보고를 받은 경찰서에서는 수사긴급배치가 필요하다고 판단되면 즉시 조치하고 감식팀과 수사형사들을 현장으로 보낸다. 그리고 경찰서 수사과나 상황실에서 사건을 접수하였을 때에는 경찰서장에게 보고하고 우선적으로 수사책임자와 현장감식팀은 수사 장비와 함께 현장으로 출동시키고 긴급배치의 여부와 배치의 범위 등을 판단하여 즉시 조치하고 지방경찰청에 보고한다. 그리고 수사 비상배치와 동시에 형사들은 현장에 도착하여 수사주무관의 지시를 받아 임무수행에 당하도록 한다.

현장조치

수사 관계자는 현장에 도착하여 시간을 확인함과 동시에 수사에 착수하고 수사기록을 작성하여야 한다. 우선적으로 범죄현장은 출입통제와 보존을 하고 비디오를 이용하여 촬영한 후 구호를 조치하고 피해자로부터 범인의 인적사항, 피해상황, 피해자 인적사항, 참고인, 신고인 등에 대한 진술을 신속히 청취와 동시에 녹취하면서 범인의 도주로 등을 파악하여 이에 대한 정보를 수사관계인에게 전파를 한다. 그리고 현장 감식을 실시하여 유류품, 지문, 장문, 족문, 등을 채증하고 부검이나 감정의 필요가 있을 경우 이에 대한 준비를 하는 등 본서와 연락을 계속한다.

현장관찰

범죄의 현장 또는 범죄현장과 관련되어 있는 장소에 대해서 유형, 무형의 자료를 수집하기 위해서 물건의 존재와 상태, 위치 등을 정밀하게 관찰하여야 한다.

유류품의 의식적인 경우는 범죄현장의 침대 밑이나 매트래스 밑, 벽장, 액자 뒤, 장롱 안이나 밑바닥, 농 뒤, 의류와 침구 등의 내부, 마루밑, 화장실, 쓰레기통, 하수구, 지붕위, 창고, 도주로의 주변 등이고, 무의식적인 경우는 범행전 대기 장소, 침입구 근처, 범행 장소, 퇴로, 도주로 등을 고려해야 한다. 범죄현장에서 범인의 활동사항을 찾아내는 것으로는 지문채취가 매우 중요하다. 지문은 범죄현장의 침입구에서부터 시작하여 범죄행위의 전 과정에서, 그리고 퇴로까지의 경로에서 발견할 수 있으나 자칫 간과하여 지문채취에 실패할 수 있기 때문에 수사 개시부터 이에 대한 각별한 주의가 필요하다. 지문은 범죄의 상황증거를 나타내는 중요한 위치를 점유하고 있다. 이를 위해서 정밀하고 심도 있는 관찰이 필요하므로 순서에 따라서 질서 있게 계획적인 수사를 다음과 같이 해야 한다.

ⓐ 범인과 현장의 관계조사 : 현장에서 범죄수법, 피해품, 유류물과 유류품, 범인의 출입관계, 침입지역과 개소, 침입방법, 도주로, 도주방법 등을 조사한다.

ⓑ 사체의 관찰 : 사체의 위치, 자세, 상처의 부위와 개소, 범행시간 및 사후

경과시간의 추정, 살해의 방법, 착의, 혈흔, 정액, 모발, 체모, 사용한 흉기와 사용방법, 사체의 지문채취, 저항흔의 유무, 물건의 위치 등을 조사한다.

ⓒ 범행의 동기 : 원한, 치정, 이욕, 분노, 사건은폐, 복수, 정신이상, 미신, 쾌락 등의 관련 여부를 판단한다.

ⓓ 유류품의 수집 : 유류품의 유류물을 수집하여 이를 분석, 감정하여 범죄상황을 파악한다.

ⓔ 공범과의 파악 : 범행현장과 주변의 족적, 흉기, 유류품 등을 분석, 감정하여 공범관계를 판단한다.

ⓕ 감수사 : 유류품과 상황을 분석하여 연고감과 지리감이 있는지의 여부를 판단한다.

ⓖ 범행일시와 흔적 등 : 범행일시와 기상상황, 차륜, 족흔, 치흔, 범행과 체류기간 등을 파악한다.

수사계획의 수립

초등조치, 현장조치, 현장관찰 등의 결과를 토대로 수사회의를 개최하고 의견을 종합하여 수사계획을 수립한다. 수사계획에 의하여 수사에 참여한 수사관들에게 임무를 부여하고 임무수행에 들어간다. 이때 증거자료와 범죄의 정황으로 범인을 쉽게 검거할 수 없다고 판단될 때 수사본부를 설치하여야 한다.

범죄단서의 파악

중요 범죄를 수사를 할 때에는 단서의 파악이 중요하다. 범인이 완전범죄를 실행하기 위하여 노력하여도 범인 자신도 모르게 단서를 남기게 되어 있다. 범죄현장 주변에 남아 있는 유형, 무형의 단서를 초동수사와 현장관찰이 중요하다. 단서를 포착하기 위해서는 다음과 같은 점에 주력을 해야 한다.

ⓐ 직접적인 물적단서 : 범죄현장의 유류품, 지문, 족적, 혈흔, 정액, 타액, 장물 등을 분석, 추적하여 범인을 검거할 수 있는 단서를 포착한다.

ⓑ 인적, 무형적 단서 : 수사관들의 경험, 기술, 지식을 기반으로 추리와 추정으로 불신검문, 직무질문, 전과자, 불량배 등에 대한 행적 등을 추적하여 단서를 파악할 수 있다.

ⓒ 피해자, 신고자 등의 단서 제공 : 피해자, 신고자, 목격자, 밀고자, 자수자 등을 접견하여 단서 파악에 주력해야 한다.

사망 장소와 일시의 확정

ⓐ 범행 장소의 확정 : 살인사건의 경우 일반적으로 범행 장소에서 사래의 결과가 발생한다. 그러나 총살이나 독살의 경우 범인은 사망한 것으로 알고 현장을 이탈하였지만, 사실은 사망이라는 결과가 발생하지 않아 피해자가 범죄현장에서 이동하여 다른 곳에서 사망할 수도 있다. 그리고 사람을 살해한 후 사체를 이동하여 암매장하거나, 수중에 투기, 쓰레기 등으로 위장하여 쓰레기장에 유기하는 경우도 있기 때문에 이때에는 살해 장소를 확정하여 현장에서 증거의 수집과 실황을 조사하여 사건을 해결하도록 노력해야 한다.

ⓑ 사망시간의 확정

체온의 냉각 현상

사람의 체온은 사망 직후부터 냉각하기 시작하여 24시간이 지나면 주변의 온도와 같은 수준을 유지한다.

사반의 형성

죽은 사람의 몸에 나타나는 적자색 반점을 말하는 것으로 사후 1시간이 경과하면 몸의 아래쪽에서부터 나타나기 시작하여 2~5시간 후에는 현저하게 나타나고, 10~14시간 후에는 매우 뚜렷하게 나타난다. 사후 3~9시간 이내에 체위를 바꾸면 사체의 아래쪽에 다시 사반이 나타나고 먼저 생긴 곳의 사반은 없어진다. 그리고 사후 10시간 이상 지나면 사반의 위치는 바뀌지 않는다.

사반의 경직 현상

성인은 사후 2~4시간 경과하면 턱과 목 부위 등 상부관절에서부터 경직현상이 나타나기 시작하여 15시간 정도 지나면 사체의 전 관절에 나타난다. 이러한 현상은 주위의 온도가 높을수록 빠르게 진행되며, 3~4일 후에 이완된다.

각막의 혼탁 현상

안구의 눈동자가 흐려지는 현상을 말하고, 사망 직후부터 나타나기 시작하여 24시간 지나면 동공과 각막을 구분할 수 없게 된다.

부패현상

부패현상은 경직이 이완되면서 내장부터 시작한다. 부패의 속도는 온도와 공기의 소통에 비례한다. 사체의 수포현상은 사후 2~3일 후부터 발생하고, 3~5일 경과되면 두발이 탈락되고 전신의 피하조직 및 근육은 부패가스로 부풀어 오르고, 안구돌출 등 현저한 부패현상을 나타낸다. 일반적으로 공기에서는 부패속도가 빠르고 수중에서는 공기에서 보다 2분의1 정도 느리고, 매장되었을 때는 공기에서 보다 8분의1 정도로 느리게 진행되는 편이다.

[섭취음식물의 소화현상]

범인의 검거

범인을 검거할 때에는 어떠한 혐의로 검거한다는 피의사실을 설명하고 변호인을 선임할 수 있는 권리와 묵비권을 행사할 수 있는 권리 즉, 미란다원칙을 설명하여야 한다. 설명 후에는 피의자에게 어떤 이야기를 했는지를 확실하게 이해하고 있는지 문의하여 확인하여야 한다. 이러한 확인 절차를 거쳐 검거한 후에는 피의자에 대한 조사를 실시할 수 있는 것이다.

ⓐ 조사실

ⓑ 피의자 조사

• 피의자의 자신에 관한 사항으로 개인적 배경 즉, 나이, 교육관계, 결혼여부,

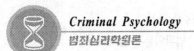

경제적, 사회적 환경, 전과관계, 육체적 정신적 건강상태, 마약이나 알코올 상용을 포함하여 병력, 수사에 대한 반응(악의적, 협조적 여부), 피해자나 범죄 장소와의 관계, 종교, 형제우애, 편견, 사회관, 취미, 성관계나 일탈행위, 범죄를 실행하게 된 능력이나 기회 등을 조사한다.

• 범죄행위에 관한 사항으로 범죄의 일시 장소에 대하여 상세하게 문의, 범죄지역과 현장에 관한 구체적 문의, 범죄의 수단과 방법, 범행의 구체적 내용, 범행시 사용한 도구와 사용방법, 공범관계, 범행 장소의 침입구와 출구, 범행의 동기, 범행요인 등을 조사한다.

ⓒ 수사결과의 검토

• 피의자의 진술내용과 현장의 상황을 비교하여 일치하지 않은 점은 무엇인지 확인하여 조사한다.
• 범행에 사용한 흉기, 도구, 극약 등 물건의 출처를 확인한다.
• 피해자를 범행 대상으로 선택한 이유로 감의 유무를 확인한다.
• 범행에 사용한 흉기 등 증거품을 유기한 장소를 확인, 수집하고 피해품의 처분 사항을 조사한다.

ⓓ 기록과 증거물의 검토

ⓔ 검찰송치 : 수사가 완결되면 피의자, 수사서류, 증거물을 동시에 검찰청에 송치함으로서 수사는 종결되나, 송치 후에도 새로운 범죄사실이 발견되거나 여죄가 있을 경우에는 계속 수사하여 관계서류를 검찰청에 추송하여야 한다.

법률적용상

ⓐ 존속살해에 있어서 존속인 사실을 모르고 살해한 경우에는 제15조 제1항(사실의 착오, ① 특별히 중한 죄가 되는 사실을 인식하지 못한 행위는 중한 죄로 벌하지 아니한다. ② 결과로 인하여 형이 중한 죄에 있어서 그 결과의 발생을 예견할 수 없을 때에는 중한 죄로 벌하지 아니한다)의 사실의 착오를 적용하여 제250조 제1항 일반살인죄로 처벌한다.

ⓑ 존속살해의 본범에 합세한 통상인에 대하여는 존속살해의 공범으로 볼 수 있으나, 제33조의 단서, 즉 신분관계로 인하여 형의 경중이 있는 경우에는 중한형으로 벌하지 아니한다는 규정에 의하여 일반살인죄를 적용한다.

[형법죄명(살인죄) 및 공소시효기간]

적용법조	죄 명	법 정 형	공소시효기간
제250조 ① ②	살인 존속살해	사형, 무기, 5년 사형, 무기, 7년	15년 15년
제251조	영아살해	10년	7년
제252조 ① ②	(촉탁, 승낙)살인 자살(교사, 방조)	1년~10년 1년~10년	7년 7년
제253조	(위계, 위력)(촉탁, 승낙) 살인. 자살결의	사형, 무기 5년	15년
제254조	(제250조 내지 제253조 각 죄명) 미수	각 본조 법정형	각 본조 공소시효적용
제255조	(제250조, 제253조 각 죄명)(예비, 음모)	10년	7년

[우리나라의 살인범죄의 월별 발생추세 비교]

(단위 : 건, %)

구분	계	1월	2월	3월	4월	5월	6월	7월	8월	9월	10월	11월	12월
'01	1,01	74	89	101	81	98	89	112	96	93	72	76	70
'02	957	73	55	70	86	89	67	94	96	92	85	70	80
대비	8.9	1.4	38.2	30.7	6.2	9.2	24.7	16.1	0.0	1.1	18.1	7.9	14.3

(경찰청, 2003경찰백서, 2003. p. 212)

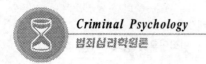

3. 폭행죄(criminal assault)

1) 폭행의 개념

폭행죄라 함은 타인의 신체에 대하여 유형력의 행사를 내용으로 하는 범죄로서, 유형력의 행사는 사람의 육체적, 정신적 고통을 가하고 생명 그 자체를 위협하는 것이다. 따라서 본죄의 보호법익은 신체의 안전성이며, 보호의 정도는 형식범으로 볼 수 있다.

2) 폭행죄의 객체

본죄의 객체는 자연인으로서 타인의 신체이다.

3) 행위

본죄의 행위는 폭행이다. 폭행이라 함은 유형력의 행사를 의미하는 것으로 최광의, 광의, 협의, 최협의 등으로 나누어 생각할 수 있으며, 본죄에서 말하는 폭행은 최협의의 폭행을 말한다.

최광의

사람이나 물건 등에 대한 모든 유형력의 행사를 의미한다. 내란죄, 소요죄, 다중불해산죄 등이 폭행이 이에 포함된다.

광의

일정한 사람에 대한 직간접의 유형력의 행사를 말한다. 공무집행방해죄, 다중불해산죄 등이 이에 해당한다.

협의

사람의 신체에 대한 직간접 유형력의 행사를 말하며, 형법 제125조의 인신구

속에 관한 직무를 행하는 공무원의 폭행죄와 동법 제260조의 폭행과 존속폭행이 이에 해당된다.

최협의

상대방의 반항을 억압하여 항거를 불능 또는 현저히 곤란하게 할 정도의 강한 유형력의 행사를 의미한다. 강도죄와 강간죄가 해당된다.

4) 폭행죄의 유형

폭행죄

형법 제260조 제1항(폭행, 존속폭행, 사람의 신체에 대하여 폭행을 가한 자는 2년 이하의 징역, 500만 원 이하의 벌금, 구류 또는 과료에 처한다. 자기 또는 배우자의 직계존속에 대하여 제1항의 죄를 범한 때에는 5년 이하의 징역 또는 700만 원 이하의 벌금에 처한다)에 해당하는 범죄로 사람의 신체에 대하여 폭행을 함으로서 성립하는 것으로 반의사불벌죄이다.

존속폭행죄

형법 제260조 제2항에 해당하는 범죄로 자기 또는 배우자의 지계존속의 신체에 대하여 폭행을 함으로서 성립하는 것으로 반의사불벌죄이다.

특수폭행죄

형법 제261조(특수폭행, 단체 또는 다중의 위력을 보이거나 위험한 물건을 휴대하여 제260조 제1항 또는 제2항의 죄를 범한 때에는 5년 이하의 징역 또는 1천만 원 이하의 벌금에 처한다)에 해당하는 범죄로 단체 또는 다중의 위력을 보이거나 위험한 물건을 휴대하여 사람의 신체에 대하여 폭행을 함으로서 성립하는 것이다.

폭행치사상죄

형법 제262조(폭행치사상, 전2조의 죄를 범하여 사람을 사상에 이르게 한 때에는 제

257조 내지 제259조의 예에 의한다)에 해당하는 범죄로 폭행, 존속폭행, 특수폭행의 죄를 범하여 사람을 사상에 이르게 함으로서 성립하는 범죄로 결과적 가중범이다.

동시범

형법 제263조(동시범, 독립행위가 경합하여 상해의 결과를 발생하게 한 경우에 있어서 원인된 행위가 판명되지 아니한 때에는 공동정범의 예에 의한다).

상습폭행죄

형법 제264조(상습범, 상습으로 제257, 258, 260, 261조의 죄를 범한 때에는 그 죄에 정한 형의 2분의 1까지 가중한다)에 해당하는 범죄로 상습적으로 제260조 또는 제261조의 죄를 범하는 것을 의미한다.

5) 수사상 유의사항

실무상

ⓐ 피의자가 폭행을 가하게 된 동기와 원인 등을 조사한다.
ⓑ 폭행의 결과에 대하여 조사한다.
ⓒ 피의자와 피해자와의 존속여부 및 특별권력관계 등을 조사한다.
ⓓ 폭행의 결과에 대하여 조사한다.
ⓔ 폭행의 의사로 폭행하였으나 상해의 결과가 발생하였을 경우에는 폭행치사상죄로 처리하기 위하여 의사진단과 소견서를 첨부한다.
ⓕ 폭행의 결과로 상해가 발생하였을 경우 상처부위 등을 사진 촬영하여 첨부한다.

법률적용상

ⓐ 폭행의 고의로 폭행을 가했으나 치사상의 결과가 발생하였을 경우에는 제262조의 결과적 가중범인 폭행치사상죄는 제257, 259조의 예에 의하여 처

리한다.

ⓑ 폭행죄의 폭행은 사람의 신체에 대한 직, 간접적인 유형력의 행사를 의미한다.

ⓒ 폭행죄는 순형식범이므로 미수범은 성립이 되지 않는다.

ⓓ 특수폭행 또는 집단적 폭행은 그 방법에 있어서 위험성이 큰 범죄로서 가중처벌하기 위하여 폭력행위 등 처벌에 관한 법률 제3조의 집단적 폭행 등에 의하여 처벌한다. 그러므로 실무에서는 제261조의 특수폭행죄는 적용하지 않고 있다.

ⓔ 제260조 제3항은 폭행을 당한 자가 그 사실을 명시하지 아니하고 묵인할 경우에는 이를 처벌할 수 없다.

4. 상해죄

1) 상해죄 개념

상해죄는 고의로 타인의 신체를 훼손하는 것을 구성요건으로 있다. 타인의 신체라 함은 자기 이외의 신체를 말하며 자기의 신체에 대하여 상해를 가하는 것은 처벌할 수 없다. 그러나 병역법 제75조(도망, 잠익등, 병역의무를 기피하거나 감면 받을 목적으로 도망, 잠익, 신체훼손 또는 허위행위를 한 자는 1년 이상, 3년 이하의 징역에 처한다)에서는 병역의무를 면탈할 목적으로 자기 또는 타인의 신체를 상해하는 것을 벌하고 있다. 훼손이라 함은 신체에 침해를 가하여 생리적 안전성을 해하는 범죄이다. 그리고 훼손은 살인죄의 생명의 침해와 같으나 살해의 의사가 아니고 상해의 의사로 침해하는 것이기 때문에 살인죄와 구별이 되는 것이다. 동범죄는 행위로 인한 결과발생의 경중에 의하여 형의 차이를 두고 있다. 보호법익은 타인의 신체이며, 보호의 정도는 침해범으로 볼 수 있다.

2) 상해죄 객체

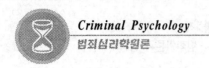

객체는 타인의 신체이다. 타인이라 함은 자연인을 말하고 법인은 해당되지 않는다.

3) 행위

행위는 타인의 신체에 대한 상해이다. 여기서 상해라 함은 신체의 생리적 기능에 장애를 일으키는 것 이외에 체구, 외모에 현저한 장애를 주는 경우도 포함한다. 본죄는 행위의 수단과 방법에는 제한을 두고 있지 않다. 유, 무형, 작위, 부작위를 불문하고 생리적 기능에 장애를 주는 행위는 모두 포함한다.

4) 상해죄 유형

상해죄

형법 제257조 제1항(상해, 존속상해, ⓐ 사람의 신체를 상해한 자는 7년 이하의 징역, 10년 이하의 자격정지 또는 1천만 원 이하의 벌금에 처한다. ⓑ 자기 또는 배우자의 직계존속에 대하여 제1항의 죄를 범한 때에는 10년 이하의 징역 또는 1천 500만 원 이하의 벌금에 처한다. ⓒ 전2항의 미수범은 처벌한다)에 해당하는 범죄로 타인의 신체를 상해함으로서 성립하는 것이다.

존속상해죄

형법 제257조 제2항에 해당하는 범죄로 자기 또는 배우자의 직계존속의 신체에 상해를 가함으로서 성립하는 것이다.

중상해죄

형법 제258조(중상해, 존속중상해, ⓐ 사람의 신체를 상해하여 생명에 대한 위험을 발생하게 한 자는 1년 이상 10년 이하의 징역에 처한다. ⓑ 신체의 상해로 인하여 불구 또는 불치나 난치의 질병에 이르게 한 자도 전항의 형과 같다. ⓒ자기 또는 배우자의 직계존속에 대하여 전2항의 죄를 범한 때에는 2년 이상의 유기징역에 처한다) 제1항, 제2항에 해당하는 범죄로 타인의 신체를 상해한 결과로 인하여 생명에 대한 위험을 발생하게 하거나, 불구나 불치, 혹은 난치의 질병에 이르게 함으로서 성립하는 것이다.

존속중상해죄

형법 제258조 제3항에 해당하는 범죄로 자기 또는 배우자의 직계존속에 대하여 중상해를 가함으로서 성립하는 것이다. 직계존속이라 함은 현재의 생존중인 그리고 법률상의 존속을 의미한다.

상해치사죄

형법 제259조 제1항(상해치사, ⓐ 사람의 신체를 상해하여 사망에 이르게 한 자는 3년 이상의 유기징역에 처한다. ⓑ 자기 또는 배우자의 직계존속에 대하여 전항의 죄를 범한 때에는 무기 또는 5년 이하의 징역에 처한다)에 해당하는 범죄로 타인의 신체를 상해하여 사망에 이르게 함으로서 성립하는 것이다.

존속상해치사죄

형법 제259조 제22항에 해당하는 범죄로 자기 또는 배우자의 직계존속을 상해하여 사망에 이르게 함으로서 성립하는 것이다.

동시범

형법 제263조에 해당하는 범죄로 독립행위가 경합하여 상해의 결과를 발생하게 한 경우에 있어서 원인된 해위가 판명되지 아니한 때에는 공동정범의 예에 의한다고 규정하고 있다. 독립행위의 경합이라 함은 형법 제19조(독립행위의 경합, 동시 또는 이시의 독립행위가 경합한 경우에 그 결과 발생의 원인된 행위가 판명되지 아니한 때에는 각 행위를 미수범으로 처벌한다) 독립행위의 경합에서 원인된 행위가 판명되지 아니한 경우에는 각 행위를 미수범으로 처벌하는 것을 의미한다. 그러나 본죄에서는 이 원칙에 대한 특별 규정을 둔 것이다.

상습상해죄

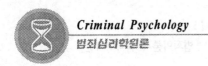

형법 제264조(상습범, 상습으로 제257조, 제258조, 제260조의 죄를 범한 때에는 그 죄에 정한 형의 2분의 1까지 가중한다)에 해당하는 범죄로 상습으로 동법 제257조, 동제258조의 죄를 범한 때에는 가중처벌 하도록 규정한 것이다.

5) 수사 유의사항

실무상

ⓐ 피의자와 피해자와의 관계를 조사한다. 피해자가 피의자를 알게 된 내용을 조사하여 상해를 가하게 된 원인을 조사한다.

ⓑ 상해의 수단과 방법 등을 조사한다. 상해의 경과가 중상에 해당하는 것이지, 경상에 해당하는 것인지를 확인하고 치료기간과 완치 여부를 의사의 진단서에 의하여 확인한다.

ⓒ 독립행위의 경합으로 상해의 결과가 발생하였는지의 여부를 조사한다.

ⓓ 피의자가 흉기 기타 물건을 소지하였는지를 조사한다. 상해의 실행에 착수하여 흉기 등으로 유형력의 행사를 했는지의 여부를 구체적으로 조사한다.

ⓔ 피의자가 상해를 가하기 전에 예비 또는 음모를 한 사실이 있는지 조사하고, 피해자에게 상해를 가하기 위해 폭력을 하였는지 아니면 폭행을 하려고 한 것이 상해를 입히게 되었는지를 조사한다.

ⓕ 공범이 있는지의 여부, 있다면 사전 모의가 있었는지를 조사한다.

ⓖ 피의자가 상습적인 폭행사실이 있는지를 조사한다.

ⓗ 피의자의 언동과 태도 등을 조사하고 피해자에 대한 보상 혹은 합의 여부를 조사한다.

ⓘ 피해자에게 피의자의 처벌을 원하는지의 여부를 확인한다.

증거조사

ⓐ 흉기소지 여부와 폭행의 수단과 방법을 조사하고, 흉기를 이용하여 상해를 가했을 때 그 흉기를 증거물로 압수한다.

ⓑ 다중위력을 과시하면서 폭행을 하여 상해를 했을 때, 폭행 당시의 상황을 조사한다.

ⓒ 상해부위를 사진 촬영하여 수사기록에 첨부한다.

ⓓ 상해의 결과가 뚜렷하지 아니할 경우 의사의 소견서를 첨부한다.

ⓔ 상해사건의 수사에 임해서는 가능한 실황을 조사하고 현장의 상황, 현장주변의 파괴상황, 현장 목격자로부터의 당시의 상황을 조사할 필요가 있다.

ⓕ 상해죄는 목적범죄이기 때문에 그 범의가 명확히 부각함과 동시에 이것이 뒷받침될 수 있도록 수사를 철저를 기해야만 한다. 범의를 입증하기 위해서 조사의 내용으로는 언제 해치려고 했는지, 폭행한 예정이 있었는지, 상해정도는 살해하려고 했었는지, 흉기를 언제 입수했는지, 어떻게 해서 상해부위에 피해를 가했는지 등에 대해서 확실히 조사한다.

ⓖ 상해치사의 경우, 상해와 사망과의 사이에 상당인과관계, 피의자의 인과관계에 대한 인식, 피의자의 행위 이외의 원인 등을 조사한다.

법률적용상

ⓐ 생리적 기능에 장애를 주는 행위는 제257조 제1항의 상해라 하고, 여자의 모발 또는 수염 등을 절단하는 행위는 제260조 제1항의 폭력죄가 된다는 통설, 판례이다.

ⓑ 상해의 승낙은 상회상규에 반하지 않는 한 위법성 조각사유가 된다.

ⓒ 상해죄가 성립하기 위해서는 상해의 고의가 있어야 함으로 이를 조사한다.

ⓓ 제258조 제1항 제2항 상해죄라 함은 사람의 신체를 상해하여 생명에 대한 위험을 발생하게 하거나 불구 또는 불치의 질병에 이르게 함으로서 성립하는 것이다.

ⓔ 상해죄에서 타인이라 함은 자기 이외의 자를 말하는 것이나, 자기 또는 배

우자의 직계존속은 타인의 개념에 들어가지 않고, 제257조 제2항을 적용하여야 한다.

5. 과실치사상의 죄

1) 과실치사의 개념

과실치사상의 죄는 부주의로 인하여 사람의 신체를 손상하거나 사망의 결과를 발생한 것을 말한다. 본죄의 보호법익은 사람의 생명과 신체로서 보호의 정도는 침해범으로 본다.

2) 과실치사상의 행위

본죄의 행위는 고의가 없는 과실을 의미한다. 즉, 과실로 인하여 타인을 사상에 이르게 하는 것을 말한다. 사상의 행위는 작위나 부작위를 불문한다. 그러나 과실행위는 형법에서 예외적인 것으로 미수범은 성립할 수 없다.

3) 주관적 요건

본죄의 행위자는 과실이다. 과실은 행위자가 과실의 결과발생을 예견할 수 있는데도 정상적인 주의 의무를 태만하게 함으로 인하여 결과발생을 인식하지 못한 것을 말한다.

4) 과실치사상의 유형

과실치사상죄

과실상해죄라 함은 형법 제266조(과실치사상, ⓐ 과실로 인하여 사람의 신체를 상해에 이르게 한 자는 500만 원 이하의 벌금, 구류 또는 과료에 처한다. ⓑ 제1항의 죄는 피해자의 명시한 의사에 반하여 공소를 제기할 수 없다)에 해당하는 범죄로, 과실로 인하여 타인의 신체를 상해함으로 성립하는 것이다. 본죄는 고의 없는 침해로서 행위와 결과 간에 예견가능한 관계가 있음을 요하는 것으로 반의사불벌죄이다.

과실치사죄

형법 제267조(과실로 인하여 사람을 사망에 이르게 한 자는 2년 이하의 금고 또는 700만 원 이하의 벌금에 처한다)에 해당하는 범죄로 과실행위로 인하여 타인을 사망에 이르게 함으로서 성립하는 것이다. 여기에는 과실을 주의의무를 태만히 하여 발생하는 것, 일반인의 주의력을 기준으로 판단하여야 하는 것이다.

업무상과실, 중과실 치사상죄

과실치사상죄는 형법 제268조(업무상 과실 또는 중대한 과실로 인하여 사람을 치상에 이르게 한 자는 5년 이하의 금고 또는 2천만 원 이하의 벌금에 처한다)에 해당하는 범죄로 업무상의 과실행위로 인하여 또는 중대한 과실행위로 인하여 사람을 사상에 이르게 함으로서 성립하는 것이다. 업무상의 과실행위라 함은 당해 업무의 집행상 일반적으로 요구되는 주의의무를 태만히 함으로 인하여 결과의 발생을 예견하지 못하거나 또는 방지하지 못한 경우를 말한다. 그리고 중과실이라 함은 주의의무를 현저하게 태만히 한 경우를 말하는 것으로 구체적 정황에 입각하여 건전한 사회상식에 의하여 판단하여야 한다.

5) 수사상 유의사항

실무상

ⓐ 과실상해죄의 경우에는 피의자의 주의의무의 위반행위와 결과로 인한 인과관계와 피해내용을 수사한다.

ⓑ 업무상 과실치사죄는 피의자의 업무의 내용과 주의의무의 위반 사항을 조사하고 결과에 대한 인과관계를 입증하여야 한다.

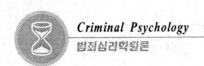

ⓒ 중과실치사상죄는 피의자의 중대한 과실이 무엇인가를 파악하고, 중대한 과실과 결과발생과의 인과관계를 입증할 수 있는 구체적 정황을 조사한다.

ⓓ 치사상의 원인이 직간접적인 동기는 무엇인가를 확인한다.

ⓔ 업무상 과실 치사상의 경우에는 업무의 구체적 내용을 확인한다.

ⓕ 자격에 의한 업무인 경우는 자격증 사본을 첨부한다.

ⓖ 업무상과실치사죄의 경우는 사체를 해부하여 사인을 확인해야 한다.

법률적용상

ⓐ 업무상과실치사죄에 있어서의 업무는 성질상 위험성이 있는 업무이어야 한다.

ⓑ 형법에 있어서 업무라 함은 사람이 그 사회생활상의 지위에 기하여 계속하여 행하는 사무를 의미한다.

ⓒ 업무상과실치사죄는 과실과 사망과의 사이의 인과관계가 있어야 한다.

ⓓ 차량의 운전자가 업무상 과실, 중과실로 교통사고를 일으켜 사람을 치사상한 결과를 발생하게 한 때에는 교통사고처리특례법 제3조에 의하여 처벌한다.

ⓔ 차량에는 도로교통법 제2조 제13호(정의, 차마라 함은 차와 우마를 말한다. 차라 함은 자동차, 건설기계, 원동기장치자전거, 자전거 또는 사람이나 가축의 힘 그 밖의 동력에 의하여 도로에서 운전되는 것으로서, 철길 또는 가설된 선에 의하여 운전되는 것과 유모차 및 신체장애자용 의자 차 외의 것을 말하며, 우마라 함은 교통, 운수에 사용되는 가축을 말한다)에 의하여 우마차, 자동차, 자전거를 포함한다.

6. 절도(thieves)

절도는 사유재산 소유자의 동의 없이 그의 재산을 훔친 모든 행위를 말한다. 절도범은 사기, 고액화폐, 미술품의 위조, 금고털이, 공갈에 의한 금품갈취, 조직적인 대형 마켓 상품 빼돌리기 등 정교하고도 비폭력적인 기술을 요하는 절도행위에 종사한다. 절도는 치밀한 계획 하에 이루어지며, 정규사업처리 처럼 진행된다. 이들은 자신을 수준 높은 전문적 도둑이라고 여기며, 동료 절도범은 물론 심지어 검, 경찰의 존경을 받는 경우도 있다. 절도 기술이 워낙 뛰어나기 때문에 잘 체포되지 않는다.

준전문절도범(semiprofessional thieves)은 무장강도, 밤도둑, 노상강도, 경절도 등의 절도행각을 벌이지만, 전문절도범에 비해 범행계획이 치밀하지 아니한 편이다. 준전문절도범은 단독범행이 많다. 보통 강도행위에 대한 법정 처벌의 강도가 높아 일생의 상당부분을 시설에서 보내는 경우가 많으며, 같은 범행을 반복해서 범하는 경우도 적지 않다.

아주 드물게 절도행위를 아마추어 절도범(amateur thieves)도 있는데, 전문절도범이나 준전문절도범과 달리 자신을 범죄자라고 생각하지 않으며, 10대가 많은 편으로 볼 수 있다.

7. 낙태죄

1) 낙태죄의 개념

낙태죄라 함은 형법 제269조 제1항에 해당하는 범죄로 태아를 모체 내에서 살해하거나 자연의 분만기 이전에 모체 외로 배출시키는 것을 내용으로 하는 것을 말한다. 보호법익은 태아와 모체의 생명, 신체이며, 보호의 정도는 추상적 위험범이다.

2) 낙태죄의 객체

본죄의 객체는 태아이다. 태아라 함은 수태시로부터 형법상 사람이 될 때까지의 생명체를 말하는 것으로 수태의 원인을 불문으로 한다.

3) 행위

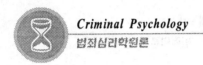

본죄의 행위는 낙태이다. 낙태라 함은 모체 내에서 태아를 살해하는 행위와 자연의 분만기 이전에 인위적으로 태아를 모체외로 배출시키는 행위를 말한다.

4) 위법성 조각

① 본인 또는 배우자에게 우생학적, 유전학적 정신장애나 신체질환의 임신의 경우.
② 강간 또는 준 강간에 의한 임신의 경우.
③ 법률상 임신할 수 없는 혈족 또는 인척간의 임신의 경우.
④ 모체의 건강을 해하고 있거나, 해할 우려가 있는 임신인 경우.

5) 낙태죄의 유형

자기낙태죄

자기낙태죄라 함은 형법 제269조(낙태, ⓐ부녀가 약물 기타 방법으로 낙태한 때에는 1년 이하의 징역 또는 200만 원 이하의 벌금에 처한다. ⓑ부녀의 촉탁 또는 승낙을 받아 낙태하게 한 자도 제1항의 형과 같다. ⓒ제2항의 죄를 범하여 부녀를 상해에 이르게 한 때에는 3년 이하의 징역에 처한다. 사망에 이르게 한 때에는 7년 이하의 징역에 처한다) 제1항에 해당하는 범죄로 임신한 부녀 자신이 약물 또는 기타의 방법으로 낙태를 함으로서 성립하는 것이다.

동의낙태죄

동의낙태죄라 함은 형법 제269조 제2항에 해당하는 범죄로 임부와 타인이 공모하여 낙태함으로서 성립하는 범죄로 촉탁 또는 승낙을 받아 낙태하는 것이기 때문에 필요적 공범관계에 있다.

업무상동의낙태죄

업무상동의낙태죄라 함은 형법 제270조(의사 등의 낙태, 부동의 낙태, ⓐ의사, 한의사, 조산사, 약제사 또는 약종상이 부녀의 촉탁 또는 승낙을 받아 낙태하게 한 때에는 2년 이하의 징역에 처한다. ⓑ부녀의 촉탁 또는 승낙 없이 낙태하게 한 자는 3년 이하의 징역에 처한다. ⓒ제1항 또는 제2항의 죄를 범하여 부녀를 상해에 이르게 한 때에는 5년 이하의 징역에 처한다. 사망에 이르게 한 자는 10년 이하의 징역에 처한다. ⓓ제3항의 경우에는 7년 이하의 자격정지를 병과 한다) 제1항에 해당하는 범죄로 의사, 한의사, 약사, 약종상, 조산사 등 일정한 업무에 종사하는 자가 임부의 촉탁 또는 승낙을 받아 낙태함으로서 성립하는 것이다. 본죄의 주체는 일정한 신분 즉, 일정한 업무에 종사하는 것을 요건으로 하는 신분범이다.

부동의 낙태죄

형법 제270조 제2항에 해당하는 범죄로 임부의 촉탁 또는 승낙 없이 낙태하게 함으로서 성립하는 것이다.

낙태치사상죄

형법 제269조 제3항과 동법 제270조 제3항에 해당하는 범죄로 임부의 승낙 또는 부동의에 의하여 낙태를 실행 중 임부에게 사상의 결과 발생을 야기함으로서 성립하는 것이다.

6) 수사 유의사항

실무상

ⓐ 임신한 부녀의 수태의 시기, 상대방의 성품과 소행, 정교의 시기 등을 조사한다.

ⓑ 태아의 발육, 낙태의 방법, 사용한 약물 또는 기구, 약품이나 기구의 입수경로, 낙태의 동기, 출산의 준비여부를 조사한다.

ⓒ 모체의 긴급피난을 위한 낙태의 여부, 낙태 후 태아의 생사 여부 등을 조

사한다.

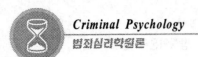

ⓓ 임부의 촉탁 또는 승낙에 의한 낙태여부를 확인한다.

ⓔ 낙태 피해자로부터 피해상황을 확인한다.

법률적용상

ⓐ 낙태행위로 인하여 임신한 부녀를 치상 또는 치사하게 한 경우는 법정형이 가중된다.

ⓑ 태아가 낙태 후에 살아있는 경우 살해하면 살인죄 또는 영아살해죄와 낙태죄의 경합범이 된다.

ⓒ 낙태행위로 인하여 부녀가 치사상한 경우 낙태행위와 치사상과의 사이에 인과관계가 있어야 한다.

ⓓ 업무상 촉탁낙태는 업무의 성질상 낙태를 행할 위험성이 많기 때문에 제269조의 낙태보다 법정형을 가중하게 처벌한다.

ⓔ 모자보건법 제12조는 인공임신중절수술이 허용되는 경우에는 제269조 제1항, 제2항 및 제270조 제1항의 적용은 하지 않는다.

ⓕ 형법 제269조 제3항의 촉탁, 승낙 낙태치사상의 경우와 제270조 제2항 부동의 낙태, 제270조 제3항의 업무상 낙태치사상 등은 모자보건법 적용이 배제되어 있다.

8. 강간과 추행죄

1) 강간추행의 개념

강간과 추행의 죄는 개인의 성적자유와 애정의 자유를 침해함으로서 성립하는 것이다. 본죄는 폭행, 협박, 위계 또는 위력 등을 이용하여 간음 또는 추행을 하는 것으로 보호법익은 개인의 성적자유이며, 친고죄이다.

2) 강간추행의 유형

강간죄

강간죄라 함은 형법 제297조(폭행 또는 협박으로 부녀를 강간한 자는 3년 이상의 유기징역에 처한다)에 해당하는 범죄로 폭행 또는 협박으로 부녀를 강간함으로서 성립하는 것이다. 강간이라 함은 남자의 성기를 여자의 성기에 삽입함으로서 기수가 되고 사정의 유무는 불문한다. 폭행 또는 협박은 상대방의 항거를 불능 또는 현저히 곤란한 정도임을 요한다. 그리고 13세 미만 부녀의 경우는 폭행, 협박을 필요로 하지 않으며 합의에 의한 경우에도 준강간죄로 처벌한다. 그리고 미수범도 처벌한다.

ⓐ 주체 : 본죄의 주체는 남자이다. 그러나 여자는 남자와 공동으로 또는 교사 방조함으로서 주체가 될 수 있다.

ⓑ 객체 : 본죄의 객체는 부녀이다. 부녀는 처녀, 기혼녀, 매춘부 등 상관이 없다.

ⓒ 행위 : 본죄의 행위는 성적자유를 침해하는 것으로 폭행, 협박으로 간음하는 것을 말한다.

준강간죄

본죄는 형법 제299조와 제305조의 전단에 해당하는 범죄로 심신상실 또는 항거불능의 상태를 이용하여 간음하는 경우와 13세 미만의 부녀를 간음함으로서 성립하는 것이다.

ⓐ 주체 :본죄의 주체는 남자이다. 그러나 여자는 남자와 공동으로 또는 교사 방조함으로서 주체가 될 수 있다.

ⓑ 객체 : 본죄의 객체는 부녀이다. 부녀, 처녀, 기혼녀, 매춘부 등 상관이 없다. 단, 13세 미만의 경우에는 이에 대한 인식이 있어야 한다.

ⓒ 행위 : 본죄의 행위는 폭행, 협박 유무 또는 승낙의 유무를 불문하고, 미수범도 처벌한다.

강제추행죄

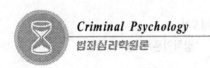

본죄는 형법 제 298조(폭행 또는 협박으로 사람에 대하여 추행을 한 자는 10년 이하의 징역 또는 1천 500만 원 이하의 벌금에 처한다)에 해당하는 범죄로 폭행, 협박으로 사람에 대하여 추행을 함으로서 성립하는 것이다. 추행이라 함은 성욕의 흥분, 자극 또는 만족을 목적으로 하는 행위로 상식 있는 일반인의 수치 또는 혐악의 감정을 일으키게 하는 일체의 행위를 말한다.

ⓐ 주체 : 본죄의 주체는 남녀를 불문한다.

ⓑ 객체 : 본죄의 객체는 남녀를 불문하며, 여자가 남자를 강간한 경우는 강제추행죄가 성립된다.

ⓒ 행위 : 행위는 폭행 또는 협박으로 추행하는 것이다. 여기서 폭행, 협박은 상대방의 의사의 임의성을 잃게 할 정도면 충분하다. 그리고 미수범은 처벌한다.

준강제추행죄

본죄는 형법 제299조(준강간, 준강제추행죄, 사람의 심신상실 또는 항거불능의 상태를 이용하여 간음 또는 추행을 한 자는 전2조의 예에 의한다) 및 제305조(미성년자에 대한 간음, 추행, 13세 미만의 부녀를 간음하거나 13세 미만의 사람에게 추행을 한 자는 제297조, 제298조, 제301조, 제301조의2의 에에 의한다) 후단에 해당하는 범죄로 타인의 심신상실 또는 항거불능의 상태를 이용하여 추행을 하거나, 13세 미만의 사람에게 추행을 함으로서 성립하는 것으로 미수범은 처벌한다.

강간 등 치사상죄

형법 제301조(강간 등 상해, 치상, 제297조 내지 제300조의 죄를 범한 자가 사람을 상해하거나 상해에 이르게 한 때에는 무기 또는 5년 이상의 징역에 처한다), 제3011조의2(강간 등 살인, 치사, 제297조 내지 제300조의 죄를 범한 자가 사람을 살해한 때에는 가형 또는 무기징역에 처한다. 사망에 이르게 한 때에는 무기 또는 10년 이상의 징역에 처한다)에 해당하는 범죄로 강간, 준강간, 강제추행 등을 범하면서 치사 또는 치상하게 함으로서 성립하는 것이다. 그러므로 결과적 가중범이다. 그러나 만일 사상의 결과발생에 대한 인식이 있는 경우에는 살인죄 또는 상해죄와 본죄와의 상상적 경합범으로 된다는 것이 통설, 판례이다. 그리고 미수범 처벌규정은 없으며, 친고죄가 아니다.

미성년자, 심신미약자에 대한 간음 추행죄

본죄는 형법 제302조(미성년자 등에 대한 간음. 미성년자 또는 심신미약자에 대하여 위계 또는 위력으로서 간음 또는 추행을 한 자는 5년 이하의 징역에 처한다)에 해당하는 범죄로 미성년자 또는 심신미약자에 대하여 위계 또는 위력으로서 간음 또는 추행을 함으로서 성립하는 죄이다.

ⓐ 주체 : 제한이 없다. 남녀 누구나 본죄의 주체가 될 수 있다.

ⓑ 객체 : 본죄의 객체는 미성년자 또는 심신미약자이며 남녀를 불문한다. 간음의 경우는 13세 미만의 부녀에 한한다. 그러나 13세 미만은 준강간 또는 준강제추행죄를 구성한다.

ⓒ 행위 : 위계 또는 위력으로서 간음, 추행을 하는 것이다.

업무상 위력 등에 의한 간음죄

형법 제 303조(ⓐ 업무, 고용 기타 관계로 인하여 자기의 보호 또는 감독을 받는 부녀에 대하여 위계 또는 위력으로서 간음한 자는 5년 이하의 징역 또는 1천 500만 원 이하의 벌금에 처한다. ⓑ 법률에 의하여 구금된 부녀를 감호하는 자가 그 부녀를 간음한 때에는 7년 이하의 징역에 처한다) 제1항에 해당하는 범죄로 업무, 고용 기타 관계로 인하여 자기의 보호 또는 감독을 받는 부녀에 대하여 위계 또는 위력으로 간음함으로서 성립하는 것이다.

ⓐ 주체 : 본죄의 주체는 남자에 한한다. 그러나 여자도 남자와 공모하거나 방조하여 주체가 될 수 있다.

ⓑ 객체 : 본죄의 객체는 업무, 고용 기타 관계로 인하여 자기의 보호 또는 감독을 받는 부녀이다.

ⓒ 행위 : 위계 또는 위력으로서 간음하는 것이다.

피구금녀 간음죄

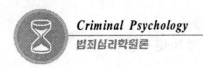

형법 제303조 제2항에 해당하는 범죄로 법률에 의하여 구금된 부녀를 감호하는 자가 간음하는 것이다.

ⓐ 주체 : 본죄의 주체는 법률에 의하여 구금된 부녀를 감호하는 공무원으로서 신분범으로 본다.

ⓑ 객체 : 법률에 의하여 구금된 부녀이다.

ⓒ 행위 : 간음이다. 본죄는 부녀의 합의에 의한 경우에도 위법성은 조각되지 않는다.

혼인빙자등에의한간음죄

형법 제304조(ⓐ 혼인을 빙자하거나 기타 위계로서 음행의 상습 없는 부녀를 기망하여 간음한 자는 2년 이하의 징역 또는 500만원 이하의 벌금에 처한다)에 해당하는 범죄로 혼인을 빙자하거나 기타 위계로서 음행의 상습 없는 부녀를 기망하여 간음하는 것이다. 동죄는 입법론상 형법의 탈윤리화의 경향에 따라 폐지해야 마땅하다는 것이 일반적 주장이다.

ⓐ 주체 : 남자에 한 하며, 남자는 기혼, 미혼을 불문한다.

ⓑ 객체 : 음행의 상습 없는 부녀로서, 부녀는 20세 이상의 부녀임을 요한다.

ⓒ 행위 : 혼인빙자 기타 위계 또는 기망하여 간음하는 것이다.

미성년자에대한간음추행죄

형법 제305조(13세 미만의 부녀를 간음하거나 13세 미만의 사람에게 추행을 한 자는 제297조, 제298조, 제301조 또는 제301조의2의 예에 의한다)에 해당하는 범죄로 13세 미만의 부녀를 간음하거나 13세 미만의 사람에게 추행을 하는 것을 말한다.

ⓐ 주체 : 남녀의 제한이 없다.

ⓑ 객체 : 13세 미만의 남녀를 불문한다.

ⓒ 행위 : 간음 또는 추행하는 것이다.

고소

형법 제297조 내지 제300조와 제302조, 제305조의 죄는 고소가 있어야 공소를 제기할 수 있다.

3) 성폭력 범죄의 처벌 및 피해자 보호 등에 관한 법률

성폭력 범죄의 처벌 및 피해자 보호 등에 관한 법률은 성폭력 범죄를 예방하고 그 피해자를 보호하며, 성폭력 범죄의 처벌 및 그 절차에 관한 특례를 규정함으로서 국민의 인권신장과 건강한 사회질서의 확립에 이바지함을 목적으로 제정한 것을 말한다.

특수강도 강간 등 죄

동법 제5조(ⓐ 형법 제319조 제1항(주거침입), 제330조(야간 주거침입 절도), 제331조(특수절도) 또는 제342조(미수범, 다만 제330조 및 제331조의 미수범에 한한다)의 죄를 범한 자가 동법 제297조(강간), 제299조(준강간, 준강제 추행)의 죄를 범한 때에는 무기 또는 5년 이상의 징역에 처한다. ⓑ 형법 제334조(특수강도 또는 제342조(미수범, 다만 제334조의 미수범에 한한다)의 죄를 범한 자가 동법 제297조, 제299조의 죄를 범한 때에는 사형, 무기 또는 10년 이상의 징역에 처한다)는 형법 제319조 제1항의 주거침입죄와 제330조의 야간 주거침입 절도죄, 제31조의 특수절도 또는 제342조(절도, 야간 주거침입 절도, 특수절도, 자동차 등 불법사용의 상습범)의 죄를 범한 자가 강간, 준강간, 강제추행, 준강제추행의 죄를 범한 것을 말한다. 그리고 특수강도 또는 특수강도 미수의 죄를 범한 자가 강간, 준강간, 강제추행, 준강제추행의 죄를 범함으로서 성립하는 것이다.

특수강간죄

동법 제6조(특수강도 등. ⓐ 흉기 기타 위험한 물건을 휴대하거나 2인 이상이 합동하여 형법 제297조(강간)의 죄를 범한 자는 무기 또는 5년 이상의 징역에 처한다. ⓑ 제1항의 방법으로 형법 제298조(강제추행)의 죄를 범한 자는 3년 이상의 유기징역에 처한

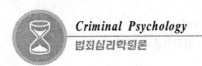

다. ⓒ 제1항의 방법으로 형법 제299조(준강제추행죄)의 죄를 범한 자는 제1항, 제2항의 예에 의한다. ⓓ 제1항의 방법으로 신체장애로 항거불능인 상태에 있음을 이용하여 여자를 간음하거나 사람에 대하여 추행한 자도 제1항 또는 제2항의 예에 의한다)는 흉기 기타 위험한 물건을 휴대하거나 2인 이상이 합동하여 강간, 강제추행, 준강간, 준강제추행의 죄를 범한 경우 또는 신체장애로 항거불능인 상태에 있음을 이용하여 부녀를 간음, 추행함으로서 성립하는 것이다.

친족관계에 의한 강간죄

동법 제7조는 친족관계에 있는 자가 강간(5년 이상의 유기징역), 강제추행(3년 이상의 유기징역), 준강간, 준강제추행 등의 죄를 범함으로서 성립하는 것이다. 여기서 친족의 범위는 4촌 이내의 혈족과 2촌 이내의 인척을 말하고 친족은 사실상의 관계에 의한 친족을 말한다.

장애인에 대한 간음 등 죄

동법 제8조는 신체장애 또는 정신상의 장애로 항거불능인 상태에 있는 부녀를 간음하거나 추행함으로서 성립하는 것이다(제297조, 제298조에 정한 형으로 처벌한다).

13세 미만의 미성년자에 대한 강간, 강제추행 등 죄

동법 제8조의2는 13세 미만의 여자에 대하여 강간(5년 이상의 징역), 강제추행(1년 이상의 유기징역 또는 500원 이상 2천만 원 이하의 벌금), 준강간, 준강제추행을 하거나 위계 또는 위력으로서 동죄를 범함으로서 성립하는 것이다.

강간 등 상해치상죄

동법 제9조는 강간, 강제추행, 준강간, 준강제추행의 죄를 범한 자가 사람을 상해하거나 상해에 이르게 함으로서 성립한다.

강간 등 살인치사죄

동법 제10조는 강간, 강제추행, 준강간추행 등 또는 이의 미수범을 범한 자가 사람을 살해함으로서 성립하는 것이다.

업무상 위력 등에 의한 추행죄

동법 제11조는 업무, 고용 기타 관계로 인하여 자기의 보호 또는 감독을 받는 사람에 대하여 위계 또는 위력으로서 추행하거나 법률에 의하여 구금된 사람을 감호하는 자가 그 사람을 추행함으로서 성립하는 것이다.

공중밀집 장소에서의 추행죄

동법 제13조는 대중 교통수단, 공연, 집회장소 기타 공중이 밀접하는 장소에서 사람을 추행함으로서 성립하는 것이다(1년 이하의 징역 또는300만 원 이하의 벌금).

통신 매체이용 음란죄

동법 제14조는 자기 또는 다른 사람의 성적 욕망을 유발하거나 만족시킬 목적으로 전화, 우편, 컴퓨터 기타 통신매체를 통하여 성적 수치심이나 혐오감을 일으키는 말이나 음향, 글, 도화, 영상 또는 물건을 상대방에게 도달하게 함으로서 성립하는 것이다(1년 이하의 징역 또는 300만 원 이상의 벌금).

카메라 등 이용촬영죄

동법 제14조의2는 카메라 기타 이와 유사한 기능을 갖춘 기계장치를 이용하여 성적욕망 또는 수치심을 유발할 수 있는 타인의 신체를 그 의사에 반하여 촬영함으로서 성립하는 것이다(5년 이하의 징역 또는 1천만 원 이하의 벌금).

4) 수사 유의사항

실무상

ⓐ 범행시간, 장소, 주위상황에 대하여 구체적성이 있도록 조사한다. 피의자

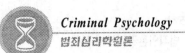

가 화간이었다고 주장하는 경우에 대비하여 구체적으로 조사함으로서 이를 증명할 수 있다.

ⓑ 폭행 또는 협박을 구체적 방법과 흉기사용 여부 등을 조사한다. 흉기 등을 사용하였을 경우에는 증거물의 확보가 중요하다.

ⓒ 피해자의 반항정도, 억압의 정도, 범행당시의 분위기 등을 조사한다. 피해자의 억압된 반항의 상황을 판단할 수 있도록 구체적으로 조사한다.

ⓓ 피해자에게 상해를 가하였을 경우, 범죄사실과의 인과관계를 조사하고, 피해자의 상해 부위가 범죄사실과 인과관계가 있다면 어떻게 하여 발생하였으며, 또는 과거에 있던 상처인가를 조사하고 과거의 상처라고 판단되면 그 상처를 입게 된 경위를 조사한다.

ⓔ 피해자와 피의자 관계를 조사한다. 피의자가 피해자를 범죄의 대상으로 선택한 경위 등을 조사함으로서 화간인지의 여부를 확인할 수 있다.

ⓕ 적법한 고소권자의 고소여부를 확인한다.

- 친고죄는 강간죄, 강제추행, 준강간죄, 준간강제추행죄, 혼인빙자간음죄 등으로 치사상의 결과가 발생한 경우는 친고죄가 아니다.
- 강간죄 등의 경우에 고소가 취소된 후 그 수단인 폭행, 협박을 별도로 처벌할 수 없다.
- 범인을 안 날로부터 1년을 경과하면 고소할 수 없다(성폭력죄의처벌및피해자보호등에관한법률 제19조(고소기간)①성폭력 범죄 중 친고죄에 대하여는 형사소송법 제230조(고소기간) 제1항의 규정에 불과하고 범인을 알게 된 날로부터 1년을 경과하면 고소하지 못한다. 다만, 고소할 수 없는 불가항력의 사유가 있을 때에는 그 사유가 그 사유가 없어진 날부터 기산한다. ②형사소송법 제230조 제2항의 규정은 제1항의 경우에 이를 준용한다).

ⓖ 혼인빙자 간음죄는 피의자가 혼인할 의사가 있었는지의 여부를 확인하여야 한다.

- 기혼, 약혼, 동거녀가 있었는지의 여부 조사.
- 피의자의 동일 전과 유무와 평소의 여자관계를 조사.

• 상호교제하게 된 경위와 성관계에 이른 상황을 조사.
• 혼인하지 못하는 이유를 조사.
• 피해자의 주변상황, 남자관계, 특히 금품갈취 등의 목적으로 의도적으로 유인한 것인지의 여부 조사.
• 피해자의 신원, 사생활 등이 언론 등에 누설되어서는 안 된다(성폭력범죄의처벌및피해자보호등에관한법률 제21조(피해자의 신원과 사생활 비밀누설 금지)① 성폭력죄의 수사 또는 재판을 담당하거나 이에 관여하는 공무원은 피해자의 주소, 성명, 연령, 직업, 용모 기타 피해자를 특정하여 파악할 수 있게 하는 인적사항과 사진 등을 공개하거나 타인에게 누설하여서는 아니 된다. ②제1항에 규정된 자는 성폭력 범죄의 소추에 필요한 범죄 구성사실을 제외한 피해자의 사생활에 관한 비밀을 공개하거나 타인에게 누설하여서는 아니 된다).

ⓗ 강간사건의 경우 신체적 피해가 있을 때에는 의사의 진단이 반드시 필요하다.
• 피해자의 반항흔적이나 피의자가 가한 신체적 상처부위.
• 강제적으로 성행위가 이루어졌다고 확증할 수 있는 증거.
• 성행위의 구체적인 진술과 성기의 삽입여부.
• 기타 피의자를 특정할 수 있는 특징이나 태도 등.

ⓘ 성교의 시간, 사정의 유무, 현장의 검증, 피의자의 정액, 혈액, 모발 등 부착물의 압수.

ⓙ 상처의 유무, 가해자와 피해자와의 관계, 화간을 의심하게 할 만한 상황 등.

법률적용상

ⓐ 피해자가 범행수단인 폭력행위 등에 의하여 상처를 받은 때에는 제301조의 강간치사상죄가 성립된다.

ⓑ 고소권자는 피해자 또는 그의 법정대리인이다. 피해자와 그의 법정대리인은 변호사 등에 대리권을 위임하고, 대리인으로 하여금 고소하게 할 수 있다. 법정대리인이라 함은 피해자가 미성년자인 경우에 친권자인 부모를 뜻한다.

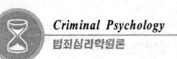

ⓒ 강간죄에 있어서 고소가 없는 경우에 강간의 수단인 폭행 또는 협박에 대한 부분만을 떼어서 별도로 처벌할 수 없다.

ⓓ 추행에는 간음은 포함되지 않으며, 간음을 하였을 경우에는 강간죄가 성립한다.

ⓔ 강간치사상죄는 결과적 책임이기 때문에 사상의 결과에 대한 피의자의 범인 또는 과실을 묻지 않는다. 피의자가 성병에 걸린 사실을 알지 못한 채 강간하여 이것을 피해자에게 감염시킨 경우에 강간치사상죄는 성립한다.

ⓕ 강제추행죄의 경우 13세 이상의 남녀의 경우에는 폭행 또는 협박을 요건으로 하지만 13세 미만의 남녀의 경우에는 폭행 또는 협박을 필요로 하지 않고, 다만 추행의 행위가 있으면 이 죄가 성립한다. 13세 미만의 남녀에 대한 강제추행을 처벌하기 위해서는 피의자에게 피해자가 13세 미만의 남녀라는 것을 알고 있었을 것을 필요로 한다. 이때 13세 미만의 부녀임을 알고 있었다는 것은 혹시 '13세 미만의 부녀일지도 모르겠다'고 생각하고 실행했을 때 미필적 고의로서도 충분하다.

ⓖ 미성년자 또는 심신미약자에 대한 간음, 추행죄는 만 20세 미만의 자를 말하는 것으로 13세 이상 19세까지를 의미하고, 13세 미만자는 제305조 미성년자 의제강간죄가 성립된다.

9. 절도죄(竊盜罪)

1) 절도죄의 개념

절도죄라 함은 타인의 재물을 절취함으로서 성립하는 것이다. 재산죄 중에서 재물만을 객체로 하는 순수한 재물죄이다. 보호법익은 소유권으로 위험범이고 상태범이다. 그러므로 점유의 침해가 있어도 소유권을 침해하지 않으면 절도죄는 성립하지 않고 본죄가 성립하기 위해서는 주관적 구성요건으로 고의 이외에 소유권을 영득하는 의사인 불법영득의 의사가 필요한 것이다. 강도죄, 사기죄,

공갈죄가 재물 이외에 재산상의 이익도 객체로 하는 것과 구별이 된다.

2) 절도죄의 객체

타인의 재물이다. 타인이라 함은 자기 이외의 자연인, 법인, 법인격 없는 단체를 포함한다. 그리고 타인의 재물이라 함은 자기 이외의 자의소유에 속하는 재물로서 타인과의 공유물도 이에 포함된다.

3) 행위

타인의 재물을 절취하는 것을 말한다. 절취라 함은 폭행, 협박에 의하지 아니하고 타인의 점유에 속하는 재물을 그 소유자의 의사에 반하여 자기 또는 제3자의 지배하에 두는 것을 말한다. 본죄의 착수 시기는 타인의 점유를 침해하는 행위가 개시된 때이고, 기수시기는 타인의 재물을 취득함으로서 기수가 되는 것이다.

4) 주관적 요건

본죄는 타인의 재물을 절취한다는 고의 이외에 불법영득의 의사가 필요하다.

5) 절도죄의 유형

절도죄

형법 제329조(타인의 재물을 절취한 자는 6년 이하의 징역 또는 1천만 원 이하의 벌금에 처한다)에 해당하는 타인의 재물을 절취함으로서 성립하는 것이다.

야간주거침입 절도죄

형법 제330조(야간에 사람의 주거, 간수하는 저택, 건조물이나 선박 또는 점유하는 방실에 침입하여 타인의 재물을 절취한 자는 10년 이하의 징역에 처한다).

특수절도죄

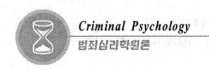

형법 제331조(ⓐ야간에 문호 또는 장벽 기타 건물의 일부를 손괴하고 사람의 주거, 간수하는 저택, 건조물이나 선박 또는 점유하는 방실에 침입하여 타인의 재물을 절취한 자는 1년 이상 10년 이하의 징역에 처한다. ⓑ흉기를 휴대하거나 2인 이상이 합동하여 타인의 재물을 절취한 자도 전항의 형과 같다). 여기서 흉기라 함은 사람의 살상 또는 재물의 손괴를 목적으로 제작되어진 기구를 말하는 것으로 흉구라고도 한다.

자동차 등 불법사용죄

형법 제331조의2(권리자의 동의없이 타인의 자동차, 선박, 항공기 또는 원동기장치 자동차를 일시 사용한 자는 3년 이하의 징역, 500만 원 이하의 벌금, 구류 또는 과료에 처한다)

상습범

상습적으로 제329조 내지 제331조의2의 범죄를 범한 자는 가중처벌 한다.

6) 수사 유의사항

초등조치

절도범은 일상에서 발생하고 피해자로부터의 신고에 의해서 단서를 얻을 수 있다. 또 시민생활의 일상에서 느낄 수 있는 범죄이다. 절도사건은 국민들이 생활주변에서 쉽게 접하는 범죄로 범인을 검거하지 못하는 경우에는 경찰에 대한 평가나 신뢰도에 크게 영향을 준다고 볼 수 있다. 최근의 절도사건은 시대의 발달에 따라 광역, 교묘, 스피드화의 경향을 띠고 있다고 하겠다.

절도사건의 발생을 인지하였을 때에는 광역수사 감각을 가지고 신속, 정확하게 처리하고 조기에 범인을 검거하도록 하여야 한다.

ⓐ 피해품과 피해정도의 확인 : 피해의 대상인 피해품의 종류, 수량, 가격 등을 명확히 한다.

ⓑ 피해일시 및 장소 : 물건이 언제, 어디에서 없어졌는지를 정확하게 확인하는 것이 중요하다. 기억을 하지 못할 경우에는 특수일이나 국경일 같은 특정일 또는 날씨와 관련 연상하여 날짜를 생각해서 기억하도록 하여야 한다.

ⓒ 피해품 보관상태 : 보관 장소에 대한 시정의 상태와 피해품은 누구라도 알 수 있는 곳에 두었는지 또 알고 있는 사람은 누구인가 등을 확인한다.

ⓓ 피해당시 가족의 소재 : 외출중인가, 업무 중인가, 손님이 왔는가, 기타 등을 조사한다. 외출중일 경우는, 시간의 경과 과정과 일정 장단의 확인, 업무 중인 경우는, 업무 장소와의 거리관계와 출입자 조사, 손님이 왔을 경우, 손님과의 관계와 체류시간 등을 조사한다.

ⓔ 범인의 목격여부조사 : 범인을 목격했을 때는 범인의 인적사항, 인상, 특징, 복장, 휴대품 등이 있었는가 등을 확인한다.

ⓕ 의심이 가는 용의자 확인 : 피해자로부터 심증이 가는 범인이 있는지를 확인한다.

ⓖ 피해 당시의 상황조사 : 자동차의 발차음, 가축 등이 우는 소리, 오토바이 소리, 거동 수상한 사람이 배회하는 일이 있었는가 등을 확인한다.

ⓗ 유류품 등의 유무확인 : 범행현장에서의 현장검증이나 혹은 족적, 지문, 기타 유류품이 있었는지에 대한 확인 그 외 기타 추정되는 사람에 대해서 알고 있는 것을 확실히 한다.

현장수사

절도사건의 범죄현장에 있어서는 현장보존, 현장관찰, 증거자료의 수집, 현장부근의 탐문수사, 검문검색 등의 제 활동을 실시하여 범인의 검거에 노력해야만 한다.

ⓐ 현장관찰 : 절도범의 범죄현장은 수사에 도움이 되는 자료가 남겨진 경우가 많다. 현장관찰에서 중요한 것은 범행일시에 관련된 사항, 범행 장소에 관련된 사항, 범행의 방법에 관련된 사항, 범인이 관련된 사항 등이다. 그리고 피해자를 알고 있는 자, 전과자, 범죄수법 등을 조사하여 수사 자료

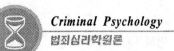

로 지식, 특기, 직업을 추정하는 자료, 용구, 흔적, 유류품, 지문, 족적 등을 조사한다.

ⓑ 탐문수사와 검색

• 탐문수사에 있어서는 범행시간을 추정하는 정보수집, 범인 또는 용의자, 목격자의 발견, 범인의 수, 인상, 특징, 착의, 휴대품, 차량사용의 유무 등이다.

• 검문검색의 실시로 범인이 도주한 열차, 전차, 버스 등의 시간 또는 경계가 허술해지는 것을 기다리기 위해 현장주변의 암자, 사찰, 빈집, 창고, 동굴, 숲, 변소, 다방, 사우나, 게임장 영화관 등에 숨어 있는 것이 아닌가를 의심하여야 한다.

• 범인이 도주 당시에 도주로에 흉기, 장물, 휴대품 등을 은닉, 투기하기도 한다. 정밀한 관찰로 범인의 체포 또는 그 단서를 발견하도록 노력해야 한다. 범인은 범행할 때 자동차, 오토바이, 자전거 등을 사용할 우려가 있기 때문에 현장부근에 도난 또는 유류차량이 없는지, 그리고 현장부근에 있어서 피해차량은 없는지를 수사하여야 한다.

ⓒ 자료에 기초한 수사 : 범인의 부감 또는 지리감의 유무에 대한 수사는 수사의 범위를 결정하는데 있어서 중요한 단서를 제공할 수 있고, 그리고 유력한 정황증거가 될 수 있다. 감수사는 범죄수법 및 피해자로부터 청취한 사항을 종합검토해서 그 유무를 판단하여야 한다.

부감수사

현장의 모양, 침입구, 도주로, 범행의 수단과 방법, 금품 물색상황을 관찰하고 합리적인 추리와 판단을 하여 친족관계, 임차인, 출입업자, 피고용자, 기타 관계자에 대해서 성행, 경력, 생활상태, 피해자 집과의 교제, 출입관계, 사건발생 전후의 언동과 알리바이 등을 조사한다.

토지감 수사

범행의 일시, 장소, 침입, 도주로, 시간대기의 장소, 기후, 지형, 교통기관, 현장부근 토지의 특수사정을 관찰하여 합리적인 추리판단을 하며 현장부근의 상황을 조사하여 소행불량자 등의 대상자에 대해서 성행, 경력, 가정, 생활상태, 현장부근의 주거 또는 통행하고 있었는가의 유무, 사건발생시 전후의 동정과 알리바이, 도주의 상태 등을 조사하여야 한다.

유류품 수사

유류품의 수사는 유류품 출처의 추궁에 중점을 두고 수사해야 한다. 유류품은 범행현장과 관련되는 직접적인 물적 자료로부터 출처를 추구해 간다면 범인에 도달할 수 있는 경우가 많기 때문에 적극적으로 수사를 해야 한다.

ⓐ 유류품으로 추정.
ⓑ 유류품을 분석, 검사해 본다.
ⓒ 유류품의 제조, 판매, 분포의 경로 수사.
ⓓ 탐문수사.

피해품 수사

피해가 발생한 때는 피해품을 확인하고 특징을 명확하게 하는 것이 피해품 수사에 도움이 된다. 피해품 등의 구입자와 취득자 등에 대해서는 다음과 같은 내용이 중요하다.

ⓐ 상대방의 주소, 직업, 성명, 생년월일, 인상, 특징, 착의, 휴대품 등.
ⓑ 피해품 등의 종류, 품질, 수량, 형상 등.
ⓒ 피해품 매입 등에 대한 일시, 장소, 구입처 등.
ⓓ 구입당시의 피해품 등의 상황.
ⓔ 피해품 등에 대한 특징 즉, 상처 등이 있는지의 여부 조사.
ⓕ 상대방의 평소의 거래와 교재관계.

단서 수사

절도사건의 수사는 단서를 발견하여 이를 검토하고, 동일 범죄수법을 파악하여 범인을 알아내는데 노력하여야 한다. 그리고 범죄수법원지, 피해통보표, 피

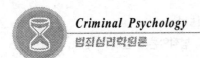

의자 사진 등의 범죄수법자료와 대조하여 단서를 조사하고 전력자의 색출, 수사자료를 입수하기 위하여 다음 사항에 대한 조사가 이루어져야 한다.

ⓐ 범행의 일시, 장소, 기후, 월력, 축제일 등.

ⓑ 교통 편의사항과 소음 등.

ⓒ 침입, 도주의 수단방법.

ⓓ 물색의 방법, 피해품, 조명구의 사용.

ⓔ 현장주변관찰, 잠복수단, 휴식, 흡연, 대변, 소변, 가래, 타액, 낙서 등.

ⓕ 지문, 족적 등의 채취.

ⓖ 범인의 신체적 특징 등.

용의자 수사

용의자 수사는 현장수사, 피해품 수사, 수법수사 등에 의해서 부상한 사건의 용의자에 대하여 진범인지 아닌지를 밝히는 것이 수사의 목적이다.

범행관련 수사

연속 발생한 사건을 분석하여 용의자가 다른 절도 상습자와의 관계 또는 다른 사건과 관련된 것인지를 알아내기 위한 철저한 미행, 잠복으로 범행을 확인하여 검거하기 위한 수사를 할 때에는 다음의 사항을 유의하여야 한다.

ⓐ 수법분석을 하여 용의자가 상습자인지의 여부.

ⓑ 용의자에 대하여 명확하게 확인하기 위하여 신중한 미행을 한다.

ⓒ 범행을 확인할 경우 증거를 수집하고 검토해서 확실히 검거하도록 한다.

추적수사

용의자를 발견하지 못할 경우에는 연속해서 발생한 사건의 일시, 요일, 피해대상가옥, 목적물, 지역 등 수법의 동일성을 상세히 분석하고, 범인의 동향을 추적할 수 있도록 노력한다. 그리고 다음의 범행을 예측하여 그 예측 장소에서 잠복하여 현행범으로 검거하는 수사방법을 강구하여야 한다(다음 표 참조).

[우리나라의 절도범죄의 월별 발생추세 비교]

(단위 : 건, %)

구분	계	1월	2월	3월	4월	5월	6월	7월	8월	9월	10월	11월	12월
‘01	180,704	13,498	14,895	16,639	15,344	16,881	15,054	15,468	15,537	15,456	14,604	13,699	13,639
‘02	178,457	12,981	12,603	15,550	15,688	17,187	11,756	14,031	14,542	17,533	16,669	15,957	13,960
대비	1.2	3.8	15.4	6.5	2.2	1.8	21.9	9.3	6.4	13.4	14.1	16.5	2.4

(경찰청, 2003경찰백서, 2003. p. 209)

10. 강도죄

1) 강도죄의 개념

강도죄는 폭행 또는 협박으로 타인의 재물을 강취하거나 기타 재산상 이익을 취득하거나 제3자로 하여금 취득하게 함으로서 성립하는 것이다. 폭행 또는 협박은 상대방의 의사를 억압하여 반항을 억압할 정도의 상태에 이를 것이 필요하다. 강도죄는 절도죄와 같이 타인의 재물을 객체로 하기 때문에 타인의 점유를 침범하여 소유권을 침해한다는 점에서 동일하다고 볼 수 있다.

본죄의 보호법익은 재산권 및 자유권이며 침해범이다. 그러므로 강도죄는 절도죄, 폭행죄, 협박죄 등으로 구성되어 있는 결합범이다. 절도죄는 재물만을 그 범행의 대상으로 하는 범죄이고, 강도죄는 재물뿐만 아니라 재산상의 이익을 객체로 하는 재산죄이다.

2) 주관적 요건

고의 이외에 불법영득의 의사가 필요하다. 고의 또는 불법영득의 의사는 절도죄에서의 요건과 같은 것이다.

3) 객체

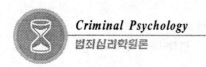

타인의 재물 또는 재산상의 이익이다. 강도죄에서의 재물은 절도죄에서의 재물과 같으며, 재산상의 이익은 재물 이외 일체의 재산적 가치를 의미한다(제346조, 동력, 본장, 절도와 강도의 죄에 있어서 관리할 수 있는 동력은 재물로 간주한다).

4) 행위

본죄의 착수시기는 강도의 의사로 폭행 또는 협박을 개시한 때이고, 기수시기는 재물 또는 재산상의 이익을 취득한 때이다. 그리고 재물의 인도를 요구할 수 있는 권한을 가진 자가 권리실행의 수단으로 폭행 또는 협박을 하여 재물을 탈취한 때에는 본죄를 구성하지 아니한다.

5) 강도죄의 유형

강도죄

형법 제333조(폭행 또는 협박으로 타인의 재물을 강취하거나 기타 재산상의 이익을 취득하거나 제3자로 하여금 이를 취득하게 한 자는 3년 이상의 유기징역에 처한다).

특수강도죄

형법 제334조(ⓐ야간에 사람의 주거, 관리하는 건조물, 선박이나 항공기 또는 점유하는 방실에 침입하여 제333조의 죄를 범한 자는 무기 또는 5년 이상의 징역에 처한다. ⓑ흉기를 휴대하거나 2인 이상이 합동하여 전조의 죄를 범한 자도 전항의 형과 같다).

준강도죄

형법 335조(절도가 재물의 탈환을 항거하거나 체포를 면탈하거나 죄적을 인멸할 목적으로 폭행 또는 협박을 가한 때에는 제2조의 예에 의한다).

인질강도죄

형법 제336조(사람을 체포, 감금, 약취 또는 유인하여 이를 인질로 삼아 재물 또는 재산상의 이익을 취득하거나 제3자로 하여금 이를 취득하게 한 자는 3년 이상의 유기징역에 처한다).

강도상해, 치상죄

형법 제 337조에 해당하는 범죄로 강도가 사람을 상해하거나 상해에 이르게 함으로서 성립하는 것이다. 본조에서의 강도는 단순강도, 특수강도, 준강도, 인질강도 등을 의미한다.

강도살인, 치사죄

형법 제338조에 해당하는 범죄로 강도가 사람을 살해한 때 또는 사망에 이르게 한 때에 성립하는 것이다. 강도살인죄는 강도죄와 살인죄의 결합범이며, 강도치사죄는 강도죄의 결과적 가중범이다. 그리고 통설은 사람을 살해하고 살해된 자의 재물을 영득한 때에는 살인죄와 점유이탈물 횡령죄의 경합범이 된다(사형 또는 무기징역, 10년 이상의 징역).

강도강간죄

형법 제339조(무기 또는 10년 이상의 징역)에 해당하는 강도가 부녀를 강간함으로서 성립하는 것이다. 본죄의 주체는 강도범이며 기수 또는 미수를 불문한다. 강간행위는 강도의 행위중에 하면 되고, 재물탈취의 전후를 불문한다. 그러나 강간을 하고 나서 나중에 금품을 강취하면 강간죄와 강도죄의 경합범이 된다.

해상강도죄

형법 제340조에 해당하는 범죄로 다중의 위력으로 해상에서 선박을 강취하거나 선박내에 침입하여 타인의 재물을 강취하거나 이러한 죄를 범한 자가 사람을 상해하거나 상해에 이르게 한 때 또는 이러한 죄를 범한 자가 사람을 살해 또는 사망에 이르게 하거나, 부녀를 강간함으로서 성립하는 것이다.

상습강도죄

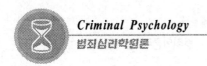

형법 제341조에 해당하는 범죄로 상습으로 강도죄, 특수강도죄, 인질강도죄, 해상강도죄를 범함으로서 성립하는 것으로 미수범도 처벌한다.

미수범

형법 제329조 내지 제341조의 미수범은 처벌한다.

예비, 음모죄

형법 제343조(7년 이하의 징역에 처한다)에 해당하는 범죄로 강도할 목적으로 예비 또는 음모를 함으로서 성립하는 것이다. 즉, 강도의 결의를 하고 실행의 착수에 이르지 아니하는 것을 말한다.

6) 수사 유의사항

초등수사

강도사건 접수 혹은 인지하였을 때, 즉시 현장에 출동하고, 현장보존을 실시함과 동시에 6하 원칙에 의하여 상황을 파악하고 관내 전 경찰에 수사긴급배치를 하여야 한다. 그리고 현장에 주변에 있는 참고인 대상으로 조사를 실시하고, 피해상황, 피의자, 사건경위 등을 조사를, 또한 강도의 침입구 및 도주로 주변을 관찰하여 흉기, 유류품, 유류물건을 수집하여야 한다.

현장조사

출입자를 통제하고 출입자는 덧신을 착용하여 현장에 남아있는 지문, 족적 기타 유류품이나 유류물의 변경 또는 소실되는 일이 없어야 한다. 감식팀에 의하여 비디오, 카메라 등으로 현장을 채증하여야 한다. 그리고 범죄수법을 조사하여 전과자, 상습자로 인정되는 경우에는 수법원지, 기타 수사자료 등을 활용하여 범인을 추리하면서 수사를 압축한다.

피의자 조사

ⓐ 피의자에 대한 인정신문, 전과, 가족사항, 학력, 경력 등 환경을 조사한다.
ⓑ 범행의 일시와 장소, 공범관계를 조사한다.
ⓒ 범행의 원인과 방법, 예비, 음모의 과정, 실행의 결과 등을 조사한다.
ⓓ 범행에 사용한 각종의 흉기와 종류 그리고 출처를 조사한다.
ⓔ 범행의 인과관계를 조사한다.
ⓕ 강취한 현금이나 장물 소재를 조사한다.
ⓖ 공범의 관계에서 참여관계 등을 조사한다.
ⓗ 검증조서와 실황조서를 작성하고 현장을 촬영하여 사진을 첨부하고 설명한다.

법률적용상

ⓐ 상습으로 강도죄를 범하면 특별법인 특정범죄가중처벌등에 관한법률 제5조의4, 3항을 적용하여 가중처벌 하여야 한다. 이때 형법 제341조 상습범의 규정은 적용하지 않는다.
ⓑ 주간에 주거에 침입하여 강도행위를 한 경우에는 주거침입죄와 강도죄의 경합범이 된다.
ⓒ 준강도죄의 상습범에 대한 명문규정은 없기 때문에 강도나 특수강도의 예에 의한다고 규정하고 있으므로 제341조의 상습범 규정을 준용하여 가중처벌하여야 한다.
ⓓ 제336조의 미성년자를 약취 또는 유인하여 재물을 취득하고자 할 경우, 특별법인 특정범죄가중처벌 등에 관에 법률 제5조의2에 의하여 처벌한다.
ⓔ 강도의 목적으로 타인의 주거에 침입하여 폭행이나 협박 없이 재물을 탈취하였다면, 강도의 착수가 아니고 제328조의 절도죄와 제343조 강도의 예비, 음모죄를 적용한다.
ⓕ 상습적으로 제334조의 특수강도죄, 그리고 제336조의 약취강도를 범한 경우, 특정범죄가중처벌등에관한법률 제5조의 4, 제3항을 적용한다.

ⓖ 제339조 강도강간죄에서 강도는 미수에 그쳤으나 강간이 기수인 경우, 본죄의 기수가 된다. 강도의 기수 또는 미수를 불문하고 강간이 미수면 본죄는 미수죄이고, 강간이 기수면 기수죄이다. 강도가 강도행위중 부녀를 보고 욕정이 생겨, 폭행하여 강간하였으나 그 폭행으로 인하여 부녀가 사망하였으면 제339조의 강도강간죄와 제338조의 강도치사죄의 상상적 경합이다. 그러나 강도가 죽일 마음으로 폭행하고 강간함으로서 사망하게 한 경우 또는 강도가 부녀를 강간한 다음에 죽여야겠다는 마음을 먹고 강간 후 살해한 경우에는 제339조의 강도강간죄와 제338조의 강도살인죄의 상상적 경합범이 된다. 그리고 아래 표는 우리나라의 5대 범죄 중 발생 및 검거이다(아래 표 참조).

[우리나라의 강도범죄의 월별 발생추세 비교]

(단위 : 건, %)

구분	계	1월	2월	3월	4월	5월	6월	7월	8월	9월	10월	11월	12월
'01	5,692	457	564	598	565	447	447	403	452	517	461	378	403
'02	5,906	416	416	530	467	611	495	496	494	532	593	466	390
대비	3.8	9.0	26.2	11.4	17.3	36.7	10.7	23.1	9.3	2.9	28.6	23.3	3.2

(경찰청, 2003경찰백서, 2003. p. 212)

[5대 범죄발생 및 검거현황]

(단위: 건)

구분		'93	'94	'95	'96	'97	'98	'99	'00	'01	'02
계	발생	253,403	264,708	258,348	275,058	294,569	330,304	383,976	520,763	532,243	475,367
	검거	249,372	246,698	230,674	273,373	244,007	290,160	349,653	385,087	396,885	400,354
살인	발생	808	653	630	679	784	963	976	941	1,051	957
	검거	849	650	640	680	770	975	993	955	1,076	994
강도	발생	3,730	4,580	3,674	3,670	4,420	5,516	4,972	5,461	5,692	5,904
	검거	4,254	4,631	3,537	3,364	4,027	5,316	4,885	4,524	4,670	5,952

강간	발생	5,298	6,173	4,844	5,580	5,627	5,978	6,359	6,855	6,751	6,119
	검거	5,984	6,261	4,673	5,307	5,327	5,745	6,164	6,139	6,021	5,522
절도	발생	61,526	60,255	62,710	70,238	83,063	91,438	89,395	173,876	180,704	178,457
	검거	47,604	45,126	39,914	38,912	41,427	57,393	60,315	68,564	78,777	125,593
폭력	발생	182,041	193,047	186,490	194,891	200,675	226,409	282,274	333,630	338,045	283,930
	검거	190,681	190,030	181,910	189,110	192,456	220,731	277,296	304,905	306,341	262,293

(경찰청, 2003경찰백서, 2003. p. 222, 폭력은 형법상의 폭행, 상해, 체포, 감금, 협박, 약취, 유인, 공갈, 손괴와 폭력행위등처벌에관한법률위반행위를 합한 것임)

11. 사기죄

1) 사기죄의 개념

사기죄는 사람을 기망하여 재물의 교부를 받거나 재산상의 이익을 취득하거나 제3자로 하여금 이를 취득하게 함으로서 성립하는 것이다. 본죄는 재물죄인 동시에 이익죄로 보호법익은 재산권이므로 침해범이다. 주관적 요건으로는 고의 이외에 불법영득의 의사가 필요하다.

2) 객체

재물 또는 재산상의 이익이다. 재물은 재화를 말하는 것으로 돈과 물건 그리고 관리할 수 있는 동력을 포함한다. 재산상의 이익은 재물 이외에 사람에게 이롭고 도움이 되는 일로서 가치 있는 일은 모두 포함한다.

3) 주체

주체에는 제한이 없다. 자연인, 법인, 법인격 없는 단체를 불문한다.

4) 행위

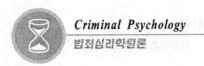

사람을 기망하여 재물을 교부받거나 또는 재산상의 이익을 취득하거나 제3자로 하여금 취득하게 하는 것이다. 기망이라 함은 사람을 착각 즉, 시행착오를 하게 하는 행위를 말하고, 재물의 교부는 재화의 인도를 의미한다.

5) 사기죄의 유형

사기죄

형법 제347조(제347조, ⓐ사람을 기망하여 재물의 교부를 받거나, 재산상의 이익을 취득한 자는 10년 이하의 징역 또는 2천만 원 이하의 벌금에 처한다. ⓑ전항의 방법으로 제3자로 하여금 재물의 교부를 받게 하거나 재산상의 이익을 취득하게 한 때에도 전항의 형과 같다)에 해당하는 범죄로 사람을 기망하여 재물의 교부를 받거나, 재산상의 이익을 취득하거나 또는 제3자로 하여금 재물의 교부를 받거나 재산상의 이익을 취득하게 함으로서 성립하는 것이다.

컴퓨터 등 사기죄

형법 제347조의2(컴퓨터 등 정보처리 장치에 허위의 정보 또는 부정한 명령을 입력하여 정보처리를 하게 함으로서 재산상의 이익을 취득하거나 제3자로 하여금 취득하게 한 자는 10년 이하의 징역 또는 2천만 원 이하의 벌금에 처한다).

준사기죄

형법 제348조(ⓐ미성년자의 지려천박 또는 사람의 심신장애를 이용하여 재물의 교부를 받거나 재산상의 이익을 취득한 자는 10년 이하의 징역 또는 2천만 원 이하의 벌금에 처한다. ⓑ전항의 방법으로 제3자로 하여금 재물의 교부를 받게 하거나 재산상의 이익을 취득하게 한 때에도 전항의 형과 같다).

편의시설 부정사용죄

형법 제348조의2(부정한 방법으로 대가를 지급하지 아니하고 자동판매기, 공중전화 기타 유료자동설비를 이용하여 재물 또는 재산상의 이익을 취득한 자는 3년 이하의 징역, 500만 원 이하의 벌금, 구류 또는 과료에 처한다).

부당이득죄

형법 제349조(ⓐ사람의 궁박한 상태를 이용하여 현저하게 부당한 이익을 취득한 자는 3년 이하의 징역 또는 1천만 원 이하의 벌금에 처한다. ⓑ전항의 방법으로 제3자로 하여금 부당한 이익을 취득하게 한 때에도 전항의 형과 같다).

6) 수사 유의사항

수리할 때

ⓐ 신속, 정확한 수리를 하고 피해가 적다고 취급이나 처리를 경시해서는 아니 된다.

ⓑ 피해자가 피의자를 동행한 경우는 쌍방의 주장을 충분히 듣는다.

ⓒ 경솔하게 강제수사를 하지 아니한다.

ⓓ 피해자 혹은 피의자의 어느 쪽이든 편드는 것처럼 편애, 언어를 사용하지 아니한다.

수사상 착안점

ⓐ 범해의 일시, 장소를 명확하게 한다.

ⓑ 피의자의 주거, 직업, 성명, 생년월일, 불명일 때는 인상, 특징, 착의 등.

ⓒ 피해자는 어떤 피해를 입었는지 가격이나 가치의 정도 등 구체적으로 조사한다.

ⓓ 피의자의 자산, 수입, 부채, 범죄경력, 생활의 상태 및 범행 당시의 소지금의 유무를 조사한다.

ⓔ 피의자가 피해자를 어떻게 속였는가, 속이는 방법, 사용한 언어, 태도, 동작, 방법 등.

ⓕ 피해자와 피의자와의 관계를 조사하고, 거래, 임차, 친족관계의 유무를 확

인한다.

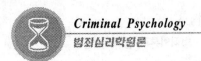

ⓖ 최초부터 피해자를 속일 의사가 있었는지의 조사.

기초수사

ⓐ 사기사건을 접수한 경우, 확실한 형사사건으로서의 성립이 되는지를 조사한다.

ⓑ 민사사건의 경우 처음부터 수사에 착수하여서는 아니 된다.

ⓒ 피해자의 의도를 확실하게 파악하기 위하여 구체성 있게 범죄사실을 조사한다.

ⓓ 기망의 방법과 수단, 횟수, 일시장소를 구체적으로 조사한다.

ⓔ 피의자와의 관계 즉, 친족관계 등 여부를 묻는다.

피해자 수사

ⓐ 피해의 일시.

ⓑ 피해에 관련된 것을 알게 된 경위.

ⓒ 피의자의 성명, 연령, 직업 등 인적사항 등이 불명할 때는 인상, 특징, 착의, 휴대품 등.

ⓓ 피의자의 의사표시를 믿게 된 이유.

- 화술, 화제, 직업 등.
- 외모, 복장, 태도 등.
- 자기 과시의 방법(금액, 신분증명서 등).

ⓔ 피의자의 기망내용.

- 물건을 판매한 경우 그 수법과 내용.
- 임차의 조건이나 내용.
- 꺼내놓은 견본의 특징, 품질, 종류.
- 판매할 때에 당연히 설명해야 할 것을 알리지 않았던 사실.
- 판매 당시의 사실과 다른 점.

ⓕ 피의자에게 사실과 다른 점.

• 교부일시, 장소, 회수 등.
• 재물 또는 재산상의 이익의 소유자.
• 교부의 방법.
• 교부의 재물 또는 재산상의 이익에 관한 반대급부의 종류와 수량, 가격.
• 속인 자와 교부한 자는 동일한 사람인가의 여부.

ⓖ 공범자의 유무.

ⓗ 화해, 배상, 처벌에 대한 의사.

ⓘ 범인이 범행에 사용한 물건, 그 밖의 증거물의 임의제출 등.

피의자 수사

ⓐ 범의를 확실하게 조사한다.

ⓑ 사기수법을 파악하여 상습성을 확인한 후 전과관계 등 배후 수사를 철저히 한다.

ⓒ 상습성이 있는 피의자에 대해서는 주변에 같은 피해자가 있는지를 파악한다.

ⓓ 피의자의 재산관계, 특히 재산의 은닉 등 강제집행 면탈을 위한 조치 여부를 조사한다.

ⓔ 사기를 하기 위한 기망행위의 일시 장소와 횟수 등을 구체적으로 조사한다.

ⓕ 기망의 방법과 수단, 재물교부의 명목과 방법 등을 빠짐없이 조사한다.

ⓖ 기망에 의한 피해자의 착오와 재물의 교부간의 인과관계의 성립이 구성되어 있는지를 확실하게 파악한다.

ⓗ 편취한 재물이나 재산상의 이익에 대한 처분관계를 추적하여 확실히 한다.

법률적용상

ⓐ 기망은 구체적 사정이 허구로서 일반인이 착오에 빠질 정도임을 요하는 것이어야 한다.

ⓑ 편취한 이익이 법률상으로 보호받을 수 없는 때에는 재산에 대한 침해가

없으므로 사기죄를 구성하지 아니한다.

ⓒ 사기죄는 피기만자와 피해자가 일치하지 않아도 성립한다.

ⓓ 부작위에 의한 사기죄는 질병 등을 숨기고 생명보험계약을 체결하는 경우에 성립한다.

ⓔ 기망행위로 인한 착오는 반드시 법률행위의 중요한 부분에 관한 착오에 한하지 않고 사실에 관한 착오를 포함한다.

ⓕ 제347조의 사기죄에서 사취한 재물의 가액이 5억 원이 넘을 때에는 특정경제범죄가중처벌등에관한법률 제3조를 적용하여야 한다.

12. 횡령죄

1) 횡령죄의 개념

횡령죄는 타인의 재물을 보관하는 자가 그 재물을 횡령하거나 그 반환을 거부하는 것을 내용으로 하는 것이다. 횡령죄는 타인의 점유를 침해하지 않는 점에서 절도죄와 구별되고, 재산죄 중에서 재물만을 객체로 하는 재물죄인 점에서 절도죄와 그 성질을 같이 한다. 그러나 타인에 대한 신임관계를 배반한다는 점에서 배임죄와 같은 성질을 가진다. 횡령죄의 객체는 재물임에 대하여 배임죄의 객체는 재산상의 이익이라는 점에서는 차이가 있다. 그러므로 횡령죄와 배임죄는 특별법과 일반법의 관계를 가진다. 보호법익은 타인의 소유권 및 재산권에 대한 신임관계이며 위험범이다.

2) 주체

본죄는 신분범으로 신임관계에 의하여 타인의 재물을 보관하는 자이다. 보관이라 함은 점유 또는 소지와 같은 것을 의미하며 사실상의 재물의 지배를 뜻하는 것이다.

3) 객체

자기가 점유하는 타인의 재물이다. 본죄의 객체는 타인의 재물로서 동산과 부동산을 포함하고 있으며, 타인이라 함은 자연인, 법인, 법인격 없는 단체, 조합을 포함을 하고 있다. 재물은 물리적으로 관리할 수 있는 모든 것을 포함한다.

4) 행위

횡령이라 함은 영득행위로서 자기가 보관하는 타인의 재물을 소유자의 의사에 반하여 반환요구를 거부하고 착복하는 것을 말한다. 횡령행위는 작위뿐만 아니라 부작위에 의해서도 가능한 것이다. 사법경찰관리가 증거물로서 영치한 재물을 영득할 의사로 자기의 책상서랍에 넣어 두고 검사에게 송부하지 않을 때에도 횡령죄가 성립된다.

5) 횡령죄의 유형

횡령죄

형법 제355조 제1항(타인의 재물을 보관하는 자가 그 재물을 횡령하거나 그 반환을 거부한 때에는 5년 이하의 징역 또는 1천500만 원 이하의 벌금에 처한다)에 해당하는 범죄로 타인의 재물을 보관하는 자가 그 재물을 횡령하거나 그 반환을 거부함으로서 성립하는 것이다. 본죄는 타인의 재물을 보관하고 있는 자로서 신분범이며 미수범은 처벌한다.

업무상 횡령죄

형법 제356조(업무상의 횡령과 배임, 업무상의 임무에 위배하여 제355조의 죄를 범한 자는 10년 이하의 징역 또는 3천만 원 이하의 벌금에 처한다)에 해당하는 범죄로 업무상의 임무에 위배하여 자기가 보관하는 타인의 재물을 횡령하는 것을 내용으로 하는 범죄를 말한다. 업무라 함은 사회생활상의 지위에 기하여 계속 또는

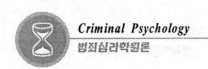

반복하여 행하는 사무를 의미한다. 그리고 업무는 법령상, 계약상, 관례상, 사실상의 관계를 모두 포함하는 것으로 미수범은 처벌한다.

점유이탈물 횡령죄

형법 제360조(ⓐ유실물, 표류물 또는 타인의 점유를 이탈한 재물을 횡령한 자는 1년 이하의 징역이나 300만 원 이하의 벌금 또는 과료에 처한다. ⓑ매장물을 횡령한 자도 전항의 형과 같다)에 해당하는 범죄로 제360조의 내용으로서 성립하는 것이다. 점유이탈물이라 함은 타인의 의사에 반하여 점유를 이탈한 것으로 아직 누구의 점유에도 속하지 않는 재물이다.

6) 수사 유의사항

실무상

ⓐ 재물을 보관하게 된 일시와 장소, 이유와 방법, 보관으로 인한 보수의 유무와 위탁관계, 언제 불법영득의 의사가 있었는지를 조사한다.

ⓑ 타인의 재물을 보관한 사실관계로서 보관의 목적물, 보관의 상태, 위탁자와 소유자, 법률상의 지배와 사실상의 지배, 계상상의 지배, 관례상의 지배 등을 조사한다.

ⓒ 횡령의 목적물로서 종류, 수량, 가격과 그 소유자를 조사한다.

ⓓ 횡령행위 후 범행의 증거인멸 유무, 인멸방법, 기수, 미수를 조사한다.

ⓔ 횡령의 수단으로 피해자를 착오에 빠지게 하였는지의 여부와 사기, 협박을 행한 사실의 유무도 조사한다.

ⓕ 횡령한 재물의 처리 결과로서 처리일시, 장소, 취득자, 취득자의 장물이라는 인식의 유무, 처리행위로 인한 타 범죄의 구성의 유무, 처분행위의 정당한 이유 유무를 조사한다.

ⓖ 반환거부의 의사표시, 사용대차관계, 변명에 대한 경위 등을 조사한다.

ⓗ 업무에 관하여 타인의 재물을 보관하고 있는 자의 업무의 종류와 상태, 업무관계의 발생원인, 그 업무에 종사한 기간, 업무관계로 인한 보관 경위

등을 조사한다.

ⓘ 횡령죄는 친족간의 특례가 적용되기 때문에 피해자와 친족관계에 있는지를 확인한다.

법률적용상

ⓐ 횡령죄는 타인에 대한 신임관계를 배반하는 점에서 배임죄와 그 본질은 같이 하나, 횡령죄가 개개의 재물에 대한 것임에 반하여 배임죄는 재물 이외의 재산상의 이익에 대한 것이라는 점에서 차이가 있다.

ⓑ 횡령죄의 기수시기는 불법영득의 의사로서 처분행위의 의사를 명백히 표시하였을 때 기수가 된다.

ⓒ 부동산에 대한 보관은 사실상의 지배와 법률상의 지배를 포함한다.

ⓓ 횡령죄에서 법률상의 처분은 매매, 교환, 저당설정, 증여, 전매, 채무변제, 소유권 등기이전 등이고, 사실상의 처분은 소비, 착복, 압류, 은닉, 반환거부 등이 있다.

ⓔ 불법한 원인으로 위탁한 재물을 횡령하였을 경우는 위탁에 대한 배신성이 있는 이상 횡령죄가 성립된다.

ⓕ 횡령행위로 타인의 재물 또는 재산상 이익을 5억 원 이상 취득하거나 제3자에게 취득하게 한자는 특정경제범죄가중처벌등에관한법률 제3조(특정재산범죄의 가중처벌, ①형법 제347조(사기죄), 제350조(공갈), 제351조(제347조 및 제350조의 상습범에 한한다), 제355조(횡령, 배임) 또는 제356조(업무상의 횡령과 배임)의 죄를 범한 자는 그 범죄행위로 인하여 취득하거나 제3자로 하여금 취득하게 한 재물 또는 재산상 이익의 가액(이하 조에서 이득죄라 한다)이 5억 원이인 때에는 다음의 구분에 따라 가중처벌한다. 1. 이득 액이 50억 원이 때에는 무기 또는 5년 이상의 징역에 처한다. 2. 이득 액이 5억 원이 50억 미만인 때에는 3년 이상의 유기징역에 처한다. ②제1항의 경우 이득액 이하에 상당하는 벌금을 병과할 수 있다)에 의하여 그 액수에 따라 가중하여 처벌하여야 한다.

ⓖ 업무상 횡령죄는 업무의 종류와 내용을 조사하여 보관관계가 업무와의 관계를 규명해야 한다. 보관관계가 업무와 전혀 관계가 없으면 업무상횡령

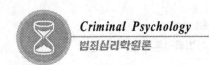

죄가 성립되지 아니한다는 점을 유의하여야 한다.

ⓗ 공범자의 처리는 업무자가 아닌 자가 업무자와 공모하여 횡령한 경우, 업무자가 아닌 사람은 형법 제33조(공범과 신분, 신분관계로 인하여 성립될 범죄에 가공한 행위는 신분관계가 없는 자에게도 전3조(공동정범, 교사범, 종범)의 규정을 적용한다. 단, 신분관계로 인하여 형의 경중이 있는 경우에는 중한 형으로 벌하지 아니한다)의 단서의 규정에 의하여 단순횡령죄로 처리하여야 하고, 장부 기타 증거서류를 압수하여야 한다.

제4절 특별법

1. 폭력행위등처벌에관한법률

1) 폭력행위등처벌에관한법률의 개념

폭력행위 등 처벌에 관한 법률은 집단적, 상습적 또는 흉기를 소지하고 그리고 야간에 폭력행위 등을 자행하는 자 등을 처벌하기 위한 법률로서 1961. 6. 20. 법률 제625호로 제정되어 1993. 12. 10까지 4차례에 걸쳐 개정되어 현재에 이르고 있다. 폭력조직은 민생생활의 안전과 평온을 보존하기 위해 국민의 이해와 협력하에 폭력조직, 폭력조직원, 준구성원, 폭력조직의 거점 등을 강력히 단속하여 초기에 완전히 검거를 하여야 하나. 폭력조직은 부당한 행위로 선량한 국민을 괴롭히고 사회의 평온을 해치기 때문에 이에 대한 대책은 전 경찰력을 동원하여 철저히 색출하여야 할 것으로 본다.

2) 적용법조

폭력행위 등 처벌에 관한 법률을 적용하는 형법상의 법조는 제257조(상해),

제260조(폭행), 제276조(체포, 감금), 제283조(협박), 제319조(주거침입과 퇴거불응), 제324조(폭력에 의한 권리행사방해), 제350조(공갈), 제366조(손괴) 등으로, ①상습적 행위, ②야간행위, ③흉기 등 위험한 물건의 휴대행위, ④집단행동에 의한 위력행사, ⑤범죄를 목적으로 단체를 조직하거나, 이 단체를 이용하여 범죄를 범한 자 등을 가중처벌하기 위하여 특별법으로 제정한 것이다.

3) 폭력조직

폭력조직은 단체의 구성원이 집단적 폭행(폭력행위등처벌에관한법률 제3조(집단적 폭행 등), ①단체나 다중의 위력으로서 또는 단체나 집단을 가장하여 위력을 보임으로서 제2조 제1항에 열거된 죄를 범한 자 또는 흉기 기타 위험한 물건을 휴대하여 그 죄를 범한 자는 3년 이상의 유기징역에 처한다. ②야간에 제1항의 죄를 범한 자는 5년 이상의 유기징역에 처한다. ③상습적으로 제1항의 죄를 범한 자는 무기 또는 7년 이상의 징역에 처한다. ④이 법 위반(형법 각 본조를 포함한다)으로 2회 이상 징역형을 받은 자로서 다시 제1항의 죄를 범하여 누범으로 처벌할 경우도 제3항과 같다) 또는 상습적으로 폭력을 행사하는 불법적인 범죄조직이다. 폭력조직은 조직원이 합동으로 또는 구성원 개인이 조직의 힘을 이용하여 사회의 평온을 해치는 행위를 하는 것을 말한다. 조직폭력의 구성원은 폭력성이 있는 전과자, 학교중퇴자, 사업가를 빙자한 사회인 등으로 구성되어 있으며, 아래와 같은 행위를 하는 자를 의미한다.

① 조직폭력은 폭력조직에 가입하여 조직의 위력을 배경으로 폭력적 불법행위를 행하거나, 행할 우려가 있는 자.

② 조직폭력은 조직을 운영하기 위한 자금, 흉기 또는 물품 등의 공급을 하는 자, 조직의 운영자, 관여하는 자 등을 말한다.

4) 조직폭력배의 단속요령

조직폭력배의 인적기반의 붕괴 필요

조직폭력배 세력의 대량 검거 및 장기 격리가 필수적이다. 조직폭력의 중추

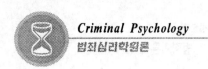

적인 역할을 하는 조직의 유지, 운영을 지탱하고 있는 우두머리인 간부를 시작으로 폭력조직원의 대량 반복적으로 철저히 검거한다. 그리고 범행의 조직, 상습성, 악성행패의 입증을 하여 장기 격리에 노력해야 한다. 또한 폭력조직에 대한 대책에 기초한 명령의 효과적 운용, 폭력조직원의 조직 이탈자나 이탈하고자 하는 자에 대해서는 사회복귀 대책사업의 추진계획이 필요하다.

자금획득 활동에 대한 단속의 철저

공갈, 협박, 밀수, 마약 또는 각성제의 거래 등의 전통적인 자금획득 범죄, 민사사건 폭력개입, 폭력조직관계 기업에 대한 범죄구증, 지능 폭력사범의 검거, 세무당국과의 연계 과세 및 포탈사범의 검거, 폭력단체에 대한 불법행위 구증 검거, 관계행정기관에 의한 행정처분 등의 촉진을 요구한다.

흉기 등의 단속 철저

조직의 흉기 관리자를 중점적으로 내사하고, 효과적인 수색활동, 일제단속의 강화 등으로 흉기를 압수하기 위한 노력을 하여야 한다. 그리고 이들의 입수경로, 세관, 출입국관리 사무소 등과 연대하여 철저히 압수하고 공급원을 차단하여 흉기 소지자에 대한 단속을 강화한다.

5) 조직 폭력배의 실태파악

① 조직폭력은 친자, 형제 등의 의리, 혈연관계로 결연된 단체로서 두목을 정점으로 피라미드형의 조직을 구성하고 있으며, 조직의 위력을 배경으로 각종의 범죄를 감행하여 자금을 모아 조직을 운영하고 있다.

② 폭력조직의 단속을 효과적으로 추진하기 위하여 조직폭력 조직원 등의 조사와 함께 경찰의 순회 연락 등의 일상 근무를 통해서 조직적, 계속적인 관찰과 탐문, 미행, 잠복, 압수물의 분석, 피의자의 조사 등 폭력조직의 실태를 파악하여 이에 대비하는 것이 필요하다.

③ 폭력조직의 실태를 파악하기 위하여 일상근무 중 폭력조직원에 대한 불심

검문시의 언동 등에 대한 동향을 파악하여 보고서를 작성한다. 파악된 정보를 확실하게 자료화하고 조직폭력에 대한 대책을 강구하면서 계속해서 자료를 파악하여 후일에 대비하여 노력을 기해야 한다.

실태 파악의 내용

ⓐ 조직폭력의 조직 : 단체의 명칭, 결성년월일, 사무소의 소재지, 조직원의 수, 계층성에 따른 지위와 임무에 따른 자료, 조직의 역할, 조장 등의 대표자, 조직원의 통제 실태 등.

ⓑ 조직원에 대한 인적사항 파악. : 주소, 지위, 직업, 성명이나 이명, 생년월일, 범죄경력, 조직원의 성격과 특성, 소행, 자금획득활동, 가족, 교우관계 등.

ⓒ 자금획득 활동의 실태파악.

6) 정보수집 활동

탐문에 의한 정보수집

조직폭력 범죄의 피해자로 되기 쉬운 자로서 유기장, 음식점, 금융업자, 건설업자, 보험회사 등과 폭력조직의 주변에 있는 자로 교우, 인근거주자, 폭력조직 이탈자, 청부업자 등 그리고 관공서, 세무서, 직업소개소, 인력공사, 유흥업소 등을 대상으로 폭력조직 범죄의 피해자로부터 범죄 행위에 대한 정보를 수집한다. 그리고 이들에 대한 탐문과 미행을 실시한다.

미행, 탐문에 의한 단서입수

도박사범, 밀매행위 사범 등 단서를 입수하기 위하여 차량, 무선기, 사진기, 녹음기 등의 기자재를 활용하고 용의 대상에 대한 미행과 탐문을 실시한다.

압수자료에 의한 단서입수

수색이나 압수할 때에 사건의 증거물 압수는 물론 여죄의 단서 입수도 관심을 두고 가능한 관계자료를 압수하고 이것을 근거로 분석하여 범죄의 피해자를 찾아내는 등, 단서의 입수에 노력한다.

피의자의 조사로 단서입수

각종 사범을 검거하여 피의자 조사를 철저히 하고 이들을 이용하여 폭력조직의 단서를 수집한다.

7) 폭력조직과 대립한 사건

폭력조직(organized violence)은 서로 대립되는 이권경쟁 등으로 살인을 하는 등 서로 상대방에 대하여 대립하고 상대방에게 피해를 주는 극단적인 행위를 자행하고 있다. 폭력조직은 각각 세력 확장이나 힘을 과시하여 광범위하게 대립하고 조직의 이해가 충돌할 때에는 서로 죽이고 죽는 등의 패싸움으로 발전을 하는 수가 많다. 상호대립이 발생하면 주민의 평온에 해를 주기 때문에 발생을 미연에 방지하고 현장검거에 대한 조기진압, 사건의 확대방지, 지원세력에 의한 패싸움의 방지 등을 하여야 하겠다.

2. 특정범죄가중처벌등에관한법률

1) 개념

특정범죄가중처벌등에관한법률은 1966. 2. 23 법률 제1744호로 제정되어 1997. 12. 13까지 총 14회에 걸쳐 개정되어 현재에 이르고 있다. 이 법은 형법, 관세법, 조세범처벌법, 산림법 및 마약법에 규정된 특정범죄에 대한 가중처벌 등을 규정함으로서 건전한 사회질서의 유지와 국민경제 발전에 기여함을 목적으로 하고 있다. 특정범죄에 대해서는 형법 또는 관세법, 조세범처벌법 등의 법률적용은 배제되고 이 특별법만을 적용하여야 한다.

2) 형사범의 가중처벌

뇌물죄

ⓐ 공무원의 직무에 관한 죄로 형법 제129조 제1항의 뇌물수수, 동요구 또는 약속, 제2항의 사후뇌물수수, 동요구 또는 약속, 제130조의 제3자 뇌물수수, 동요구 또는 약속, 제132조의 알선뇌물수수, 동요구 또는 약속 등의 죄를 범한 자 등이 그 수수, 요구, 약속한 뇌물 가액이 5천만 원 때와 뇌물가액이 1천만 원 5천만 원 이하일 때는 특정범죄가중처벌 등에 관한 법률 제2조 1항(①형법 제129조, 제130조, 제132조에 규정된 죄를 범한 자는 그 수수, 요구 또는 약속한 뇌물의 가액에 따라 음과 같이 가중처벌한다. 1. 수뢰 액이 5천만 원 때에는 무기 또는 10년 이상의 징역에 처한다. 2. 수뢰 액이 1천만 원 5천만 원 미만인 때에는 5년 이상의 유기징역에 처한다)을 적용한다.

ⓑ 공무원의 직무에 속한 사항의 알선에 관하여 금품이나 이익을 수수, 욕구 또는 약속한 경우에 특정범죄가중처벌 등에 관한 법률 제3조(공무원의 직무에 속한 사항의 알선에 관하여 금품이나 이익을 수수, 요구 또는 약속한 자는 5년 이하의 징역 또는 1천만 원 이하의 벌금에 처한다)의 알선수재죄를 적용한다.

ⓒ 정부관리기업체의 간부직원을 뇌물죄의 가중처벌 대상으로 처벌할 경우에는 제4조(뇌물죄 적용대상의 확대, ①다음 각 호의 1에 해당하는 기관 또는 단체로서 대통령령이 정하는 기업의 간부직원은 형법 제129조 내지 제132조의 적용에 있어 이를 공무원으로 본다.

1. 국가 또는 지방자치단체가 직접 또는 간접으로 자본금의 2분의 1 이상을 출자하였거나 출연금, 보조금 등 그 재정지원의 규모가 그 기업체 기본재산의 2분의 1 이상인 기업체.
2. 국민경제 및 산업에 중대한 영향을 미치고 있고 업무의 공공성이 현저하여 국가 또는 지방자치단체가 법령이 정하는 바에 따라 지도, 감독하거나 주주권의 행사 등을 통하여 중요사업의 결정 및 임원의 임면 등 운영전반에 관하여 실질적인 지배력을 행사하고 있는 기업체.

② 제1항의 간부직원의 범위는 기업체의 설립목적, 자산, 직원의 규모 및 해당 직

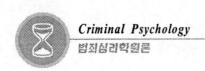

원 구체적인 업무 등을 고려하여 대통령령으로 정한다)를 적용하여야 한다.

지권남용 체포, 감금죄 등

공무원의 직무에 관한 죄로서 형법 제124조의 직권남용 체포, 감금죄, 제125조의 독직폭행, 동 가혹행위 등의 죄를 범하여 사람을 치사상한 경우에는 특정범죄가중처벌 등에 관한 법률 제4조의 2(①형법 제124조, 제125조에 규정된 죄를 범하여 사람을 치상한 때에는 1년 이상의 유기징역에 처한다. ②형법 제124조, 제125조에 규정된 죄를 범하여 사람을 치사한 때에는 무기 또는 3년 이상의 징역에 처한다)를 적용한다.

횡령, 배임죄

국가 또는 지방자치단체 기타 감사원의 감사를 받는 단체의 회계 사무를 집행하는 자가 그 직무에 관하여 형법 제355조의 횡령, 배임의 죄를 범하여 5천만원 때에는 특정범죄가중처벌 등에 관한 법률 제5조(국고 등 손실, 회계관리직원 등의 책임에 관 법률 제2조 제1호, 제2호 또는 제4호(제1호 또는 제2호에 규정된 자의 보조자로서 그 회계사무의 일부를 처리하는 자에 한한다)에 규정된 자가 국고 또는 지방자치단체의 손실을 미칠 것을 인식하고 그 직무에 관하여 형법 제355조의 죄를 범한 때에는 다음의 구분에 따라 가중 처벌한다.

1. 국고 또는 지방자치단체의 손실이 5억 원이 때에는 무기 또는 5년 이상의 징역에 처한다.

2. 국고 또는 지방자치단체의 손실이 5천만 원 5억 원 미만인 때에는 3년 이상의 유기징역에 처한다)를 적용한다.

약취, 유인죄

ⓐ 재물이나 재산상의 이익을 취득할 목적으로 형법 제287조의 미성년자 약취, 유인의 죄를 범한 경우에는 특정범죄가중처벌 등에 관한 법률 제5조의 2, 제1항 1호(①형법 제287조의 죄를 범한 자는 그 약취 또는 유인한 목적에 따라 다음과 같이 가중 처벌한다.

1. 약취 또는 유인한 미성년자의 부모 기타 그 미성년자의 안전을 염려하는 자의

우려를 이용하여 재물이나 재산상의 이익을 취득할 목적인 때에는 무기 또는 5년 이상의 징역에 처한다.

2. 약취 또는 유인한 미성년자를 살해할 목적인 때에는 사형, 무기 또는 7년 이상의 징역에 처한다.

② 형법 제287조의 죄를 범한 자가 다음 각 호의 1에 해당하는 행위를 한 때에는 다음과 같이 가중 처벌한다.

1. 약취 또는 유인한 미성년자의 부모 기타 그 미성년자의 안전을 염려하는 자의 우려를 이용하여 재물이나 재산상의 이익을 취득하거나 이를 요구한 때에는 무기 또는 10년 이상의 징역에 처한다.
2. 약취 또는 유인한 미성년자를 살해한 때에는 사형 또는 무기징역에 처한다.
3. 약취 또는 유인한 미성년자를 폭행, 상해, 감금 또는 유기하거나 그 미성년자에게 가혹한 행위를 가한 때에는 무기 또는 5년 이상의 징역에 처한다.
4. 제3호의 죄를 범하여 미성년자를 치사한 때에는 사형, 무기 또는 7년 이상의 징역에 처한다.

③ 제1항 또는 제2항의 죄를 범한 자를 방조하여 약취 또는 유인된 미성년자를 은닉 기타의 방법으로 귀가하지 못하게 한 자는 5년 이상의 유기징역에 처한다.

④형법 제288조, 제289조 또는 제292조 제1항의 죄를 범한 자는 무기 또는 5년 이상의 징역에 처한다.

⑤상습으로 제4항의 죄를 범한 자는 그 죄에 정한 형의 2분의 1까지 가중한다.

⑥제1항, 제2항(제2항 제4호를 제외한다) 및 제4항에 규정된 죄의 미수범은 처벌한다.

⑦제1항 내지 제6항의 죄를 범한 자를 은닉 또는 도피하게 한 자는 3년 이상의 유기징역에 처한다.

⑧제1항, 제2항 제1호, 제2호 또는 제4항의 죄를 범할 목적으로 예비 또는 음모한 자는 1년 이상의 유기징역에 처한다)를 적용한다.

ⓑ 미성년자를 살해할 목적인 경우에는, 형법 287조의 미성년자 약취, 유인죄를 범한 경우 특정범죄가중처벌 등에 관한 법률 제5조의 2. 제1항 2호를 적용한다.

ⓒ 형법287조의 미성년자 약취, 유인 죄를 범한 자가 재물이나 재산상의 이익을 취득하거나 이를 요구한 경우에는 특정범죄가중처벌 등에 관한 법률 제5조의 2. 제2항 1호를 적용한다.

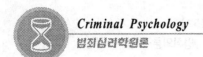

ⓓ 형법 제287조의 미성년자 약취, 유인의 죄를 범한 자가 그 약취 또는 유인한 미성년자를 살해한 경우에는 특정범죄가중처벌 등에 관한 법률 제5조의 2. 제2항, 2호를 적용한다.

ⓔ 형법 제287조의 미성년자 약취, 유인의 죄를 범한 자가 그 약취, 유인한 미성년자를 폭행, 상해, 감금, 유기하거나 또는 가혹행위를 한 경우에는 특정범죄가중처벌 등에 관한 법률 제5조의 2. 제2항 3호를 적용한다. 위의 경우를 범하고 가혹행위를 한 자는 제5조의 2. 제2항 4호를 적용하고, 치사한 경우는 제5조의 2. 제2항 4호를 적용하면 된다.

도주차량 운전자

ⓐ 형법 제268조의 업무상과실의 죄를 범한 자가 당해 차량의 운전자가 피해자를 치사하고 도주하거나, 도주 후에 피해자가 사망한 경우에는 특정범죄가중처벌 등에 관한 법률 제5조의 3. 제1항(①도로교통법 제2조에 규정된 자동차, 원동기장치 자전거 또는 궤도차의 교통으로 한하여 형법 제268조의 죄를 범한 당해 차량의 운전자가 피해자를 구호하는 등 도로교통법 제50조 제1항의 규정에 의한 조치를 취하지 아니하고 도주한 때에는 다음의 구분에 따라 가중 처벌한다.

1. 피해자를 치사하고 도주하거나, 도주 후에 피해자가 사망한 때에는 무기 또는 5년 이상의 징역에 처한다.
2. 피해자를 치상한 때에는 1년 이상의 유기징역에 처한다.

② 사고운전자가 피해자를 사고 장소로부터 옮겨 유기하고 도주한 때에는 다음의 구분에 따라 가중 처벌한다.

1. 피해자를 차사하고 도주하거나 도주 후에 피해자가 사망한 때에는 사형, 무기 또는 5년 이상의 징역에 처한다.
2. 피해자를 치상한 때에는 3년 이상의 유기징역에 처한다)을 적용한다.

ⓑ 사고운전자가 피해자를 사고 장소로부터 옮겨 유기하고 도주한 경우에는 특정범죄가중처벌 등에 관한 법률 제5조의 3. 제2항을 적용한다.

상습강도, 절도 등

ⓐ 상습으로 형법 제329조의 절도, 제330조의 야간주거침입절도, 제331조의 특수절도 등의 죄를 범하거나 그 미수에 그친 경우에는 특정범죄가중처벌 등에 관한 법률 제5조의 4. 제1항(①상습으로 형법 제329조 내지 제331조의 죄 또는 그 미수죄를 범한 자는 무기 또는 3년 이상의 징역에 처한다. ②5인 이상이 공동하여 제1항의 죄를 범한 자는 무기 또는 5년 이상의 징역에 처한다. ③상습으로 협법 제333조, 제334조, 제336조, 제340조 제1항의 죄 또는 그 미수범을 범한 자는 사형, 무기 또는 10년 이상의 징역에 처한다. ④형법 제363조의 죄를 범한 자는 무기 또는 3년 이상의 징역에 처한다. ⑤형법 제329조 내지 제331조와 제333조, 제336조, 제340조, 제362조의 죄 또는 그 미수죄로 3회 이상 징역형을 받은 자로서 다시 이들 죄를 범하여 누범으로 처벌할 경우도 제1항 내지 제4항과 같다)을 적용한다.

ⓑ 5인 이상이 공동하여 위 ⓐ항의 죄를 범한 경우에는 특정범죄가중처벌 등에 관한 법률 제5조의 4. 제2항을 적용한다.

ⓒ 상습으로 형법 제333조, 제334조, 제336조, 제340조 1항의 죄 또는 그 미수죄를 범한 경우에는 특정범죄가중처벌 등에 관한 법률 제5조의 4. 제3항을 적용한다.

ⓓ 형법 제36조의 상습 장물취득, 양여, 운반, 보관, 알선 등의 죄를 범한 경우에는 특정범죄가중처벌 등에 관한 법률 제5조의 4. 제4항을 적용한다.

ⓔ 형법 제329조, 제330조, 제331조, 제333조, 제334조, 제335조, 제336조, 제340조, 제362조 등의 죄 또는 그 미수죄로 3회 이상 징역형을 선고받은 자로서 다시 이들 죄를 범하여 누범으로 처벌할 경우에는 특정범죄가중처벌 등에 관한 법률 제5조의 4. 제5항을 적용한다.

강도상해 등 재범자의 가중처벌

형법 제337조의 강도상해, 치상, 제339조의 강도강간의 죄 또는 그 미수죄로 형을 받아 그 집행을 종료하거나 면제를 받은 후, 3년 이내에 다시 같은 죄를 범한 경우에는 특정범죄가중처벌 등에 관한 법률 제5조의 5(형법 제337조, 제339

조의 죄 또는 그 미수죄로 형을 받아 그 집행을 종료하거나 면제를 받은 후 3년 이내 다시 죄를 범한 자는 사형, 무기 또는 10년 이상의 징역에 처한다)를 적용한다.

단체 등의 조직

형법 제329조의 타인의 재물을 절취할 목적으로 단체 또는 집단을 구성하거나 이에 가입한 경우에는 특정범죄가중처벌 등에 관한 법률 제5조의 8(타인의 재물을 절취할 목적으로 단체 또는 집단을 구성한 자는 다음의 구별에 의하여 처벌한다.

1. 수괴는 사형, 무기 또는 10년 이상의 징역에 처한다.
2. 간부는 무기 또는 5년 이상의 징역에 처한다.
3. 가입한 자는 1년 이상의 유기징역에 처한다)을 적용한다.

보복범죄의 가중처벌 등

ⓐ 형법 제250조 제1항의 살인의 죄를 범한 자가 자기 또는 타인의 형사사건의 수사 또는 재판과 관련하여 고소, 고발 등 수사단서의 제공, 진술, 증언 또는 자료제출에 대한 보복의 목적으로 또는 고소, 고발 등 수사단서의 제공, 진술, 증언 또는 자료제출을 하지 못하게 하거나 고소, 고발을 취소하게 하거나 허위의 진술, 증언, 자료제출을 하게 할 목적인 때에는 특정범죄가중처벌등에관한법률 제5조의 9. 제1항(①형법 제250조 제1항의 죄를 범한 자가 자기 또는 타인의 형사사건에 수사 또는 재판과 관련하여 고소, 고발 등 수사단서의 제공, 진술, 증언 또는 자료제출에 대한 보복의 목적인 때에는 사형, 무기 또는 10년 이상의 징역에 처한다. 고소, 고발 등 수사단서의 제공, 진술, 증언 또는 자료제출을 하지 못하게 하거나 고소, 고발을 취소하게 하거나 허위의 진술, 증언, 자료제출을 하게 할 목적인 때에도 또한 같다. ②형법 제257조, 제260조 제1항, 제276조 제1항 또는 제283조 제1항의 죄를 범한 자가 제1항의 목적인 때에는 1년 이상의 유기징역에 처한다. ③제2항의 죄 중 형법 제257조 제1항, 제260조 제1항 또는 제276조 제1항의 죄를 범하여 사람을 치사한 때에는 무기 또는 3년 이상의 징역에 처한다. ④자기 또는 타인의 형사사건의 수사 또는 재판과 관련하여 필요한 사실을 알고 있는 자 또는 친족에게 정당한 사유 없이 면담을 강요하거나 위력을 보인자는 3년 이하의 징역 또는 300만 원 이하의 벌금에 처한다)을 적용한다.

ⓑ 형법 제257조 제1항, 제260조 제1항, 제276조 제1항 또는 제283조 제1항의 목적인 때에는 특정범죄가중처벌등에관한법률 제5조의 9. 제2항을 적용한다.

ⓒ 제ⓑ항의 죄 중 형법 제257조 제1항, 제260조 제1항 또는 제276조 제1항의 죄를 범하여 사람을 치사한 때에는 특정범죄가중처벌등에관한법률 제5조의 9. 제3항을 적용한다.

ⓓ 자기 또는 타인의 형사사건의 수사 또는 재판과 관련하여 필요한 사실을 알고 있는 자 또는 그 친족에게 정당한 사유 없이 면담을 강요하거나 위력을 보인자는 특정범죄가중처벌등에관한법률 제5조의 제4항을 적용한다.

통화위조죄

형법 제207조의 통화위조 등의 죄를 범한 경우에는 특정범죄가중처벌등에관한법률 제10조(형법 제207조에 규정된 죄를 범한 자는 사형, 무기 또는 5년 이상의 징역에 처한다)를 적용한다.

무고죄

형법 제156조 무고의 죄를 범한 경우에는 특정범죄가중처벌등에관한법률 제14조(이 법에 규정된 죄에 대하여 형법 제156조에 규정된 죄를 범한 자는 3년 이상의 유기징역에 처한다)를 적용한다.

특수직무 유기죄

범죄수사의 직무에 종사하는 공무원이 특정범죄가중처벌 등에 관한 법률에 규정된 죄를 범한 자를 인지하고도 그 직무를 유기한 경우에는 특정범죄가중처벌 등에 관 법률 제15조(범죄수사의 직무에 종사하는 공무원이 이 법에 규정된 죄를 범한자를 인지하고 그 직무를 유기한 때에는 1년 이상의 유기징역에 처한다)를 적용하여 처벌한다.

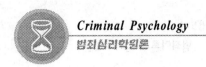

3) 관세법 위반행위의 가중처벌

금지품 수출, 입죄

관세법 제179조의 금지품수출, 입의 죄를 범한 자 중 그 수출, 수입한 물품가액이 1천만 원 이상인 때에는 특정범죄가중처벌등에관한법률 제6조 제1항(①관세법 제179조 제1항에 규정된 죄를 범한 자는 다음의 구분에 따라 가중처벌한다.

1. 수출 또는 수입한 물품의 가액(이하 이 조에서 물품가액이라 한다)이 5천만 원인 때에는 무기 또는 7년 이상의 징역에 처한다.
2. 물품가액이 1천만 원 이상 5천만 원 미만인 때에는 3년 이상의 유기징역에 처한다)을 적용하여야 한다.

관세포탈죄

관세법 제180조 관세포탈의 죄를 범한 자 중 그 포탈세액이 2억 원 이상인 때에는 특정범죄가중처벌 등에 관한 법률 제6조 제2항(관세법 제179조 제2항에 규정된 자는 다음의 구분에 따라 가중처벌한다.

1. 수입한 물품원가가 5억 원 이상인 때에는 무기 또는 5년 이상의 징역에 처한다.
2. 수입한 물품원가가 2억 원 이상 5억 원 미만인 때에는 3년 이상의 유기징역에 처한다)을 적용한다.

금지품 수출, 입죄

관세법 제179조 제3항에 규정된 죄를 범한 자로서 수출 또는 반송한 물품원가가 2억 원 이상인 때에는 특정범죄가중처벌 등에 관한 법률 제6조 제3항(1년 이상의 유기징역에 처한다).

무면허 수출, 입죄

관세법 제181조 무면허수출, 입의 죄를 범한자 중 그 수출 또는 수입 또는 반송한 물품원가가 2천만 원 이상일 때에는 특정범죄가중처벌 등에 관한 법률 제6조 제4항을 적용한다.

상습범

집단적 또는 상습적 관세법 제179조, 제180조, 제181조, 제186조 등의 죄를 범한 자는 특정범죄가중처벌 등에 관한 법률 제6조 제8항(단체 또는 집단을 구성하거나 상습으로 관세법 제179조 내지 제182조 또는 제186조에 규정된 죄를 범한 자는 무기 또는 10년 이상의 징역에 처한다)을 적용하면 된다.

4) 조세포탈의 가중처벌

조세범처벌법 제9조 제1항에 규정된 죄를 범한 자로서 포탈세액이 연간 2억 원 이상인 때에는 특정범죄가중처벌 등에 관한 법률 제8조(①조세범처벌법 제9조 제1항에 규정된 죄를 범한 자는 다음의 구분에 따라 가중처벌한다.

1. 포탈하거나 환급받은 세액 또는 징수하지 아니하거나 납부하지 아니한 세액(이하 포탈세액 등이라 한다)이 연간 5억 원 이상인 때에는 무기 또는 5년 이상의 징역에 처한다.
2. 포탈세액 등이 연간 2억 원 이상 5배 이하에 상당하는 벌금을 병과한다)을 적용한다.

5) 마약사범의 가중처벌

마약법(제60조의 위반행위)

아래와 같은 마약법을 위반한 자는 특정범죄가중처벌 등에 관한 법률 제11조 제1항(①마약법 제60조에 규정된 죄를 범한 자는 사형, 무기 또는 10년 이상의 징역에 처한다. ②마약법 제61조, 제62조에 규정된 죄를 범한 자는 다음의 구분에 따라 가중처벌한다.

1. 소지, 재배, 사용 등을 행한 마약의 가액이 500만 원 이상인 때에는 사형, 무기 또는 10년 이상의 징역에 처한다.
2. 가액이 50만 원 이상 500만원 미만인 때에는 묵, 또는 3년 이상의 징역에 처한다)을 적용 한다.

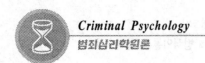

ⓐ 마약법 제4조, 제6조의 제2호, 제3호, 5호, 제20조 제1항, 제23조 제1항, 제26조 제1항 또는 제29조 제1항의 규정을 위반하여 마약을 수입, 수출, 소분, 매매, 제재, 제조 등의 알선을 한 자 또는 위 내용을 알선을 목적으로 소지한 자와 제6조 제6호의 규정을 위반하여 마약을 제조할 목적으로 그 원료가 되는 물질을 제조, 수출, 수입을 하거나 제조, 수입, 수출할 목적으로 소지 혹은 소유한 자.

ⓑ 영리의 목적 또는 상습으로 제1항 죄를 범한 자.

ⓒ 제1항 및 제2항에 규정된 죄의 미수범.

ⓓ 제1항 및 제2항에 규정된 죄를 범할 목적으로 예비 또는 음모를 한 자.

마약법(제61조, 제62조 위반행위)

마약법 제61조, 제62조에 규정된 죄를 범한 자로서 소지, 제배, 사용 등을 행한 마약의 가액이 50만 원 이상 때에는 특정범죄가중처벌 등에 관한 법률 제11조 제2항을 적용하여야 한다.

6) 외국인을 위한 탈법행위

외국인에 의한 취득이 금지 또는 제한된 재산권을 외국인을 위하여 외국인의 자금으로 취득한 경우에는 특정범죄가중처벌등에관한법률 제12조(외국인에 의한 취득이 금지 또는 제한된 재산권을 외국인을 위하여 외국인의 자금으로 취득한 자는 다음의 구분에 따라 처벌한다. 1. 재산권의 가액이 1억 원인 때에는 무기 또는 10년 이상의 징역에 처한다. 2. 재산권의 가액이 1억 원 미만인 때에는 무기 또는 3년 이상의 유기징역에 처한다)를 적용하여야 한다.

3. 교통사고처리 특례법

1) 교통사고처리 특례법의 개념

이 특례법은 업무상과실 또는 중대한 과실로 교통사고를 일으킨 운전자에 관한 형사처벌 등의 특례를 정함으로서 교통사고로 인한 피해의 신속한 회복을 촉진하고 편익을 증진함에 그 목적으로 하는 것이다.

2) 교통사고처리 특례법의 주체

본죄의 주체는 차 또는 건설기계를 운전하는 자연인을 의미한다. 여기서 차라 함은 도로교통법 제2조 제13호(차마라 함은 차와 우마를 말한다. 차라 함은 자동차, 원동기장치자전거, 건설기계, 자전거 또는 사람이나 가축의 힘 그 밖의 동력에 의하여 도로에서 운전되는 것으로서, 철길 또는 가설된 선에 의하여 운전되는 것과 유모차 및 신체장애자용 의자차 외의 것을 말하며, 우마라 함은 교통, 운수에 사용되는 가축을 말한다)의 규정에 의한 차와 건설기계관리법 제2조 제1호의 규정에 의한 건설기계를 의미한다.

3) 교통사고처리 특례법의 행위

본죄의 행위는 차를 운전하면서 과실행위로 인하여 사람을 사상하거나 물건을 손괴하는 것이다. 여기서 과실행위라 함은 차를 운전하다가 형법 제268조의 업무상과실 또는 중과실로 인하여 교통사고를 야기 시킨 것을 의미한다. 본죄의 행위는 운전자에게 과실이 없었다하더라도 그 과실과 사고를 일으킨 원인과의 사이에 인과관계가 없으면 업무상과실 치사상죄는 성립하지 아니 한다고 보면 된다.

4) 처벌의 특례

차의 운전자가 교통사고로 인하여 형법 제268조의 죄를 범한 때 또는 업무상 과실치상 및 중과실치상죄, 도로교통법 제108조의 죄를 범한 운전자에 대하여는 피해자의 명시한 의사에 반하여 공소를 제기할 수 없도록 규정하고 있다. 다만, 차의 운전자가 업무상 과실 또는 중과실치상죄를 범하고 피해자를 구호하는 등 도로교통법 제50조 제1항의 규정에 의한 조치를 하지 아니하고 도주하거나 피해자를 사고 장소로부터 옮겨 유기하고 도주한 경우에는 다음의 유형에 의하여 처벌할 수 있다.

5) 교통사고처리 특례법의 유형

신호위반 위반

교통사고처리특례법 제3조(처벌의 특례, ①차의 운전자가 교통사고로 인하여 형법 제268조의 죄를 범한 때에는 5년 이하의 금고 또는 2천만 원 이하의 벌금에 처한다. ② 차의 교통으로 제1항의 죄 중 업무상 과실치상 또는 중과실치상죄와 도로교통법 제108조의 죄를 범한 운전자에 대하여는 피해자의 명시한 의사에 반하여 공소를 제기할 수 없다. 다만 차의 운전자가 제1항의 죄 중 업무상 과실치상죄 또는 중과실치상죄를 범하고 피해자를 구호하는 등 도로교통법 제50조 제1항의 규정에 의한 조치를 하지 아니하고 도주하거나 피해자를 사고 장소로부터 옮겨 유기하고 도주한 경우와 다음 각 호의 1에 해당하는 행위로 인하여 동 죄를 범한 때에는 그러하지 아니하다) 제2항 1호에 해당하는 범죄로 도로교통법 제5조의 규정에 의한 신호기 또는 교통정리를 하는 경찰공무원 등의 신호나 통행의 금지 또는 일시정지를 내용으로 하는 안전표시가 표시하는 지시에 위반하여 운전한 경우이다.

중앙선 침범 위반

교통사고처리특례법 제3조 제2항 2호에 해당하는 범죄로 도로교통법 제12조 제3항의 규정에 위반하여 중앙선을 침범하거나 동 법 제57조의 규정에 위반하여 횡단, U턴 또는 후진한 경우이다.

과속위반

교통사고처리특례법 제3조 제2항 3호에 해당하는 범죄로 도로교통법 제15조 제1항 또는 제2항의 규정에 의한 제한속도를 20km/h를 초과하여 운전한 경우에 해당한다.

앞지르기, 금지장소, 끼어들기 등의 위반

교통사고처리특례법 제3조 제2항 4호에 해당하는 범죄로 도로교통법 제19조 제1항, 제20조 내지 제20조의 3 또는 제56조 제2항의 규정에 의한 앞지르기의 방법, 금지시기, 금지장소 또는 끼어들기의 금지에 위반한 경우에 해당한다.

건널목 통과방법 위반

교통사고처리특례법 제3조 제2항 5호에 해당하는 범죄로 도로교통법 제21조의 규정에 의한 건널목 통과방법을 위반하여 운전한 경우이다.

보행자 보호의무 위반

교통사고처리특례법 제3조 제2항 6호에 해당하는 범죄로 도로교통법 제24조 제1항 규정에 의한 횡단보도에서의 보행자 보호 의무를 위반한 경우이다.

무면허 운전

교통사고처리특례법 제3조 제2항 7호에 해당하는 범죄로 도로교통법 제40조 제1항, 건설기계관리법 제26조 또는 도로교통법 제80조의 규정에 위반하여 운전면허 또는 건설기계조종사면허를 받지 아니하거나 국제운전면허증을 소지하지 아니하고 운전한 경우. 이 경우 운전면허 또는 건설기계조종사면허 효력이 정지 중에 있거나 운전의 금지 중에 있는 때에는 운전면허 또는 건설기계조종면허를 받지 아니하거나 국제운전면허증을 소지하지 아니한 것으로 본다.

주취 또는 약물 운전

교통사고처리특례법 제3조 제2항 8호에 해당하는 범죄로 도로교통법 제41조

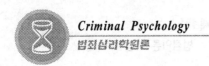

제1항의 규정에 위반하여 주취 중에 운전을 하거나 동법 제42조의 규정에 위반하여 약물의 영향으로 정상운전을 하지 못할 염려가 있는 상태에서 운전한 경우이다.

보도침범, 보도횡단방법 위반 등의 경우

교통사고처리특례법 제3조 제2항 9호에 해당하는 범죄로 도로교통법 제12조 제1항의 규정에 위반하여 보도가 설치된 도로의 보도를 침범하거나 동법 제12조 제2항의 규정에 의한 보도횡단방법에 위반하여 운전한 경우이다.

승객 추락방지의무 위반

교통사고처리특례법 제3조 제2항 10호에 해당하는 범죄로 도로교통법 제35조 제2항 규정에 의한 승객의 추락방지의무를 위반하여 운전한 경우이다.

6) 보험 등에 가입된 경우의 특례

교통사고를 일으킨 차가 보험업법 제5조, 제7조, 육운진흥법 제8조 또는 화물자동차운수사업법 제36조의 규정에 의하여 보험, 또는 공제에 가입된 경우에는 제3조 제2항 본문에 규정된 죄를 범한 당해 차의 운전자에 대하여 공소를 제기할 수 없다. 그러나 제3조 제2항 단서에 해당하는 경우나 보험계약 또는 공제계약이 무효 또는 해지되거나 계약상의 면책규정 등으로 인하여 보험사업자 또는 공제사업자의 보험금 또는 공제금 지급의무가 없게 된 경우에는 그러하지 아니하다. 그리고 보험, 공제라 함은 교통사고의 경우 보험업법에 의한 보험사업자나 육운진흥법 또는 화물자동차운수사업법에 의한 공제사업자가 허가된 보험약관 또는 승인된 공제약관에 의하여 피보험자 또는 공제조합원에 갈음하여 피해자의 치료비에 관하여 통상비용의 전액을, 기타의 손해에 관하여는 보험약관 또는 공제약관에서 정한 지불기준금액을 대통령령이 정하는 바에 의하여 우선 지급하되, 종국적으로는 확정판결 기타 이에 준하는 채무명의상 피보험자 또는 공제조합원의 교통사고로 인한 피해배상금 전액을 보상하는 또는 공제를 의미한다.

7) 도주차량 운전자의 가중처벌

자동차, 원동기장치자전차, 궤도차의 운전자가 형법 제268조에 해당하는 죄를 범한 후 그 피해자에 대한 도로교통법 제45조 제1항 구호의무 조치를 취하지 아니하고 도주하였을 때에는 특정범죄가중처벌 등에 관한 법률 제5조의 3

(①도로교통법 제2조에 규정된 자동차, 원동기장치자전차 또는 궤도차의 교통으로 인하여 형법 제268조의 죄를 범한 당해 차량의 운전자가 피해자를 구호하는 등 도로교통법 제50조 제1항의 규정에 의한 조치를 취하지 아니하고 도주한 때에는 다음의 구분에 따라 가중처벌 한다.

1. 피해자를 치사하고 도주하고, 두주 후에 피해자가 사망한 때에는 무기 또는 5년 이상의 징역에 처한다.
2. 피해자를 치상한 때에는 1년 이상의 유기징역에 처한다.

② 사고운전자가 피해자를 사고 장소로부터 옮겨 유기하고 도주한 때에는 다음의 구분에 따라 가중처벌 한다.

1. 피해자를 치사하고 도주하거나 도주 후에 피해자가 사망한 때에는 사형, 무기 또는 5년 이상의 징역에 처한다.
2. 피해자를 치상한 때에는 3년 이상의 유기징역에 처한다)에 의하여 처벌을 하여야 한다.

8) 수사 유의사항

피해자의 조사

ⓐ 피해자의 피해의 부위, 정도, 의사의 진단서 또는 검안서의 첨부.

ⓑ 피해자의 과실의 정도와 책임.

ⓒ 응급조치의 유무.

ⓓ 사고발생 후 신고의 유무.

ⓔ 합의의 유무.

피의자의 조사

ⓐ 자동차 운전면허증의 발급 연월일.

ⓑ 자동차의 종류, 고장의 유무와 사고와의 관련여부.
ⓒ 무면허 운전의 경우에는 그 운전기간, 거리, 회수 등.
ⓓ 과실의 유무와 책임.
ⓔ 자동차를 운전하게 된 이유.
ⓕ 당시 자동차의 속도.
ⓖ 피해자를 처음 발견하였을 때 피해자의 위치와 자동차와의 거리.
ⓗ 운전자가 위험을 느낀 때의 피해자와 자동차의 위치.

현장검증 조사

ⓐ 교통신호 및 표지의 유무를 조사한다.
ⓑ 전방의 주의태만 등의 상황 및 당시의 명암의 상태를 조사한다.
ⓒ 도로의 폭, 보도와 차도의 구별, 도로의 상태 등을 조사한다.
ⓓ 사고지점, 자동차의 정차지점, 방향, 피해자의 충격지점 등을 조사를 한다.
ⓔ 사고당시 기후조건의 상태(눈, 비, 날씨의 상태 등)를 조사한다.
ⓕ 스키드 마크의 실축조사를 한다.
ⓖ 사고지점의 도면작성과 사진촬영을 첨부한다.
ⓗ 사고전의 급정차 조치를 취한 때의 피해자의 위치와 자동차의 상황 등을 조사한다.

과실과 주의의무 조사

ⓐ 학교 앞, 어린이 놀이터, 공원, 주택가 등 교통이 혼잡한 장소의 안전운행과 서행 준수의무와 주의의무 등의 위반행위를 조사한다.
ⓑ 앞지르기, 뒤따르기, 후진, 승하차 시의 준수사항의 규칙위반을 조사한다.
ⓒ 교량, 절벽, 고갯길 등의 주의의무 위반 등을 조사한다.
ⓓ 일단정지, 커브길, 신호등이 없는 사거리 등의 서행의무를 조사한다.
ⓔ 비포장 도로, 좁고 험한 도로에서의 의무위반을 조사한다.
ⓕ 건널목에서의 일단정지 의무위반을 조사한다.

ⓖ 병목구간에서의 서행과 의무위반 등을 조사한다.

법률적용상

ⓐ 본죄 제3조 2항의 1호 내지 10호에 해당하는 경우, 피해자의 의사 또는 보험가입 여부에 관계없이 처벌해야 하므로 예외규정 해당 여부를 조사한다.

ⓑ 교통사고의 경우, 형법에 규정되어 있는 제268조의 업무상과실 또는 중과실치사상이란 죄명을 기재하고 않고 특별법인 교통사고처리 특례법위반이라고 하여야 한다.

ⓒ 교통사고처리특례법 제3조 2항에 의하여 반의사불법죄인 경우, 피해자의 명백한 의사와 동법 제7조의 보험 또는 공제조합의 가입여부에 대한 조사를 하여야 한다(다음 표 참조).

[1. 교통범칙행위 및 범칙금액표(운전자)]

범 칙 행 위	해당 법조문(도로교통법)	차량종류별 범칙금액	
1. 속도위반(40km/h 초과)	제15조 제3항	·승합자동차 ·승용자동차 ·이륜자동차	100,000 90,000 60,000
1의2. 신호, 지시위반 2. 중앙선위반, 통행구분위반 3. 속도위반(20km/h초과 40km/h 이하) 4. 횡단, 유턴, 후진위반 5. 앞지르기 방법위반 6. 앞지르기 금지시기위반 7. 금지장소에서의 앞지르기 8. 철길건널목 통과방법위반 9. 횡단보도보행자횡단방해 9의2. 보행자전용도로 통행위반 10. 승차인원초과, 승객 또는 승하차추락 방지조치 위반 11. 어린이, 맹인등의 보호위반 11의2. 운전중휴대용전화기사용 11의3. 운행기록계미설치, 자동차운전금지 등의 위반 11의4. 어린이통학버스운전자의 의무위반 11의5. 어린이통학버스운전자의 의무위반 12. 고속도로갓길통행 또는 버스전용차로, 다인 승전용차로 통행위반	제5조 제12조 제1항 내지 제3,5항 제15조 제3항 제16조 제19조, 제56조 제2항 제20조 제1, 2, 4항 제20조의2 제21조 제24조 제1, 2항 제24조의2 제2항,3항 제35조 제1,2,5항 제48조 제1항 제2호 제48조 제1항 제11호 제48조의 제4항 제48조의5 제48조의6 제56조 제1항, 제56조의2 제2항	·승합자동차 ·승용자동차 ·이륜자동차 ·자전거	70,000 60,000 40,000 30,000

13. 통행금지, 제한위반 14. 일반도로 버스전용차로 통행위반 15. 고속도로, 자동차전용도로안전거리 미확보 16. 앞지르기의 방해금지위반 17. 교차로통행방법위반 18. 직진, 우회전차의 진행방해 19. 보행자 통행방해 또는 보호불이행 20. 긴급자동차 대한 피양, 일시정지위반 21. 정차, 주차금지위반 22. 주차금지위반 23. 정차, 주차방법위반 24. 정차, 주차위반에 대한 조치불응 25. 적재물, 유아, 동물을 안고 운전하는 행위 26. 안전운전의무위반(난폭운전) 27. 차마의 교통방해행위 28. 소음발생행위 29. 차내소란행위 방치운전 29의2. 어린이통학버스 특별보호위반 30. 고속도로 지정차로 통행위반 31. 자동차전용도로 횡단, 유턴, 후진위반 32. 고속도로, 자동차전용도로 정차, 주차 위반 33. 고속도로 진입위반 34. 자동차전용도로 고장 등의 조치 불이행	제6조 제1항 내지 제3항 제13조의2 제3항 제17조 제19조의2 제22조 제23조 제24조 제3, 5항 제25조 제4, 5항 제28조 제29조 제30조 제31조 제1항 제35조 제1, 3, 5항 제44조 제48조 제1항 제5호 제48조 제1항 제9호 제48조 제1항 제10호 제48조의3 제56조 제1항 제57조 제59조 제60조 제61조	·승합자동차 ·승용자동차 ·이륜자동차 ·자전거	50,000 40,000 30,000 20,000
35.혼잡완화 조치위반 36. 지정차로 통행위반 37. 속도위반(20km/h 이하) 38. 진로변경방법위반 39. 급제동금지위반 40. 끼어들기금지위반 41. 서행의무위반 42. 일시정지위반 43. 방향전환, 진로변경시 신호불이행 44. 삭제(1999. 4. 30) 45. 운전석 이탈시 안전확보불이행 46.승차자등의 안전을 위한 조치위반 47. 지방경찰청 고시위반 48. 안전띠 미착용 착용의무 조치불이행 49. 이륜자동차 인명구호장비 미착용 49의2. 어린이통학버스 비치의무 위반	제7조 제13조 제2항 내지 제4항 제15조 제3항 제17조의2 제17조의3 제20조의3 제27조 제27조의2 제33조 제1항 제48조 제1항 제6호 제48조 제1항 제7호 제48조 제1항 제12호 제48조의2 제1항, 제62조 제1항 제48조의2 제3항 제48조의4 제2, 4항	·승합자동차 ·승용자동차 ·이륜자동차 ·자전거	30,000 30,000 20,000 10,000
35.혼잡완화 조치위반 36. 지정차로 통행위반 37. 속도위반(20km/h 이하) 38. 진로변경방법위반 39. 급제동금지위반 40. 끼어들기금지위반 41. 서행의무위반 42. 일시정지위반 43. 방향전환, 진로변경시 신호불이행 44. 삭제(1999. 4. 30) 45. 운전석 이탈시 안전확보불이행 46. 승차자등의 안전을 위한 조치위반 47. 지방경찰청 고시위반 48. 안전띠 미착용 착용의무 조치불이행 49. 이륜자동차 인명구호장비 미착용 49의2. 어린이통학버스 비치의무 위반	제7조 제13조 제2항 내지 제4항 제15조 제3항 제17조의2 제17조의3 제20조의3 제27조 제27조의2 제33조 제1항 제48조 제1항 제6호 제48조 제1항 제7호 제48조 제1항 제12호 제48조의2 제1항, 제62조 제1항 제48조의2 제3항 제48조의4 제2, 4항	·승합자동차 ·승용자동차 ·이륜자동차 ·자전거	30,000 30,000 20,000 10,000

50. 통행우선순위위반 51. 최저속도위반 52. 일반도로안전거리미확보 53. 진로양보의무불이행 54. 등화점등, 조작불이행 55. 삭제 56. 고인물 등을 튀게하는 행위 57. 짙은썬팅, 불법부착장치운전 58. 택시합승, 승차거부, 부당요금 징수 행위 59. 삭제 60. 운전자특별준수사항 위반	제14조 제15조 제3항 제17조 제18조 제32조 제48조 제1항 제1호 제48조 제1항 제4호 제48조 제2항 제62조 제2항	·승합자동차 ·승용자동차 ·이륜자동차 ·자전거	20,000 20,000 10,000 10,000
61. 특별한 교통안전교육 미필 62. 적성검사기간 경과 6월이하 ·6월초과 63. 면허증휴대의무위반 64. 면허증 반납불이행	제49조 제2항 제74조 제1항, 제3항 제77조 제1항 제79조 제1항	차종 구분없이	40,000 50,000 70,000 30,000 30,000

(위 표 중)
1. 승합자동차라 함은 승합자동차, 4톤 초과 화물자동차, 특수자동차, 건설기계를 말한다.
2. 승용자동차라 함은 승용자동차, 4톤 이하 화물자동차를 말한다.
3. 이륜자동차라 함은 이륜자동차, 원동기장치자전거를 말한다.
4. 자전거라 함은 자전거, 손수레, 경운기, 우마차를 말한다.

[2. 범칙행위 및 범칙금액표(보행자)]

범 칙 행 위	도로교통법	범 칙 금 액
1. 신호, 지시위반 2. 차도보행, 차도에서 차잡는 행위 • 육교바로 밑, 지하도 바로 위 무단횡단 4. 도로에서의 금지행위위반 • 술에 취한 보행행위 • 교통에 방해되는 행위 • 놀이를 하는 행위 • 물건을 던지는 행위 • 진행중인 차마에 뛰어 타거나 매달리거나 뛰어내리는 행위	제5조 제8조 제1항 제10조 제2항, 제5항 제63조 제3항	30,000
5. 통행금지, 제한위반 6. 무단횡단 7. 유아보호의무위반 8. 삭제	제6조 제10조 제3항, 제4항 제11조 제1항	20,000
9. 혼잡완화조치위반 10. 길가장자리구역 통행의무위반 11. 행렬 등의 차도 우측행행위반	제7조 제8조 제2항 제9조 제1항	10,000

[3. 과태료 금액표]

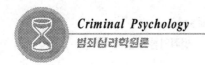

위 반 행 위 및 행 위 자	도 로 교 통 법	차량종류별 과태료 금액
제70조의6의 규정에 의한 휴, 폐원 신고를 하지 아니한 사람	제115조의2 제1항 제1호	100만원
제70조의8 제3항의 규정에 의한 강사의 인적사항과 교육과목을 제시하지 아니한 사람	제115조의2 제1항 제2호	100만원
제70조의9제2항의 규정에 위반하여 수강료 등을 게시하지 아니하거나 동조제3항의 규정에 위반하여 게시된 수강료 등을 초과한 금액을 받은 사람	제115조의2 제1항 제3호	100만원
제70조의10의 규정에 의한 수강료 등의 반환 등 교육생 보호를 위한 조치를 하지 아니한 사람	제115조의2 제1항 제4호	100만원
제70조의11제2항에 규정에 의한 자료제출 또는 보고를 하지 아니하거나 허위의 자료를 제출 또는 보고한 사람(학원종사자)	제115조의2 제1항 제5호	100만원
제70조의 11제2항의 규정에 의한 관계공무원의 출입, 검사를 거부, 방해 또는 기피한 사람(학원종사자에 한함)	제115조의2 제1항 제6호	100만원
제71조의17제1항의 규정에 의한 간판 기타 표지물의 제거 또는 시설물의 설치거부, 방해 또는 기피하거나 게시문을 임의로 제거하거나 못쓰게 만든 사람	제115조의2 제1항 제7호	100만원
제74조제4하의 규정에 위반하여 운전면허증 갱신기간 내에 운전면허를 갱신하지 아니한 사람. 가. 6월 이하 나. 6월 초과	제115조의2 제2항	3만원 5만원
다음 각목의 1에 해당하는 차의 고용주 등 가. 제12조제3항의 규정에 위반하여 중앙선을 침범한 차 나. 제56조제1항의 규정에 위반하여 고속도로에서 갓길 통행자 다. 제56조의2제2항에서 준용되는 제13조의2의 규정에 위반하여 고속도로에서 전용차로를 통행한 차	제115조의2 제3항	·승합자동차:10만원 ·승용자동차:9만원

다음 각목의 1에 해당하는 차의 고용주 등 가. 제5조의 규정에 위반하여 신호 또는 지시를 따르지 아니한 차 나. 제15조제3항의 규정에 위반하여 제한속도를 준수하지 아니한 차 ·40km/h 초과 ·20km/h 초과 40km/h 이하 ·20km/h 이하	제115조의2 제3항	·승합자동차:8만원 ·승용자동차:7만원 ·이륜자동차:5만원 *제한속도위반 중 40km/h 이하의 경우에는 다음의 과태료 금액을 적용. 제한속도 40km/h 초과 ·승합자동차:11만원 ·승용자동차:10만원 ·이륜자동차:7만원
제13조의2의 규정에 위반하여 일반도로에서 전용차로를 통행한 차의 고용주 등	제115조의2 제3항	·승합자동차:6만원 ·승용자동차:5만원 ·이륜자동차:4만원
제28조, 제30조의 규정에 위반하여 주차 또는 정차를 한 차의 고용주	제115조의 제3항	·승합자동차:5(6)만원 ·승용자동차:4(5)만원
정지선위반(2003. 6. 1 신설) 적색신호시 정지선을 초과 정지한 신호위반		6만원
정지선위반(2003. 6. 1 신설) 횡단보도 통행시 정지하지 않은 보행자 횡단방해		6만원
2003. 6. 1 신설 교차로 꼬리가 물릴 때 진입하는 교차로 통행방법위반		4만원
2003. 6. 1 신설 일시정지 의무위반, 끼어들기(뒤 차량 양보 시 제외)		3만원

(위 표 중)
1. 승합자동차라 함은 승합자동차, 4톤 초과 화물자동차, 특수자동차 및 건설기계.
2. 승용자동차라 함은 승용자동차 및 4톤 이하 화물자동차.
3. 이륜자동차라 함은 이륜자동차 및 원동기장치자전거.
4. 제12호 과태료 금액 중 괄호안의 것은 같은 장소에서 2시간 이상 주, 정차위반을 하는 경우에 적용.

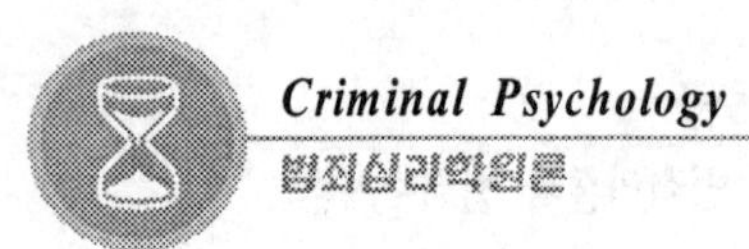

[4. 차로에 따른 통행차의 기준]

도 로		차로 구분	통 행 할 수 있 는 차 종
고속도로외의 도로	편도4 차선	1차로 2차로	승용자동차, 중소형승합자동차 및 적재중량이 1.5톤 이하의 화물자동차
		3차로	대형승합자동차, 적재중량이 1.5톤을 초과하는 화물자동차 및 건설기계(덤프, 콘크리트믹서)
		4차로	특수자동차, 이륜자동차, 원동기장치자전거, 자전거, 우마차 및 건설기계(덤프, 콘크리트믹서 제외)
	편도3 차선	1차로	승용자동차, 중소형승합자동차 및 적재중량이 1.5톤 이하의 화물자동차
		2차로	대형승합자동차, 적재중량이 1.5톤을 초과하는 화물자동차 및 건설기계(덤프, 콘크리트믹서)
		3차로	특수자동차, 이륜자동차, 원동기장치자전거, 자전거, 우마차 및 건설기계(덤프, 콘크리트믹서 제외)
	편도2 차선	1차로	승용자동차, 중소형승합자동차 및 적중량이 1.5톤 이하인 화물자동차
		2차로	대형승합자동차, 적재중량이 1.5톤을 초과하는 화물자동차, 특수자동차, 이륜자동차, 원동기장치자전거, 자전거, 우마차 및 건설기계
고속도로	편도3 차선	1차로	2차로가 주행차로인 자동차의 앞지르기 차로
		2차로	승용자동차, 중소형승합자동차 및 적재중량이 1.5톤 이하인 화물자동차의 주행차로
		3차로	대형승합자동차 및 적재중량이 1.5톤을 초과하는 화물자동차의 차로
		4차로	특수자동차 및 건설기계의 주행차로
	편도3 차선	1차로	2차로가 주행차로인 자동차의 앞지르기 차로
		2차로	승용자동차, 승합자동차 및 적재중량이 1.5톤 이하인 화물자동차의 주행차로
		3차로	적재중량이 1.5톤을 초과하는 화물자동차, 특수자동차 및 건설기계의 주행차로
	편도2 차선	1차로	앞지르기 차로
		2차로	모든 자동차의 주행차로

(주)

1. 모든 차는 위 지정된 차로의 오른쪽 차로로 통행할 수 있다.
2. 앞지르기를 할 때에는 위 통행기준에 지정된 차로의 바로 옆 왼쪽 차로로 통행할 수 있다.
3. 도로의 진, 출입 부분에서 진, 출입하는 때와 정차 또는 주차한 후 출발하는 때의 상당한 거리 동 안은 이 표에서 정하는 기준에 의하지 아니할 수 있다.
4. 이 표 중 승합자동차의 차종(대형, 중형, 소형)구분은 자동차관리법시행규칙 별표 1에 따른다.

5. 이 표 중 고속도로란의 건설기계는 제2조제14호의 규정에 의한 자동차인 건설기계를 말한다.
6. 이 표에서 열거한 것 외의 차마와 다음 각목의 위험물 등을 운반하는 자동차는 도로의 오른쪽 가 장거리 차로로 통행하여야 한다.
   가. 소방법 제2조 제4호의 규정에 의한 지정수량 이상의 위험물.
   나. 총포, 도검, 화약류등단속법 제2조 제3항의 규정에 의한 화약류.
   다. 유해화학물질관리법 제2조 제3호의 규정에 의한 유독물.
   라. 폐기물관리법 제2조 제4호의 규정에 의한 지정폐기물과 동법 제2조 제4호의2의 규정에 의한 감 염성폐기물.
   마. 고압가스안전관리법 제2조의 규정에 의한 고압가스.
   바. 액화석유가스의안전및사업관리법 제2조 제1호의 규정에 의한 액화석유가스.
   사. 원자력법 제2조 제5호 및 방사선안전관리등의기술기준에관한규칙 제84조 제2호, 제6호의 규정에 의한 방사성물질.
   아. 산업안전보건법 제37조 및 동법시행령 제29조 규정에 의한 제조 등의 금지유해물질과 동법 제 38조 및 동법시행령 제30조의 규정에 의한 허가대상 유해물질.
   자. 농약관리법 제2조 제3호, 동법시행령 제20조 제5호 및 별표2에 의한 유독성원제.
7. 좌회전 차로가 2 이상 설치된 교차로에서 좌회전하고자 하는 차는 그 설치된 좌회전 차로 내에서 고속도로외의 도로의 통행기준에 따라 좌회전하여야 한다.
8. 편도 5차로 이상의 도로에 있어서는 이 기준에 준하여 지방경찰청장이 따로 정한다.

[5. 운전면허 구분]

운 전 면 허		운전할 수 있는 차량
종별	구분	
제1종	대형면허	승용자동차, 승합자동차, 화물자동차, 긴급자동차, 건설기계(-덤프, 아스팔트살포기, 노상안정기. -콘크리트믹서, 콘크리트펌프. -천공기), 특수자동차(트레일러, 레커 제외), 원동기장치자전거
	보통면허	승용자동차, 승차인원 15인 이하의 승합자동차, 12인 이하의 긴급자동차, 적재중량 12혼미만의 화물자동차, 원동기장치자전거
	소형면허	3륜화물자동차, 3륜승용자동차, 원동기장치자전거
	특수면허	트레일러, 레커, 2종보통으로 운전할 수 있는 차량
제2종	보통면허	승용자동차(승차인원 10인이하), 4톤이하의 화물자동차, 원동기장치자전거
	소형면허	이륜자동차(측차부를 포함), 원동기장치자전거
	원동기장치자전거면허	원동기장치자전거

연습 면허	제1종 보통	승용자동차, 15인이하의 승합자동차, 12톤미만의 화물자동차
	제2종 보통	승용자동차(10인이하), 4톤이하의 화물자동차

(주)

1. 자동차관리법 제30조의 규정에 의하여 자동차의 형식이 변경 승인되거나 동법 제34조의 규정에 의하여 자동차의 구조 또는 장치가 변경 승인된 경우에는 다음의 구분에 의한 기준에 따라 이 표를 적용한다.
   가. 자동차의 형식이 변경된 경우.
(1)차종이 변경되거나 승차인원 또는 적재중량이 증가한 경우: 변경승인 후의 차종이나 승차중원 또는 적재중량.
(2)차종의 변경 없이 승차정원 또는 적재중량이 감소한 경우: 변경승인 전의 승차정원 또는 적재중량.
나. 자동차의 구조 또는 장치가 변경된 경우: 변경승인 전의 승차정원 또는 적재중량.
2. 별첨 8의 (주) 제6호 각목의 규정에 의한 위험물 등을 운반하는 적재중량 3톤 이하 또는 적재용량 3천 리터 초과의 화물자동차는 제1종대형면허가 있어야 운전할 수 있다.
3. 피견인자동차는 제1종대형면허, 제1종보통면허 또는 제2종보통면허를 가지고 있는 사람이 그 면허로 운전할 수 있는 자동차로 견인할 수 있다. 이 경우 총중량 750kg을 초과하는 피견인자동차를 견인하기 위해서는 견인하는 자동차를 운전할 수 있는 면허 외에 제1종특수(트레일러)면허를 가지고 있어야 한다.
4. 제3호의 규정에 불구하고 자동차관리법 제3조의 규정에 의한 이륜자동차로는 피견인자동차를 견인할 수 없다.

[6. 운전면허행정처분 기준표]

1. 일반기준

가. 용어의 정의

(1) 벌점이라 함은 행정처분의 기초자료로 활용하기 위하여 법규위반 또는 사고야기에 대하여 그 위반의 경중, 피해의 정도 등에 따라 배점되는 점수를 말한다.

(2) 누산점수라 함은 위반, 사고시의 벌점을 누적하여 합산한 점수에서 상계치(무위반, 무사고기간 경과시에 부여되는 점수 등)를 뺀 점수를 말한다. 다만, 제3호 가목의 (1)의 1란 및 3란에 의한 벌점은 누산점수에 이를 산입하지 아니하되, 최종 범칙금 미납벌점을 받은 날부터 과거 3년 이내에 3회 이상 범칙금을 납부하지 아니하여 벌점을 받은 경우에는 3회째 벌점부터 누산점수에 산입한다.

[누산점수 = 매 위반, 사고시 벌점의 누적합산치 – 상계치]

(3) 처분벌점이라 함은 구체적인 법규위반, 사고야기에 대하여 앞으로 정치처분기준을 적용하는데 필요한 벌점으로서, 누산점수에서 이미 정지처분이 집행된 벌점의 합계치를 뺀 점수를 말한다.

[처분벌점 = 누산벌점-이미 처분이 집행된 벌점의 합계치 = 매 위반, 사고시 누적합산치 – 상계치 – 이미 처분이 집행된 벌점의 합계치]

나. 벌점의 종합관리

(1) 누산점수의 관리

법규위반 또는 교통사고로 인한 벌점은 행정처분기준을 적용하고자 하는 당해 위반 또는 사고가 있었던 날을 기준으로 하여 과거 3년간의 모든 벌점을 누산 하여 관리한다.

(2) 무위반, 무사고기간 경과로 인한 벌점소멸

(가) 처분벌점이 40점 미만인 경우에 최종의 위반일 또는 사고일로부터 위반 및 사고 없이 1년이 경과한 때에는 그 처분 벌점은 소멸한다.

(나) 삭제

(3) 도주차량신고로 인한 벌점상계

교통사고(인적 피해신고)를 야기하고 도주한 차량을 검거하거나 신고하여 검거하게 한 운전자에 대하여는 40점의 특혜점수를 부여하여 기간에 관계없이 그 운전자가 정지 또는 취소처분을 받게 될 경우, 검거 또는 신고별로 각 1회에 한하여 누산점수에 이를 공제한다.

(4) 개별 기준적용에 있어서의 벌점합산(법규위반으로 교통사고를 야기한 경우)

법규위반으로 교통사고를 야기한 경우에는 정지처분 개별기준 중 다음의 각 벌점을 모두 합산한다.

① 법규위반시의 벌점(가장 중한 하나만 적용한다).

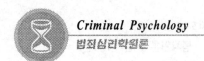

② 사고야기시의 (1) 사고결과에 따른 벌점.

③ 사고야기시의 (2) 조치 등 불이행에 따른 벌점

(5) 정지처분대상자의 임시운전증명서

경찰서장은 면허정지처분대상자가 면허증을 반납한 경우에는 본인이 희망하는 기간을 참작하여 40일 이내의 유효기간을 정하여 별지 제49호의2 서식의 임시운전증명서를 발급하고, 동 증명서의 유효기간 만료일 다음 날부터 소정의 정지처분을 집행하며, 당해 면허정지처분대상자가 정지처분을 즉시 받고자 하는 경우에는 임시운전증명서를 발급하지 아니하고 즉시 운전면허정지처분을 집행할 수 있다.

다. 벌점 등 초과로 인한 운전면허의 취소, 정지

(1) 벌점, 누산점수 초과로 인한 면허취소

1회의 위반, 사고로 인한 벌점 또는 연간 누산점수가 다음표의 벌점 또는 누산점수에 도달한 때에는 그 운전면허를 취소한다.

기 간	벌점 또는 누산점수
1년간	121점 이상
2년간	201점 이상
3년간	271점 이상

(2) 벌점, 처분벌점 초과로 인한 면허정지

운전면허정지처분은 1회 위반, 사고로 인한 벌점 또는 처분벌점이 40점 이상이 된 때부터 결정하여 집행하되, 원칙적으로 1점을 1일로 계산하여 집행한다.

라. 정지처분집행일수의 가감

(1) 특별한 교통안전교육에 따른 정지처분집행일수의 감경 면허정지처분을 받은 자가 특별한 교통안전교육을 마친 경우에는 경찰서장에게 교육필증을 제출한 날부터 정지처분 기간에서 20일을 감경한다.

(2) 모범운전자에 대한 처분집행일수 감경.

모범운전자(영 제70조의 규정에 의하여 무사고운전자 또는 유공운전자의 표시장을 받은 사람으로 교통안전봉사활동에 종사하는 사람을 말한다)에 대하여는 면허정지처분의 집행기간을 2분의 1로 감경한다. 다만, 처분벌점에 교통사고야기로 인한 벌점이 포함된 경우에는 감경하지 아니한다.

(3) 및 (4) 삭제(1999. 1. 5).

(5) 정지처분집행일수의 계산에 있어서 단수의 불산입 등 정지처분집행일수의 계산에 있어서 단수는 이를 산입하지 아니하며, 본래의 정지처분기간과 가산일수의 합계는 1년을 초과할 수 없다.

마. 행정처분의 철회

교통사고(법규위반을 포함한다)가 법원의 판결로 무죄확정(검사의 무혐의 불기소처분을 포함한다)된 경우에는 즉시 그 운전면허행정처분을 철회한다. 이 경우, 당해 사고 또는 위반으로 인한 벌점은 소멸한다.

바. 삭제(1995. 7. 1)

사. 처분기준의 감경

(1) 감경사유

(가) 취소처분 개별기준 및 정지처분 개별기준을 적용하는 것이 현저하게 불합리하다고 인정되는 경우.

(나) 음주운전으로 운전면허에 관한 행정처분을 받은 경우에는 과거 5년 이내에 음주운전 전력이 없는 사람으로서 운전이이에는 가족의 생계를 감당할 수단이 없거나, 모범운전사로서 처분당시 3년 이상 교통봉사활동에 종사하고 있거나, 과거에 교통사고를 일으키고 도주한 운전자를 검거하여 경차서장 이상의 표창을 받은 사람이 그 행정처분에 관하여 주소지를 관할하는 지방경찰청장에게 이의신청을 한 경우. 다만, 다음의 1에 해당하는 때에는 그러하지 아니하다.

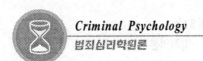

1) 혈중 알코올 농도다 0.12%를 초과하여 운전한 때.
2) 주취운전 중 인적 피해 교통사고를 일으킨 때.
3) 경찰관의 음주측정 요구에 불응한 때 또는 도주하거나 단속경찰관을 폭행한 때
4) 과거 5년 이내에 3회 이상의 인적 피해 교통사고의 전력이 있는 때.

(2) 감경기준

(1)호의 감경사유에 해당하는 경우에는 제35조의2의 규정에 의하여 운전면허 행정처분심의위원회의 심의, 의결을 거쳐 처분을 감경할 수 있으며, 이 경우 위반행위에 대한 처분기준이 면허의 취소에 해당하는 경우에는 해당 위반행위에 대한 처분벌점을 110점으로 하고, 그 밖의 경우에는 그 처분기준의 2분의 1로 감경한다. 다만, 다목(1)의 규정에 의한 벌점, 누산점수 초과로 인한 면허취소에 해당하는 면허가 취소되기 전의 누산점수 및 처분벌점을 모두 합산하여 처분벌점을 110점으로 한다.

아. 삭제(1995. 7. 1).

2. 취소처분 개별기준

일련번호	위반사항	도로교통법	벌점	내 용
1	교통사고 도주	제78조	취소	교통사고로 사람을 죽게 하거나 다치게 하고, 고호조치를 하지 아니한 때
2	음주운전	제78조	취소	·음주운전의 상태(혈중농도 0.05% 이상)를 넘어서 사람을 죽게 하거나 다치게 한 때. ·만취(혈중농도 0.1% 이상) 음주운전. ·음주운전 2회 이상, 운전면허의 취소 또는 정지처분을 받거나 측정불응으로 2회 이상 취소처분을 받은 사람이 다시 음주운전시(0.05% 이상)에서 운전한 때.
2~2	음주측정거부	제78조	취소	경찰공무원의 측정요구에 불응한 때
3	운전면허 대여	제78조	취소	·면허증 대여. ·대여 혹은 부정한 방법으로 입수된 것으로 운전

4	결격사유에 해당	제78조	취소	·정신병자, 정신미약자, 간질병자. ·앞을 보지 못하는 사람, 듣지 못하는 사람(1종 운전면허에 해당). ·양팔, 팔꿈치를 사용치 못하는 자. ·다리, 머리, 척추 그 밖의 신체장애로 앉아 있을 수 없는 자. ·마약, 대마, 향정신성의약품 또는 알코올중독자.
4~1	약물물질 사용	제78조	취소	약물(마약, 대마, 향정신의약품)의 투약, 흡연, 섭취, 주사 등의 사용
5	적성검사 1년 경과	제78조	취소	적성검사 불합격 후 혹은 만료일 다음 날부터 1년 초과
5~1	수시적성 불합격	제78조	취소	수시적성검사 불합격 혹은 경과한 자
5~2	갱신 110일 경과	제78조	취소	2종운전면허증, 행정처분 등의 110일 경과한 자
6	행정처분중 운전	제78조	취소	행정처분 중 운전한 자
7	부정으로 취득	제78조	취소	·허위, 부정한 수단으로 면허를 받은 때. ·제70조의 규정에 의한 결격사유에 해당 자. ·정지기간 중에 교부받은 사실이 드러난 때.
8	무허가차량 운전	제78조	취소	자동차관리법 규정 무허가 차량 운전한 자
9	범죄행위차량운전	제78조	취소	·국가보안법을 위반 범죄에 이용된 때. ·형법을 위반하여 다음 범죄에 이용한 때. -살인 및 시체유기에 이용된 때. -강도, 강간, 방화에 이용된 때. -유괴, 불법감금에 이용된 때.
9-2	훔친차량	제78조	취소	운전면허를 소자한 자가 훔치거나 빼앗은 때
9-3	대리시험응시자	제78조	취소	대리시험에 응시한 자
9~4	공무원폭행	제78조	취소	단속하는 경찰공무원 및 시, 군, 구 공무원 폭행하여 구속된 때
9~5	연습면허취소사유	제78조	취소	1종보통, 2종보통 면허를 받기 이전에 취소가유가 있었던 때
10	다른법령에 취소	제78조 산림 법제94조	취소	시장, 군수 또는 지방산림관리청장의 취소처분의 요청이 있는 때

3. 정지처분 개별기준

1) 법규위반시

[이 법 또는 이 법에 의한 명령에 위반한 경우]

위 반 사 항	도로교통법	벌 점
1. 갱신기간 만료일 다음 날부터 1년이 경과한 때	제78조	110
2~2. 알코올농도 0.05% 이상 0.1% 미만	제41조 제1항	100
2. 운전자가 단속경찰공무원에 대한 폭행, 형사입건	제78조	90
3. 범칙금 만료일 60일 경과, 즉결심판을 받지 아니한 때	제99조, 제120조	40
4. 통행구분위반(중앙선침범위반)	제12조 제3항	30
4~2. 속도위반(40km/h 초과)	제15조 제3항	30
4~3. 철길건널목 통과방법위반	제21조	30
5. 갓길통행, 버스전용차로, 다인승전용차로 통행위반	제56조 제1항, 제56조의2	30
6. 면허증 제시의무위반	제77조 제2항	30
7. 신호 또는 지시에 따른 의무위반	제5조	15
8. 속도위반(20 초과 40km/h 이하)	제15조 제3항	15
9. 앞지르기금지위반	제20조, 제20조의2	15
10. 휴대전화 사용금지의 위반	제48조 제1한 제11호	15
10~2. 운행기록계 미설치위반	제48조의2 제4항	15
10~2. 어린이통학버스운전자의 의무위반	제48조의5	15
11. 통행구분위반(보도침범, 보도횡단방법위반)	제12조 제1, 2항	10
12. 차로에 따른 통행위반(진로변경 포함)	제13조 제2항	10
13. 일반도로 버스전용차로 통행위반	제13조의2 제2항	10
14. 안전거리확보 불이행	제17조, 제17조의2	10
15. 앞지르기방법위반	제19조, 제19조의2	10
16. 보행자보호의무 불이행(정지선위반 포함)	제24조	10
17. 승객 또는 승하차자 추락방지조치위반	제35조 제2항	10
18. 삭제(1996. 8. 29)		
19. 안전운전의무위반	제44조	10

20~2. 어린이통학버스 특별보호위반	제48조의3	10
정지선위반(적색신호시 정지선을 초과 정지한 경우)2003.6.1신설		10
횡단보도 통행시 정지하지 않은 보행자 횡단방해 2003. 6.1 신설		10

(주) 1.의 위반행위로 인한 정지처분기간중에 면허증을 갱신한 경우에는 잔여기간은 그 집행을 면제한다.

다른 법령의 규정에 위반한 경우

위 반 사 항	적 용 법 조	정지기간	내 용
부정임산물을 싣거나 운송한 때	산림법 제94조	6월 이내	시장, 군수 또는 지방산림관리청장의 면허정지처분의 요청이 있는 때

교통사고야기시

사고결과에 따른 벌점기준

구분		벌점	내용
인적피해교통사고	사망1명마다	90	사고발생시로부터 72시간내에 사망한 때
	중상1명마다	15	3주 이상의 치료를 요하는 의사의 진단이 있는 사고
	경상1명마다	5	3주 미만 5일 이상의 치료를 요하는 의사의 진단이 있는 사고
	부상1명마다	2	5일 미만의 치료를 요하는 의사의 진단이 있는 사고

(비고)

1. 교통사고 발생원인이 불가항력이거나 피해자의 명백한 과실인 때에는 행정처분을 하지 아니한다.
2. 차대사람 교통사고의 경우 쌍방과실인 때에는 그 벌점을 2분의 1로 감경한다.
3. 차대 차 교통사고의 경우에는 그 사고원인중 중한 위반행위를 한 운전자만 적용한다.
4. 교통사고로 인한 벌점산정에 있어서 처분 받을 운전자 본인의 피해에 대하여는 벌점을 산정을 하지 아니한다.

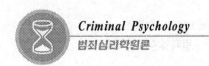

조치 등 불이행에 따른 벌점기준

불이행 사항	도로교통법	벌점	내 용
교통사고 야기시 조치 불이행	제50조 제1항	15	1. 물적피해가 발생한 교통사고를 일으킨 후 도주한 때
			2. 교통사고를 일으킨 즉시 사상자를 구호하는 등의 조치를 하지 아니하였으나 그 후 자진신고를 한 때
		30	가. 고속도로, 특별시, 광역시 및 시의 관할구역과 군(광역 시의 군을 제외한다)의 관할구역 중 경찰관서가 위치하는 리 또는 동 지역에서 3시간(그 밖의 지역에서는 12 시간) 이내에 자진신고를 한 때
		60	나. 가목의 규정에 의한 시간 후 48시간 이내에 자진신고를 한 때

4. 마약법

1) 마약법의 개념

마약이라 함은 아편, 모르핀, 코카인 등과 그 유도체로서 미량으로도 강력한 진통작용과 아울러 마취작용을 지니고 있으며 계속 사용하면 습관성과 탐닉성이 수반되는 물질이다. 그리고 사용을 중단하면 강하게 금단증세를 일으켜 마약을 계속적으로 사용하지 않고는 정상적인 생활을 할 수 없게 되어, 결과적으로는 정신적 혹은 육체적으로 폐인이 되어 점진적으로 사회생활에서 낙오하게 되는 무서운 물질로 볼 수 있다. 이러한 물질이 의료 및 연구 이외의 목적에 남용되는 위험을 방지하기 위하여 정한 법률상 용어가 바로 마약이다.

2) 마약의 정의

우리나라의 마약법 제2조에서 마약이라 함은 다음의 각1호에 해당하는 것을 말한다.

① 양귀비, 아편 및 코카잎.

② 양귀비, 아편 및 코카 잎에서 추출되는 모든 알칼로이드로서 대통령령으로 정하는 것.

③ 제1호 및 제2호에 열거된 것과 동일하게 남용되거나 또는 해독작용을 일으킬 우려가 있는 화학적 합성품으로서 대통령령으로 정하는 것.

④ 제1호 내지 제2호에 열거된 것을 포함하는 것. 다만, 타약품과 혼합되어 제1호 내지 제3호에 열거된 것의 제제가 불가능하며 그 약품에 의하여 신체적, 정신적 의존성을 일으킬 염려가 없는 것으로서 보건복지부령으로 정하는 것(이하 한외약품(한외약품이라 함은 의약품으로 사용하는 합법적인 약품으로 성분은 마약성을 띠고 있으며, 일정한 사용기준은 보건복지부장관이 정한 것을 말하는데, 마약법 제2조 제1항 4호 단서의 규정에 의하여 지정한 것을 말한다. 한외마약은 일반약품에다 천연마약 및 화학적 마약 성분을 미세하게 혼합한 약물로 신체적, 정신적 의존성을 일으킬 염려가 없는 것으로 다음과 같은 것을 말한다.

1. 100mg 코데인 디하드로코데인 및 그 염류는 염기로서 1g 이하(주사제제인 경우에는 100ml, 100mg 이하)이고 1회 용량이 코데인 및 그 염류는 염기로서 10mg 이하인 제제(1,000분의 4 이하의 감기약 디하드로 코데인 아세틸 디하이코데인이 그 예이다).
2. 100ml당 또는 100mg당 의료용 아편이 100mg 이하인 제제(1,000분의 20 이하인 의료용 마약).
3. 프로파코카인 또는 그 염류나 유도체를 함유하는 제제.
4. 디펜옥시레이트가 염기로서 1회 용량이 2.5mg 이하이고, 당해 디펜옥시레이트 용량의 1% 이상에 해당하는 제제.
5. 디펜옥신 1회 용량이 0.5mg 이하이고, 당해 디펜옥시 용량의 5% 이상에 해당하는 양의 아트로핀설 페이트를 함유하는 제제)이라 한다)은 그러하지 아니하다.

그리고 마약법 제2조 제1항 1호의 양귀비, 아편, 코카 잎의 정의는 다음과 같다.

① 양귀비라 함은 파파베르 솜니페룸(papaver somniferum), 파파베르세티

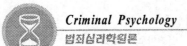

계룸 및 기타 보건복지부장관이 정하는 양귀비속의 식물을 의미한다.

② 아편이라 함은 양귀비의 액습이 응결된 것과 이를 가공한 것(의약품으로 가공한 것은 제외한다)을 의미한다.

③ 코카 잎이라 함은 코카 관목(에리드록시린속의 모든 식물을 말한다)의 잎을 말한다. 다만, 모든 에크코닌, 코카인 및 에크코닌 알칼로이드가 제거된 잎은 그렇지 않다.

3) 마약의 취급

마약법 제3조에서는 마약을 취급할 수 있는 수입업자, 제조업자, 제제업자, 소분업자, 도매업자, 소매업자, 관리자, 취급학술연구자, 한외마약제제업자, 취급의료업자 등을 규정하는 동시에 마약의 중독으로 자제심을 상실하거나 사회질서를 문란하게 하는 행위를 하는 마약중독자를 단속하며 강제수용과 치료 또는 벌칙을 규정하고 있으며, 마약법을 시행하기 위하여 마약법 시행령, 마약법 시행규칙도 제정되어 있다.

4) 마약의 종류

아편 알칼로이드계

아편, 모르핀, 헤로인 등이 있으며, 모두 양귀비(양귀비꽃)로 만든다. 양귀비의 역사는 오래되었으며 이미 B. C. 4000년 전부터 재배되었던 것으로 알려져 있다. 현재는 터키, 유고슬라비아, 인도, 중국의 윈난성 주변 등에서 재배되고 있다. 아편은 양귀비꽃이 지고 난 후에 생긴 열매에 상처를 내어 흘러나온 액즙(일명, 생아편)을 말려서 굳힌 것이다. 빛은 검고 특유한 냄새가 있으며, 맛은 쓴 편이다. 이러한 아편을 원료로 하여 제조되는 마약은 아편가루(의약용 아편), 모르핀(염산몰핀), 코데인, 헤로인 등이 있다.

ⓐ 모르핀은 1805년 독일의 약사 셀튜르네르가 아편에서 처음으로 순수하게 분리한 것이며, 아편의 작용이 주로 모르핀의 작용임을 알게 되었다. 의학

용으로 사용되는 염산모르핀은 백색의 결정 또는 결정성 가루이며 냄새는 없는 편이다. 광선에 의하여 변하며 막은 쓰다. 대뇌의 감각을 둔하게 함으로서 신경통, 복통, 창상 및 기타 각종의 고통을 경감시켜 수면을 촉진하는 작용이 있으며, 또한 심한 동통 때문에 잠을 자지 못하는 경우에 약이 된다. 모르핀 중독이 되면, 체중이 감소하고 얼굴이 창백해지며 전신쇄약이 올 수 있다.

ⓑ 코데인(인산코데인 또는 인산메틸모르핀)은 1932년에 발견되었으며, 그 진통작용은 모르핀보다 못하나 독성이 저고 부작용으로서의 마약 중독의 위험성 또는 호흡중추에 대한 기능저하작용이 없으므로 기침을 멈추게 하는 진해제로 사용이 되고 있다. 의학용으로 인산코데인, 인산히드로코데인 등이 있다.

ⓒ 헤로인은 1898년 독일의 바이엘 회사에서 발매할 때의 상품명이며, 화학명으로는 염산디아세틸모르핀이다. 헤로인은 미숙한 양귀비의 열매에서 채취한 생아편을 물, 소석회, 염화암모니아 등을 혼합하여 침전과 여과 과정을 거쳐 무수초산, 활성탄, 염산, 에틸 등을 화학적으로 처리하여 만드는 마약이다. 냄새가 없으며 분말, 설탕 형태의 백색, 연갈색 또는 암갈색의 결정체로 중추신경을 억제하여 긴장, 분노, 공포를 억제시키며 행복감과 도취감에 빠지게 된다. 헤로인은 모르핀의 약 두 배의 효능이 있고 오늘날 아편중독자들이 사용하는 마약으로 이들은 효능을 최대화하기 위하여 팔이나 다리의 정맥에 주사를 한다. 독성이 강하며 중독에 빠지기 쉽고 금단현상도 심하다.

코카 알카로이드계

코카인이라는 알카로이드는 1884년 코카나무 잎에서 추출되었으며, 의학용으로 국부마취제로 사용되고 있다. 코카나무 잎은 그 속에 함유되어 있는 코카인류가 마취작용을 하는 성분이다. 코카나무는 남아메리카의 페루 등이 원산지이며 자바 등에서도 재배가 되고 있다. 잉카 제국시대부터 마취약 또는 기호품으로 사용되었던 것으로 보고 있으며, 현재도 남아메리카 여러 나라에서는 코카 잎을 씹는 풍습이 있어 많은 코카인 중독자를 양산하고 있다. Sigmund Freud(1856~1939, 오스트리아 출신의 의사로서 정신분석학자)는 자신의 우울증 치료하기 위해 코카인을 사용하였다고 한다.

코카인은 안과질환의 치료, 구강 및 인후 등의 점막을 마비시키는 데에 주로 사용이 되고 있다. 0.5g의 복용으로도 사망할 정도로 그 독성이 매우 강하다. 코카인 중독자는 환각, 환영이 생기며 정신적 혼란에 빠져 때로는 무질서, 태만하게 되며, 또한 발작적으로 난폭해지는 특성이 있다. 아편보다는 금단증상이 약하지만 정신분열증의 증세는 다른 중독보다 강하게 나타나는 편으로 알려져 있다.

합성마약

화학적으로 합성된 진통, 진정제로서 의료에 사용되는 동안 점차 탐닉작용이 생기며, 남용하면 유해 작용을 나타내므로 마약법에 64종의 합성마약이 지정되어 있다. 합성마약의 생산 및 연구는 미국, 영국, 캐나다, 독일 등에서 활발하다고 볼 수 있다.

메삼페타민

메삼페타민(methamphetamine, 히로뽕)은 1887년 Edeleano에 의하여 발견되었고, 1910년 미국인 Bark 및 Darle 등이 연구하여 에페네프린 유사화합물 정도로 생각하였다. 1927년에는 Gordon Alles가 에페드린을 대신하여 사용될 수 있는 의약품을 개발하기 위한 합성실험을 하던 중 암페타민을 합성하였는데 이것이 중추신경 홍분작용을 하는 Benzedrine 이라는 사실을 알게 되었다. 1932년 의학계에서 비만증, 우울증, 피로과다 등 치료제로 사용되었으나 부작용이 심하다는 사실이 알려지면서 사용을 중지 하였다.

우리나라에서는 1970년 히로뽕이라는 명칭으로 사용을 하고 있으며, 마약류 사범의 대부분이 이 히로뽕을 사용하고 있다.

히로뽕을 투약하면, 정신이 혼란스러워 두통, 어지러움, 불면증 증세를 나타내며, 계속해서 사용할 경우에는 사람을 의심하게 되고 적대적으로 변하여 위험한 존재로서 정신분열증과 같은 상태에 빠진다. 그리고 피해망상, 의처증, 환청 등의 증상도 번갈아 가면서 나타난다. 따라서 향정신성의약품 관리법 제2조 제1항 제2호(정의. ①이 법에서 향정신성의약품이라 함은 인간의 중추신경계에 작용하는 것으로 이를 오용 또는 남용할 경우 인체에 현저한 위해가 있다고 인정되는 다음 각호의 1에 해당하는 것으로서 대통령령으로 정하는 것을 말한다.

1. 오용 또는 남용의 우려가 심하고 의료용으로 쓰이지 아니하며 안전성이 결여되어 있는 것으로서, 이를 오용 또는 남용할 경우 심한 신체적 또는 정신적 의존성을 일으키는 약물이나 이를 함유하는 물질.
2. 오용 또는 남용의 우려가 심하고 매우 제한된 의료용으로만 쓰이는 것으로서 이를 오용 또는 남용의 우려가 심하고 매우 제한된 의료용으로만 쓰이는 것으로서 이를 오용 또는 남용할 경우 심한 신체적 또는 정신적 의존성을 일으키는 약물이나 이를 함유하는 물질.
3. 제1호 및 제2호에 규정된 것보다 오용 또는 남용의 우려가 상대적으로 적고 의료용으로 쓰이는 것으로서 이를 오용 또는 남용할 경우 그리 심하지 아니한 신체적 의존성 또는 심한 정신적 의존성을 일으키는 약물이나 이를 함유하는 물질.
4. 제3호에 규정된 것보다 오용 또는 남용의 우려가 상대적으로 적고 의료용으로 쓰이는 것으로서 이를 오용 또는 남용할 경우 제3호에 규정된 것보다 신체적 또는 정신적 의존성을 일으킬 우려가 적은 약물이나 이를 함유하는 물질.
5. 제1호 내지 제4호에 열거된 것을 함유하는 혼합물질 또는 혼합제제, 다만 다른 약물이나 물질과 혼합되어 제1호 내재 제4호에 열거된 것으로 다시 제조 또는 제제할 수 없으며 그것에 의하여 신체적 또는 정신적 의존성을 일으키지 아니하는 것으로서 보건복지부령이 정하는 것은 제외한다) 소정의 암페타민 및 유사한 각성작용이 있는 물질 중의 하나라고 규정되어 있다.

대마

대마(cannabis, satita, hemp)는 대마초와 그 수지 및 대마초꽃 또는 그 잎을 원료로 하여 제조된 일절의 제품을 말한다. 다만, 대마초의 종자, 뿌리, 및 성숙한 대마초의 줄기와 그 제품은 제외한다. 대마초에는 유효성분인 테트라하이드로

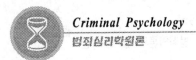

칸나빈놀(tetrapydrocannabinol)이 1%정도 함유되어 있어 그 성분이 마취작용과 아울러 흥분, 착각(illusion), 환각을 일으키게 하는 것인데 대마초의 암술 꽃과 잎의 끝에 많이 있다.

우리나라는 1976. 4. 7. 법률 제2895호로 대마관리법을 제정하였으며, 대마관리법 제4조(행위의 금지. 누구든지 다음 각 호의 1에 해당하는 행위를 하여서는 아니된다. 다만, 대마 연구자가 식품의약품안전청장의 허가를 받아 제1호 또는 제2호에 규정된 행위를 하는 경우에는 그러하지 아니하다.

1. 대마를 수입 또는 수출하는 행위.
2. 대마(대마초는 제외한다)를 제조하는 행위.
3. 대마를 매매 또는 매매의 알선을 하는 행위.
4. 대마, 대마초 종자의 껍질을 소지하는 행위 또는 그 정을 알면서 대마초 종자, 대마초 종자의 껍질을 매매 또는 매매의 알선을 하는 행위.
5. 그 정을 알면서 제1호 내지 제4호의 행위를 하기 위한 장소, 시설, 장비, 자금 또는 운반수단을 타인에게 제공하는 행위)의 규정을 두고 있다.

대마는 인체의 중추신경계를 흥분, 자극 또는 억제시키는 성분을 함유하고 있기 때문에 정신적, 육체적으로 부정적인 영향을 미친다. 대마는 이러한 성분을 함유하고 있기 때문에 이를 이용하여 대마초, 해쉬쉬, 해쉬쉬미네랄오일 등으로 제제하여 사용하고 있다.

ⓐ 대마초 : 대마초(marihuana)는 대마의 잎과 꽃대 윗부분을 응달에서 건조시켜 담배와 같이 만들어 피우면 대마의 서분이 체내에서 중추신경계를 흥분 또는 자극시키는 작용을 하게 된다. 대마초의 가공은 대마 잎이나 꽃대 및 연한 줄기 등을 수집하여 응달에서 소금물을 뿌려서 건조시키고, 다시 건조된 것을 소금물을 뿌려서 건조시키는 방법으로 보통 2~3회 정도 반복한 뒤 이를 담배와 같이 종이에 접어서 피우거나 혹은 대마초 연기 흡입기를 이용하여 섭취한다. 대마초를 피우거나 흡입하게 되면, 술에 취한 듯한 환각(hallucination)에 빠지며, 이러한 환각상태에서 행동을 하였을 때에는 긍정적인 결과를 가져온다. 그리고 감각의 폭과 깊이가 커지며 온정적, 활동적, 공격성, 지배성 그리고 적의성이 줄어든다고 한다.

ⓑ 대마수지 : 인도산 대마의 꽃대 부분에 있는 수지성 분비물을 알코올로 침출하여 추출하거나 또는 증류시켜 농축하여 건조시킨 다음 과자 또는 비누 모양처럼 만들어 피우거나 씹어서 섭취하는 것이다. 이렇게 만들어진 해쉬쉬는 짙은 갈색 또는 흑색을 지니고, 순수 대마초보다 10배 이상의 환각성이 있으며, 미량의 해쉬쉬를 섭취하더라도 깊은 환각에 빠진다.

ⓒ 해쉬쉬미네날오일 : 대마잎, 꽃대, 연한 줄기 등을 채취하여 수지성 분비물을 알코올로 침출하거나, 삶거나, 압축하여 액을 짜내어 용기에 담아두고 사용하는 것을 말한다. 이것은 맛이 없기 때문에 소다수, 설탕, 향료 등에 가미하여 마시거나 담배나 대마초 개비에 발라서 피운다(대마는 약리학적으로 중추신경에 대한 흥분제 또는 억제제로 분류되며, 심장혈관계에 아주 탁월한 영향을 미치며, 육체적 의존성(중독성)과 정신적 의존성(습관성), 내성 등은 없다. 그러나 계속해서 사용할 경우 정신적인 의존성을 가지게 된다. 육체에 미치는 영향은 혈압 및 맥박의 상승, 오심, 설사, 구강건조, 발작적인 기침, 눈의 충혈, 식욕의 증가, 단맛의 추구 등의 증상이 나타나고, 정신에 미치는 영향으로는 감지능력의 과장, 시간과 공간의 왜곡, 의기양양한 기분, 약한 환각작용 등이 나타난다. 정신기능에는 현저한 변화를 가져오지만 생리기능에 대한 변화는 일반적으로 약하다. 대마는 내복시보다 흡연 시에 정신작용 발현이 떠 빠르고 효력도 3배 이상 강한 것으로 알려져 있지만 지속시간은 짧다. 일반적으로 대마의 정신작용은 개인차가 크며 복용 시 분위기, 기대감, 복용경험, 개인의 성격 등에도 영향을 미치는 것으로 알려져 있다). 해쉬쉬미네날오일도 순수대마초보다 10배 이상의 환각성이 있어 쉽게 행복감에 적어 들기 때문에 한번 사용한 사람은 계속해서 사용을 하게 된다. 추출 한 물질을 섭취할 경우, 내적인 충만감, 현실을 넘어선 공상의 비약, 공간의 확대, 시각적 착각, 유쾌함 등을 느끼게 된다.

5) 마약의 남용방지와 국제조약

마약의 남용방지와 마약중독자 및 마약사범의 미연방지와 근절은 현재 모든 국가의 중요한 사회문제로 나타나 있다. 마약사범의 근절은 한 나라의 힘으로

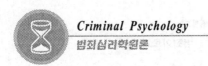

는 성공할 수 없으며, 국제조약에 의하여 국제적으로 협력을 하고 있는 상태이다. 최초의 국제조약은 1912년의 헤이그 아편조약이며 그 후 그 조약의 결함을 보충하기 위하여 1924년, 1925년에 제네바에서 제1, 2차 아편조약이 체결된 바 있다. 그리고 UN의 경제사회이사회에 속하는 마약위원회를 중심으로 하여 초안이 작성되고, 1961년에 73개국이 참석하여 마약에 관한 단일조약(single convention on narcotic drugs)이 채택되었다.

국제적인 마약관련 수사기관으로서 UN의 마약위원회 또는 프랑스 리옹에 본부를 둔 국제형사경찰기구(ICPO)가 있다. 마약이 커다란 사회문제가 되는 것은 탐닉자의 건강을 해칠 뿐만 아니라 밀수, 밀매 등이 폭력 등의 조직과 결부되어 악의 온상을 이루고 있음은 세계 각국이 모두의 문제이며 마약관계의 범죄는 국제적 규모인 것이 많다. 그리고 우리나라의 경우는, 마약법에 의하여 마약원료가 되는 양귀비의 재배가 금지되어 있어 의료용 마약을 부득이 외국으로부터 수입하는 실증이며, 유통되는 부정마약은 주로 관수용 마약의 부정유출 또는 동남아의 홍콩, 타이완, 태국, 월남, 말레이시아 등으로부터 밀수입된 것 혹은 일부는 국내산간 벽지에서 밀경작된 양귀비에서 추출된 생아편 또는 이로부터 헤로인, 모르핀 등으로 만들어져 사용이 되고 있는 상태이다(임상곤, 공안교정학의 이해, 백산출판사, 2003, pp. 139~142).

6) 우리나라의 마약실태

우리나라는 중추신경계에 작용하는 향정신성의약품관리법에 의하여 규제받고 있는 의약품은 약 118종이다. 환각제의 일종인 LSD(lysergic acid diethlamide의 약어로서 미국에서는 LSD-25이라 부른다. a strongly hallucinogenic, psychedelic drug. the deathly amide of lysergic acid: of use in medical research of mental disorders. C15H15N2CON(C2h5)2. 중추신경 홍분제로 무미, 무취, 무색으로 강한 환각성과 도취성이 있는 마약으로 정신혼란증을 치료하는 의약으로 사용되고 있으며, 환각제로 복용하였을 경우에는 판단력이 흐리고 수동성, 자기사랑, 우울증 등 충동적인 성격으로 변한다), Peyote(a hallucinatory drug derived from the tubercles of this cactus(the American heritage dictionary of the English lnguage, 1976, p. 982) 파오테는 브라질과 스페인 등지에서 자생하는 선인장 각질에서 추출하는 물질로 환각작용을 일으키며, 섭취할 경우 일종의 흥분작용을 일으키는 것으로 상용할 경우 불안과 초조감을 불러일으키는 것으로 알려져 있다), PCP, 환각작용이 있는 물질로서 중추신경을 자극하는 각성제인 암페타민(amphetamine), 각성작용이 있는 물질로서 일종의 최면제인 바르비탈(barbital), 그리고 정신안정제로 사용되는 머프로버메이트(meprobamate) 등 이와 유사한 습관성 또는 중독성이 있는 물질 등이 있다. 이러한 물질 등은 인간의 중추신경계에 작용하는 것으로 이를 오용 또는 남용하는 경우에 인체에 현저한 위해가 있다고 인정되는 물질로 분류된다.

국내에서 불법으로 밀조되거나 중국 등에서 제조되어 밀수되는 각성제인 히로뽕(methamphetamine)이 향정신성의약품 사범의 주류를 이루고 있는 실증으로 보면 된다.

LSD

LSD는 독일어 Lysergsaurediathylamid에서 영어에 전이된 약칭으로 환각증상을 일으키는 마약의 일종이다. LSD는 극미량만 복용해도 환각작용을 일으켜 물체가 왜곡되어 보이고 모든 불안과 공포로부터 해방이 된다. 일반적으로 호색적인 말에 쉽게 흥분되고 초자연적인 감흥을 일으켜 망상적이며 비현실적인 광신 망아의 상태가 된다. 현실에서 도피하려는 미국 히피족들이 처음 복용하기 시작했으며, 현재는 유럽과 일본 등 청소년층에서 사용이 되고 있다. 1991년 12월 우리나라에서도 종이 형태로 제조된 LSD가 대량 밀반입되다가 적발된 적이 있다.

파오테(peyote)

파오테는 브라질, 스페인, 남미 등지에서 자생하는 Mescal이라 하는 선인장의 줄기를 물에 끓여 수분을 증발시킨 후 가루로 만들어 담배와 같이 피우거나, 선인장의 껍질을 벗겨 내용물을 건조시켜 분말로 만들어 섭취하면 강한 환각작용과 흥분작용을 일으킨다. 상용하면 정신불안과 불면증, 초조감 등을 일으키는 마약으로 알려져 있다.

PCP

Phencyclidine의 약어로서 1959년에 마취제로 개발되었으며, 그 뒤 수(동물)의 약품으로 사용되고 있다. 진정제로서 1965년 이후 사람에게는 사용하지 않고 있으며, 만약 사람에게 사용하게 되면 진정작용의 영향으로 마음을 동요시키고, 환상, 비이성적인 현상을 가져온다. 이러한 이유에서 미국에서는 통제물질 3급으로 분류를 하고 있으며, 비밀리에 실험실 등에서 불법적으로 제조되어 길거리에서 판매를 하고 있다. PCP는 백색의 분말로서 물이나 알코올에 쉽게 분해가 되며 독특한 쓴맛을 낸다. 그리고 다른 염료와 혼합되어 다양한 정제, 캡슐, 체색분말로 만들어져 부정 의약품으로 거래가 되고 있다. PCP는 코로 흡입, 담배로 피우는 것과 먹는 방법 등 세 가지로 사용할 수 있으며, 담배로 피울 때에는 박하, 파슬리, 향신료, 대마초 등의 잎과 잘 적응하는 것으로 알고 있다.

기타의 마약성 약품.

우리나라에서는 시중의 일반 약국에서 공식적으로 감기약 등으로 제조된 한외약품을 구입할 수 있다. 특히, 기지촌 등지의 약국에서 판매되고 있는 약품으로는 oxadon, temazpam, ativan, fringar, tiladone, optiladon, anacin, saironal, code ning, ephedrine 등이 있다. 그리고 일부 기지촌 주변에서 미군인 등과 동거하고 있거나 유흥업소에서 종사하고 있는 종업원들이 이 약품을 다량으로 구입하여 복용하거나, 일부 일반인들이 밀매를 하고 있어 그 심각성이 더하다. 이러한 약품은 한외마약으로 구분되어 있으나 통제가 되지 않아 개인이 다량으로 구입을 하여 과 복용함으로서, 히로뽕의 작용과 같은 환각작용, 흥분작용, 중추신경 마비작용 등 심각한 후유증을 남기고 있다.

7) 마약사범 수사 유의사항

정보원의 활용

마약사범의 수사는 범죄에 관련되어 있는 사람들이 모두 점조직으로 되어 있기 때문에 검거한다는 것이 어렵다. 그러므로 이들을 검거하기 위해서는 정보의 수집이 매우 중요하다.

잠복, 미행수사

마약사범을 수사하는 것은 뜬구름 잡는 식으로는 성과를 기대할 수가 없다. 수사관은 평소 우범성이 있는 사람들에 대한 동향을 내사하여 의심점이 있을 때는 간접적인 방식으로 비공개, 비노출 수사를 원칙으로 하여야 한다는 점이다. 그리고 혐의자에 대한 잠복과 미행감시를 계속하여 왕래자, 행선지, 접선자 등을 계속적으로 추적을 하여 범죄조직을 파악하고 관련자를 검거하는 방식이 있다.

함정수사

잠입수사는 수사관이 직접 범죄조직에 잠입해서 정보를 입수하고 범죄조직의 동향을 살피는 것을 말한다. 예를 들면, 수사관이 직접 마약을 매매하는 사람을 접촉하여 마약을 사용하기 위하여 구입하는 것처럼 위장을 하고 돈을 주고 마약을 구입하는 것으로, 이 때 치밀하게 계획된 수사를 하여야 한다. 또한 정보원으로 하여금 물건을 구입하도록 유도하고 물건과 돈을 전달하기 전에 검거하여 정보원은 미수에 그치도록 하고 마약 매매자만 검거하여 유죄판결을 받도록 하는 것을 말한다(마약법 제60조, 제61조, 제62조, 제67조에서 미수범을 처벌한다고 규정하고 있다. 그러나 마약을 구입하려다 미수에 그친 행위 또는 예비, 음모는 처벌의 대상에서 제외되어 있기 때문에 문제가 되지 않는다). 그러나 이러한 방법도 범죄조직 전체를 일망타진한다는 것은 어렵다. 이들은 점조직으로 구성되어 활동을 하고 있기 때문에 추적수사가 거의 불가능한 경우가 많다. 그리고 법적 문제로서 미법무성 마약감시청(DEA) 등 미수사기관에서는 함정이 없었으면 범죄행위가 이루어지지 않을 것을 함정에 의하여 범죄를 유도 또는 권유하였기 때문에 범죄가 발생했다는 이론을 주장한다. 미법원에서도 함정수사에 의하여 성립된 범죄는 무죄를 선고하고 있기 때문에 위법하다는 판단을 하고 있다. 그러나 우리나라의 대법원 판례는 마약 죄에 있어서 함정수사에 의하여 검거한 피고인에 대해서 유죄판결을 하고 있기 때문에 큰 문제는 없다(아래 표 참조).

[마약류범죄 발생현황]

(단위: 건)

구 분	'93	'94	'95	'96	'97	'98	'99	'00	'01	'02
계	4,690	1,725	1,904	1,703	2,023	3,690	4,741	4,558	4,327	5,088
마약사범	3,132	672	553	451	415	474	492	925	568	808
대마사범	731	595	572	415	466	954	1,234	1,177	916	1,078
향정사범	827	458	779	837	1,142	2,262	3,015	2,456	2,843	3,202

(2003경찰백서, p. 248)

[마약류사범 검거현황]

(단위: 명)

구분	'93	'94	'95	'96	'97	'98	'99	'00	'01	'02
계	4,825	2,367	2,519	2,355	2,525	3,912	5,428	5,389	5,041	5,594
마약사범	925	703	579	458	423	485	527	914	528	763
대마사범	3,116	991	861	596	664	959	1,424	1,435	983	1,302
향정사범	784	673	1,079	1,301	1,438	2,468	3,477	3,040	3,530	3,529

(2003경찰백서, p. 249)

5. 특별법에 의한 독극물 등 수사

1) 독극물의 개념

독극물이라 함은 독물과 극물을 아울러 이르는 말로서 법률에 의하여 지정되고 제조, 관리되는 물질을 의미하는 것으로서 이는 인체에 치명적인 해를 끼칠 우려가 있어 법률에 의하여 규제되고 있다. 독극물에는 마시는 약은 포함하지 않는다.

2) 조치요령

경찰관직무집행법 제5조(위험발생의 방지. ①경찰관은 인명 또는 신체에 위해를 미치거나 재산에 중대한 손해를 끼칠 우려가 있는 천재, 사변, 공작물의 손괴, 교통사고, 위험물의 폭발, 광견, 분말류 등의 출현, 극단한 혼잡 기타 위험한 사태가 있을 때에는 다음의 조치를 할 수 있다.

1. 그 장소에 집합한 자, 사물을 관리자 기타 관계인에게 필요한 경고를 발하는 것.
2. 특히 긴급을 요할 때에는 위해를 받을 우려가 있는 자를 필요한 한도 내에서 억류하거나 피난시키는 것.
3. 그 장소에 있는 자, 사물의 관리자 기타 관계인에게 위해방지상 필요하다고 인정되는 조치를 하게 하거나 스스로 그 조치를 하는 것.

② 경찰관서의 장은 대간첩작전수행 또는 소요사태의 진압을 위하여 필요하다고 인정되는 상당한 이유가 있을 때에는 대간첩작전지역 또는 경찰관서, 무기고 등 국가중요시설에 대한 접근 또는 통행을 제한하거나 금지할 수 있다.

③ 경찰관이 제1항의 조치를 한 때에는 지체 없이 이를 소속 경찰관서의 장에게 보고하여야 한다.

④ 제2항의 조치를 하거나 제3항의 보고를 받은 경찰관서의 장은 관계기관의 협조를 구하는 등 적당한 조치를 하여야 한다)에 의하여 독극물 등이 발견되어 위험발생의 우려가 있는 경우에는 이를 방지하기 위하여 필요한 조치를 취하여야 한다.

3) 초등조치

독극물 등 위험스럽고 의심스러운 물건이 방치되어 있다는 사실을 신고 받거나 인지하였을 경우에는 준비를 철저히 하여 조직적으로 대응해야 한다.

초등조치를 하기 위하여 현장에 출동할 때에는 2인 이상이 출동하는 것을 원칙으로 하고, 출동인원이 없을 경우에는 즉시 상황실에 보고하여 응원요청을 하여야 한다. 현장에서는 피부를 노출하지 않도록 비옷 등을 착용하여야 한다.

4) 현장조치

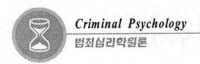

① 관계자 외 일반인들이 접근하지 않도록 출입금지 구역을 광범위하게 설정하고 2차 피해가 발생하지 않도록 조치하여야 한다.

② 현장 부근에서 거주하는 주민들의 출입을 삼가도록 하고 통행인이나 구경꾼들은 위험성이 있음을 알려 신속히 피난시킨다.

③ 독극물 등 의심스런 물건 또는 기타 약품을 혼합하여 사용되었을 가능성이 있는 세면기, 분무기, 비닐, 분무기, 비닐, 가스, 마스크, 고무장갑 등 주변에 있는 일체의 물건에는 손을 대지 않아야 한다. 이러한 물건을 발견할 경우 사람들의 접근을 금지시키고 만지거나, 냄새 맡거나, 이동하지 못하도록 하여야 한다.

④ 현장보존 구역의 설정에 대해서는 사건발생 지점을 확인하여 풍향 등을 고려하고 가능한 범위를 설정한다.

⑤ 현장부근의 주차 차량의 번호 등을 기록하고 적재물을 점검한다.

⑥ 현장주변에서의 탐문수사로 목격자 등을 확인한다.

ⓐ 목격자, 참고인 등을 가능한 많이 확보하고 이동 사항을 기록한다.

ⓑ 현장 및 경계구역 부근에 운집한 구경꾼 등이 현장을 배회하는 경우에는 불심검문을 실시하여 수상한 점 등 발견에 노력을 한다.

ⓒ 직무집행을 하고 있는 경찰관에게 저항하거나 폭행을 하는 경우에는 강력히 대응하여 공무집행방해죄로 검거하고 의연한 자세로 임무를 수행하여야 한다.

5) 수사 유의사항

① 독극물의 종류와 양, 사용처 등을 조사한다.

② 인근 주민을 상대로 우범자 등에 대한 정보를 입수한다.

③ 독극물 방치의 목적이 무엇인지를 분석, 검증한다.

④ 독극물 출처를 확인하여 피의자를 추적한다.

⑤ 현장 실황조사를 한다.

제6장

청소년 범죄

제1절 청소년 범죄론

1. 청소년 범죄의 개념

청소년기에는 육체적, 정신적으로 많은 변화를 경험하는 시기이다. 청소년기에는 연령적으로 10대가 중심인데, 이 시기는 아동기에서 성인기에 이르는 과도기로서 인생에 있어서 매우 중요한 시기라고 할 수 있다. 청소년 시기는 신체, 도덕, 정서, 사회적 발달에 있어서 개체적, 사회적 조건의 영향을 받기 쉬우며, 낭비적이고 불안정한 상태에 있을 수 있다. 그리고 청소년에게도 그들 나름대로의 생활, 즉 욕구충족의 활동이 있다. 그러나 그러한 욕구의 형성과 충족활동 역시 개체적, 사회적 조건에 따라서 여러 가지의 상황이 있을 수 있으며, 조건에 따라서는 욕구불만이 생길 수도 있다. 오늘날 청소년 범죄가 다양화되고 빈번히 발생하고 있는 현상은 청소년들이 그러한 상황에 처해 있기 때문이라고 할 수 있을 것이다.

청소년 범죄가 제기되는 과제는 여러 가지가 있는데, 이는

① 청소년 교육과 생활지도,

② 생활환경 등의 정화,

③ 연소 노동 내지 근로 청소년문제,

④ 청소년의 비행과 비행집단,

⑤ 비행 대책과 갱생보호,

⑥ 요보호 아동 등의 문제 등이다. 청소년 교육과 생활지도에 있어서는 중, 고등학교의 진로지도, 학교 문제아의 생활지도, 야간학생, 근로 청소년의 사회교육과 여가지도 등 건전한 육성이 그 과제가 되는 것이다. 생활환경 등의 정화에 있어서는 선정적, 괴기적 영화나 출판물 등의 불량, 문화, 환락시설, 파괴된 가정의 증가 등이 문제가 되는 것이다. 연소노동 내지 근로청소년의 문제에 있어서는 비정상적인 부당한 고용, 형편없는 노동조건, 이직과 전직의 빈발, 농어촌 청소년의 문제에 관심이 모아지고 있다. 청소년의 범죄와 비행에 있어서는 환각제 중독, 아동, 학생의 장기결석, 중고등생의 폭력, 근로청소년의 가출, 비행, 왕따(일명 따돌림) 등이 문제가 된다.

예방대책과 선도보호에 있어서는 청소년 단체 활동, 비행방지활동, 청소년 선도센타, 청소년 지도원의 제도화 및 활동 등이 그 과제가 된다. 최근 청소년 문제에 대한 논의와 활동은 청소년의 건전한 육성문제, 비행화 문제, 보호문제 등에 관하여 전개되고 있다. 청소년문제가 발생하는 조건은 기본적으로 개체적인 것과 사회적인 것으로 나누어 볼 수 있다.

개체적인 조건이란 청소년기 특유의 불안정한 심리적, 생리적 특징 자체이지만 특히 현대사회에 있어서는 생리적 성숙의 가속 현상과 사회적 성숙의 지연 현상이 나타남으로서 심신발달의 불균형이 현저해졌고, 이것이 사회적 적응을 어렵게 하는 조건이 되고 있는 것이다.

다음으로 사회적인 조건이란 청소년의 인간형성과 생활향수의 장이 직접적인 집단적, 사회적, 문화적 환경 특히 가정, 학교, 직장, 대중문화 등의 해체와 이상, 그리고 보다 근본적으로 현대사회 여러 상황들, 즉 고도의 경제성장, 기술혁신 및 고밀도 도시사회, 대중사회 등의 출현으로 산출된, 전체 사회에 있어서의 지속적인 사회해체, 아노미(사회의 규범, 가치의 붕괴(anomie), 1938년 Robert K. Morton이 제시한 이론으로 사람들이 서로에 대해서 어떻게 행동해야 될지를 말해주는 규율로서 범죄학 이론 가운데서 가장 영향력 있는 이론이다. 앞 글 아노미이론을 참조할 것), 인간소외 등의 상황 등이다. 청소년기의 일반적 특성에 대하여 학자들의 견해는 다양하나 그 내용은 강한 욕구 및 불안과 반항의 시기로 요약할 수 있다. 청소년이라는 말은 소년과 성인기 사이에 있는 성장기에 있는 미성숙한 사람을 말하는 것이다.

법률상 청소년의 시기는 각각 달리 판단하여, 민법은 20세 미만을 미성년으로, 아동복지법은 18세 미만을 요보호 대상자로, 청소년 육성법은 9~24세로 정하고 있다. 심리학에서는 청소년기라고 하여 14~15세를 지칭하고 있다. 우리가 상식적으로 말하는 청소년이라는 것이 바로 심리학에서는 말하는 청소년기와 같은 것이다. 일반적으로 청소년기에는 정신적으로 미숙하며 감정적으로 불안정하고 사회적 윤리성도 미숙한 편이다. 동시에 부모나 선생, 그 외 모든 권위에 대하여 회의적이며 자아를 강하게 주장하여 무한한 자유를 구하고 가정, 학교, 사회 등의 압력에 혐오와 반항을 하는 편이다. 따라서 욕구의 조정이 곤란하여 반사회적 경향을 나타내며 범죄행위까지 가게 되는 것이다.

청소년 비행을 법적으로 분류하는 내용,

① 범죄소년 : 범죄소년은 14~20세 미만의 소년으로서 형벌법령에 위배되는 행위를 한 자로 형사책임이 있다.

② 촉법소년 : 촉법소년은 12~14세 미만의 소년으로서 형벌법령에 위배되는 행위를 한 자로서 형사책임은 없다.

③ 우범소년: 우범소년(불량행위소년)은 12~20세 미만의 소년으로서 ①의 보호자의 정당한 감독에 복종하지 않는 성벽이 있거나, ②정당한 이유 없이 가정에서 이탈하거나, ③범죄성이 있는 부도덕한 자와 교제하거나 금전낭비, 부녀유혹, 불건전한 오락 등을 하는 자로서 본인의 성격 또는 환경에 비추어 장래에 형벌법령을 범할 우려가 있는 자를 말한다(소년법 제4조).

우범소년이나 불량행위소년은 미성년자보호법 상의 청소년비행의 개념과 매우 유사하다. 미성년자보호법 상의 청소년 비행은 다음과 같다.

① 흡연

② 음주

③ 선량한 풍속을 해할 염려가 있는 홍행장, 유흥접객업, 사행행위장, 유기장

등에 출입하는 행위

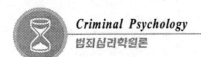

④ 숙박업소, 해수욕장, 수영장, 공원, 관광지, 명승지, 기타 유원지에서의 성도덕 등 풍기를 문란하게 하는 행위

⑤ 경찰서장이 설정하는 미성년자 출입제한구역에 출입하는 행위(미성년자보호법 제2조).

[우리나라 청소년범죄(비행)의 유형]

유 형	내 용	의 미
형벌법령을 어긴 행위 (성인의 범죄행위에 해당)	형사책임을 지는 범죄소년(14~20세 미만)	범죄소년
	형사책임이 없는 촉법소년(12~14세 미만)	
장차 형벌법령을 위반할 가능성을 보여주는 비행을 저지른 행위	음주, 흡연, 성인시설이나 미성년자 출입제한 시설 출입, 성도덕 문란, 흉기소지, 가출, 부모에 불복종 등 명백한 범법행위는 아니지만 청소년으로서 해서는 안 되는 행위를 하여 부모나 사회의 보호를 받아야만 하는 비행청소년을 총칭. 우범소년(소년법), 불량행위소년, 청소년비행(미성년자보호법)	비행소년

(원석조, 사회문제론, 양서원, 2003. p. 113)

[비행집단]

범죄적 비행집단(criminal gangs)

범죄행위를 통해 물질적 이득을 취하는 것이 주된 동기이다. 재물의 절도, 강도, 밤도둑, 마약밀매 등.

갈등적 집단(conflict gangs)

세력권을 지키기 위한 비행집단이다. 자신의 영역을 경쟁 비행집단으로부터 지키기 위해 폭력을 불사한다. 비행집단 보스에 대한 존경심이 중요한 가치가 된다.

도피적 비행집단(reiterates gangs)

알코올, 코카인, 마리화나, 헤로인 등 약물을 안정적으로 공급받기 위한 것이 주된 목적이 되는 비행집단이다. 범죄적 비행집단은 마약을 돈벌이 수단으로 이용하는데 비해, 비행집단은 마약을 소비의 대상으로 삼는다.

밀교적 비행집단(cult, occult gangs)

악마 숭배를 위한 비밀스런 비행집단이다. 일부집단은 성과 폭력을 강조하여 아동이나 처녀를 성적으로 폭행하는 의식을 치르기도 한다. 이들의 행위가 모두 불법적인 것만은 아니다. 밀교적 비행집단은 다른 비행집단과 달리 성인들이 주축을 이루고 있다.

2. 청소년의 특성

① 호기심

음주나 담배의 흡연 또는 청소년들이 도시를 동경하여 가출하는 행위 등의 경우.

② 모방심

영화, 드라마, 소설, 만화 등의 내용이나 성인들의 행동을 판단 없이 무분별하게 모방하여 행위를 해보거나 범죄를 저지르는 행위의 경우.

③ 욕구불만

청소년들은 욕망만을 행동함으로서 현실과 충돌하고 갈등을 일으키며, 그 욕구의 조정 또는 갈등의 처리가 원만하지 않으면 반사회적 경향으로 나타나며 범죄행동을 하게 된다.

④ 감수성

⑤ 반항심

⑥ 영웅심

⑦ **공포, 불안감**

⑧ **이욕성**

3. 청소년범죄의 특성

전통적 질서에 대한 반발

사회의 급속한 변동은 청소년들로 하여금 전통적인 규범과 질서를 경시하는 풍조를 일으키게 하였다. 전통적인 도덕률과 미풍양속 같은 우리의 전통적인 가치는 낡은 것으로 배격하고 새로운 것만을 추구하고 모방하는 경향이 있다.

부모 등의 권위에 대한 무시

봉급생활자의 증가와 핵가족화로 인하여 부모의 역할이 약화되고 친구나 매스미디어의 역할이 증대되는 한편, 부모의 권위가 상실되고 있다. 이러한 현상은 일반적으로 연장자에 대한 관계에 있어서도 나타나고 있다.

개인주의적 이기심의 만연과 팽배

산업사회가 낳은 기계적 인간화는 이기주의적 성향을 촉진시키고 있으며 이에 영향을 받은 청소년들은 자기중심적으로 사고하고 행동하는 경향이 있을 수 있다.

기대수준의 상승

물질만능의 우선의식을 배우고 허황된 사회적 지위를 동경함으로서 실현 가능성이 없는 무모한 꿈을 갖게 된다. 그리고 능력 이상의 목표에 기준을 두고 이를 달성하지 못하는데서 오는 욕구불만과 좌절감에 빠지게 되는 경우가 많다

소비성 오락주의 추구

청소년의 여가 활동은 건전성을 상실하고 유흥적이고 낭비적이며 빈발적인 오락경향으로 흐르고 있다.

도덕성의 해이

서구적인 성개방 풍조는 청소년들에게 영향을 주어 종래의 유교적 성 윤리관은 크게 흔들리고 있으며 불건전한 이성교제, 청소년의 풍기문란행위가 많이 나타나고 있는 실증이다.

진취적 기상의 결여

향락적인 퇴폐풍조는 청소년들로 하여금 씩씩하고 진취적인 기상을 해치고 무사안일과 나태한 생활습성에 젖어 들게 하는 큰 요인이 되고 있다.

[청소년비행 실태]

2000년도 우리나라 청소년비행의 총 발생건수는 143,643건이며, 그 중 100,771건이 소년특별법(청소년보호법, 청소년성보호에관한특별법 등) 위반이고, 형법을 어긴 건수는 42,872건이다. 형법법 중에는 재산범죄가 35,196건(82.1%)으로 가장 많고, 강력범죄가 5,872건(13.7%), 위조범죄가 487건(1.1%), 과실범죄가 197건(0.4%), 풍속범죄가 188건(0.4%)이었다. 전체 범죄건수는 1997년에 약간 증가했다가 그 이후부터 조금 감소하였다(다음 표 참조).

[우리나라 청소년비행의 종류별 발생건수]

연 도	합 계	형 법 범							소년 특별법
		소계	재산 범죄	강력 범죄	위조 범죄	풍속 범죄	과실 범죄	기타	
2000	143,643	42,872	35,196	5,892	487	188	197	912	100,771
1999	143,155	43,135	35,281	6,252	394	125	172	911	100,020
1998	148,558	51,026	42,795	6,809	345	157	148	772	97,532
1997	150,199	42,903	35,308	6,273	254	159	165	744	107,296
1996	137,503	41,122	34,013	5,690	254	185	213	767	96,381

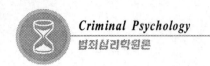

[우리나라 청소년비행의 종류별 원인(2000)]

원 인	합 계	형 법 범							소년 특별법범
		소계	재산 범죄	강력 범죄	위조 범죄	풍속 범죄	과실 범죄	기타	
총계	143,643	42,872	35,196	5,892	487	188	197	912	100,771
이욕 *	22,420	14,449	12,322	1,884	126	34	1	82	7,971
사행심	815	618	556	30	6	20	-	6	197
보복	1,568	113	34	70	1	-	-	8	1,455
가정불화	155	74	33	40	1	-	-	-	81
호기심	8,958	6,146	5,969	117	32	2	4	22	2,812
유혹	1,616	1,075	980	72	9	9	-	5	541
우발적	39,501	7,847	5,476	2,057	37	8	9	260	31,654
현실불만	1,014	171	67	59	1	1	-	43	843
부주의	23,108	629	355	47	23	9	132	63	22,479
기타	41,698	19,547	8,373	1,415	224	94	45	396	31,151
미상	2,790	1,203	1,031	101	27	11	6	27	1,587

(*생활비, 유흥비, 도박비 마련, 허영 사치심, 치부 등)

4. 청소년범죄의 원인

청소년의 성장요인

청소년기는 단순한 신체적, 생리적 성장뿐만 아니라 정신적, 육체적, 사회적 성숙 등 다양한 변화 발달의 양상이 나타나며 이 시기에 어떠한 경험을 하느냐에 따라서 청년기의 발달이나 인격형성에 미치는 영향은 크다. 따라서 청소년기에는 심한 자아의식, 주의산만, 열등감, 욕구좌절, 신체적, 정신적 미성숙의 불균형에서 오는 정서적인 동요와 불만이 심하게 일어나며, 사회적 부적응 등에 의한 갈등, 초조, 흥분, 고심 등의 정서적 불안현상이 나타난다. 이러한 정서적 불안정, 정신적 갈등, 욕구불만 등이 지속되는 경우 청소년은 범죄(비행)와 아주 밀접한 관련이 있게 되는 것이다.

가정적 요인

청소년비행의 원인 중 가장 비중을 차지하는 원인은 가정적 요인으로서는,

ⓐ 핵가족화에 따른 고립화로 인해 전통적인 가족제도에서의 예의범절이나 양보심, 협동심을 체험하고 학습할 기회가 줄어들어 인간관계의 경시풍조, 자기중심적, 이기심적인 성격으로 형성되어 비행의 원인이 될 수 있게 되는 것이다.

ⓑ 자녀교육의 무관심으로 부모가 자녀에 대한 교육의 일관성이 없어져 교육의 내용의 차이와 명령위주의 일방적인 교육 또는 무관심의 이질감이 청소년들의 일탈현상을 만들게 하는 요인이 된다.

ⓒ 결함이 있는 가정으로는 다음과 같다.

- 부도덕한 가정.
- 결손가정.
- 갈등이 심한 가정.
- 빈곤 가정.
- 시설 가정.
- 기타 애정결핍 가정.

5. 사회 환경적 요인

사회는 그에 상응한 범죄를 갖는다는 말이 있듯이 범죄가 존재하지 않는 사회는 없다. 사회의 환경적 요인이 청소년 범죄에 미치는 영향은 매우 크다 볼 수 있다. 환경은 상호간에 많은 영향을 주고받기 때문에 청소년 상호간에도 영향을 미치는 것이다.

현대사회를 mass communication시대라고 말하듯 TV, 라디오, 신문, 잡지, 서적, 영화, 인터넷 등 우리는 통합된 환경의 시대에 살고 있다. 청소년의 범죄 혹은 비행에 있어서 자연스럽게 접할 수 있는 각종의 대중매체를 통한 정보물들이 역기능적 부분에서의 접촉은 일탈적 촉진작용을 할 수 있다.

6. 문화적 요인

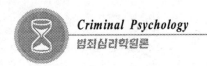

우리나라는 전통적인 유교적 윤리사상에 의한 가치규범과 행위규범이 뿌리 깊이 내려 형성된 동질적인 문화민족성을 가지고 있다. 숭고한 유교적 사상과 도의심, 사회적 가치 등은 외래문화의 무분별한 수용과 유입 등으로 한국 사회의 가치의식을 혼란으로 야기 시키고 있다. 우리의 고유문화는 외래문화로 인하여 갈등을 일으켜 청소년 비행의 증가현상도 가중되게 하는 현상도 있다.

7. 청소년범죄의 경향

소년화 경향

소년범죄자의 연령이 저연령화하는 경향을 의미한다. 과거와 달리 최근에 있어서 하이틴(18~19세)보다 로우틴(14~16세)의 소년범이 증가하고 있다는 것이다. 특히 살인, 강도, 강간, 방화 등 소년 강력범이 증가하고 있다고 경찰백서(2003)의 통계 자료에서 볼 수 있다.

보편화 경향

소년범죄자의 성분이 종래의 하류가정 출신자로부터 중류가정의 출신자가 많아져 가고 있음을 말한다. 중류가정 출신의 학생범죄가 증가하고 있는 사실은 소년비행의 경향이 보편화되고 있음을 보여주는 것이다.

지능화 경향

집단화 경향

조폭화 경향

소녀범죄화 경향

8. 청소년범죄의 예방대책

가정의 역할

소년 범죄자의 대부분이 가정의 문제로 인하여 가출도 하고 나아가 범죄에까지 이르게 되는 것이며, 어느 역할보다도 가정의 역할이 가장 중요하고 청소년 비행예방의 제1차적 책임과 의무가 있다. 가정에서 청소년 비행을 예방하기 위해서는 다음과 같은 점을 유의해야 할 것이다.

ⓐ 교육과 훈육에 있어서 일관성 유지.

ⓑ 자녀에 대해 편애 지양과 부부간의 애정표시 주의.

ⓒ 폭력물, 음란물 등의 시청을 주의하고, 방과 후에는 어머니가 집에 있는 것이 정서적으로 중요하다.

ⓓ 과다용돈 지급을 지양하고 부모가 자녀들의 가치관, 사고방식 등을 바르게 이해한다.

학교의 역할

입시위주의 주입식 교육을 지양하고 각자의 적성과 재능에 맞는 창의성 개발과 가치관 교육 등으로 균형 있는 성장과 발달을 기할 수 있는 다음과 같은 전인교육이 필요하다.

ⓐ 과밀학급을 해소하고 개별적인 접촉의 교육환경을 제고하여 사제 간에 충분한 대화 기회를 부여함으로서 학생들의 고민, 갈등, 교우관계 등의 문제 발생에 대해 사전에 예방하는 노력이 필요하다.

ⓑ 교내, 외의 생활지도 내실화로 문제 학생을 선도하고 학생들의 진로문제, 정서적인 문제 등 학생들이 안고 있는 각종 어려운 문제들을 들어주고 해결해 줄 수 있는 상담실 배치, 운영 등이 필요하다.

사회의 역할

ⓐ 청소년유해환경 제거 : 우리 사회의 환경은 감수성이 예민한 청소년들에게도 불법, 퇴폐, 변태영업을 그대로 노출시키고 있다. 청소년에게 주류 판매

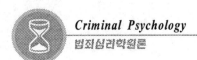

행위, 음란비디오 상영행위, 유흥주점, 단란주점에서 미성년자 출입묵인행위 등 청소년들의 비행과 범죄를 유발시키는 사회의 유해 환경의 만연으로 청소년 범죄예방을 기대하기가 사실상 어려운 실증이다. 이와 같은 사회적 환경문제는 정부의 강력한 단속 차원에만 의존하는 것보다 사회각계 각층, 소비자 보호단체, 여성단체, 청소년단체 등의 참여가 필요하다.

ⓑ Mass media의 교육적 기능강화 : Mass media는 청소년의 교육적인 면을 외면한 가운데 본질에서 벗어나 저속하고도 선정적인 내용을 제작, 출판, 방영함으로서 청소년들의 호기심, 모험심, 모방심을 자극하여 범죄의 수단과 기술을 가르쳐 주거나 범죄를 촉진시키는 기능을 하기도 한다. 따라서 선정적인 음란물, 폭력물에 대한 과감한 단속을 병행하여 각 단체별로 자율적인 노력이 요구된다.

ⓒ 불우청소년의 보호지원 : 소년, 소녀가장, 생활보호대상자 등 소외감을 갖기 쉬운 불우 청소년에 대한 정부와 사회각계단체는 이들에게 삶에 대한 의욕과 긍지를 갖도록 재정적 지원과 지속적인 관심을 깊은 애정으로 대하여야 한다.

9. 청소년자살

실태

자살은 10대 사인의 하나로 전 세계적으로 매일 천명 이상이 자살로 이어지고 있다. 우리나라의 경우, 지난 80년대 자살율이 인구 10만 명당 20.6명으로 10대 사인 중 9위를 기록한 일이 있고, 최근 들어 IMF 등의 경제적 어려움으로 10만 명당 25명으로 세계 6위의 자살국으로 기록되고 있다. 연령별 자살 분포를 보면 14~24세가 전체 자살 건수의 약 3분의 1을 차지하고 있어 발생률이 가장 높은 것으로 집계되고 있다.

자살의 원인

청소년의 자살행동은 일반적으로 가정불화, 신병비관, 생활 빈곤, 남녀관계, 학교문제 등에서 비롯된다고 알려져 있지만, 사실상 우리나라 청소년들의 자살 원인은 복합적인 성격을 띠고 있다. 특히 각종 스트레스로 인해 심리적 불안감을 자주 느끼고 살아가는 청소년들에게 부모의 일방적인 요구가 반복될 때 인생의 패배자란 생각을 굳혀 결국 자신의 행위가 어떤 결과를 가져오리라는 것을 알면서도 무력감 속에서 자실을 하게 된다. 즉 청소년들의 자살은 부모의 기대에 미치지 못하는 학업성적으로 인해 부모에 대한 죄책감과 자기 불신감에 따른 일종의 도피행위로 이루어지며, 부모의 지나친 간섭으로 표면화될 경우 일부 청소년들은 공격성을 외부로부터 자신에게 돌려 자살을 기도하게 되는 것이다.

자살예방책 및 지도방안

ⓐ 예방책 : 청소년 자신이 인생을 긍정적으로 보고 올바른 가치관을 갖고 생활할 수 있는 여건 조성이 급선무이고 학부모들은 자녀의 학업성적이 부진하더라도 개성을 개발하여 장려하는데 노력을 해야 할 것이다.

자살을 생각하는 청소년들은 대부분 특별한 징후를 보이기 때문에 부모들은 자녀의 행동을 유심히 관찰하여야 한다. 청소년의 자살 징후는 다음과 같은 내용으로 관찰할 수 있다.

- 자살이나 죽음에 대해 자주 이야기할 때 또는 갑자기 먹는 버릇이나 잠자는 버릇이 바뀌었을 때.
- 학교성적이 갑자기 떨어지고 이상한 행동을 자주할 때와 마약과 술을 상용할 때.
- 취미에 대한 관심이 떨어지고 갑자기 유머감각을 잃을 때, 또는 친구와 가족을 피하고 혼자 있기를 좋아할 때.
- 우울증과 같은 정신병이 일어날 때.

이상과 같은 증상을 발견하였을 때에는 자녀를 혼자 두지 말고 함께 대화를 나누며 자극하는 말을 삼가며 나름대로 장점들을 열거하여 칭찬도 해주고 필요시는 전문가와 상담을 통해서 그 방법을 찾도록 하여야 한다.

ⓑ 지도방법 :

• 자살기도를 발견하였을 경우에는 지속적인 관심과 애정을 기울려야 하며 제3자를 통한 해결방법을 활용한다.
• 자율적 문제해결능력과 독립심을 기르도록 한다.
• 원만한 가정 분위기를 조성하여야 한다.

10. 성범죄(sex offenses)

성범죄의 개념

성범죄에는 강간, 미성년자 간음(statutory rape), 성매매, 간통, 수간, 동성애(불법으로 규정하는 경우), 윤간(multiple rape), 근친상간(incest) 등이 포함된다(임상곤, 공안교정학의 이해, 백산출판사, 2003, pp. 151~153). 강간은 잘 드러나지 않는 범죄의 대표적인 예이다. 성폭행자의 상당수가 피해자와 아주 가까운 친구나 친지이고, 피해자가 신고하기를 주저하기 때문이다. 미성년자 간음이란 성인 남성(18세 이상)과 미성년 여성(16~18세)과의 성관계를 의미하는데, 미국에서는 미성년 여성이 자발적으로 성관계에 응했다 하더라도 상대방 성인 남성은 법적 처벌을 받는다. 우리나라에서도 청소년성보호법에 의해 남성을 처벌하고 있다.

그리고 우리나라의 강간범죄발생률은 미국에 이어 세계 2위에 올라 있으며, 특히 청소년 성폭행은 증가 일로에 있고 또한 질적으로도 흉포화 되고 있는 상태이다. 최근에는 아동성학대에 대한 관심이 높아지고 있다. 아동성학대는 아동을 상대로 한 성행위, 자위행위, 애무, 성기노출 등이 포함된다. 아동 성학대의 가해자 중 상당수가 가족이나 친척이라고 한다.

성폭력 증가에 따른 사회적, 심리적, 신체적 부작용은 심각한 것이다. 특히 성폭행을 피해자는 평생의 정신적 고통, 어린이 성추행에서 오는 어린이의 정신적, 인격적 파괴 등에 문제의 심각성이 있다. 청소년 성폭력의 특성은 약물남용상태에서 성폭행, 어린이 성폭행의 증가, 강간 후 살해의 흉포화, 집단화, 죄책감 결여 등이다. 성폭행의 피해 당사자는 상해, 임신 등 신체적 피해뿐만 아니라 정신질환, 자살 등 극단적인 후유증을 가져오는 경우도 있다(아래 표 참조).

[성폭력범죄 발생현황]

연도 구분	'93	'94	'95	'96	'97	'98	'99	'00	'01	'02
계	5,298	7,405	6,093	7,026	7,067	7,846	8,565	10,831	12,062	11,580
강간	5,298	6,173	4,844	5,580	5,627	5,978	6,395	6,855	6,751	6,119
성폭력 처벌위반		1,232	1,249	1,446	1,446	1,868	2,206	2,920	2,750	3,325
청소년의 성보호법 률에관한 법률								606	2,561	2,136

(주)

1. 청소년의성보호에관한법률위반 사건은 발효일인 2000. 7. 1부터 가산한 수치임.
2. 성폭력범죄의처벌및피해자보호등에관한법률위반 사건은 발효일인 1994. 4. 1부터 가산한 수치임.
3. 강간사건에는 형법상 강간과추행의죄의 장에 규정된 범죄행위가 모두 포함됨.

(경찰청, 2003경찰백서, p. 198)

성범죄의 원인

ⓐ 사회 환경적 요인 : 사회 환경으로서의 심각하게 지적되는 것은 성충동을 부추기는 사회의 향락문화이다. 향락, 퇴폐를 조장하는 잡지, TV광고, 인터넷 등이 있으며, 불법으로 유통되는 음란비디오, CD물, 외국의 음란 잡지류 등은 청소년들의 유해환경 작용을 하고 있음이 틀림없다.

ⓑ 가정 환경적 요인 : 청소년 성폭행의 또 다른 원인은 가정환경의 문제이다. 부모의 애정결핍으로 청소년들이 가정에 귀속감을 갖지 못해 그 보상을 가정 외부에서 찾다가 결국 성범죄에 빠지게 되는 경우가 허다하다. 정신의학적 분석에 의하면, 10대 성폭행자들은 공통적으로 유년기에 충분한

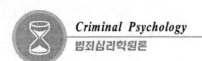

애정의 경험이 부족한 편이며, 특히 여성에 대한 분노, 혐오, 증오감에 차 있는 특성을 보인다. 또한 증가하는 가정 해체적 요인인 부부간의 불화, 가족의 무관심, 이혼, 별거, 사별도 청소년의 성폭행의 주원인이 되고 있는 형편이다.

ⓒ 성범죄의 지도방법 : 청소년들이 성지식을 습득하는 경로는 대부분 대중매체나 음란물들이기 때문에 이를 통해 청소년들은 불건전한 성지식을 습득하게 되며 또한 호기심 충족을 취한 범죄의 가능성이 깊이 내재되어 있어 부모를 통한 바람직한 성교육으로 이를 통제하여 건전한 가치관을 형성토록 해야 하겠다. 청소년의 건전한 지도방법은 다음과 같다.

• 성충동을 부추기는 향락매체에 대한 비판적 선별능력을 길러주기 위해 미디어 교육, 학교에서의 독서지도 및 문화교육을 적극 실시한다.
• 바람직한 성교육의 실시이다. 인체 생리학 관점에서의 피임, 성병, 성윤리관의 교육은 학교에서 담당하더라도 성교육의 주체는 부모가 되어야 한다. 자녀에 대한 부모의 충분한 이해를 위해서는 자녀의 사춘기 발달적 특성에 관한 정확한 지식이 요구된다.
• 청소년의 성폭력은 여성들에게 당면하는 고민거리의 하나로 성폭력 상황에 노출되지 않도록 노력하는 것과 이성 개개인이 성폭력의 위협에 직면했을 때 모면할 수 있도록 구체적인 지도가 이루어져야 한다.

ⓓ 성범죄의 예방책 :

• 남자들에게 유혹을 받았을 때 애매한 태도를 취하지 아니한다. 모르는 사람이 아무리 부드러워 보이고 친절하더라도 알지 못하는 차에는 타지 아니한다.
• 밤늦게까지 배회하지 않고, 축제나 미팅 등을 하더라도 일찍 귀가하고 갑자기 치한을 만났을 때는 가급적 빨리 그 장소를 피하는 것이 좋다.
• 역 대합실, 공원주변 등의 공중화장실 출입 시 주의하고 화려한 옷차림과 지나친 노출을 삼간다.
• 실내에 남녀 둘이 있는 것은 피하는 것이 좋으며, 치한으로부터 불의의 공격에 대한 방어로 기지를 발휘할 수 있도록 노력한다.

- 늦은 밤 유원지 등에 산책하는 행동을 삼가고 실내에서는 커튼을 치거나 불을 끄는 등 상대에게 성적 자극을 줄 염려가 있는 행위를 삼간다.
- 한적한 곳이나 야간의 골목길 등을 혼자서 배회하지 아니한다.

제2절 성매매

1. 성매매의 개념

매춘이 성을 상품화하여 판다는 면, 즉 성의 판매장인 여성만을 부각한다는 비판이 제기되면서 성을 사고판다는 의미를 강조하기 위해 매매춘이란 용어가 사용되기 시작했다.

[성매매 용어]

용 어	정 의	관 점	문 제 점
윤락	불특정인을 상대로 금품 기타 재산상의 이익을 목적으로 성행위를 하는 것(윤락행위등방지법)	도덕적	① 윤락은 성기 접촉에 의한 성행위에 한정 됨 ② 윤락여성이 성매매의 원인, 문제라고 인식 ③ 윤락여성을 성적으로 타락했다고 비 난, 낙인
매매춘	윤락과 동일한 의미나 사고파는 행위라는 것을 강조	경제적	① 많은 경우 윤락과 마찬가지로 성기 접촉에 의한 성행위에 한정시켜 사용 ② 사고파는 사람 중심으로 정의하여 이 를 가능하게 하는 중간 매개자를 보이지 않게 함
성매매	인간의 신체와 감정이 성상품화 되고 있음을 가시화	사회, 문화적	

(여성특위, 1999)

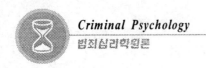

최근 들어 여성계는 매매춘도 문제가 있다고 판단하여 매매춘 대신 성매매란 용어를 사용하고 있다. 여성계에서 기존의 윤락(우리나라에서 매춘의 법적 용어는 윤락행위등방지법에서 보듯이 윤락이다)이나 매춘, 매매춘 대신 성매매란 용어를 사용하는 데는 이유가 있다. 즉, 윤락은 성기 접촉에 의한 성행위에 한정되고, 윤락여성이 성매매의 원인이라고 인식하며, 윤락여성을 성적으로 타락했다고 비난하고, 낙인을 찍는다. 매매춘도 윤락과 마찬가지로 성기 접촉에 의한 성행위에 한정시켜 사용하고, 사고파는 사람을 중심으로 정의하여 이를 가능하게 하는 중간 매개자를 보이지 않게 하는 문제점이 있다. 따라서 인간의 신체와 감정이 상품화되고 있음을 가시화하는 데는 성매매란 용어가 적절하다는 것이다.

2. 성매매의 동기와 과정

빈곤

성매매의 가장 큰 동기는 빈곤으로 볼 수 있다. 가난이 여성들을 성매매에 나서게 만든다는 것인데, 이런 사실은 실증적인 연구를 통해서 보고된 바 있다.

아동기의 성학대 경험

아동기의 성학대 경험으로서 성폭행이나 기타 성적으로 피해를 입은 경험이 있는 여성일수록 성매매 여성이 될 가능성이 높다.

외로움

결손가정이나 기능이 손상된 가정에서 성장한 경우 부모로부터 소외감을 느끼고, 아버지에 대한 적대감을 키우게 된다. 이런 경험을 가진 여성일수록 성매매의 여성이 될 가능성이 크다.

청소년비행

청소년기에 비행을 저질러 부모나 교사로부터 문제아로 낙인찍힐 경우 성매매 여성으로 전락할 가능성이 높다.

접촉차이

성매매 여성을 친구나 친척으로 둔 경우 성매매가 쉽게 돈을 버는 한 방편이 된다는 점을 배우게 되어 자신도 성매매를 직업으로 선택하게 되는 경우가 많다.

약물복용

일부 여성들은 약물을 구입하기 위해 성매매를 하고 있는 경우도 있다.

다음으로는 성매매 여성으로 가는 과정으로 일정한 단계가 있다는 가설의 단계를 살펴보면,

제1단계

10대 중후반의 청소년이 남자친구들과 성관계를 맺는데, 이것이 성매매의 첫 번째 단계가 된다. 주로 쾌락을 얻거나 남자친구의 관심을 끌기 위해 성관계를 맺는다. 성을 일종의 모험으로 간주하고, 이러한 단계를 넘어서면, 성의 동기가 이득을 얻기 위한 것으로 바뀐다.

제2단계

파트타임으로 성매매를 하는 과도기적 단계로서 성매매의 동기가 돈을 벌기 위해서, 외로움에서 벗어나기 위해서, 꼬임에 빠져서 등 다양하다. 이 단계에서 고객의 성적 요구에 대한 대응방법, 경찰에 대한 대처방법, 돈 없는 고객을 다루는 방법 등을 알게 되고, 성매매의 새로운 동기를 찾게 된다.

제3단계

성매매를 하나의 직업으로 인식하는 단계이다. 일부는 여전히 성매매를 일시적인 일이라고 간주하지만, 대부분은 성매매를 풀타임의 일자리로 생각한다는 것이다.

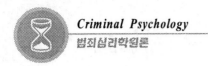

3. 새로운 성매매로서의 원조교제

원조교제란 용어의 발생지는 일본으로서 미성년 여성이 성인 남성의 원조(용돈이나 선물의 형태)를 받는 대신 교제(술좌석이나 놀이에 동행하기, 신체접촉, 성관계 등)를 해주는 것을 말한다.

미성년 여성과 성인 남성 사이의 성거래, 즉 청소년 성매매는 새로운 현상도 우리나라에 국한된 현상은 아니다. 고대의 왕이나 귀족들이 미성년자와의 성관계에 탐닉했다는 기록은 많이 남아 있으며, 최근에도 서유럽의 성인 남성들이 아시아, 남미로 미성년자 성매매를 위해 섹스관광을 다니고 있는 실증이다.

원조교제의 가장 큰 원인은 소비풍조의 만연으로 볼 수 있다. 미성년자들도 고가의 브랜드 상품을 선호하면서부터 그 비용을 마련하기 위한 방편으로서 원조교제에 나서게 되는 것이다. 또한 컴퓨터 통신망이 발달되면서 은밀하게 상대방을 찾기가 용이해진 것도 한 요인이 되고 있다하겠다.

4. 청소년 성매매에 대한 대책

우리나라에 원조교제가 확산되자 정부는 '청소년성보호에관한법률'을 제정(2000. 7)하여 청소년 대상 성 범죄자를 형사 처벌할 수 있도록 하였다. 이 법에 의하면, 청소년의 성을 사는 행위를 한 자(성 매수자)는 물론, 업주 등 관련자(영업으로 청소년의 성을 사는 행위의 장소를 제공하거나 알선한 자, 자금, 토지, 건물 등을 제공한 자, 청소년에게 성매매를 하도록 유인, 권유, 장소제공, 알선한 자), 음란물 관계자(청소년 이용 음란물을 제작, 배포, 상영한 자), 인신매매자(성매매 및 음란물 제작의 대상이 될 것을 알면서 청소년을 국내외에 매매 또는 이용한 자), 성폭력자(여자 청소년에 대하여 강간, 준강간의 죄를 범한 자, 남녀 청소년에 대하여 강제추행, 준강제추행의 죄를 범한 자)까지 처벌하고(성매수자는 3년 이하의 징역 또는 2천만 원 이하의 벌금, 업주는 5~15년 징역, 인신매매자는 무기 또는 5~15년 징역, 강간, 준강간의 경우는

5~15년 징역), 신상공개까지 하도록 되어 있다(아래 표 참조).

[청소년성보호에관한법률의 처벌 내용]

구 분	행 위 유 형	법 정 형	공개여부
성매수자	청소년의 성을 사는 행위를 한 자	3년 이하의 징역 또는 2천만 원 이하의 벌금	신상공개
업주 등 관련자	영업으로 청소년의 성을 사는 행위의 장소를 제공하거나 알선한 자, 자금, 토지, 건물 등을 제공한 자	5~15년 징역	신상공개
	폭행, 협박, 선불금 등 채무, 업무, 고용관계 등을 이용하여 청소년에게 성매매를 강요한 자	3~15년 징역	신상공개
	청소년에게 성매매를 하도록 유인, 권유, 장소제공, 알선한 자	5년 이하의 징역 또는 3천만 원 이하의 벌금	
음란물관계자	청소년 이용 음란물을 제작, 수입, 수출한 자	5~15년 징역	신상공개
	영리 목적의 청소년 이용 음란물을 판매, 대여, 배포, 상영한 자	7년 이하의 징역	
인신매매자	성매매 및 음란물 제작의 대상이 될 것을 알면서 청소년을 국내외에 매매 또는 이용한 자	무기 또는 5~15년 징역	신상공개
성폭력자	여자 청소년에 대하여 강간, 준강간의 죄를 범한 자 등	5~15년 징역	신상공개
	남녀 청소년에 대하여 강제추행, 준강제추행의 죄를 범한 자	1년 이상의 유기징역 또는 5백만 원 이상 2천만 원 이하의 벌금	신상공개

신상공개는 범죄자의 성명, 연령 및 생년월일, 직업, 주소(시, 군, 구까지), 범죄사실의 요지를 관보에 게제하고, 정부종합청사 및 특별시, 광역시, 도의 본청 게시판에 1개월간 게시하며, 청소년보호위원회 인터넷 홈페이지(http://www.youth.go.kr)에 6개월간 게재한다. 이를 보면, 이 법의 제정 목적이 청소년의 성을 매수한 사람과 알선한 사람을 엄중 처벌(금고형에다가 신상공개까지)함으로서 청소

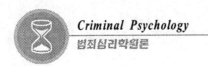

년 성매매(원조교제)의 확산을 억제하는 데 있음을 분명히 알 수가 있다(아래 표 참조).

[연도별 성폭력 피해자의 유형 및 연령]

(단위 : 명)

연도	계	피해자유형			피해자연령			
		강간	성추행	기타	유아 7세미만	어린이 7~13세	청소년 14~19세	성인 20세 이상
1998	24,788	8,317	5,419	11,052	1,048	2,371	7,573	13,796
	100%	33.5%	21.9%	44.6%	4.2%	9.6%	30.6%	55.6%
1999	26,607	9,062	7,929	9,616	1,315	2,718	5,798	16,769
	100%	34.1%	29.8%	36.1%	5.0%	10.2%	21.8%	63.0%
2000	28,670	9,316	9,049	10,305	1,226	2,414	7,156	17,874
	100%	32.5%	31.6%	35.9%	4.3%	8.4%	25.0%	62.3%
2001	19,580	5,893	4,837	8,850	613	1,517	4,940	12,510
	100%	30.1%	24.7%	45.2%	3.1%	7.8%	25.2%	63,9%

(여성부, 2001)

[성폭력 가해자 유형]

(단위 : 명)

구분	계	1999	2000	2001(1~6월)
계	74,857	26,607	28,670	19,580
근친, 친척 등	9,613	3,095	4,023	2,495
친구, 직장동료	15,748	5,762	6,302	3,684
교사, 강사	2,179	865	844	470
이웃	7,735	2,644	2,890	2,201
낯선 사람, 기타	39,582	14,241	14,611	10,730

(여성부, 2001)

[시, 도별 성폭력 상담소 설치현황]

(단위 : 개소)

구 분	계	서울	부산	대구	인천	광주	대전	울산	경기	강원	충북	충남	전북	전남	경북	경남	제주
상담소 (장애인 상담소)	92 (7)	9 (2)	5 (1)	5 (1)	3	4	2	4	20 (1)	6	4	5 (1)	11 (1)	2	5	5	2

(여성부, 2001)

5. 성희롱(sexual harassment)

성차별 현상으로서 성희롱이 주목을 받고 있다. 성희롱은 반복적이고, 원치 않는 성적접근(repeated and unwanted sexual advances)으로 정의되고 있으며, 그 피해자는 거의 대부분이 여성들이다.

사실 성희롱은 매우 오래된 문제이다. 고대 노예사회에서나 봉건사회에서 여자노예나 하녀는 주인의 성적 노리개가 되었으며, 주인의 성희롱을 거절할 수가 없었다. 그리고 성희롱은 어디에서나 발생한다.

다만 남성이 여성을 감독하거나 감시하는 위치에 있을 때 문제로 표출하기 쉬울 뿐이다. 미국의 경우 성희롱은 직장은 물론 대학사회에서 교수, 학생 간에도 빈번하게 발생하고 있다.

성희롱은 원하지 않는 성적 접근이라는 점에서 남녀 간의 희롱(flirtation), 감언(flattery), 데이트 신청, 기타 직장에서 캠퍼스에서 발생하는 용납될 만한 행동과는 분명히 다르다.

또한 반드시 물리적인 강제가 행사되어야 하는 것도 아니다. 가해자가 자신의 경제적, 학문적 지위를 이용하여 피해자에게 영향을 주려 하는 것이 성희롱인 것이다(아래 표 참조).

[성희롱 유형과 내용]

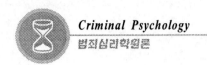

유 형	내 용
언어적 성희롱	• 성적암시 • 시사적 코멘트 • 옷, 신체 또는 성행위에 관한 성적인 언급 • 성차별적인 모욕, 농담 및 언급 • 개인의 직급과 직무와 관련된 암시적 또는 언어적 위협 • 성적 제안, 초대 또는 압력 • 일자리를 제공하며 성관계를 요구
비언어적 성희롱	• 성의 시각적 표현 • 신체적 언어 • 암시적인 휘파람 • 순간적인 치부 노출 • 음란한 몸짓 • 성차별적인 편애행동
신체적 성희롱	• 페팅(patting), 꼬집기(pinching), 기타 부적절한 신체접촉 또는 느낌 • 브래지어 잡아채기 • 신체 스쳐 지나가기 • 움켜쥐기 또는 더듬기 • 키스 또는 뒤에서 껴안기 또는 미수 • 강압적인 성관계 • 강간 또는 강간미수

(Zastrow, 2000. p. 188 내용의 글을 표 함)

우리나라 경우 남녀 성차별을 규제하기 위한 법률인 '남녀고용평등법'에서는 성희롱을 '사업주 상급자 또는 근로자가 직장 내 지위를 이용하거나 업무와 관련하여 다른 근로자에게 성적인 언어나 행동, 또는 이를 조건으로 고용상 불이익을 주거나 성적 굴욕감을 유발하여 고용환경을 악화시키는 것'이라고 규정하고 있다.

성희롱(위 표에서 참조)은 언어적 성희롱, 비언어적 성희롱 및 신체적 성희롱의 세 가지의 유형으로 분류되며, 그 내용도 단순한 성적 암시에서부터 강간에 이르기까지 매우 다양하다.

'남녀고용평등법'에 따라 노동부는 '직장 내 성희롱 예방지침'을 마련하였는데, 거기에는 성희롱을 다음 표와 같이 규정하고 있다. 대체로 미국에서 통용되고 있는 성희롱의 유형 내용과 비슷한데, 다만 언어적 행위 중 회식자리 등에서 무리하게 옆에 앉혀 술을 따르도록 강요하는 행위는 다분히 한국의 성차별적 직장문화를 반영하고 있다.

[우리나라 직장 내 성희롱 예방지침(노동부)에 규정된 성희롱의 유형과 내용]

유 형	내 용
언어적 행위	• 음란한 농담이나 음담패설 • 외모에 대한 성적인 비유나 평가 • 성적 사실을 묻거나 성적인 내용의 정보를 의도적으로 유포하는 행위 • 성적 관계를 강요하거나 회유하는 행위 • 음란한 내용의 전화통화 • 회식자리 등에서 무리하게 옆에 앉혀 술을 따르도록 강요하는 행위
시각적 행위	• 자신의 성기 등 특정 신체 부위를 고의적으로 노출시키거나 만지는 행위 • 외설적인 사진, 그림, 낙서, 음란물 등을 고의적으로 게시하거나 보여주는 행위 • 직접 또는 팩스나 컴퓨터 등을 통해 음란한 편지, 사진, 그림을 보내는 행위
육체적 행위	• 입맞춤, 포옹, 뒤에서 껴안기 등의 신체적 접촉 • 가슴, 엉덩이, 등 특정 신체 부위를 만지는 행위 • 안마나 애무를 강요하는 행위
기타	• 사회통념상 성적 굴욕감을 유발하는 것으로 인정되는 언어나 행동

다음으로 성희롱의 실태에 대한 정확한 자료는 없다. 그렇지만 1999년 7월부터 시행된 '남녀차별금지및구제에관한법률'에 따라 설립된 '남녀차별신고센터'와 민간단체인 '고용평등상담실'(1998년 1월 전국 지방노동관서 46개소에 설치된 '여성차별해고신고창구'를 2000년 5월 '고용평등사무실'로 명칭 변경. 또한 한국노총, 한국여성민우회 등 10개 민간단체에도 고용평등상담실을 설치, 2001년도에는 여성근로자 밀집지역에 5개소 추가 설치)에 신고, 접수, 처리된 성차별 사례를 통해 간접적이나마 그 실태를 파악할 수 있다.

그리고 고용평등상담실에 접수된 사례에서도 성희롱이 가장 많았다. 2001년의 경우 전체 상담건수 10,061건 중에서 성희롱이 1,340건으로 기타를 제외하고

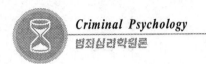

는 큰 비중을 차지하고 있다(아래 표 참조).

[남녀차별신고센터 남녀 차별사항 접수, 처리현황(2001년 1~12월)]

(( )은 2000년 이월사건)

구 분		계	고 용	교 육	재화 등	법, 정책	성희롱	기 타
접 수		297	131	3	4	8	142	9
처리	계	331(34)	150(19)	4(1)	4	10(2)	153(11)	10(1)
	시 정 권 고	36(1)	2	1	0	0	33(1)	0
	의 견 표 명	2(2)	1(1)	0	0	1(1)	0	0
	기 각	12(3)	4(1)	0	1	0	6(2)	1
	조 정	0	0	0	0	0	0	0
	합 의	1(1)	1(1)	0	0	0	0	0
	조사 중 시정	58(7)	12(4)	2	1	2	40(3)	1
	취 하	111(4)	84(3)	0	2	2	19	4(1)
	조 사 불 응	24(10)	16(8)	0	0	0	8(2)	0
	조 사 제 외	2(3)	7(1)	0	0	0	20(2)	2
	이 송	13(2)	2	1(1)	0	4(1)	5	1
	처 리 중	45(1)	21	0	0	1	22(1)	1

(여성부, 2001)

제3절 특수한 범죄

1. 피해자 없는 범죄 (crimes without victims, victimless crime)

범죄에는 특수한 문제들도 있다. 부도덕한 행위(vices)와 풍속범죄(folk crime)가 그것이다. 부도덕한 행위와 풍속범죄란 법에 금지되어 있으나 많은 사람들이 범죄가 아니라고 생각하는 행위(noncriminal)를 말한다. 일명 피해자 없는 범죄라고도 한다.

부도덕한 행위와 풍속범죄의 특징은 상대적으로 사소하고, 사회적으로 잘 드러나지 않으며(socially less visible), 대수롭지 않은(inconsequential) 범죄라는데 있다. 그러나 이러한 범죄는 광범위하게 발생하며, 발생률은 대도시일수록 높다.

풍속범죄는 더욱 분업화하고 복잡해지는 현대사회에서 봉착하게 되는 문제를 스스로 해결하려다 발생하는 범법행위로서 법률적이기보다는 사회학적으로 정의된다. 범법행위가 분명하지 않으며, 동일한 행위라도 학자, 국가, 지역별로 상이하게 규정되기도 한다. 풍속범죄의 예로는 교통법규위반, 실업수당 사취(chiseling, 잔꾀), 사업 또는 상거래상의 법규위반 등을 들 수 있다.

풍속범죄의 특징은 중간층 또는 상층 계층이 주로 범하며, 이에 대한 사회적 반응은 제법 클 수도 있으나, 사회적 낙인(오명)은 그리 크지 않다는 데 있다. 그리고 처벌이 종종 법정 이외의 곳에서 취급되기도 한다.

부도덕한 행위란 특별한 피해자나 희생자 없이 행위자 자신에게만 해로운 행위로서 절실히 요구되지만 불법인 상품이나 서비스를 구매하려는 매우 자발적인 행위를 말한다. 성매매(매매춘), 동성애, 약물남용, 알코올중독, 도박, 포르노그래피 등이 여기에 해당한다.

부도덕한 행위의 이런 성격 때문에 이에 대한 법률적 처벌이 문제해결에 과연 도움이 되는가 하는 것이 항상 쟁점이 된다. 다시 말해, 합법화, 탈범죄화하는 것이 문제해결의 지름길이라는 주장이 있으며, 그 근거는 다음과 같다.

① 희생자가 없고 사회적 해악을 유발하지 않는다.
② 행위자 자신이 동의한 행위이다. 즉, 제공자와 구매자 간의 은밀한 합의에 의해 거래가 이루어지며 따라서 적발이 어렵다.
③ 처벌 시 하위문화(subculture)가 형성되며 이는 오히려 사회에 유해하다.
④ 법적 처벌이나 규제가 부정기적이고 일관성이 결여되어 있다. 이는 법에 대한 시민의 신뢰를 손상시킨다(예: 일제 단속과 그것의 교묘한 회피).
⑤ 구매력이 높은 상품과 서비스를 불법화할 때 조직범죄 집단이 개입하는 지하시장(black market)이 발달할 수밖에 없다.

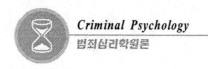

⑥ 지하시장과 연결된 경찰의 부패를 가져온다.

2. 화이트칼라 범죄(White collar criminality)

화이트칼라범죄란 사업과 관련된 범죄(Edwin Sutherland)로서 사회적 지도층이 범하는 범죄 또는 사회적으로 존경받는 직장인이 직무수행과정에서 범하는 범죄행위를 말한다. 공금유용, 공무원 뇌물수수, 탈세, 상품의 질 조작, 재산의 허위신고, 주식거래의 부정, 허위광고 등이 여기에 속한다. 그러나 법을 어기지 않아도 사회적으로 해로운 화이트칼라의 범죄적 행위도 있으므로(법의 취약점을 악용한 범죄) 개념규정이 애매한 면이 있다.

화이트칼라 범죄는,

① 통상적인 범죄의 원인이론으로는 설명이 곤란한 상위계층이 저지르는 범죄.

② 재산과 관련된 범죄로서, 직업에 대한 전문지식이 필요하고 냉철한 계획과 타산 하에 실행된다.

③ 범죄의 피해자는 일반시민이다.

④ 발생건수는 높은데도 불구하고 검거나 적발건수는 매우 낮은 숨겨진 범죄(hidden crime)로서 특히 한국의 경우 조직 내에서 개인보다는 동료 간의 인화를 중시하기 때문에 더욱 노출이 안 되고 있다.

⑤ 조인시하기보다는 불행한 처지에 빠진 사람으로 동정하기도 하고, 사회적 비난 정도도 약하다.

⑥ 사회적 세력관계의 영향이 크다는 것(상위계층간의 학연과 혈연, 기업과 정부의 유착, 유능한 변호사의 기용 등) 등의 특징이 있다.

그리고 화이트칼라 범죄는 도덕성의 문제가 있다. 화이트칼라 범죄는 산업화와 관료화에 따른 신종범죄로서 사회적 피해의 크기에 비해 도덕적 유책성은 매우 희박하며, 따라서 성행하는 추세에 있다. 상습적 재범률이 높고, 실제 범죄

발생률이 높으며, 유죄판결을 받더라도 개인에게 응분의 보상이 주어지고, 법체계와 법의 운용자들은 가볍게 본다는 점에서 소매치기와 같은 전문절도범과 유사하다고 볼 수 있다.

그러나 개인의 이익을 위한 부정부패의 행위와 조직을 위한 희생적(반사회적 행위지만 자신이나 조직의 책임자로서는 조직을 위한 행위) 행위를 단지 화이트칼라가 저지르는 범죄라 하여 동일범주로 취급하기는 곤란하다.

3. 스토킹범죄(stalking crime)

최근 들어 새로운 범죄의 하나로 등장한 것이 스토킹이다. 스토킹은 자신이 점찍은 상대에게 일방적이고 병적으로 집착해 따라다니는 행위를 말한다. 스토킹의 사전적 의미로는 적이나 먹이에 살며시 다가가다, 흔적을 남기다, 사냥감을 찾아다니다 등이다. 스토킹을 법적으로 규제하고 있는 미국 California 법에 의하면, stalking은 의도적, 악의적, 반복적으로 타인을 치근거림 혹은 괴롭히는 행위(willfully, maliciously and repeatedly following and harassing another person)로서 stalking은 당하는 사람이 치근거림과 괴롭힘 때문에 신체안전과 생명에 대한 공포를 느끼는 상태를 말한다.

스토킹은 성적 공격과 비교해서 신체적 피해의 면에서는 그 정도가 약하지만, 정신적인 면에서는 피해자에게 깊은 상처를 주고, 방치하는 경우 성적 공격으로 나아갈 수 있는 위험이 있다는 점에서 결코 무시할 수는 없다. 또한 최악의 경우 살인까지 이르는 망상범죄의 일종이다. 미국의 경우 20만 명에 달하는 스토커가 있고, 매년 170만 명이 스토킹 피해를 보고 있다는 신문보도가 있었다(중앙일보, 1999. 12. 8.). 우리나라는 아직 스토킹을 법적으로 명확하게 규정하고 있지는 않다. 그러나 stalker가 존재하고 있고, 또 그들로부터 피해를 보는 사람들이 있으므로 범죄구성요건은 갖추었다고 볼 수 있을 것이다.

1) 스토커의 유형

무해형

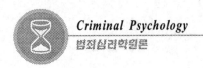

일방적으로 사랑하는 대상을 상상하면서 마음을 태우지만 그 상대와의 구체적인 교류는 거의 없다. 미화된 상대방을 사랑하는 자신을 사랑하는 타입으로 관념적인 사랑을 즐긴다고 본다. 나르시즘의 일종으로서 상대방의 집 현관이나 학교 책상 속에 몰래 편지를 넣어두는 행동이 여기에 속한다. 상대방으로부터 미움을 받더라도 상대방을 일편단심 사랑하는 것도 이런 유형에 속하는 것이다.

좌절애형

스토커와 그 상대방이 일정기간 동안 교류가 있었지만, 상대로부터 관계를 청산하자는 말을 들은 이후부터 스토킹이 시작된다. 애정관계의 지속을 간절히 바라며 상대방에게 집착을 한다. 좌절이 깊을 경우 상해, 강간, 살인에 이를 수도 있다.

파혼형

좌절애형과 유사하지만, 스토커와 사실상 또는 법률상 혼인관계에 있었던 경우로서 한 쪽이 미련이 남아 있어 파경 후 갈등이 심각하다. 살인을 저지르는 경우도 있다.

스타 스토커형

비틀즈 멤버였던 존 레넌과 패션 디자이너 지아니 베르사체, 미국 여배우 레베카 쉐퍼 등 유명인사의 살해사건과 테니스 선수 모니카 셀레스, 프로 농구선수 데니스 로드맨, 프로골프 타이거 우즈 등에 대한 폭행사건과 같이 대중적 스타를 병적으로 짝사랑한 사람이 저지르는 행위이다. 자신이 좋아하는 유명인사에 접근했다가 거부당했을 때 사랑이 원한으로 변해 공격적이 되는 경우를 말한다. 유명 인사를 표적으로 삼아 매스컴에 보도되면 자신도 유명인사가 될 수 있다고 생각하는 경우도 있다. 미국 캘리포니아 주는 1990년 전술한 레베카 쉐

퍼의 스토킹 살해사건을 계기로 스토킹방지법을 제정하였으며, 그 후 48개 주로 확산된 바 있다.

상위층 스토커형

의사, 교수, 회사간부 등 사회적 지위가 높은 사람에 대한 스토킹이다. 대부분 하위계층에 속한 사람이 사회적 지위가 높은 사람으로부터 무시당했을 때 이러한 행동을 보인다.

2) 스토킹의 실태

1998년 정신과 의사인 이시형교수가 20~30대 여성 1,327명과 남녀 연예인 106명을 대상으로 조사한 바에 따르면, 일반여성의 30%, 연예인의 41.5%가 스토킹의 피해를 본 경험이 있는 것으로 나타났다. 스토커의 수는 일반 여성의 경우 1명이 44.8%, 2명이 36.8%, 3명이 12.5%, 10명 이상이 1%, 연예인의 경우 10명 이상이 44.4%나 되었다. 일반 여성의 경우, 스토커가 선후배, 동료 등 평소 알고 있던 사람이 55%나 된다. 스토킹의 유형은 구애전화 또는 음란전화 등 전화폭력이 71%(연예인 77.5%), 지속적으로 따라다님 45%(연예인 41%), 집이나 직장 앞에서 기다림 41%(연예인 43.2%), 껴안기, 치근거림 26%(연예인 43.1%), 선물공세 20%(연예인 31.8%), 신체적 폭행이나 감금 3%(연예인 2.3%)로 나타났다. 그리고 스토킹의 피해는 비슷한 사람을 보거나 전화 벨 소리에 놀란다 50%, 혼자 있거나 외출할 때 두려움을 느낀다 29%, 불면증에서 시달린다 14%. 치료를 받을 정도로 심각한 경우 1%였다. 스토킹의 기간은 2~6개월이 가장 많은 24.8%, 7~12개월 19%, 1년 이상이 7.5%로 나타났다.

우리사회에는 열 번 찍어 안 넘어가는 나무가 없다는 식의 스토킹을 미화하는 분위가 있어 스토킹 범죄가 발생할 소지가 있는데 반면, 나타나지지 아니한 스토킹의 피해자가 많을 것으로 본다(1999년 12월에는 스토킹 살인사건도 발생했다. 충북 청원에서 20대 여성을 1년 동안에 걸쳐 결혼해 줄 것을 요구하던 30대 스토커가 상대방으로부터 거절당하자 흉기로 살해한 사건이 그것이다(중앙일보, 1999. 12. 8.)).

3) 사이버 스토킹

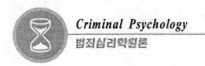

인터넷에서 스토킹 상대방에 관한 정보를 올려놓음으로서 다수로부터 괴로움을 당하도록 하는 행위로서 최근 인터넷의 확대와 더불어 발생하고 있다.

사이버스토킹은(온라인 스토킹)은 일반 스토킹(오프라인 스토킹)과 유사한 점도 있지만, 다른 점도 있다. 유사한 점은 다음과 같다.

ⓐ 대다수 사건들이 과거에 친했던 사람에 의한 스토킹.
ⓑ 대부분의 피해자가 여성들이고, 상대의 스토커는 남성이다.
ⓒ 스토커들은 일반적으로 피해자를 통제하고자 하는 욕망에 의해 동기유발이 된다.

다른 점은,

ⓐ 오프라인 스토킹은 일반적으로 일정한 지역적 한계 내에서 발생하지만, 사이버 스토킹은 지역과 국경을 넘어 발생할 수 있다.
ⓑ 전자통신기술은 사이버 스토커가 직접 가해하지 않고서도 제 삼자를 이용하여 피해자를 괴롭히거나 위협하는 것이 가능하다.
ⓒ 전자통신기술은 또한 괴롭힘과 위협에 대한 장벽을 더 낮춘다. 사이버 스토커는 피해자를 물리적으로 대면할 필요가 없는 것이다.

제4절 아동학대

1. 아동학대의 개념

아동학대(child abuse)라 하면 아동에 대한 신체적인 가해만을 생각하기 쉽다. 즉, 아동학대를 ‘의도적인 또는 의도를 가진 것으로 간주되는 아동에 대한 신체적 가해행위'로 정의하는 것이 그것이다. 이러한 정의에 따르면, 매질에서 살해까지 아동학대에 포함된다.

아동학대의 유형은 보건복지부가 규정한 아동학대 관리지침에 잘 나타나 있다. 거기에 따르면, 아동학대란 '보호자를 포함한 성인에 의하여 아동의 건강, 복지를 해치거나 정상적 발달을 저해할 수 있는 신체적, 정신적, 성적 폭력, 가혹행위 및 아동의 보호자에 의하여 이루어지는 유기와 방임'을 말한다. 아동에 대한 신체적 학대는 물론 정신적, 성적 학대 및 유기와 방임(neglect)까지도 아동학대 속에 포함시키고 있다.

아동학대의 유형을 살펴보면,

신체적 학대

보호자가 아동에게 신체적 손상을 입히거나 신체적 손상을 입도록 허용한 우발적 사고를 제외한 모든 행위를 포함한다. 신체적 손상이란 구타나 폭력에 의한 멍이나 화상, 골절, 파열, 기능손상 등을 말하며 또한 충격, 관통, 열, 화학물질이나 약물과 같은 다른 방법에 의해서 발생한 손상을 말한다. 12개월 이하의 영아에게 가해진 체벌은 학대로 간주한다.

정서적 학대

아동에게 가해진 신체적 구속, 억제 혹은 감금, 언어적 또는 정서적 위협, 기타 가학적 행위를 포함한다. 아동의 인격, 존재, 감정이나 기분을 심하게 무시하거나 목욕하는 행위, 명백하게 아동에게 가해진 잔혹하고 학대적인 부당한 대우를 포함하여 신체적 혹은 성적학대에 대한 위협이나 위해행위, 고의적 반복으로 아동에게 의식주를 제공하지 않는 행위, 아동에게 부당한 노동을 강요하거나 상업적으로 아동을 이용하는 행위를 말한다.

성 학대

성기나 기타의 신체적 접촉을 포함하여 강간, 성적행위, 성기노출, 자위행위, 성적유희 등 성인의 성적 충족을 목적으로 아동에게 가해진 신체적 접촉이나 상호작용을 말한다.

방임

보호자가 고의적 반복으로 아동에 대한 양육 및 보호를 소홀히 하여 아동의 건강이나 복지를 해치거나 정상적인 발달을 저해할 수 있는 모든 행위를 말하며, 방임에는 의료적 처치의 거부 등 신체적 방임, 유기, 장시간 아동을 위험한 상태로 방치하는 등의 부적절한 감독, 교육적 방임, 정서적 방임 등이 있다.

아동학대의 원인으로는 여러 가지가 있는데, 그 원인은 다음과 같다.

① 가해자의 개인적 요인으로서 자신도 아동기에 학대를 경험했거나 부모의 상실, 가족의 붕괴 등 가족해체를 경험했거나 하는 경우이다. 다시 말해서, 낮은 자존심, 의존성, 좌절, 정서적 박탈, 충동성, 고독감, 고립, 엄격성, 아동에 대한 비현실적 기대 등 가해자의 심리적 특성과 성격구조의 결함이 원인이 된다는 것이다.

② 가족적 요인으로서 가족의 역동성에서 아동학대의 원인을 찾는다. 결손가족의 경우 부 또는 모가 자신의 역할을 제대로 수행할 수 없을 때 스트레스를 받아 아동을 학대하게 되는 것을 말한다.

③ 사회심리학적 요인으로서 가족의 낮은 사회경제적 지위, 직업불만, 가정불화, 사회적 고립, 가족의 역기능 등에서 아동학대의 원인을 찾는다(가장의 실업으로 인한 스트레스나 부부갈등이 아동학대의 원인이 될 수 있는 것처럼).

④ 문화적 요인으로서 폭력이나 체벌에 대한 사회의 일반적 태도가 관대하다면 아동에 대한 학대를 용인하게 될 가능성이 높다.

2. 아동학대의 실태

우리나라 아동학대의 수는 약45만 명 정도로 추산을 하고 있다. 이 수치는 보건사회연구원이 1998년에 발표한 가구당 아동학대 발생률(2.6%)에 전체 아동수를 곱하여 추정한 것인데, 아동학대 긴급신고전화 1391을 통해 신고 접수된 4,133건 중에서 실제로 아동학대 사례로 판정된 건수인 2,105건의 무려 약 200배에 달한다(아래 표 참조).

[잠재 학대가구 수 및 학대아동 추정(2001)]

잠재학대 가구 수	잠재학대아동 추정 수	1391 신고접수	아동학대 판정사례	아동천명당 아동학대 신고건수	아동천명당 아동학대 판정건수
374,175	449,010	4,133	2,105	0.35	0.18

(보건복지부, 2002)

[지역별 1391 신고 접수]

(단위 : 수(%))

구 분	아동학대 신고접수	일반상담 신고접수	전 체
서울(시립)	508(87.4)	73(12.6)	581(100.0)
서울(동부)	233(82.3)	50(17.7)	283(100.0)
부산	65(40.0)	98(60.0)	163(100.0)
대구	96(45.1)	117(54.9)	213(100.0)
인천	139(65.6)	73(34.4)	212(100.0)
광주	84(19.7)	343(80.3)	427(100.0)
대전	215(93.1)	16(6.9)	231(100.0)
울산	101(65.6)	53(43.4)	154(100.0)
경기	354(86.8)	54(13.2)	408(100.0)
강원	125(40.7)	182(59.3)	307(100.0)
충북	194(72.9)	72(27.1)	266(100.0)
충남	84(66.1)	43(33.9)	127(100.0)
전북	91(70.0)	39(30.0)	130(100.0)
전남	86(57.3)	64(42.7)	150(100.0)
경북	97(56.7)	74(43.3)	171(100.0)
경남	66(70.2)	28(29.8)	94(100.0)
제주	68(31.5)	148(68.5)	216(100.0)
계	2,606(63.1)	1,527(36.9)	4,133(100.0)

(보건복지부, 2002)

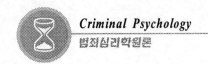

그리고 보건복지부가 2001년 아동학대예방센터에 신고 접수된 아동학대 사례를 분석한 보고서를 바탕으로 우리나라 아동학대의 살펴보면, 아래 표와 같다.

[피해아동의 성별 및 연령]

특 성		발 생 건 수 (%)
성별	남	1,033(49.1)
	여	1,067(50.7)
	파악 안 됨	5(0.2)
연령(만)	2세 미만	224(10.6)
	3~5세	284(10.6)
	6~8세	388(18.4)
	9~11세	498(23.7)
	12~14세	437(20.8)
	15 이상	265(12.6)
	파악 안 됨	9(0.4)
전체		2,105(100.0)

(보건복지부, 2002)

또한 중복 학대 중에서는 신체학대와 정서학대가 동시에 일어나는 경우가 많았고, 신체학대와 정서학대, 방임이 함께 동반되는 경우가 적지 않다. 예를 들어, 경제적 궁핍이나 부부간의 불화 등으로 가정 내 스트레스가 높아지면 아이들의 양육에 관심이 없어지고, 아이들에게 소리 지르고, 체벌도 심해져 학대로 이어질 수 있는 가능성이 더욱 커진다. 그리고 정서학대가 신체학대나 방임에 비해 낮게 보고되었는데, 이는 정서학대에 대한 기준이 명확하지 않고 정서학대만으로는 학대라고 인식하지 않는 사회, 문화적인 태도와 관련이 있다고 볼 수 있다.

[아동학대 사례 유형]

학 대 유 형		사례 수(%)
단일학대	신체	476(22.6)
	정서	114(5.4)
	성	86(4.1)
	방임	672(31.9)
	유기	134(6.4)
	소계	1,482(70.4)
중복학대		623(29.6)
전체		2,105(100.0)

아동학대 유형별로 학대의 양상을 정리하면 다음과 같다.

신체학대

가장 많은 신체 외상이 멍듦으로 743건(57.7%), 긁힘 181건(14.1%), 꼬집힘 64건(5.0%), 찢김 44건(3.4%)이다. 이 외에도 뇌손상 13건, 화상 9건, 두개골 골절 8건을 포함하여 목 조름 26건, 던짐 4건, 복부출혈 2건, 호흡곤란 5건으로 나타났다.

정서학대

심한 욕설이 340건(32.3%), 소리 지름 325건(30.9%), 내쫓거나 죽이겠다고 위협, 협박을 당한 아동 113건(10.7%), 무시 103건(9.8%)이나 되었다.

성 학대

성추행이 93건(61.2%), 성기 삽입 33건(21.7%), 구강성교 8건(5.3%).

방임

의식주를 제공하지 않거나 장시간 아동을 혼자 위험한 상태에 방치하는 등의 물리적 방임이 703건(53.1%), 학교에 보내지 아니하는 등의 교육적 방임이 351

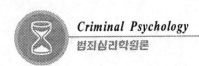

건(26.5%), 가출아동을 찾지 않음이 140건(10.6%)의 순으로 나타났고, 의료방임도 97건(7.3%)이나 되었다.

유기

아동을 길에 버리는 경우가 36건(26.9%), 버림(남의 집 혹은 대문 앞)의 경우가 26건(19.4%), 시설에 버리는 경우 24건(17.9%), 병원에 버리는 경우 21건(15.7%), 보육원 또는 시설에 버리는 경우 24건(17.9%), 병원에 두고 가는 경우 21건(15.7%)이다.

3. 아동학대의 대책

2000년 1월 아동복지법이 개정되어 7월부터 광역시, 도에 아동보호전문기관인 아동학대예방센터 설립되었고, 10월부터 아동학대 긴급전화 1391 체제를 갖추어 전국 17개소가 있다. 또한 2001년 10월 중앙아동학대예방센터가 개소되어 전국 17개소와 지방아동학대예방센터와 유기적인 협력을 이루고 있다. 미국의 아동보호서비스(CPS, child protective services)가 30년 이상의 역사를 갖고 있는 것에 비하면 우리나라는 늦은 출발이지만, 아동학대를 사회문제의 차원에서 접근할 수 있다는 점에서는 그 의미가 크다고 볼 수 있을 것이다.

아래의 표는 1391를 통해서 접수된 것 중에서 아동학대로 판정된 경우에 대한 조치결과이다.

[피해아동 조치결과]

원가정 보호	친인적 보호	일시 보호	가정 위탁	시설 업소	타기관 의뢰	기타	전체
1,098 (53.0)	142 (7.0)	309 (15.0)	10 (0.5)	372 (18.0)	138 (7.0)	36 (1.7)	2,105 (100.0)

(보건복지부, 2002)

제5절 가정폭력

1. 가정폭력의 개념

가정폭력은 가정 내에서 발생하는 폭력으로서 배우자에 대한 폭력과 자녀와 부모에 대한 폭력을 모두 포함한다(자녀에 대학 폭력은 아동학대, 부모에 대한 폭력은 노인학대에 해당한다). 미국에서는 가정폭력을 '친한 파트너 폭력과 학대'(intimate partner violence and abuse)라 하여 현재의 배우자는 물론 전배우자, 친구에 대한 실질적인 폭력 또는 위협을 주는 폭력이라고 보기도 한다.

다음과 같은 형태가 포함된다.

통상적인 배우자 폭력(common couple violence)

자신의 말을 잘 안 듣는다하여 배우자에게 가하는 일시적인 폭력이다. 심각한 폭력으로 발전하는 경우는 없다.

파트너 테러(intimate terrorism)

파트너를 자신의 통제 아래 두기 위해 가하는 폭력으로서 직접적인 폭력뿐만 아니라 경제적 예속, 위협, 고립, 언어적, 정서적 학대 등도 포함된다.

폭력적 저항(violent resistance)

자기방어를 위한 폭력을 말한다. 폭력적인 남성으로부터 자신을 방어하려는 여성들이 폭력적 저항을 많이 한다.

폭력적 상호통제(mutual violent control)

드문 경우로서 파트너 양쪽이 서로에게 가하는 폭력이다.

성적 공격(sexual aggression)

물리적 강압, 폭력의 위협, 압박, 알코올과 약물, 권위(지위) 등을 이용하여 파

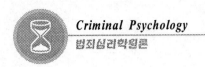

트너의 의지에 반해 자신의 성적 욕구를 관철시키려는 행위를 말한다(아내의 성폭력).

가정폭력의 핵심인 아내폭력의 원인으로는 빈곤, 알코올, 성장기 가정폭력의 경험 등이 지적되고 있다. 경제적 곤란이 가정불화를 가져오고, 가정불화는 아내학대로 이어지며, 술에 취해 아내를 구타하게 되고, 성장기에 아버지가 어머니를 학대하는 것을 보고 자란 경우 자신도 그렇게 한다는 것이다.

남편이 아내에 대한 폭력은 피해자인 아내뿐만 아니라 자녀와 가해자인 남편에까지 신체적, 심리적, 사회적 상처를 준다. 피해를 입은 아내는 상처와 심한 경우 자살이나 살인 등의 신체적 피해는 물론 공포, 혼란, 무력감, 자기결정능력의 상실 등과 같은 심리적 피해와 일자리가 있는 경우 작업수행능력의 저하와 사회적 고립과 같은 사회적 피해도 입게 된다. 자녀의 경우도 이에 못지않게 신체적, 심리적, 사회적 피해를 입는다. 상해, 살인, 유산, 유산, 태아손상 등의 신체적 피해, 불안, 부에 대한 증오심, 집중력 저하로 인한 학습저하, 공격적 성격, 의기소침 등의 심리적 피해, 가출, 미혼모, 비행집단에의 가입, 범죄, 폭력의 세대전이 등의 사회적 피해가 그것이다. 가해자인 남편도 상해, 보복 피살과 같은 신체적 피해, 가족으로부터 고립과 같은 심리적 피해, 방황, 음주, 성적일탈, 가족상실 등과 같은 사회적 피해를 입는다. 또한 가족 전체가 가족해체와 같은 커다란 피해를 입는 경우도 있다.

2. 가정폭력의 실태

우리나라의 경우 1990년대 이후 이루어진 가정폭력 실태조사 결과를 종합해 보면, 발생률이 28~36%로 대단히 높다고 볼 수 있다.

가정폭력 발생사건의 분석결과에 의하면, 아내학대가 가장 많은 편이다. 그리고 가정폭력은 대개 피해자의 신고로 경찰이 출동하고 있는데, 이웃들의 소극적인 자세를 반영하고 있다. 폭력내용을 보면, 단순폭력이 많고, 상해가 없거나

2주 내의 경미한 경우가 80%를 넘는 것으로 나타났다(아래 표 참조).

[가정폭력사건 현황]

기 준	내 용
발생유형	아내학대(126건), 남편학대(2건), 기타(31건)
검거유형	피해자 신고(123건), 주변신고(35건), 자체인지(1건)
폭력수단	단순폭력(80.5%), 흉기이용(13.2%), 단순손괴(6.3%)
피해정도	상해 없음(16.1%), 전치 2주 이하(68.2%), 3주 이상(15.7%)

(수원남부경찰서 2001-1-10 실적(159건), 분석결과)

그리고 가정폭력 가해자는 30~40대가 많고, 고졸 이하의 학력자와 소득이 낮은 경우가 상대적으로 많다. 대부분 폭력전과가 없는데, 이 때문에 경찰이 개입할 경우 상담소나 보호시설로의 연계보다는 의료기관에서 치료를 하도록 조치하거나 검찰송치 시 임시조치보다는 가정보호사건으로 의견을 제시하는 경우가 있다(아래 표 참조).

[가정폭력 가해자 현황]

기준	내 용
연령	20대(2.4%), 30대(39%), 40대(44.4%), 50대 이상(14.2%)
학력	중졸 이하(24.1%), 고졸, 중퇴(66.8%), 초대졸 이상(9.1%)
소득	100만 원 이하(58.5%), 100~200만원(34.1%), 200만 원 이상(7.4%)
폭력전과	없음(85.1%), 전과 1범(9.9%), 2범 이상(5%)

(여성부, 2001)

[가정폭력범죄에 대한 경찰의 조치 현황]

응급조치(현장출동 시)		임시조치신청	가정보호사건 의견송치
상담소, 보호시설	의료기관		
0	31건(19.5%)	35건(22%)	124건(78%)

(여성부, 2001)

가정폭력 피해자의 상담분석결과(아래 표)를 참조하면, 아내학대가 많고 피해자가 상담신청을 많이 하고 있는데 폭력상태는 일부를 제외하고는 심각하지 않은 것으로 볼 수 있겠다.

[가정폭력 상담분석결과]

기 준	내 용
상담자	본인(87%), 보호자(7%), 가해자(2%), 기타(3%)
가해자	배우자(97.9%), 전배우자(0.7%), 직계존속(1.1%), 직계비속(0.1%), 기타(0.2%)
치료여부	치료받지 않음(85%), 2주 이하 진단(8%), 2주 이상 진단(7%)

(주. 1. 상담자 중 기타는 학교, 교사나 이웃임. 2. 수원가정법률상담소부설 가정폭력상담소 1999~2001. 9월 가정폭력상담실태. 여성부, 2001에서 인용)

가정폭력 피해자는 30~40대가 많고, 고졸 이하의 학력자와 전업주부가 대부분이다. 폭력기간도 길어 결혼 후 지속적으로 폭력이 이어지며, 폭력기간이 10년 이상 넘은 경우가 피해자의 반에 차지를 하고 있다고 볼 수 있다(아래 표 참조).

[가정폭력 피해자의 특성]

기 준	내 용
연령	20대(18.3%), 30대(48.6%), 40대(25.6%), 50대 이상(7.4%)
학력	중졸 이하(34.9%), 고졸, 중퇴(48.1%), 초대졸 이상(17%)
직업	전업주부(60.4%), 단순노무직(31.7%), 전문기술직(3.6%), 기타(4.3%)
결혼기간	5년 이하(23.3%), 6~10년(21.3%), 11~15년(21.2%), 16~20년(14.6%), 20~25년(8.9%), 26년 이상(10.7%)
폭력기간	5년 이하(33.3%), 6~10년(19.7%), 11~15년(19.9%), 16~20년(12.1%), 21~25년(6.6%), 26년 이상(8.4%)

(여성부, 2001)

1) 가정폭력 피해자 보호

가정폭력피해자 보호를 위하여 가정폭력상담소와 피해자보호시설을 운영하고 있다. 2001년 12월 현재 가정폭력상담소는 2000년에 비해 22개소가 늘어난 142개소가 설치, 운영되고 있으며, 46개소에 대해 정부가 운영비를 지원을 하고 있다. 가정폭력피해자보호시설은 전국적으로 30개소가 설치, 운영되고 있으며(2000년에 비해 3개소 증가), 피해자 보호인원 기준으로 정부에서 운영비를 지원하고 있다. 따라서 가정폭력은 결국 가해자 혹은 피해자 모두가 결국은 피해를 입게 되는 손실이 있기 때문에 국가적 차원에서 적극적 개입으로서 그 보호와 예방을 하여야 하겠다(아래 표 참조).

[가정폭력 상담소 설치 현황]

(단위: 개소)

연도	1998	1999	2000	2001
상담소	26	82	120	142
정부지원상담소	-	10	46	46

(여성부, 2001)

[시, 도별 가정폭력 상담소 설치현황]

(단위: 개소)

합계	서울	부산	대구	인천	광주	대전	울산	경기	강원	충북	충남	전북	전남	경북	경남	제주
142	17	15	3	5	5	1	5	22	10	4	9	11	6	18	7	4

(여성부, 2001)

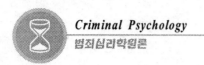

제6절 테러론과 인질협상론 (theory of terrorism and hostage negotiation)

1. 테러

1) 테러의 개념

테러라 함은 특수조직에 의한 살인, 방화, 약탈, 방화, 파괴, 전복 등에 의하여 최소의 인원과 장비, 재정 및 시간과 공간을 이용하여 비인간적인 방법으로 최대의 효과를 나타내는 잔혹한 행위의 일체를 포함하고 있다.

광의적으로 보면, 국가적 차원에서 테러를 관리운용체제하(리비아, 북한, 이라크, 아프가니스탄, 남예멘 등의 국가, 테러에 관한 기획, 재정, 인원 등에 관한 모든 업무를 국가예산에서 공무원 신분으로서 추진하고 있다)에 두고 있는 형태와 협의적으로는 특정한 집단이나 종족 또는 종교단체에서 극비에 운영되는 테러조직 관리중에 실행하는 의미하고 있다.

2) 테러 팀의 종류

① 테러 시행 전에 필요한 정보 수집팀.
② 테러대상인, 건물 등에 대한 사전답사, 예행연습팀.
③ 테러 대상인 납치전문팀, 마취전문팀, 저격전문팀, 차량이동 및 지원팀.
④ 선박(해상 잠수)에 대한 이동지원 및 폭파팀.
⑤ 항공에 대한 조종, 폭파, 납치 및 이동 지원전문팀.
⑥ 근접 암살, 리모컨 조정 폭발살상팀, 폭발물 투척 암살팀.
⑦ 식품(독약) 투입 암살전문팀, 방사선 투시 전문팀, 소형휴대용 미사일 저격전문팀.
⑧ 화학물질(독가스)에 의한 살상전문팀, 생물(세균)살포 등 풍향에 의한 다중

살상전문팀.
⑨ 시한폭탄 조작, 작동전문팀.
⑩ 경찰추적 및 진압에 따른 진로 또는 작전방해 전문팀.
⑪ 테러 후 증거인멸 지원 전문팀.
⑫ 테러 팀에 대한 경호 및 구출 전문팀, 테러팀에 대한 감시 전문팀.
⑬ 통신, 암호해독 및 감청 전문팀.
⑭ 각종 문서 화폐위조 전문팀.
⑮ 테러 팀에 대한 각종의 장비 지원팀.
⑯ 테러팀 중 배신자 사살팀.
⑰ 테러 후, 피난 거점지역 지원팀, 각종 폭발물 제조를 위한 지원팀.
⑱ 각종 무기구입 거래팀.
⑲ 무기 및 기술 산업 정보팀.
⑳ 재정지원 전문팀.

3) 테러기법의 특징

20세기의 테러는 그 대상을 철저히 추적하여 보복하는 시기였고 또한 테러의 성격에 따라 대량 살상하는 현상으로 변천되고 있다. 예를 들면, 과학적 장비의 발전에 따라 항공기 납치 내지는 폭파하는 테러에서 건물을 폭파하여 수많은 시민들을 살상하게 하는 방법, 또 폭탄에 의한 자살폭탄 행위까지 과격한 형태로 발전이 계속적으로 되고 있다.

여기서 테러장비의 과학화라 함은 초고속 능력의 장비를 말하며, 이동과 잠입 및 도피의 용이성이 가능하게 되어가며 시민과 건물에 대한 살상파괴 행위가 과학화 되어가고 있는 그 특징으로 볼 수 있다. 테러의 성공률은 90% 이상이 된다. 테러의 기획에서 행동의 종료 시까지 거의 오차가 없을 정도로 테러의 방법과 그 실행의 기획이 전문성을 지니고 있음을 알 수 있다.

세계의 각국은 테러가능성에 대해서 자국도 테러장비를 축척할 의지를 갖게

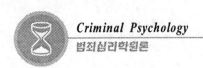

된다. 따라서 테러에 필요한 모든 장비를 소유하게 되며 특히 화학 및 생물학에 관한 세균전 대비에 직면하게 될 전망이다. 앞으로는 테러행위가 용이하기 때문에 작은 테러조직에도 테러행위에 대해서 공포감을 갖지 않는 시대이기 때문에 테러로 인하여 많은 국가에서 고통을 받을 시대를 맞게 될 것이다. 즉, 20세기에는 사람이 직접적으로 공격을 하여 테러행위를 하는 방법을 사용하였지만, 21세기에는 최첨단의 장비로 말미암아 악조건의 지형에서도 어떠한 목표물에도 피해를 줄 수 있는 상태에서 원하는 테러가 일어날 수 있을 것이다.

4) 테러조직성격에 따른 기법

국가운영에 의한 테러기법

일반적으로 두 개 형태로 접근할 수 있겠다. 첫째는 정규 군대에서 테러훈련을 받은 자와, 둘째는 고도의 범죄행위를 한 자가 수형 중에 테러행위로 하여금 사면을 조건으로 해당자들을 훈련, 교육을 시켜놓는 것 등의 종류를 활용을 하고 있다. 즉, 전자는 고도의 각종 기술을 교육시키지만 후자는 기초행동에 필요한 훈련만을 시키는 동시에 격리 수용하는 것이 보통이다. 국가가 관리하는 테러조직은 상대국가의 국가원수 암살 혹은 정부기관 및 각료들, 특수 목적의 정보기관, 전략적인 기지 등에 대해서 테러를 하는 것이 그 예이며, 그 방법의 기법으로는 다음과 같다.

ⓐ 카메라, 사진기자를 활용한 방사선 투기.
ⓑ 여행 중 침실에 무취, 무색, 세균 살포와 세관통과시 통치자의 물건에 세균접착.
ⓒ 의장행사 차량의 손잡이에 화학물질 부착과 식탁테이블에 세균접착.
ⓓ 귀빈을 매체로 한 세균 장갑으로 악수, 차량내 손잡이에 세균살포, 실내내에 화학물질 살포.
ⓔ 상대국의 통치자가 출발하는 공항의 이륙방향에 따라 이륙직후 미사일에 의한 격추(산악 또는 해상에서 주로 시도를 함), 차량 이동시에 미사일 사용.

ⓕ 상대국 경호원으로 위장 침투하여 근접 암살시도.
ⓖ 행사장 건물벽내 혹은 천장에 고성능 폭발물 설치하여 리모컨으로 폭파시도.
ⓗ 정규군으로 위장하여 국가원수를 암살 혹은 습격을 하는 경우.

반정부 단체의 테러기법

반정부 테러단체는 조직력을 갖추어야하며 재정적인 지원기구가 있어야 한다.

ⓐ 정부군이 주둔한 지역에서 격리되어야 하고, 지급된 소형장비와 같이 무장되어야 하며, 정부의 비밀 정보기관에서 관리하는 정보체계를 관리해야 한다.
ⓑ 정부의 주요인사의 동향을 일일 점검, 옥내 외의 행사장이 테러 장소로 인식, 시간은 대개 16시에서 22시 사이가 테러의 효과적인 시간이며, 테러조직 중에 폭약제조 내지는 조립의 능력보유.
ⓒ 통수권자의 이동시에 고성능 포 혹은 건물 내에서 소형 미사일로 처리할 수 있어야 하며, 통수권자의 회의 시간을 확인하여 항공기 또는 전폭기로 회의장에 대한 자살 내지는 폭격을 시도.
ⓓ 게릴라전으로 사회불안과 역정보 확산, 일반시민 납치 또는 암살을 시도하여 전체적 혼란유도.
ⓔ 특정건물에 시한폭탄 등으로 수개의 건물을 연속적으로 폭파함으로서 사회를 불안하게 한다.
ⓕ 효과적인 장소에 화학 및 세균의 살포 또는 접착한다.

정치인 테러기법(보복테러)

ⓐ 주변가족 암살을 함으로서 혼선과 정신적 불안감 조성.
ⓑ 집회현장에 폭발물 설치, 자살특공대로 하여금 숙소근처 혹은 교통체증 시에 자살폭탄시도, 고의성 교통사고 위장하여 차량정차 시에 사살하는 테러.
ⓒ 식당 또는 호텔 출입 시에 저격 내지는 폭탄투척, 식사도중 경호원을 해치

고 사격하는 테러, 가족 명의로 우편폭발물 송달하는 테러.

ⓓ 취침 시에 화학전을 통한 테러, 음료수, 커피에다 마약, 독성의 물품을 혼합하는 테러.

ⓔ 차량에 고성능 폭탄설치 리모컨으로 폭파테러.

권력핵심부 테러(정부전복테러)기법

권력핵심부라 함은 통수권자의 숙소와 근무처 건물을 의미하며, 이 테러기법에서는 전폭기 또는 각종 항공기를 사용하게 된다. 그 방법으로는 다음과 같다.

ⓐ 중요 정부기관의 통신 통제실 파괴하기 위해 근무자를 납치 혹은 연금을 통하여 통신교신을 마비시킨다.

ⓑ 수상을 비롯하여 일부 장관들을 납치하거나 사살하며, 각종 언론매체에 대해서는 일체 접근하지 않는다.

ⓒ 통수권자로 하여금 군부에 대한 인사 조치를 강요한다.

ⓓ 중요지역 주유소와 주요건물을 폭파하고, 주요간선 도로의 차량을 일부 소각한다.

이러한 권력핵심부에 대한 테러행위는 단계적 조치가 동시에 진행되어야 하며 필요한 인원은 약 50명 정도가 동원되어야 한다. 이런 지원은 기획과 예행연습을 계산하여 요구된 인원들이다. 따라서 100명 정도의 테러전문가로서 정부를 전복할 수 있는 상황으로 몰아갈 수 있다.

특수 전문분야별 조직관리

테러결정이 되면, 사안에 따라 전문요원을 투입시킨다. 예를 들면, 테러대상이 납치일 경우에는 납치요원(약 5명 정도)을 투입시킨다.

납치전문팀, 소총 사살전문팀, 권총 암살전문팀, 투척폭탄전문팀, 폭탄폭파전문팀, 시한폭탄전문팀, 항공기 납치전문팀, 항공기 폭파전문팀, 차량폭파전문팀, 차량납치전문팀, 열차 및 승객 납치전문팀, 차량 암살전문팀, 건물폭파 전문팀, 미사일 조작 및 사용 전문팀, 군부대 폭파전문팀, 동물살상 세균팀, 인간 살상

세균전문팀, 인간 살상 화학전문팀, 선박 및 군함 폭파전문팀, 차량폭탄 자살팀 등 약 50여 테러전문 직종 팀으로 분류하고 있다. 그리고 이와 같은 조직 외에도 상호협력 조직 팀으로 약 20여 종류의 직종도 분류되어 있다. 예를 들면, 납치에 필요한 테러 중에는 총기로 납치하는 경우도 있지만, 마취 또는 주사에 의한 납치일 경우에는 전문의사의 참여가 필요하다. 이때는 조직원 조합성 팀이라고 하고 있다.

2. 인질사건과 협상론

1) 인질사건의 개념

인질사건(hostage incident)이란 개인의 병적인 행동, 권력에 대한 반항, 정치적 책략, 개인적 이익 등의 추구를 목적으로 다른 사람을 그의 의지에 반해 잡아두는 범죄적 또는 일탈적 행동을 말한다.

인질탈취라는 범죄적 형태는 인간의 역사만큼 오래된 것이라 할 수 있다. 기록된 자료 중에는 창세기 14장에 소돔과 고모라 등 5개국 왕이 엘람 등 4개국의 왕들과 전쟁에서 패한 뒤 4개국의 왕들이 소돔에 있던 아브람의 조카 롯을 인질로 삼고 재물을 탈취해 갔다고 기록하고 있다(Davis A. Soskis, Management Quarterly, U. S Department of Justice, FBI, 1986 Vol. 6, p. 2). 여기에 대응하여 아브람은 사병 318명을 데리고 이들 4개국 왕의 진지를 기습하여 인질을 구출했다는 기록이 있는 이 처럼 근세까지의 인질상황 대처 방법은 대부분 무력에 의한 대응으로 볼 수 있다.

그러나 1972년 뮌헨올림픽 인질사건 이후 이 같은 공격적 대응법에 대한 반론이 제기되면서 인질범과의 협상을 통한 인질사건 해결방법에 대한 논의가 활발해 지기 시작하였다. 각 국의 경찰기관에서는 이 같은 위기상황에 대한 무력대응을 대신할 수 있는 다른 해결방법들을 찾기 시작하였으며, 인질협상기법(hostage negotiation)이 그 방안으로 제시되었다.

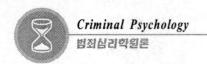

미국에서는 1973년 뉴욕경찰국(NYPD)에서 최초로 인질협상팀을 운영하기 시작하였으며 FBI에서도 형태과학반(behavioral science unit)을 중심으로 연구가 시작되어 미국 전 지역의 경찰서로 확대되었다. 초기의 인질협상기법에 관한 연구는 본래 의미의 인질사건, 즉 사전에 인질탈취의 의도를 갖고 인질을 탈취하는 경우(테러범에 의한 인질 탈취)와 납치사건에 국한되었는데 연구가 진행됨에 따라 실제로 이러한 인질사건의 발생빈도가 극히 낮고 오히려 사전의도 없는 우발적인 인질탈취가 대부분인 것으로 드러나 우발적 인질사건에 관한 경우로의 연구 중점이 되었다.

2) 인질협상의 개념

Hostage negotiation이란 인질, 기타 관련자의 생명, 재산이 급박하고 명백한 위험에 처해있는 상황에서 경찰, 기타 법 집행기관이 이러한 위기상황을 초래한 자와 대화 등 협상을 통해 인질, 기타 관련자의 생명, 재산에 대한 피해를 최소화하고 위기상황을 해결하려는 일련의 의도적 과정을 말하며 단지 중립적인 입장에서 중재하는 것이 아니다(Incident Management Seminar, counter terrorism group, CIA, 2000).

종래의 인질협상은 좁은 범위에서 인질범이 사전에 인질납치를 의도한 경우(테러분자의 인질탈취)만 논의 되어왔으나 최근에는 우발적 인질상황(은행 강도 실행 중 경찰에 발각되어 도피할 목적으로 인질탈취)은 물론 자살상황, 또는 차단상황(barricade, 문을 잠그고 자살위협을 가하는 행위) 등 종래 의미의 인질이 실재하지 않는 상황도 포함하는 위기협상(crisis negotiation)이라는 명칭 하에 논의되고 있다.

인질을 잡는 이유가 어떤 것이든 인질을 잡는 동기가 변할 수 있는 것은 분명하다. 예를 들면, 은행 강도가 은행 여직원을 인질로 잡고 많은 돈을 요구할 수 있으나 나중에는 신체의 안전 또는 법정에서의 관대한 처분을 바라는 정도로 처음의 요구를 축소시킬 수 있다. 또한 정부의 정책이나 교도소 환경에 대한 직접적인 변화를 요구하던 인질범도 결국 관계책임자들과 대화를 나누는 것으로 끝날 수도 있는 것이다. 결국 인질을 납치하는 최초의 이유가 무엇이든 일정한 시간이 경과한 후에는 보다 적은 목표를 수용하려는 것이 인질범에서 나타나는 경향으로 볼 수 있다.

이러한 경향은 최대한 경찰에게 유리한 쪽으로 이용하기 위해서 인질범과 협상을 하는 것이며 그러한 의미에서 인질협상은 인질사건의 해결과정에서 매우 중요한 비중을 차지하고 있다.

3) 인질사건의 유형

① 정치적, 합리적 동기로 인한 상황

범인이 정신적 질병이나 좌절상태가 아닌 심리적으로나 정신적으로 결함이 없는 비교적 정상적인 상태를 말하는 것이다. 정치적 인질범은 다음과 같이 세 가지로 구분할 수 있다.

ⓐ 사회적 저항분자(social protector).
ⓑ 이념적 열성분자(ideological zealot).
ⓒ 극단적 테러분자(terrorist extremist).

② 테러범에 의한 인질상황

③ 범죄자에 의한 인질상황

④ 정신질환적, 비이성적 원인의 인질상황

⑤ 교도소 등 수감자에 의한 인질상황

4) 협상의 정의

협의와 대화를 통해 합의 또는 해결하는 의미라 할 수 있다. Cohen은 협상이란 긴장으로 얽힌 거미줄(web of tension) 속에서 행동에 영향을 주는 정보와 힘의 활용이라고 말하고 있다.

협상의 원리

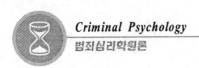

인질협상의 궁극적 목적은 인명과 재산의 피해를 최소화하면서 인질상황을 해결하는데 있다. 이와 같은 목적을 달성하기 위한 경찰의 대응방법은 여러 가지가 있을 수 있으며, 어느 인질상황에나 공통적으로 적용되는 최선의 것은 없다고 볼 수 있다. 인질사건은 각각의 성격, 인질, 동기 등이 다르기 때문이다.

모든 인질사건에 있어서 인질 및 인질범의 초기심리상태는 지극히 감정적, 충동적이며 조그마한 외부의 상황변화에도 적극적으로 대응하려는 태도를 나타낸다. 또한 협상과정이 다른 활동과 별개로 진행되는 것은 아니다. 전술부대 지휘관의 명령을 받는 전술요원들은 경계선까지 진출하여 인질범의 굴복을 받아들일 수 있도록 계획하고 준비해야 하며 인질범이 인질의 생명을 해치는 경우에도 대비해야 한다. 협상과정을 최대한 활용해야 하나 그러한 협상과정이 유일한 대안이 아니라 다른 요소들과 병행하는 활동인 것이다.

협상의 목표

[CIA의 경우]

ⓐ 인질의 생명을 구함
ⓑ 시간을 확보함
ⓒ 정보를 수집함
ⓓ 기습작전을 수립함
ⓔ 정부가 책임을 지고 있다는 사실을 보여 줌

[CID(군범죄수사대)의 경우]

ⓐ 인명손실 없는 사건해결
ⓑ 인질범의 신원 파악
ⓒ 재산과 핵심정보를 보호
ⓓ 인질범에 대한 전술적 유리한 위치 확보
ⓔ 다른 방법 선택을 위한 정보수집

협상의 원칙

ⓐ 언어 및 비언어 의사전달 수단을 신중히 고려한다.

ⓑ 협상가는 대화시 언어, 어조, 어투 등을 신중히 선택한다.

ⓒ 범인의 관점에서 과연 어떻게 들릴지 미리 실험을 한다.

ⓓ 범인의 교육수준과 생활습관에 알맞게 하여야 하고, 범인보다 우월한 점이나 유리하다는 점은 삼간다.

ⓔ 범인의 의도와 암시를 포착하여야 하고, 범인이 반복해서 표현하는 것에 주의를 한다.

협상팀 정보 점검표

협 상 팀 정 보 점 검 표 (Negotiation Team Intelligence Checklist)
사건개요(event) 인질범(aggressor): 남편, 부인, 아들, 딸, 아버지, 어머니, 아버지, 기타 인질(victims) 1: 남편, 부인, 아들, 딸, 아버지, 어머니, 기타 2: 남편, 부인, 아들, 딸, 아버지, 어머니, 기타 수단(method): 언어폭력, 신체공격, 흉기: 칼, 총(종류): 기타무기(other weapons): 형태(behavior) -최근의 변화: -철회, 포기: -과잉반응: -공격적: -예측불가능: -음주: -약물복용: -수면장애: -식사곤란: -적대감: -비협조적: -기타:
감정(feelings): 죄책감, 유쾌함, 미침, 슬픔, 두려움, 노골적임 지난 이틀간 감정 성향은: 증가, 감소, 동일 지난 이틀간 감정 성향은: 증가, 감소, 동일

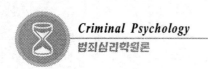

사고(thinking)
분열, 혼란, 자기비하, 책임전가, 태연함, 박해, 환각
과거기록(history)
-유사사건: 일시: -결과: -폭력연관성: -정신건강: 진단: 담당의사: -범죄경력:

협상가에는 다양한 스트레스의 요인이 있다. 가장 두려운 것은 실패에 대한 스트레스이다. 협상가에게 있어 실패는 무력을 사용한 사건 진압을 의미한다. 아무리 뛰어난 협상가라 할지라도 공포, 분노, 적대감, 죄책감, 책임감, 자괴감 등 많은 감정의 기복을 느끼게 된다. 사건이 끝난 후에도 불면증, 수면장애, 악몽 등의 스트레스 증상이 나타나기도 한다.

일상의 대화, 자신의 일에 전념 등 이를 극복하기 위한 다양한 방법이 있지만 사건 종료 후 24시간 내에 전문 정신 상담가와의 상담, 검진을 통한 해결도 사용하고 있다.

상담, 검진 기법의 특징은 다음과 같다.

① 이 처방은 사건종료 후 즉시 시행되어서 다른 방향으로 악영향을 미치는 것을 예방할 수 있다.

② 협상가 자신과 사건에 대한 부정적 감정을 버리고 실제로 일어난 일을 정확하게 이해할 수 있는 기회를 얻게 된다. 바로 사회 구성원으로서의 느낌을 회복할 수 있는 것이다.

〈저자소개〉

■ 임 상 곤(林 相 坤)

미국 California South B. 대학교. 범죄심리학 박사 학위 받음
同대학교 교수 역임
경찰대학 및 경찰종합학교 교수 역임
현) 중부대학교 경찰법학부 공안학과 교수
중부대학교 교육대학원 상담심리학과 주임교수

[주요논문 및 저서]

- Comparative Study on the Principles of Eastern and Western Psychoanalysis
- The Phenomenological Approach to Social Psychology
- The Problem of Relevance in the Study on Person Perception
- Comparative Study on the Mental Hygiene of Psychoneurosis and Psychosomatic Disorder.
- 20대의 심리지도와 치료법
- Jung 심리학의 정신기능에 대한 고찰
- 서울지하철 범죄의 실태 연구
- 심리학 입문, 형설출판사
- 군집심리학, 경찰대학
- 범죄심리학, 경찰대학
- 범죄심리학의 이해, 경찰종합학교
- 범죄심리학, 학림사
- 심리학의 이해, 백산출판사
- 청소년 범죄심리이해, 경찰종합학교
- 공안교정학의 이해, 백산출판사
- 정보분석론, 백산출판사

범죄심리학원론

2004년 8월 24일 초판발행
2006년 3월 10일 재판발행

著 者 林 相 坤
發行人 (寅製) 秦 旭 相

印紙 省略

發行處 白山出版社
서울시 성북구 정릉3동 653-40
등록 : 1974. 1. 9. 제1-72호
전화 : 914-1621, 917-6240
FAX : 912-4438
http://www.baek-san.com
edit@baek-san.com

값 25,000원
ISBN 89-7739-655-7